# Mughal Cities
## Spatial Transformation of Islamic Cities

# ムガル都市
## イスラーム都市の空間変容

Shuji Funo 布野修司　山根　周 Shu Yamane

京都大学学術出版会

本書は「財団法人 住宅総合研究財団」の2007年度出版助成を
得て出版されたものである。

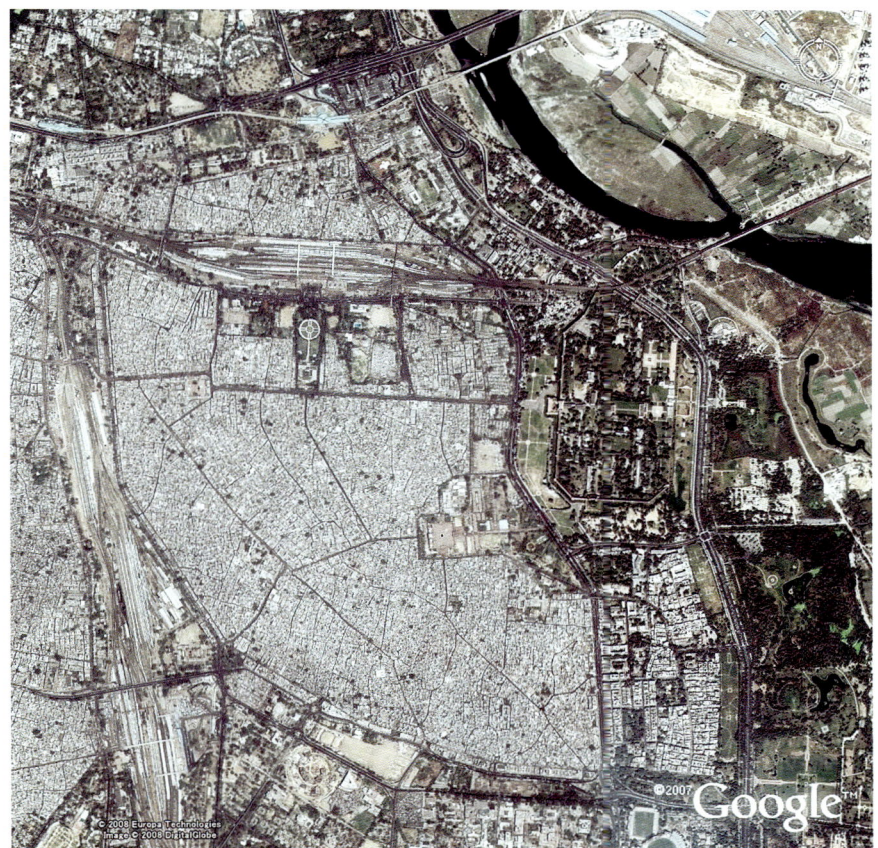

口絵1 ●デリー衛星写真:出典 Google Earth: ©2008 Europa Technologies, Image ©2008 Digital Globe

口絵 2 ● シャージャーハーナーバード（1850 頃）：British Library, Oriental and India Office Collections. Archive reference: India Office Records X/1659

口絵3 ●ラール・キラ遠望（デリー）：写真　山根周

口絵4 ●ジャーミー・マスジッド（デリー）：写真　山根周

口絵5 ●アーグラー衛星写真：出典　Google Earth: Image ©2008 Digital Globe

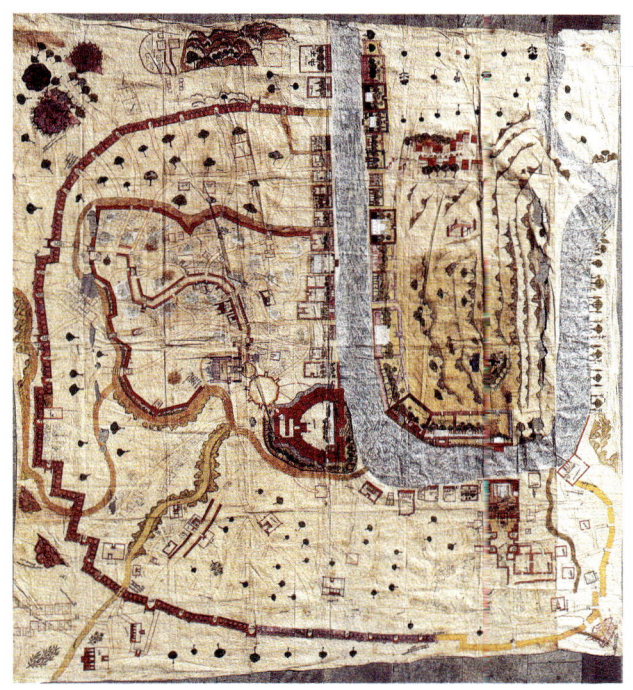

口絵6 ●アーグラー古地図（1720年代）：Maharaja Sawai Man Singh II Museum, Jaipur 所蔵

口絵7 ●パンチ・マハル（ファテープル・シークリー）：写真　山根周

口絵8 ●ラーホール衛星写真：出典　Google Earth: ©2008 Europa Technologies, Image ©2008 Digital Globe

口絵 9 ● バードシャーヒー・モスク（ラーホール）：写真　山根周

口絵 10 ● ラーホール旧市街のハヴェリ：写真　山根周

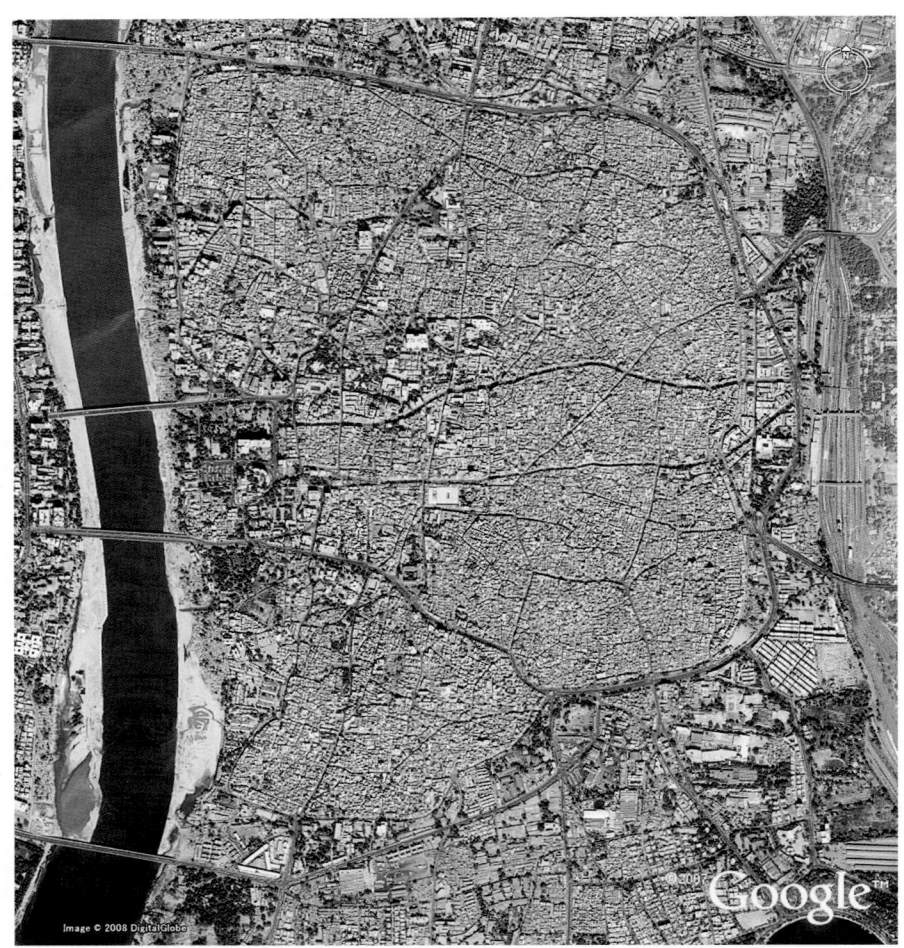

口絵 11 ●アフマダーバード衛星写真：出典　Google Earth: Image ©2008 Digital Globe

ムガル都市
目次

目 次

口　絵　　i
凡　例　　xv
図版リスト　　xvii

# 序　章

1

1　「インド都市」論　　2

2　イスラームの「都市性」：移動と国際商業ネットワーク　　12

3　「イスラーム都市」論　　16

4　「イスラーム都市」の空間モデル　　21

5　「イスラーム都市」とコスモロジー　　28

6　「ムガル都市」　　33

# 第Ⅰ章
## 「イスラーム都市」

41

1　イスラーム国家の形成と都市　　42
　1―1　二つの聖都：メッカとメディナ　　43
　1―2　第3の磁極：ダマスクスとエルサレム　　51
　1―3　平安の都：バグダードとサーマッラー　　61

2　「アラブ・イスラーム都市」　　71
　2―1　マグリブ・イスラーム都市　　71
　2―2　アラブ・イスラーム都市の構成原理　　79
　2―3　シャリーアと建築ガイドライン　　83
　2―4　街路体系と都市構成要素　　89

## 3　ユーラシアの中のイスラーム都市　97

 3 — 1　「オアシス都市」　99
 3 — 2　イラン・ペルシアの都市　108
 3 — 3　マー・ワラー・アンナフルの興亡　113
 3 — 4　ティムールの都市　121

## 4　インド・イスラーム都市──ムガル都市　134

 4 — 1　イスラーム以前のインド都市　136
 4 — 2　ムスリムのインド侵入　146
 4 — 3　デリー・サルタナット　149
 4 — 4　ムガル朝の首都　153

# 第 II 章
# デリー　　　　　　　　　　　　　　　　　　　　167

## 1　デリーの都市形成　168

 1 — 1　デリーの起源　169
 1 — 2　デリー・サルタナットの都市建設　173
 1 — 3　プラーナ・キラ　183
 1 — 4　シャージャーハーナーバード　188
 1 — 5　英国統治とニューデリーの建設　199

## 2　シャージャーハーナーバードの街区形成　213

 2 — 1　ムガル朝時代の街区　213
 2 — 2　街区空間の単位　219
 2 — 3　街区形成のパターン　221
 2 — 4　19 世紀半ばのシャージャーハーナーバードの構成　224

## 3　オールド・デリーの街区構成　231

 3 — 1　街路構成　231
 3 — 2　街区構成　232
 3 — 3　都市施設の分布　237

4　街区空間の変容　242
　　　　4 ― 1　街路構成の変容　242
　　　　4 ― 2　街路門の位置　243
　　　　4 ― 3　水場の位置　246
　　　　4 ― 4　宗教施設の分布　247
　　5　ムガル都市・デリー　249
　　　　5 ― 1　デリーの都市構成と街区空間　249
　　　　5 ― 2　街区空間の変容　253

## 第 III 章
## ラーホール　　　　　　　　　　　　　　　　　　　　　　　255

　　1　ムガル朝の首都：アーグラー，ファテープル・シークリー　256
　　　　1 ― 1　アーグラー　256
　　　　1 ― 2　ファテープル・シークリー　263
　　2　ラーホールの都市形成　270
　　3　ラーホール旧市街の街区構成とその変容　279
　　　　3 ― 1　ムガル朝時代の街区　279
　　　　3 ― 2　街路体系と街区構成　279
　　　　3 ― 3　街区の境界　283
　　　　3 ― 4　街路形態と街区の規模　285
　　　　3 ― 5　街区内の施設分布　287
　　　　3 ― 6　街区の名称　293
　　　　3 ― 7　街区コミュニティの変容　294
　　4　ラーホールの都市住居　296
　　　　4 ― 1　住居形式と類型　296
　　　　4 ― 2　住居の空間要素と装飾要素　300
　　　　4 ― 3　ハヴェリ　301
　　　　4 ― 4　都市住居の集合形態　305

### 5　ムガル都市・ラーホール　315

5 — 1　街区空間および都市住居の特質　315
5 — 2　街区構成における重層性　317

## 第 IV 章
# アフマダーバード　319

### 1　アフマダーバードの都市形成　320

1 — 1　都市形成の歴史　320
1 — 2　旧市街の形態　322
1 — 3　旧市街のコミュニティ　323

### 2　アフマダーバード旧市街の街区構成　328

2 — 1　ガンディー・ロード周辺の街路体系と街区名称　328
2 — 2　マネク・チョウク地区の街区構成　331
2 — 3　カディア地区の街区構成　337
2 — 4　カマサ地区の街区構成　343

### 3　マネク・チョウク地区の住区構成　346

3 — 1　街区構成　346
3 — 2　宗教施設の分布　348
3 — 3　商店業種の分布　348

### 4　都市住居の構成　352

4 — 1　住居の構成要素　352
4 — 2　住居類型　355
4 — 3　住居類型の分布と集住形態　356
4 — 4　農村住居と都市住居の構成　359

### 5　ムガル都市・アフマダーバード　362

5 — 1　街区構成の特質　362
5 — 2　都市住居の空間構成と集住形態　363

## 結　章　　　　　　　　　　　　　　　　　　　　　　　　　　365

 1　「オアシス都市」と楽園　　369

 2　歴史の中の「ムガル都市」　　373

 3　「カールムカ」と幾何学　　375

 4　「ムガル都市」の計画原理　　378

 5　街路体系と街区組織　　380

 6　ハヴェリ　　384

## 結　語
ディテールから：しなやかな「イスラーム都市」の原理　　386

 あとがき　　393
 主要参考文献　　401
 索　引　　429

凡　例
■都市・地域名，人名およびその他の重要事項・概念は，原則として本文の初出に原語のアルファベット表記を添えた．また，本文中で参照した文献類の著者名については，そのアルファベット表記を原則として註に表示している．
■ただし，現代（および歴史上）の主要国家名やその首都などになっている主要都市／地域名は原則としてカナのみの表示とし，また，世界史上有名な人名についてはカナ表記のみとした場合もある．
■また，人名から派生した地名などにも，その都度アルファベット表記を併記したため，一部，読者にはやや煩雑に思われる向きもあるかもしれない．その点はご寛恕いただきたい．
■地名や人名の表記については，いつの時代のどの言語による呼称を採用するかが問題になる．本書では，原則的には現代において一般的に用いられている欧文表記を用い，必要と思われるものについては他の表記を併記することで，歴史研究としてのバランスをとることとした．

# 図版リスト

## 口　絵

口絵 1 ●デリー衛星写真：出典　Google Earth: ©2008 Europa Technologies, Image ©2008 Digital Globe
口絵 2 ●シャージャーハーナーバード（1850 頃）：British Library, Oriental and India Office Collections. Archive reference: India Office Records X/1659
口絵 3 ●ラール・キラ遠望　（デリー）：写真　山根周
口絵 4 ●ジャーミー・マスジッド　（デリー）：写真　山根周
口絵 5 ●アーグラー衛星写真：出典　Google Earth: Image ©2008 Digital Globe
口絵 6 ●アーグラー古地図（1720 年代）：Maharaja Sawai Man Singh II Museum, Jaipur 所蔵
口絵 7 ●パンチ・マハル（ファテープル・シークリー）：写真　山根周
口絵 8 ●ラーホール衛星写真：出典　Google Earth: ©2008 Europa Technologies, Image ©2008 Digital Globe
口絵 9 ●バードシャーヒー・モスク（ラーホール）：写真　山根周
口絵 10 ●ラーホール旧市街のハヴェリ：写真　山根周
口絵 11 ●アフマダーバード衛星写真：出典　Google Earth: Image ©2008 Digital Globe

## 序　章

図 0-1 ●カールムカ：作図　中川雄輔
図 0-2 ●パタン都市図：出典　Kadam (1990)
図 0-3 ●アーグラー：出典　Gole (1988)
図 0-4　a：ヴァーラーナシー都市図　1931 年　出典 Meyer, W.S. & Cotton, J.S. (1931)
　　　　b：ヴァーラーナシー街路網図　2005 年　作図：中濱春洋
図 0-5 ●イブン・バットゥータの全旅程：出典　イブン・バットゥータ (1996-2002)
図 0-6 ●イスラーム都市の概念図：作図　布野修司
図 0-7 ●イスラーム都市の空間モデル：作図　布野修司
図 0-8 ●本書に関する主要都市：作図　中貴志
図 0-9 ●諸都市の規模比較　布野修司＋川井操＋趙聖民

## 第Ⅰ章　イスラーム都市

図 1-1 ●メッカ　Bianca, Stephan (2000)
図 1-2 ●カーバ神殿の変遷：出典　Nomachi, Ali Kazuyoshi & Seyyed Hossein Nasr (2003)
図 1-3 ● 1790 年　メディナ中心部：出典　Nomachi, Ali Kazuyoshi & Seyyed Hossein Nasr (2003)

図版リスト

図 1-4 ●メッカ　巡礼路：出典　Nomachi, Ali Kazuyoshi & Seyyed Hossein Nasr（2003）：作図　岡崎まり
図 1-5 ● a　エルサレムの変遷：作図　中貴志　b　パレスチナ古図：出典　Armstrong（1996）
図 1-6 ●ダマスクス　陣内秀信・新井勇治編（2002）
図 1-7 ●バグダード（アッバース朝）：作図　中貴志
図 1-8 ●バグダード：出典　Google Earth: ©2008 Europa Technologies, Image ©Digital Globe
図 1-9 ●コイ・クリルガン・カラ（ホラズム，ウズベキスタン）出典　a ヒヴァ博物館　b 日本建築学会（1995）c 写真布野修司
図 1-10 ● a　サーマッラー　b　サーマッラー航空写真　c　サーマッラー宮殿：出典　Benevolo（1975）
図 1-11 ●マグリブの諸都市：作図　中貴志
図 1-12 ●フェズ航空写真　Bianca, Stephan（2000）
図 1-13 ●マラケシュ　出典　板垣雄三，後藤明編（1992）
図 1-14 ●伝統的なアラブ・イスラーム都市を形成する主要要素の概念モデル
図 1-15 ●イスラーム都市とシャリーア　a〜h：出典　Hakim（1987）
図 1-16 ● ab チュニス　航空写真 2 枚　出典　Hakim（1987）
図 1-17 ●チュニス　都市図：作図　高橋渓　出典　Google Earth: ©2008 Europa Technologies, Image ©Digital Globe
図 1-18 ●シルクロードの諸都市：作図　中貴志
図 1-19 ●イスファハーン：出典　Donato（1990）
図 1-20 ●イスファハーン　出典　Google Earth: ©2008 Europa Technologies, Image ©Digital Globe
図 1-21 ●マー・ワラー・アンナフル：作図　林亮介
図 1-22 ●ブハラ都市図：出典　Gangler, Anette, Gaube, Heinz, & Petruccioli, Attilio（2004）
　　　　　a. Bukhara01："Eversman's 1823 map of Bukhara"
　　　　　b. Bukhara02："Khanikov's 1843 map of Bukhara"
　　　　　c. Bukhara03："Anonymous 1842 map of Bukhara"
　　　　　d. Bukhara04："Captain Poslavskij's 1891 map of Bukhara"
　　　　　e. Bukhara05："The Old City in 1995"
図 1-23 ●アフラシアブ　a 復元図：出典　日本建築学会（1995）　b 城壁：写真　布野修司
図 1-24 ● a．シャファリサブズ（ウズベキスタン・ティムール博物館）　b　アク・サライ：写真　布野修司
図 1-25 ● a　サマルカンド　復元図：作図　高橋渓　b　サマルカンド：写真　布野修司
図 1-26 ●古代インドの 16 大国：出典　Bhattacharya（1979）：作図　高橋渓
図 1-27 ●シシュパールガルフの都市遺跡：出典　山崎利男（1985）
図 1-28 ● 7 世紀頃までに諸文献に表われたインドの諸都市の立地：出典　Bhattacharya（1979）：作図　高橋渓
図 1-29 ●ムガル朝の諸都市：作図　岡崎まり

## 第 II 章　デリー

図 2-1 ●デリーに築かれた歴代の都市（デリー七都）：出典　Hearn（1906）
図 2-2 ●ラール・コートとキラー・ラーイー・ピタウラー：出典　Fanshawe（1902）
図 2-3 ●クッワト・アル・イスラーム・モスク：出典　Page（1927）
図 2-4 ●クッワト・アル・イスラーム・モスク平面図：出典　Tadgell（1990）

図 2-5 ●クトゥブ・ミナール：写真　山根周
図 2-6 ●ラール・コート，シーリー，ジャハーンパナー：出典　Jain (1994)
図 2-7 ●ハウズ・カース貯水池：写真　山根周
図 2-8 ●トゥグルカーバード：出典　Hearn (1906)
図 2-9 ●トゥグルカーバード城壁：出典　Tadgell (1990)
図 2-10 ●キルキー・マスジッド（ジャハーンパナー）：出典　Tadgell (1990)
図 2-11 ●フィーローズ・シャー・コートラ復元図：出典　Tadgell (1990)
図 2-12 ●ジャーミー・マスジッド（フィーローザーバード）：写真　山根周
図 2-13 ●バラ・ダルワザ（プラーナ・キラ）：写真　山根周
図 2-14 ●フマーユーン廟：写真　山根周
図 2-15 ●フマーユーン廟平面図：出典　Asher (1992)
図 2-16 ●シェール・マンダル：出典　Koch (1991)
図 2-17 ●ラーホール門（ラール・キラ）：写真　山根周
図 2-18 ● 18 世紀に描かれたラール・キラのプラン (Jaipur, Maharaja Sawai Man Shing II Museum 所蔵／出典　Gole (1989)
図 2-19 ●ラール・キラの計画寸法（コッホ）：出典　Koch (1991)
図 2-20 ●シャージャハーナーバード宮城 (1857)：出典　Hearn (1906)
図 2-21 ●シャージャハーナーバード市街地の主要施設：出典　Frykenberg (1986), p. 242 に加筆：山根周
図 2-22 ●チャンドニー・チョウク (1857)：出典　Kaul (1999)
図 2-23 ●シャージャハーナーバード (1857)：出典　Hearn (1906)
図 2-24 ●シャージャハーナーバード (1866)：出典　School of Planning and Architecture, New Delhi 所蔵／飯塚キヨ氏のご厚意により入手）
図 2-25 ●英国による改変地区：出典　Frykenberg (1986)
図 2-26 ●ニューデリー計画案（「デリー新帝都計画最終報告書」）：出典　Volwahsen (2002)
図 2-27 ●ニューデリー全体プラン：出典　Volwahsen (2002)
図 2-28 ●オールド・デリー人口 (1941-1981)：出典　Ehlers E. & Krafft T. (eds) (1993)
図 2-29 ●オールド・デリー人口密度 (1981)：出典　Ehlers E. & Krafft T. (eds) (1993)
図 2-30 ●シャー・ジャハーン時代のシャージャハーナーバード市街地：出典　Chenoy (1998) に加筆：山根周
図 2-31 ● 18 世紀後半のシャージャハーナーバード市街地の構成：出典　Chenoy (1998) に加筆：山根周
図 2-32 ●主要なハヴェリとモスク (1739：出典　Blake (1993) pp. 72-3 に加筆：山根周
図 2-33 ● 19 世紀初頭の市街地構成とコミュニティ分布：出典　Chenoy (1998) に加筆：山根周
図 2-34 ● 19 世紀半ば頃作製のシャージャハーナーバード地図再作図　版：出典　Ehlers E. & Krafft T. (eds) (1993)
図 2-35 ● 1850 年頃，1866 年，1998 年のシャージャハーナーバード市街地の主要街路：作図　山根周
図 2-36 ● 1850 年頃の街区および邸宅の分布：作図　山根周
表 2-1 ●シャージャハーナーバードにおけるモスク，寺院の棟数と建設年代 (1639-1857)：出典　Blake (1993) p. 181 を基に作成（山根周）
図 2-37 ●オールド・デリー市街地と調査地区：作図　山根周
図 2-38 ●調査地区俯瞰（ジャーミー・マスジッドのミナレットより）写真　山根周
図 2-39 ●チョウリー・バーザール：写真　山根周
図 2-40 ●チュリワラン通り：写真　山根周

図版リスト

図 2-41 ●街区内の路地：写真　山根周
図 2-42 ●ジャーミー・マスジッド，シータ・ラム・バーザール周辺地区の街区構成：作図　山根周
表 2-2 ●調査地区の各街区における施設分布（No. は図 2-42 の街区番号と同じ）：作成　山根周
図 2-43 ●街区入口に設けられた門（No. 9：ガリ・ラール・ダルワザ）：写真　山根周
図 2-44 ●調査地区における宗教施設の分布：作図　山根周
図 2-45 ●調査地区における商店，工場の業種分布：作図　山根周
図 2-46 ●1850 年頃の調査地区の街路：作図　山根周
表 2-3 ●1850 年頃と現在の街路構成の比較：作成　山根周
図 2-47 ●1850 年頃の調査地区内のハヴェリ，カトラ：作図　山根周
図 2-48 ●1850 年頃の地図に記された調査地区内の宗教施設，井戸，街路門：作図　山根周
図 2-49 ●1867-68 年の地図に記された調査地区内の宗教施設と井戸：地図出典 Revenue Survey of India, CANTONMENT, CIVIL STATION, CITY & ENVIRONS, OF DELHI 1867-68 Corrected up to 1873, Surveyed in 1867-68, by Mr. E. T. S. Johnson, and corrected up to 1873, by Captain W. H. Wilkins（所蔵：British Library, Oriental and India Office Collections, X/1666/1-4）
表 2-4 ●デリーの歴代都市：作成　山根周
表 2-5 ●19 世紀のシャージャーハーナーバードの人口推移：出典　Blake (1993) p. 174 を基に作成：山根周

## 第 III 章　ラーホール

図 3-1 ●アーグラー城平面図：出典　Koch (1991)
図 3-2 ●カールムカ：出典　布野修司（2006 年）
図 3-3 ●ジャーミー・マスジッド（アーグラー）：写真　山根周
図 3-4 ●タージ・マハル：写真　山根周
図 3-5 ●ファテープル・シークリー都市プラン：出典　Brand (1987)
図 3-6 ●ダンダカ：出典　布野修司（2006 年）
図 3-7 ●ファテープル・シークリー王宮地区プラン：出典　Brand (1987)
図 3-8 ●ジャーミー・マスジッド（ファテープル・シークリー）：写真　山根周
図 3-9 ●ブランド・ダルワーザ（ファテープル・シークリー）：写真　山根周
図 3-10 ●キャラバンサライ（ファテープル・シークリー）：写真　山根周
図 3-11 ●ラーホール・フォート平面図：出典　Mumtaz (1985)
図 3-12 ●ラーホール・フォート北壁：写真　山根周
図 3-13 ●シーシュ・マハル（鏡の宮殿）：写真　山根周
図 3-14 ●ラーホール絵図 (1825)：出典　Aijazuddin (1991)
図 3-15 ●ラーホール市街地：作図　山根周
図 3-16 ●ラーホール旧市街（主要街路と調査地区）：地図出典 Gilmore Hankey Kirke LTD. (GHK) Architects, Engineering and Planning Consultants & Pakistan Environmental Planning and Architectural Consultants LTD. (PEPAC), "Walled City Lahore Conservation and Upgrading", 4 sheets, (1991) に加筆：山根周
図 3-17 ● G. B. Tremenheere 作製によるラーホールの地図 (1848)：出典　Quraeshi (1988)
図 3-18 ●ラーホール高等裁判所：写真　山根周
図 3-19 ●ムガル朝時代のグザル：出典　L. D. A (1993)
図 3-20 ●デリー・ゲート・バーザール：写真　山根周

図 3-21 ●居住地内の路地：写真　山根周
図 3-22 ●ラーホール旧市街の街区構成と施設分布：作図　山根周
表 3-1 ●街区内の街路幅と長さおよび内部における路地の分岐数：作成　山根周
表 3-2 ●各街区の住戸数と住戸密度および施設分布：作成　山根周
図 3-23 ●ワジール・ハーン・マスジッド：写真　山根周
図 3-24 ●街区内のモスク（モハッラ・カカザイアン）：写真　山根周
図 3-25 ●ダルガー：写真　山根周
図 3-26 ●街路門：写真　山根周
図 3-27 ●調査住居の分布：作図　山根周
表 3-3 ●分析対象住居の概要：作成　山根周
図 3-28 ●ラーホール旧市街における都市住居の典型例：作図　山根周
表 3-4 ●都市住居の空間要素：作成　山根周
図 3-29 ●ムグを設けた中庭状テラス：写真　山根周
図 3-30 ●ラーホールの町なみ（デリー・ゲート・バザール）：出典　L. D. A（1993）
図 3-31 ●ジャロカ：写真　山根周
図 3-32 ●ブハルチ：写真　山根周
図 3-33 ●ジャマダール・フシャル・シンのハヴェリ（中庭からデウを見る）：写真　山根周
図 3-34 ●ジャマダール・フシャル・シンのハヴェリ平・断面図：出典　L. D. A（1993）に加筆：山根周
図 3-35 ●各街区における住居敷地規模の割合：作図　山根周
図 3-36 ●各街区の住居敷地の平均面積：作図　山根周
図 3-37 ●用途別の敷地規模の割合：作図　山根周
表 3-5 ●各街区における住戸人口の分布：作成　山根周
図 3-38 ●タラーの分布：作図　山根周
図 3-39 ●バーザール沿いに連続するタラー：写真　山根周
図 3-40 ●街路とタラー：作図　山根周
図 3-41 ●下水の流れ：作図　山根周
表 3-6 ●バーザールにおける商品構成：作成　山根周
図 3-42 ●バーザールにおける業種分布の割合：作図　山根周

## 第IV章　アフマダーバード

図 4-1 ●バドラ・フォート城門とマイダン：写真　山根周
図 4-2 ●ジャーミー・マスジッド：写真　山根周
図 4-3 ●アフマダーバード旧市街の行政区と主要施設および調査地区：作図　山根周
図 4-4 ●旧市街の宗教別住み分け：作図　山根周
図 4-5 ●ガンディー・ロード周辺地区の街路体系と街区の分布：作図　山根周
図 4-6 ●マネク・チョウク街区：作図　山根周
図 4-7 ●マネク・チョウク地区の街区構成：作図　山根周
図 4-8 ●カドゥキの内部：写真　山根周
図 4-9 ●マネク・チョウク街区内のチョウク：写真　山根周
図 4-10 ●マネク・チョウク地区の街区構成模式図と住戸数：作図　山根周
図 4-11 ●ガンチ・ニ・ポルのデラサル（ジャイナ教寺院）：写真　山根周
図 4-12 ●ヒンドゥー教の祠：写真　山根周

図版リスト

図 4-13 ●チャブートラ：写真　山根周
図 4-14 ●カディア地区の街区構成
図 4-15 ●ポルの境界の門：写真　山根周
図 4-16 ●カディア地区の街区構成模式図と住戸数：作図　山根周
図 4-17 ●カマサ地区の街区構成：作図　山根周
図 4-18 ●カマサ地区の街区構成模式図と住戸数：作図　山根周
図 4-19 ●マネク・チョウク地区の施設分布と住居入口の分布：作図　根上英志
図 4-20 ●マネク・チョウク地区の商店業種分布：作図　根上英志
図 4-21 ●マネク・チョウク地区の建物階数：作図　根上英志
表 4-1 ●マネク・チョウク地区の商店業種内訳：作成　根上英志
図 4-22 ●調査対象住居：作図　根上英志
表 4-2 ●マネク・チョウク地区の調査住居リスト：作成　根上英志
図 4-23 ●アフマダーバード旧市街の住居類型：作図　根上英志
表 4-3 ●住居タイプ別規模：作成　根上英志
図 4-24 ●B タイプおよび D タイプの典型例：作図　根上英志
図 4-25 ●マネク・チョウク地区の住居タイプ別分布と住居配列：作図　根上英志
図 4-26 ●農村集落のカドゥキ型構成：出典　Pramar (1989)
図 4-27 ●カドゥキ型とチョウク型の基本構成：作図　根上英志

# ムガル都市
イスラーム都市の空間変容

布野修司
山根　周
　　　［著］

# 序　章

1　「インド都市」論

2　イスラームの「都市性」：移動と国際商業ネットワーク

3　「イスラーム都市」論

4　「イスラーム都市」の空間モデル

5　「イスラーム都市」とコスモロジー

6　「ムガル都市」

# 1
## 「インド都市」論

　本書が対象とするのは，デリー Delhi，ラーホール Lahore，アフマダーバード[1] Ahmadābād という南アジアの三都市である．「三都」の起源，形成，変容，転成を，臨地調査を基に，主としてその空間構成に着目して明らかにしている．言うなれば，本書はインドの「三都物語」である．

　何故，この「三都」なのか．まず，インドに軸足を置いて問題をたててみよう．

### (1) ヒンドゥー都市の理念型

　インドには，古来，『アルタシャーストラ Arthasastra（実利論）』[2] あるいは『マーナサーラ Mānasāra[3]』（Acharya（1934））など，都市の理念型，あるいは都市計画の手法を記した書が伝えられてきた．『曼荼羅都市―ヒンドゥー都市の空間理念

---

1) 日本語表記としては，アーメダバード，アーメダーバード，アーマダーバードも用いられる．
2) 『アルタシャーストラ』は，古来知られ，様々に文献に引用されてきたが，一般にその内容が利用可能となったのは，1904年にヤシの葉に書かれた完全原稿が発見され，R. シャマシャーストリ Shamasastry によってサンスクリット原文（1909）と英訳（1915）が出版されて以降である．その後，様々な注釈書やヒンディー語訳，ロシア語訳，ドイツ語訳などが出されるが，それらを集大成する形で英訳を行なったのが R. P. カングレー Kangle（1965）である．日本語訳として，カウティリヤ，『実利論』上下，上村勝彦訳，岩波文庫，1984年，がある．上村訳は，適宜，カングレー訳を参照している．Rangarajan（1992）は，シャマシャーストリ訳の最後の版（1929）から時間が経ってこの間新たな知見も加えられたこと，またその訳がいささか古めかしいこと，また，カングレー訳などが専ら正確さを期すために多くの細かな註が付けられていて，全体がわかりづらいことから，思い切って，全体を再編集する形をとっている．文献学的には問題かもしれないが，先行訳があるからこその大胆な試みである．読解を助ける図表も多く，全体を見通すためにはありがたい．全体は，11部に再編集され，「1部　序」，「2部　国家と構成要素」，「3　王」，「4　国家組織」，「5　宝物・財源・会計監査」，「6　市民奉仕・規則」，「7　政府部門」，「8　法・裁判」，「9　秘密作戦」，「10　外交」，「11　防衛・戦闘」からなる．

とその変容』(布野修司(2006))は，インドの都市計画の伝統を追いかけて，そうした書物に記された「ヒンドゥー都市」の理念型を論じ，その影響が東南アジアに広く，強く及んでいることを具体的な事例について明らかにした．そこで大きく取り上げているのが，マドゥライ Madurai（インド　タミル・ナードゥ州）とジャイプル Jaipur（インド，ラージャスターン地方，インド），そしてチャクラヌガラ Cakranegara（インドネシア，ロンボク島）の三都市である．宇宙の構造を具象化した都市を理想とする「ヒンドゥー都市」をチャクラヌガラという名[4]に因んで「曼荼羅都市」と呼んだが，この「曼荼羅都市」の系譜がアジアの都市の大きな伝統を形成してきたことは鮮やかに浮かび上がらせることができた．

しかし，大きく二つの問題が残った．

一つは，

A 『曼荼羅都市』でも強調しているが，「ヒンドゥー都市」の理念形をそのまま形にする事例は，インド亜大陸そのものには，マドゥライ，ジャイプルなどを除くとほとんど残されていない，ということである．

そして，もう一つは，

B 『曼荼羅都市』で，具体的に触れることができなかった「カールムカ Kārmuka」[5]という類型があることである．

この二つの残された問題が本書執筆の出発点である．

まず，Aについては，さしあたり以下のように考えることができる．

①理念は理念であって，実際建設するとなると，立地する土地の形状や地形な

---

[3] 数多くのヴァーストゥ・シャーストラ（建築書）の中で最もまとまっているのが『マーナサーラ』である．「マナ mana」は「寸法 Measurement」また「サラ sara」は「基準 essence」を意味し，「マーナサーラ」とは「寸法の基準 Essence of Measurement」を意味するという．また，建築家の名前だという説もある．成立年代は諸説あるが，P. K. アチャルヤ Acharya (1934) は6世紀から7世紀にかけて南インドで書かれたものだとする．

[4] サンスクリット語のチャクラ cakra とは，一般には，インドの神秘的身体論において，脊椎に沿っていくつかある生命エネルギーともいうべきものの集積所をいうが，文字通りには「円」，「輪」，「円輪」を意味する．ヌガラ（ナガラ）negara/nagara とは，「町」，「都市」あるいは「国」のことである．チャクラヌガラとは，直訳すれば「円輪都市」ということになる．

ど様々な条件のためにそのまま実現されるとは限らない．例えば，ジャイプルの場合，北西の山の存在が全体の形状に大きな影響を与えている．

②また，理念通りに実現したとしても，時代を経るに従って，すなわち，人々に生きられることによってその形状も様々に変化していく．マドゥライの場合，「同心方格囲帯」を成すそれぞれの街路は大きく歪んでいる．

③むしろ，そのままの理念が必要とされるのは，その文明の中核よりも周縁においてである．とりわけ，王権の所在地としての都城の場合，支配権力の正統性を表現するために，理念形が必要とされる．「曼荼羅都市」の理念をそのまま実現する都市は，アンコール・トム Angkor Tom やマンダレー Mandalay など東南アジアの諸都市である．

①②については，都市論における基本的なテーゼにしていいと思う．理念はどうあれ，都市が都市である限り，時間の経過とともに変化していくのは当然である．例えば②について，長安にしても，平安京にしても，極めて理念的に計画され建設されるが，まもなく右京が廃れたことが知られている．③のテーゼは，「イスラーム都市」の理念形とその変化形を問題にする本書のテーマにも大きく関わるが，少なくとも，インド，そして中国における都城理念とその現実形態については成立している．

本書がデリー，ラーホール，アフマダーバードという「三都」を取り上げる単純かつ直接の理由は B である．すなわち，「三都」の全体形態は「カールムカ」に似ているのである．また，古来そう指摘されてきた．

『マーナサーラ』が「ヒンドゥー都市（村落）」の理念形の一つとする「カールム

---

5)「カールムカ」についての『マーナサーラ』の記述は以下のようである（（ ）内は Acharya の章節項）．正方形もしくは長方形 (IX-454)．この類型は，さらにパタナ Pattana，ケタカ Khetaka，カルヴァタ Kharvata の三つからなる．パタナは主としてヴァイシャが，ケタカは主としてスードラが，カルヴァタは主としてクシャトリヤが住む (IX-455-457)．川岸や海岸に立地する (IX-458)．通りの起点（頭部）に交差（合流）点がある．西と北，南と東，北と東，南と西を繋ぐ通りを作る (IX-459-461)．外周部は弓（カールムカ）のような形となる．各区画は 1-5 の通りからなる (IX-462IX-463)．すべての車道は二つの歩道を持ち，ジグザグの小交差路は一つ以上の歩道を持つ (IX-464)．四つの居住区を前述のように区画する (IX-465)．シヴァなど神々は前述のように配される (IX-467)．多くの門が作られる．塁壁を持つ（持たなくてもいい）(IX-468)．ヴィシュヌ寺院は交差点に建ち，門から見えるのが望ましい．シヴァ寺院も交差点に建つ．そうでなければ，両寺院とも通りのない場所に建てられる (IX-469-472)．

「インド都市」論

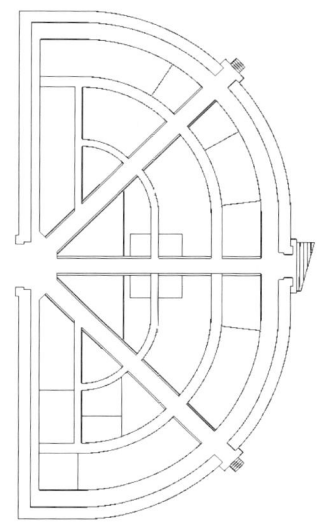

図 0-1 ● カールムカ：作図　中川雄輔

カ」（図 0-1）は，川もしくは海に一辺を接して，外周部は半円形あるいは弓形で，放射状の道路体系をとる．「カールムカ」とはそもそも「弓」を意味する．

この「カールムカ」の形態は，正方形もしくは長方形をモデルとする他の類型[6]と比べて異質である．『マーナサーラ』が理念型とする類型の中には，円形もしくは多角形をモデルとする「パドマ Padma」のような例もある．パドマとは「蓮」のことであり，「蓮」の形が理想とされるのである．しかし，パドマにしても他の類型にしても，方形・矩形も円形も同様だとするから，「同心方形囲帯構造」という意味では同じである．放射状の街路体系をとる円形のパドマの半分が「カールムカ」であり，この円や正多角形の半分割というのは「カールムカ」だけであり，特異なのである．

デリー，ラーホール，そしてアフマダーバードは，川に一辺を接して弓形（半円形）の都市の典型ではないか，と思われる．そして，それが一つの型ではないか，同じモデルを用いているのではないかと思うようになったのが，アフマダーバー

---

6)『マーナサーラ』は，村落形態として，ダンダカ Dandaka，サルヴァトバドラ Sarvatobhadra，ナンディヤーヴァルタ Nandyāvarta，パドマ，スワスティカ Swastika，プラスタラ Prastara，カールムカ，チャトゥールムカ Chaturmukha の八つを挙げる．Acharya (1934)．布野修司 (2006)．

序　章

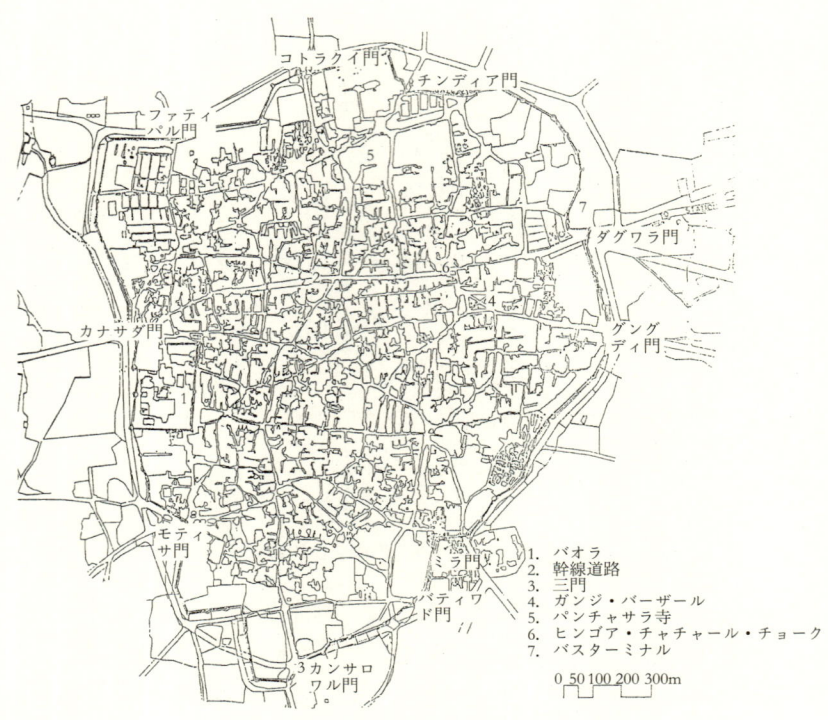

図 0-2 ●パタン都市図：出典　Kadam (1990)

ドの北西 130km にあるパタン Patan（図 0-2）である．アフマダーバードとまったく同じように弓形（半円形）をしているのである．パタンは，8 世紀半ばに建国されたラージプートーグジャール Rajput-Gujar 王国の首都として建設されアナヒルヴァダ Anahilvada と呼ばれた．その王国のもとでジャイナ教が厚く庇護され，今日でもグジャラート Gujarat はジャイナ教徒の多い地域として知られる．王国は，1298 年にデリーのスルタン sulṭān，アラーウッディン・ハルジー Alauddin Khalji の軍に破れ，グジャラートはムスリム muslim の支配下に入るが，デリー・サルタナット Sultanate の衰退とともに勃興したのが，マフムード・シャーのグジャラート王朝である．そして，この王朝によってパタンを遷都する形でスルタン・アフマド・シャー Ahmad Shah1 世（在位 1411-1441）によって建設された（1411 年）のがアフマダーバードである．その形態の類似性を見ると，アフマダーバードの

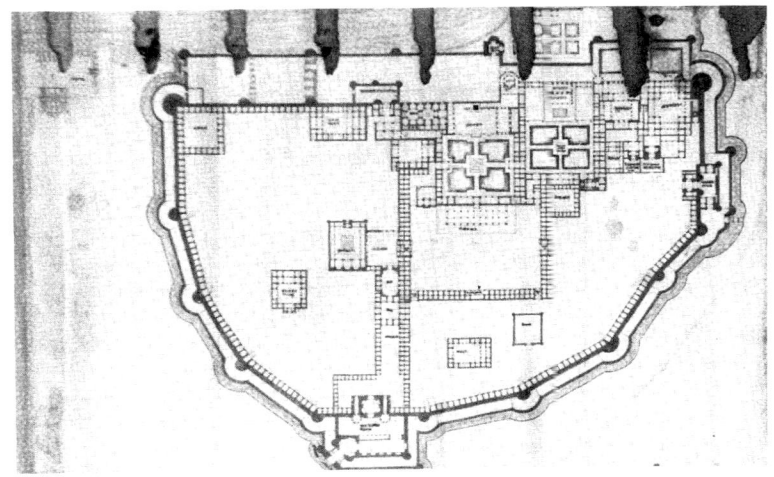

図 0-3 ●アーグラー：出典　Gole（1988）

建設に当たって、ヒンドゥーの王都のパタンがモデルとされたことは間違いないように思える．

また、「カールムカ」という形態については、ムガル朝の最初の首都として造営されたアーグラー Āgra（図 0-3）がまさに「カールムカ」に基づいて設計されたという説がある（III 章 1-1）．さらに、ヒンドゥーの聖都ヴァーラーナシー Vārāṇasī がある．巡礼路は理念として半円形の 5 重の同心構造をしていると考えられており、全体もガンガ（ガンジス河）に沿って半円形の形状をしている．ヴァーラーナシー・ヒンドゥー大学（図 0-4）は、その理念をそのままキャンパスの敷地の形としている．

これらの都市の形態が、「カールムカ」に基づくのだとすると、アフマダーバードは、ムスリム王であるスルタン・アフマド・シャー 1 世によって建設されたけれど、むしろ「ヒンドゥー都市」の伝統を基礎にしていることになる．少なくとも、「カールムカ」を手掛かりに、同心方格囲帯の都市構造あるいはグリッド・パターン以外の「ヒンドゥー都市」の系譜を追いかけてみる必要があるだろう．ラーホール、デリーに続いて、アフマダーバード、ヴァーラーナシー[7]などを臨地調査の対象としたのは、そうした位置づけによる．

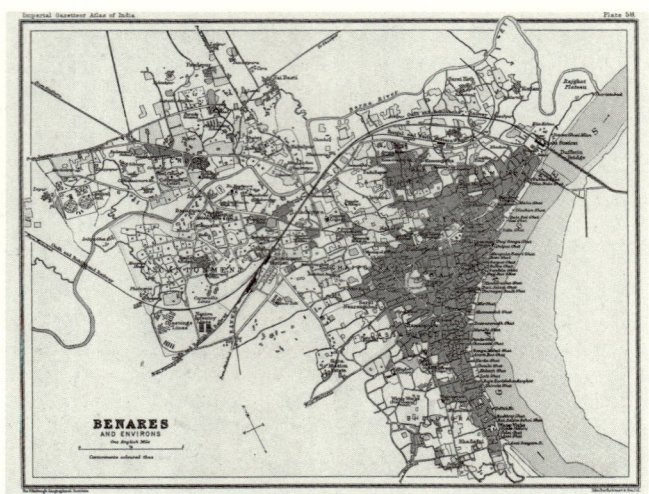

図 0-4a ●ヴァーラーナシー都市図　1931 年　出典 Meyer, W.S. & Cotton, J.S.（1931）

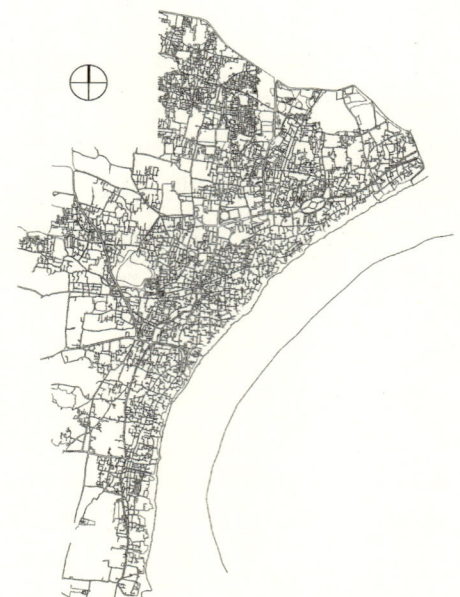

図 0-4b ●ヴァーラーナシー街路網図　2005 年
作図：中濱春洋

## (2) インド・イスラーム都市

インドの都市を巡っては，もう一つ根本的な問題がある．すなわち，クシャーナ朝[8]（1世紀半ば-3世紀後半）時代に最も栄えたとされるタクシラ Taxila のシルカップ Sirkap 以降，発掘調査の遅れや文献の偏りもあって，13世紀に始まるムスリム支配期以前に遡って「ヒンドゥー都市」の展開をたどることはできないのである（Chakrabarti (1997)）．

インドの諸都市の歴史を考える上で，残されている手掛かりがイスラームのインドへの侵入以前に遡りえないということは，イスラームこそが「ヒンドゥー都市」の伝統を破壊したということを意味するのであろうか．そうだとすると，「カールムカ」の形態はどう考えればいいのであろうか．あるいは，「三都」の形態は，「カールムカ」とは無縁なのであろうか．

イスラームが，イスラーム以前に形成されていた諸都市に何らかの影響を及ぼしたことは間違いない．時代は下るが，ジャイプルにしても，18世紀前半に建設開始された都市の骨格はほとんど変化しないけれど，ムスリムの居住する周辺部の街路パターンは大きく崩れている（布野修司 (2006)）．だから，インドの諸都市におけるイスラーム侵入以後が当然問題となるが，そもそも，イスラームはどのような都市理念を持つのか，また，どのような都市をインドにおいて建設したのか，あるいは，イスラーム以前のインド土着の都市をどのように改変したのか等々が本書の出発点における素朴な問いである．

すなわち，本書が第2の軸足とするのは，「イスラーム都市」としての「三都」である．「インド・イスラーム文化」という言葉が一般的に用いられているのに倣えば，本書で対象とするのは，「インド・イスラーム都市」ということになる．

---

7）柳沢究，布野修司：ヴァーラーナシー（ウッタル・プラデーシュ州，インド）の都市空間形成と巡礼路および寺院・祠との関係 Relationship between Spatial Formation of Varanasi City (Uttar Pradesh, India) and Pilgrimage Routes, Temples and Shrines, 日本建築学会計画系論文集，第583号，pp. 75-82，2004年9月．

8）インド北西部，中央アジアの古代王朝．中国の史書では貴霜（きそう）と記される．前2世紀後半，東方から移動しバクトリア地方を征服した大月氏は，領内に5翕侯（きゅうこう）（諸侯）を置くが，1世紀半ばごろ，その5翕侯の一つを形成していたクシーナ族が，クジューラ・カドフィセース（カドフィセース1世）のもとに強大化したと考えられている．クシャーン朝は，領土を南方のガンダーラ地方，さらには北インド中部にまで広げている．その後，アショーカ王と並ぶ仏教の大保護者としても知られるカニシカ（カニシュカ）が出て，都をプルシャプラ（現，ペシャーワル）に置いて，一大帝国を築いた．

それは一体どのようなものか．果たして，そうした概念は成立するであろうか．デリー，ラーホール，アフマダーバードという三都市を取り上げるのは，第1に，アーグラー，ファテープル・シークリー Fatehpur Sīkrī（第III章1-2）などとともに，インドにおけるイスラーム支配の拠点となった都市という位置づけにおいてである．

インドの都市，あるいは「ヒンドゥー都市」の伝統を巡る以上のような素朴な関心にとって，まず明らかにすべきは，「イスラーム都市」とは何かである．そのために，イスラームの「都市性」，「イスラーム都市」の「地域性」を巡る議論を前提とする必要がある．そして，インドのイスラーム化を大きな視野で捉えておく必要がある．

### (3) ユーラシアの都市：遊牧と定住

都市形態論としては，大きな河川の沿線に大きく弧を描く形で「弓形」あるいは「半円形」の都市が形成されるのはごく自然である．しかし，インドをイスラーム化した勢力は，必ずしも，そうした都市形成の伝統を持ってはいなかった．

彼らは，どんな都市形成の伝統を持ち，何を都市の原型としてきたのか．インドのイスラーム化に大きな役割を果たしたのは，中央アジア，とりわけ，アラル海に水を運ぶアム河とシル河という二つの大河に囲われた，いわゆるマー・ワラー・アンナフル Mā warā' al-Nahr（トランス・オクサニア Transoxiana：オクソス（アム河）を越えた地，川向こうの地）である．ここには，古来オアシスの伝統が培われ，「都市」を必要としない遊牧国家の興亡・交錯があった．「オアシス都市」の伝統は，農耕定住を生業基盤とする大河川の沿岸に定着する過程で大きく変容したと考えられる．本書の第3の軸は，「三都」をユーラシア都市史の大きな構図において捉えることである．

この間の「イスラーム都市」研究への一つの不満は，続いてすぐ触れるように，今のところ，インド亜大陸の諸都市が「イスラーム都市」研究の視野外に置かれているように思われることである．建築学・都市計画学の分野で先駆的に「イスラーム都市」研究をまとめた陣内秀信・新井勇治編の『イスラーム世界の都市空間』（陣内秀信・新井勇治（2002））も，マグリブ Maghrib から中国西域まで扱うのであるが，何故か南アジアそして東南アジアの都市はすっぽり抜けている．世界

で最大のムスリム人口を抱えるインドネシアについては,『カンポンの世界』(布野修司(1991))で,その形成過程,居住様式,都市組織などについて明らかにした.しかし,『カンポンの世界』は,「イスラーム都市」論からみれば遥かに周縁的といわざるをえない.南アジア,東南アジアにおける「イスラーム都市」の展開を押さえることも第3の軸である.アジアにおける「曼荼羅都市」の系譜とは異なるもう一つの系譜を明らかにする上では,イスラームが大きな視点となることは間違いないであろう.

　本書で問おうとするのは,以上のように,「ヒンドゥー都市」の理念型を比較の視点とした,また,イスラーム・インパクトを視点とする,インド諸都市の比較である.本書執筆の動機の一つは,「イスラーム都市」論を豊富化することである.少なくとも,本書は,『イスラーム世界の都市空間』の空白を埋める意義をもっているだろう.「イスラーム都市空間」論のさらなる展開にささやかでも寄与することが本書の大きな目的である.

# 2
# イスラームの「都市性」：移動と国際商業ネットワーク

 イスラーム al-Islām[9] は，都市で生まれた「都市」の「宗教」[10] である．事実，イスラームは人類最古の古代オリエントの都市文明をその内に継承することにおいて成立した，と考えられている[11]．

 予言者ムハンマド・イブン・アブドゥ・アッラーフ Muhammad ibn 'Abd Allāh (570頃-32)は，商業都市メッカ Mecca（マッカ Makkah）の商人であり，当時のアラビア社会で重視されていた家柄，血縁，地域共同体の絆を断ち切って，すべてのムスリムは同胞として一つのイスラーム共同体＝ウンマ umma を形成する，と唱えた．すなわち，イスラームは，商取引の契約を重視する倫理を基礎としており，ムスリムは，信仰そのものも神との契約に基づき，最後の審判の日には生前の善行と悪行が「はかり」にかけられると考える．商業活動による富の獲得と生活の安定は，その信仰の基礎とさえ考えられてきた．都市の本質的特性の一つとして，「市」の機能，交換・交易の場所という特性があることを考えれば，イスラームがその起源において都市生活と密接不可分であったことは容易に理解できる．

---

9) イスラーム al-Islām とは，アラビア語で「唯一の神アッラー Allāh に絶対的に服従すること」を意味する．アラビア語のイラーフ ilāh（神）に定冠詞アル al が付加された語がアッラー（フ）である．アッラーはメッカ（マッカ）周辺の人々によって至高神として信仰されてきたが，預言者ムハンマド（570頃-632）によってイスラームの最高神に高められる．アッラーに絶対的に服従する信者がムスリム（イスラーム教徒）である．

10) イスラームは，社会のあらゆる面について守るべき規定を定めており，いわゆる宗教の範疇を越えている，という観点から，イスラーム教と「教」を付けずに，ただイスラームと言うのが普通である（小杉泰（1994））．

11) 日本における今日におけるイスラーム研究の基礎を築いたといっていい「比較の手法によるイスラームの都市性の総合的研究」という共同研究（研究代表者板垣雄三　文部省科学研究費　重点領域研究 1988-91）は，まさにイスラームの「都市性」に焦点を当てるものであった．

イスラームが，交換・交易すなわち商業を基礎とするということは，一方で，「移動」あるいは「ネットワーク」をその本質的要素とするということである．アラビア半島の「遊牧」生活を背景として，その結節点としての「港市都市」，そして「オアシス都市」にイスラームは生まれた．イラン高原，そして中央ユーラシアのイスラーム化の拠点となったのは「オアシス都市」であり，そのネットワークである．一方，「港市都市」とイスラームの関係については言うまでもないだろう．いわゆるシルクロードを通じた陸のルートとともに，中国南のザイトゥーン（泉州）[12]にイスラームが伝えられたのは，イスラームの誕生からそう年月は離れてはいない．東南アジアの各地にイスラームを伝えたのは，海を渡ったアラブの商人たちである．イスラーム世界の成立と海域を通じた国際商業ネットワークについては，家島彦一（1991，2006）が精力的に明らかにするところである．

　商業活動とその拠点としての都市のネットワークがイスラームのインフラストラクチャーとなるのであるが，それを形成したのがジハード jihād（聖戦）である．ジハードによる周辺地域の「征服」，そして軍営都市（ミスル Misr）の建設と「移住」は，イスラーム世界拡大の手段であった．「右手に剣，左手にクルアーン（コーラン）」といい，ジハードはイスラームを武力で強制するイメージがあるが，ジハードの根幹には，いかに社会正義を樹立するかという政治・社会的な課題とそのために自己犠牲を厭わないという宗教的命題がある．小杉泰（2006）は，このジハードを「内面のジハード」，「剣のジハード」，「社会的ジハード」という三つの側面に分けてイスラーム帝国の成立を現代の視点から見通してくれている．

　ジハードとともにイスラームの成立を支えたものに，『メッカ巡礼』（ハッジュ hajj）という「旅」のシステムがある．巡礼は，イスラームの信仰体系の中核にある．ムスリムにとって，ハッジュになること，メッカという聖域への「巡礼」は，宗教的義務であり，今日に至るまで絶対的な価値を持つ．

　第Ⅰ章で概観するように，イスラーム勢力は，ジハードによって，ムハンマドの死（632）後10年足らずで，ビザンツ帝国領のシリア（ダマスクス Damascus, アレッ

---

12) 中国，福建省の南東部沿岸，晋江の下流に位置する「港市都市」．唐宋時代には，中国人の海外発展の一大根拠地で，アラビア人をはじめ多数の外国人のために蕃坊と称する専用の居留地が河岸に沿って設けられた．元代には中国第一の南海貿易港なり，マルコ・ポーロやイブン・バットゥータが「ザイトゥーン」の名で世界一繁栄している港としてその盛況を伝えた．元の日本やジャワ遠征の艦隊はいずれもここから出発しており，元の海運根拠地であった．

序章

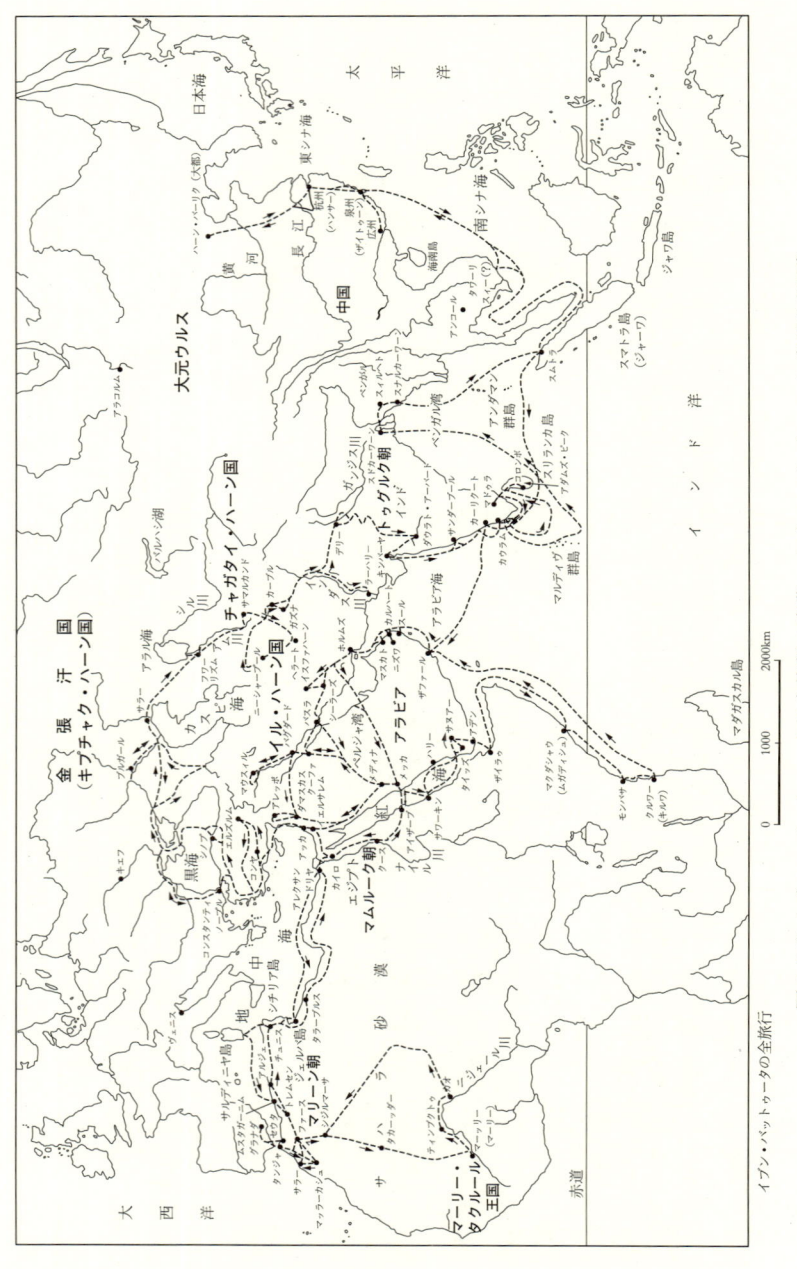

図 0-5 ● イブン・バットゥータの全旅程：出典 イブン・バットゥータ（1996-2002）

ポ Aleppo）を征圧し，さらに，バスラ Basra，クーファ Kūfa を建設してサーサーン朝ペルシア（226-651）統治下のイラクを支配下に置いた．そして，アッバース朝の成立（8 世紀中葉）の段階で，イスラーム世界は，西は北アフリカからイベリア半島，東はマー・ワラー・アンナフル（トランス・オクサニア）からインダス河流域まで広がっていた．そしてさらに，その外縁，東はインド，東南アジア，中国，南は，東アフリカ，マダガスカル島にもムスリム商人が活動範囲を拡げていた．そうしたムスリムの活動域を繋いだのが「イスラーム都市」のネットワークであり，「巡礼」のシステムであった．

　メッカは，「都市」の「宗教」であるイスラームにとって，世界の中心に位置する唯一特権的な都市である．世界史上まったく例のない都市である．この「聖なる都市」＝「聖域」への「巡礼」は，人の移動，物の移動，そして情報の移動を伴う．それ故，交易，市場，商業のネットワークと結びつきまたそれらを生み出すのである．メッカは「思想の窓口」[13] であり，「巡礼」は，情報，知を求め，それを得る「旅」でもある．

　「遊牧」，「征服」，「移住」，「巡礼」，「旅」すなわち「移動」は，以上のように，「イスラーム世界」の成立に関わり，今日までそれを支えている．実際，ムスリムのウンマの広がりを支えたのは，移動，交通のネットワークである．時代は下るが，14 世紀前半のイブン・バットゥータの大旅行（家島彦一（2003））を支えたのも「イスラーム都市」ネットワークに他ならない．イブン・ジュザイイによって編まれたイブン・バットゥータの旅行記は，『三大陸周遊記』[14]，『大旅行記』[15] などと呼ばれるが，正式の書名は『諸都市の新奇さと旅の驚異に関する観察者たちへの贈り物』である．諸都市とは，アムサール amṣār，ミスルの複数形である．この書物には当時の「イスラーム都市」が活き活きと描き出されている．また，その諸都市が緊密なネットワーク（図 0-5）によって繋がれていることを理解することができる．イスラームが「都市」の「宗教」であるというのは，端的に言って，都市と都市間ネットワークがイスラームを支える基礎であった，ということである．

---

13) 坂本勉（2000）は，巡礼の起源と儀礼，その機能と手段の変化を歴史的に明らかにしてくれている．
14) 前嶋信次訳『三大陸周遊記』河出書房新社，1977 年，『三大陸周遊記　抄』中公文庫，2004 年
15) 家島彦一訳『大旅行記』1〜8，東洋文庫，平凡社，1996-2002 年

# 3
## 「イスラーム都市」論

　それでは,イスラームは具体的にはどのような都市空間を形づくってきたのか.イスラームが建設した都市はどのような空間特性を持つのか.その原型はあるのか,すなわち,「イスラーム都市」と呼びうるようなイスラームに固有の都市の理念あるいは形態があるのであろうか.そして,その地域的展開による変形はどのようなものか.さらに,現在に至る変容・転成の過程はどのようであったのか.
　「比較の手法によるイスラームの都市性の総合的研究」という共同研究(研究代表者板垣雄三,文部省科学研究費,重点領域研究1988-91)の出発点における問いとテーマは,端的に言って,およそ以上のようであった.そして,その共同研究を通じて明らかになったことは,意外にも,「イスラーム都市」という概念は一般的には成立しないのではないか,「イスラーム都市」という固有の形態はないのではないか,ということであった.
　共同研究の大きな成果の一つである,『イスラム都市研究[歴史と展望]』(羽田正・三浦徹(1991))の序章は「イスラム都市論の解体」(羽田正)と題される.そこでまず槍玉に挙げられるのが,植民地期におけるマグリブ[16]の都市研究を基にした「イスラーム都市」論である.すなわち,「ヨーロッパ都市」をモデルとして「イスラーム都市」を対置するオリエンタリズム的二分法,そのイスラーム認識のフレームがまず批判される.そして続いて問題にされ,批判されるのが,「イスラー

---

16) マグリブとは,アラビア語で「日が没する地」あるいは「西方」を意味し,今日では,東方のアラブ諸国,つまりマシュリクに対して西方のアラブ諸国の呼び名である.アラブの地理学者は,西アジアのアラブ世界をイラク・シリア・エジプト・アラビア半島などのマシュリク(東方),イフリーキーヤ(北アフリカ),アンダルスなどのマグリブ(西方)に分けた.狭義には北アフリカ西部をマグリブという.

ム都市」という存在，その概念そのものである．すなわち，「イスラーム都市」の形態的，社会的特徴を一般的に規定することはできない（のではないか），という点である．

「イスラーム都市」論の淵源となったフランス植民地下のマグリブ都市研究は，私市正年によって，1830年のアルジェリア侵攻時に遡って総括される[17]が，「イスラーム都市」という概念が提出され議論され始めるのは1920年代のことである．以降の「イスラーム都市」論の展開は，『イスラム都市研究［歴史と展望］』によれば，およそ以下のようである．

①「イスラーム都市」論は，まさにイスラームを「都市」の「宗教」であると規定することによって定立される．それを簡潔に示すのが W. マルセーズ Marçais (1928)[18]の以下のテーゼである．

> イスラームは本質的に都市生活に適合した都市の宗教であり，遊牧生活を軽蔑し，疑う宗教である．それは，予言者ムハンマドが遊牧民を嫌悪し，敵視したことにも表われている．イスラームが都市の宗教である以上，イスラームの拡大は必然的に都市の建設を伴うことになる．都市の要素はジャーミー（集会モスク），スーク suq（市場，ペルシア語でバーザール bāzār，トルコ語でチョルス chorsu），ハンマーム hāmmām（公衆浴場）である．（Marçais (1928)）

ここでは，都市生活と遊牧生活が鋭く対置されているが，このテーゼの背景にあるのは，ギリシア・ローマ都市からヨーロッパ都市への展開を普遍的な過程としてとらえる都市＝文明論[19]である．文明の破壊者＝遊牧民と文明の担い手＝都市定住民という対立を含んだイスラーム社会は，ヨーロッパ社会より遅れているとする歴史観すなわち「イスラーム社会停滞論」がその背景にあった．

②遊牧民と都市定住民の対立・分離を前提とした上で，イスラームを「都市」の「宗教」としたマルセーズとともに「イスラーム都市」論の軸となったの

---

17) 私市正年「アラブ (1) マグリブ」，羽田正・三浦徹編，前掲書 (1991).
18) W. マルセーズと協働した弟の G. マルセーズは，建築家，地理学者としてチュニジア，アルジェリア，モロッコの諸都市について多くの著書を残している．
19) M. ウェーバー Weber の『都市の類型学』が1922年，そして H. ピレンヌ Pirennne の『中世都市論』が1927年である．

が,「イスラーム都市」の基本はスークにあり,都市の基本構造はギルド（同業者組合）組織によって成り立ち,ギルド組織が西欧中世都市と同様にコミューン（自治）機能を持っていたとする L. マシニョン Massibnon (1920, 1924)[20] である.

③ 1920 年代に始まる西欧都市をモデルとする都市あるいはギルドの自治機能を巡る議論を受けて,それを体系的に整理したのが G. E. フォン・グルーネバウム Grunebaum (1955a, b) である.まず,指摘するのが,「イスラーム都市」共通の形態的特徴,マルセーズのいう都市の要素としてのジャーミー,スーク,ハンマームという都市施設の存在に加えて,街区の「狭く迷路のように曲がりくねった道,多くの袋小路,中庭構造」といった特性である.そして,西欧の自治都市のようなコミューン機能は否定するが,「イスラーム都市」は一定の自治機能を持つとした.

> 街区やギルドの長が都市住民と国家の間に立って一定の自治的機能を果たしていた.特に街区は,街区ごとに閉鎖的な空間と民族的同質集団が形成されることにより共同体的結合機能を果たす上で重要であった.しかし,それらは全体としては結合されず都市はそうした街区の寄せ集めからなる.(Grunebaum (1955b))

もちろん,全体的統合がまったく欠如しているということではない.ギリシア・ローマ都市あるいは西欧の中世都市が市民による自治によって政治的に統合されるのに対して,「イスラーム都市」においては,ギルドあるいは街区を政治的に統合する機関は存在せず,宗教的理念によってのみ統合されるというのである.

④ この,一定の自治権を持つ,都市住民の統合組織としての街区組織,その寄せ集め（モザイク）という概念は,街区のフィジカルな「狭く迷路のように曲がりくねった道,多くの袋小路,中庭構造」という形態と相まって,「イスラーム都市」のイメージを形成することになる.このグルーネバウムの「イスラーム都市」のイメージあるいはモデル化は,H. ギブ Gibb & H. バウエン Bowen (1950-1957) の『イスラーム社会と西洋』にも共通し,歴史的な都市研究という形ではあるが,シリア,イラクの都市についても拡大適用されるこ

---

[20] マシニョンはモロッコの諸都市のギルドについて数多くの調査報告を残している.

とになる[21)].

⑤以上の「イスラーム都市」論に対して，主としてマシュリク都市研究者から批判が出されるのは 1960 年代後半であり，それを受けてさらに「イスラーム都市」論の基礎をなす歴史研究として位置づけられるのが，I. P. ラピダス Lapidus (1967) の『中世後期のムスリム諸都市』である．ラピダスは，ヨーロッパ対イスラーム（アジア），自治対自治不在，都市対農村といった二分法が「イスラーム都市」という虚像を生み出してきたとし，様々な社会集団とそのネットワークの機能と構造に着目し，形態としての都市より，プロセスとしての都市を解明することで二分法を乗り越えることを主張する．

具体的に対象とするのはマムルーク朝時代のシリアの諸都市である．「ヨーロッパ対イスラーム」というオリエンタリズム的二項対立のパターンを抜けきっていない，街区を中心とした社会的諸集団の連帯意識を重視し，都市の権力を巡ってそれらが結合したり抗争したりすると考えたことはモザイク論の焼き直しに過ぎない，という批判はあるが，都市－農村を含む地域における有機的なネットワークの構造を解析することによって，イスラーム社会の歴史的発展と全体的構造を動態的に捕らえる方法モデルの展開として評価が高い[22)]．イスラーム社会・都市モデルを時代，地域を越えて無限定に適用させているわけではなく，そのモデルは柔軟性に富んでいて，諸集団の社会関係のとり結びかたの変化に対応して，各時代，地域ごとの特徴的なモデルに作り変えうる可能性をもっている，というのが羽田正である[23)]．

⑥こうして，「イスラーム都市」論の批判的総括によって，時代，地域を特定した上での都市研究の深化が必要とされ目指されることになる．1970 年代から 80 年代にかけての成果として，D. E. エイケルマン Eickelman (1981), E. ワース Wirth (1982), J. L. アブー＝ルゴド Abu-Lughod (1980, 1987), B. S. ハキーム Hakim (1986) などがある．西アジア，北アフリカの都市に共通の地理学

---

21) 私市正年は以下を挙げている．Ashtor, E., "L'administration urbaine en Syrie médiévale", Revista degli studi orientali, 31, 1956 ("The Medieval Near East: Social and Economic History", London, 1978). Cahen, C., "Mouvements populaires et autonomismes urbaines dans l'Asie musulmane au moyon âge", Arabica, 5/3, 6/1, 6/3, 1958–59.
22) 三浦徹「アラブ (2) マシュリク」，羽田正・三浦徹 (1991)
23) 羽田正「イスラム都市論の解体」，羽田正・三浦徹 (1991)

的特徴を挙げ，このいずれもがイスラームと結びつかないとするワースに対して，アラブ地域の都市については，イスラーム法が都市建設と都市生活のガイドラインとして機能しており，「アラブ・イスラーム都市」という概念が成立しうるとするのがハキームである．アブー＝ルゴドは，一地域の事例を一般化することの問題点を指摘しながら，一方で，都市建設の過程でイスラーム法の果たす役割を論じて「イスラーム都市」概念を保持する．

　羽田等は，以上のような「イスラーム都市研究」の総括を通じて，結局，「イスラーム都市」という概念，既往の「イスラーム都市」論の枠組みを否定するに至る．そして，「アラブ地域だけで話を終わらせず，イランやトルコ，さらにはインド亜大陸，インドネシア，西アフリカなど「周縁」のイスラム諸地域とのきめ細かな比較，中国や日本社会など異文化地域との大胆な比較を通じて，新しい都市研究の視角を見い出すことができるかもしれない」とした．すなわち，「イスラーム都市」という枠組みを取り払った上での，新たな視角に基づいた都市研究を展望する．それを受けた三浦徹による『イスラム都市研究［歴史と展望］』の終章は「都市研究の再構築に向けて」（羽田正・三浦徹 (1991)）と題され，都市を，地理・経済・社会・歴史文化のあり方を見通す枠組み（参照枠）として用いるために，具体的な座標軸として，「空間としての都市」，「交点としての都市」，「集合としての都市」，「歴史としての都市」，「文化としての都市」を挙げている．

　タイトルに「イスラーム都市」をうたう本書であるが，当然のことながら，本書もこの総括を出発点としている．具体的に焦点を当てるのは「インド亜大陸」の諸都市であり，主たる座標軸とするのは「空間としての都市」である．

　「空間としての都市」を座標軸とする限り，以下にすぐ見るように，あるいは上の総括でも確認したように，イスラームに特有の空間特性や空間モデルを一般的に規定することはできない．「イスラーム都市」の形態的，空間的特徴を一般化しようとしても，すぐさま例外が挙げられるのである．本書で焦点を当てるのは，インドのムガル朝期を起源とする都市であり，極めて限定的であるにもかかわらず，何故，「イスラーム都市」という概念を用いるかと言えば，いささか逆説的に響くかもしれないが，地域地域で様々な都市の形態を受け入れていく柔軟性こそがイスラームの特性と考えるからである．以下にさらに補足しよう．

# 4
## 「イスラーム都市」の空間モデル

　G. E. フォン・グルーネバウム Grunebaum (1955a, b) に，
「狭く迷路のように曲がりくねった道，多くの袋小路，中庭構造」
といった特性を「イスラーム都市」の形態的特徴とした．

　ワース wirth (1982) は，いずれも「イスラーム都市」に固有ではないとするが，西アジアの「イスラーム期」の諸都市の特徴として，同様に，

①都市計画の規則性，迷路・不規則性の発生，
②袋小路，
③中庭構造，
④街区，
⑤スーク

を挙げる．①の規則性と不規則性は，矛盾しているようであるが，要点を突いている．「イスラーム都市」の建設にあたっては，大モスク，宮殿，ハンマームなど公共の施設は極めて計画的に規則的に配置される．しかし，住区は，あらかじめ計画されるのではなく，その後に「発生」するのであり，不規則的で迷路状の街区が形成されるのが特徴なのである．

　ワースの「イスラーム都市」の概念は，図 0-6, 7 (3, 8) のように図式化される．また，「インド・イスラーム都市」にも関心を拡げる都市地理学者 E. エーラーズ Ehlers (1992) は，K. デットマン Dettman (1970) など幾人かの「イスラーム都市」の空間モデルを図式化している．デットマンの図式は，極めて分かりやすい図式である（図 0-6, 1）．エーラーズは，それに近代における変化を加えた図式を示

21

序章

● 大モスク　〇 バーザール　☆ 城塞　▭ 墓地　----- 小売店舗　── 城壁

1　Dettman　1969

2　Ehlers　1991

▭ バーザール

3　Wirth　1982／1990

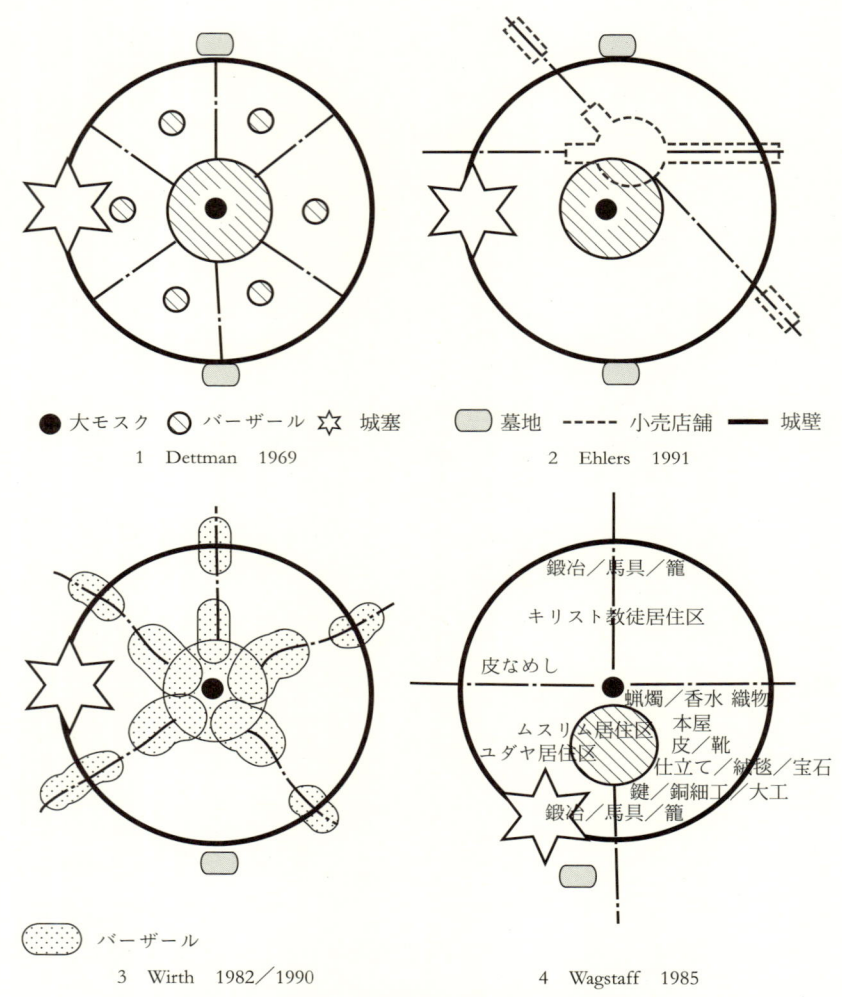

鍛冶／馬具／籠
キリスト教徒居住区
皮なめし
蝋燭／香水　織物
ムスリム居住区　本屋
ユダヤ居住区　皮／靴
仕立て／絨毯／宝石
鍵／銅細工／大工
鍛冶／馬具／籠

4　Wagstaff　1985

図 0-6 ● イスラーム都市の概念図：作図　布野修司

している（図 0-6, 2）が，中央にモスク，その周辺にバーザール，そして，中心から周辺へ向けての社会的経済的階層分化，城壁という同心円的構成，袋小路の住区と迷路状の街区構成，城塞，ハンマーム，地区内施設の配置などは共通である．

こうした一般の「イスラーム都市」のステレオタイプ的把握について，多くの批判が提出されてきたことは前節で概観した通りである．

「イスラーム都市」の空間モデル

図0-7 ●イスラーム都市の空間モデル：作図 布野修司

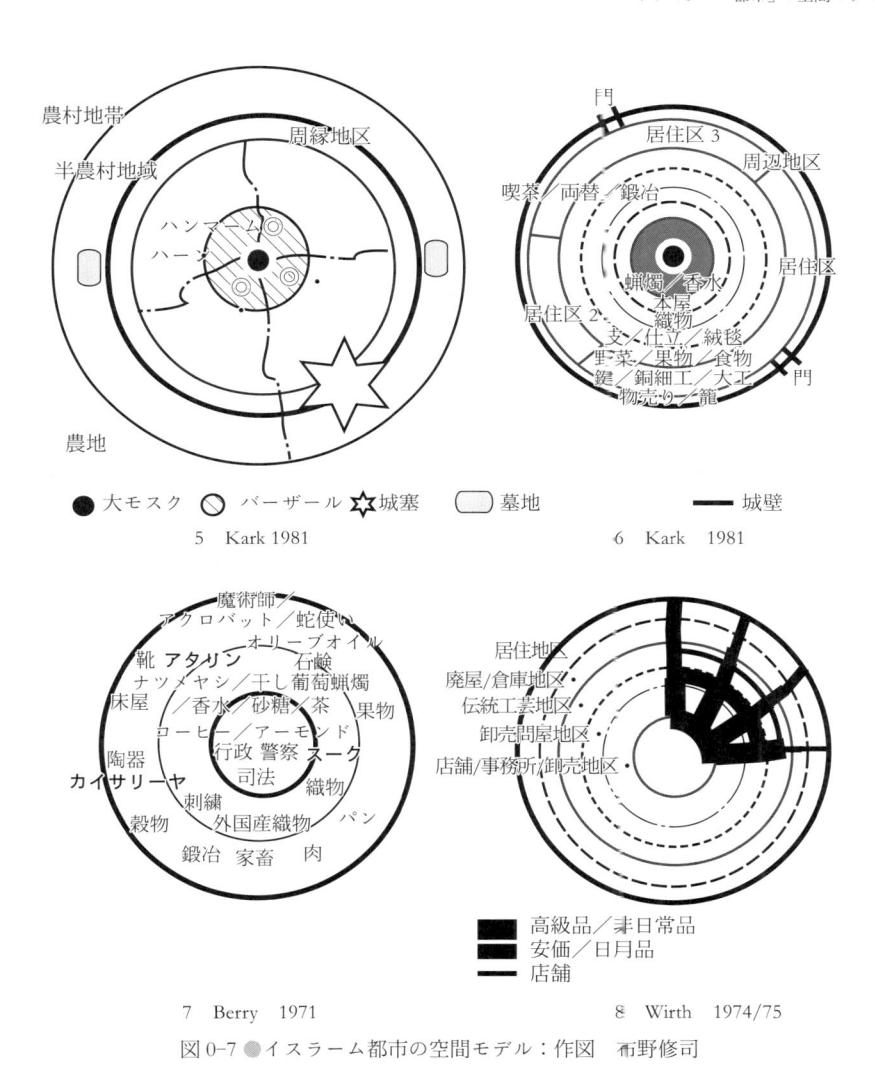

5 Kark 1981
6 Kark 1981
7 Berry 1971
8 Wirth 1974/75

● 大モスク　○ バーザール　☆ 城塞　□ 墓地　── 城壁

■ 高級品／非日常品
■ 安価／日月品
── 店舗

　しかし，「イスラーム都市」を巡るそうした様々な議論を踏まえて，なおかつ，「アラブ・イスラーム都市」については，その構成原理を一般的に規定できるとするのがハキームの『アラブ・イスラーム都市』である．その内容は，第Ⅰ章（I-2節）で詳しく検討するが，イスラーム史の，最初の3世紀の間に，「イスラーム都市」の原型，基本原理ができあがったとハキームは考える．「イスラーム世界」

の急速な拡大に伴い，精力的に展開された建築・都市建設活動が様々な問題・軋轢を各地で引き起こしたが，種々の問題を規制し，裁定するためにガイドラインと法的枠組みが必要となる．そして，イスラームによって作り出された統一的な法的ガイドラインおよび同一性を持つ社会・文化的な枠組みは—イスラーム世界の多くの地域に共通する気候と建築技術と合わさって—都市建築過程に対する非常に類似したアプローチを生み出した．その結果，よく知られた蜂の巣状の都市パターンが，この広大な地域にくまなく見られることになった，というのである．

「アラブ・イスラーム世界」が「イスラーム世界」の中心と考えられてきたことには歴史的，宗教的理由がある．小杉泰 (2006) は，中東地域がイスラームの中核部であると認識されてきた理由として，

① イスラームがメッカとメディナ Madina（マディーナ Madinah）という二つの都市で誕生し，成立したこと（起源としてのアラビア半島），
② 二聖都が礼拝，巡礼などの宗教的中心であり続けていること（宗教的中心性），
③ 啓典クルアーン（コーラン）に反映されるアラビア半島の状況（クルアーン的な原風景），
④ 最後のイスラーム的帝国で，「スルタン＝カリフ制」を採ったオスマン帝国が中東にあったこと，
⑤ 中東戦争，イラン・イスラーム革命など現代「イスラーム世界」の大きな問題が中東にあること

などを挙げている．そして，アラブあるいは中東地域がイスラームの中心であるとする以上の理由のそれぞれについて，その根拠を問いながら，イスラームにとって，「アラブ的なるもの（ウルーバ）」がその教えの根幹に深く関わっていることを，アラビア語によるクルアーンの読誦，「アラブ化」などを巡って明らかにしている．7世紀のアラビア半島において成立したイスラームは，様々な法学や神学の学派によって継承されたが，その本拠地はバグダードやカイロ，カイラワーンであり，アラビア半島が中心であり続けたわけではない．メディナのマーリクを祖とする法学派のマーリク学派は，初期イスラームを最もよく継承すると考えられるが，その後は西方アラブ世界で栄え，メディナを拠点とし続けたわけではない．それぞれの理由は中東中心主義を説明するが，イスラームの起源（①），

二聖都（②），クルアーン（③）などを根底において結び合わせているのは，アラビア語であり，アラブ的なるもの（ウルーバ）である．「アラブ・イスラーム都市」を模範的と考えるハキームも，イスラームにおいてアラビア語およびアラブ的なるものが「普遍的」なものとして機能していることを大きな根拠としていると言っていいだろう．

　しかし，都市の物理的な形態について，すぐさま確認できるのは以下のような諸点である．

A　「イスラーム都市」として一般的にイメージされる，西アジア諸都市の，迷路状の街路に中庭式住居がびっしりと建並ぶ街区構成を基本とする都市形態は，明らかにイスラーム以前に遡る．

B　西アジアの中でも，あるいはイスラームが成立する中核域であるアラビア半島，イラク，シリア地域を見ても，都市の形態，街区の空間構成は異なる．例えば，高層住宅が林立するイエメンのサナアのような都市がある．また，ダマスクスのように，既存都市（ローマの植民都市）を基にして築かれる場合がある．さらにイスラームがいち早く及ぶ北アフリカやイベリア半島（マグリブ）の諸都市を見ても，諸都市の形態は多様である．

C　イスラーム（「イスラーム国家」「イスラーム王朝」）が初めて自ら設計実現したバグダードの円城は，一方でホラーサーン地方の円形都市の伝統を継承しているとされる．また，その後，その設計理念，形態が他の都市に引き継がれた形跡がない．アッバース朝において，バグダードを遷都する形で建設されたサーマッラーは，精緻なグリッドを基盤にしており，バグダードとはまったく形態を異にしている．

D　イスラームが，イラン，トルコなど非アラブ地域に及んだとき，各地にはそれぞれ土着の都市の伝統があった．さらに，南アジア，東南アジアにおいて大きな影響力をもっていたのはヒンドゥー都市の理念であり伝統である．イスラームがインドに建設した諸都市は，西アジアの諸都市とは様相を異にしている．さらに東南アジアの諸都市，ジャワの諸都市，例えば，バントゥンやマラッカのような都市と西アジア諸都市の形態は明らかに異なっている．

具体的に建設された諸都市が歴史的地域的諸条件の中で多様な形態を採るのは当然である．「インド都城」にしても「中国都城」にしても，その理念型をそのまま実現する都市はそうあるわけではないのである．むしろ，「比較の手法によるイスラームの都市性の総合的研究」を通じて確認されたこととして指摘すべきは次の事実である．

E　イスラームには，イスラーム固有の都市の理念型を著わす書物がない．

「「イスラーム世界」には独特の形態と生活様式を持った「イスラーム都市」が存在する」というテーゼを否定した羽田は，その後，「イスラーム世界」という概念そのものの解体へ向かったように思われる．羽田が徹底して否定し拒否しようとするのは，「イスラーム世界」というフレーム，それを成立させるパラダイム，イデオロギー，その政治的機能である．「ヨーロッパ世界」vs.「イスラーム世界」という対立構図（「文明の衝突」論）を根底的に批判するために，そのフレームそのものを問い，その解体を展望するところまで行き着くのである．

羽田の『イスラーム世界の創造』(2005) は，「イスラーム世界」という概念の成立（フレーム・アップ）を巡る徹底したメタ・クリティークの試みである．このレヴェルにおいて，「イスラーム世界」をアプリオリに前提とする「イスラーム都市」という概念もまた容認できないことは明らかであろう[24]．そしてさらに，都市の具体的形態，それを構成する諸要素に関わるレヴェルにおいても，繰り返し「イスラーム都市」の共通性，統一性を否定する．例えば，「イスラーム建築や美術に見られる統一性」によって「イスラーム世界」の存在を説明しようとする主張を次のように斥けるのである．

「イスラーム建築の統一性を示す事例とは，「イスラーム世界」のどこに行ってもモスクがあること，モスクは必ずメッカの方向を向いて建てられ，メッカ側の壁にはミフラーブと呼ばれるメッカの方向示すアーチ型の壁のくぼみがあること，大きなモスクには必ずミンバル（説教壇）とミナレット（尖塔）が備わってい

---

[24] 羽田は自ら退路を断って，歴史叙述のフレームとしての「イスラーム世界」を拒否すると宣言する．その決断やよしとするが，現代の国際政治を巡るプロブレマティークと世界史読み替える作業が密接不可分であることは明らかであり，新たなパラダイムを提示しえない限り，一定の力を持ちえないことも明らかであろう．

ること，といった程度のことである．建築の材料や形式，それに装飾の様式は地域によって様々である．……モスク建築を材料にして，その統一性を強調するか，そこには統一性がないとみるかは，論者が議論をどちらの方向に導きたいかによって決まる．「イスラーム世界」が存在すると考えるから，モスク建築には多様性の中に統一性が見られると説明するのである．逆に，もし論者が歴史的な意味での「イスラーム世界」はなかったと考えるなら，モスク建築の不統一性をその例証として挙げることも可能であろう．」(羽田正 (2005))

「イスラーム世界」というフレームの設定こそが問題であるとする羽田にとっては，「イスラーム都市」という概念はあらかじめ成り立たない．具体的な形態としても「イスラーム都市」の共通性，統一性を否定することによって，「イスラーム世界」という概念をいわば2重に否定しようとするのである．ただ，「イスラーム都市論の解体」にしろ「イスラーム世界の創造」にしても，その主張は極めてアンヴィバレントである．「イスラーム都市」あるいは「イスラーム世界」という概念を成り立たせる根拠，パラダイム，イデオロギーの基底を問い批判するのであるが，それを相対化する新たな認識の地平は今のところ必ずしも示されていないように思える[25]．

---

25) 羽田は，「人間と環境の相互作用を主たるテーマとする世界史を描いてみたい」という．

# 5
## 「イスラーム都市」とコスモロジー

　本書では,「イスラーム都市」という概念にもう少しこだわり,踏みとどまる.「イスラーム世界」を前提とする議論にしても,「イスラーム世界」の「統一性」と「多様性」をどう把握するかは大きな問題である. 19世紀から20世紀前半にかけて伝統的な「イスラーム世界」は解体したが, 20世紀後半のイスラーム復興運動によって「イスラーム世界」が再生したと捉える小杉泰 (2006) は,アラブあるいは中東がイスラームの「中心」であり,他の地域,例えば東南アジアはイスラームの「周縁」であるという,「中心」―「周縁」モデル,すなわち,モデルとその地域的変容,模範と逸脱,あるいは堕落といった見方を廃して,イスラーム地域は,いずれも「普遍的」なるものと「地域的」「現地的」なるものを併せ持っている,という視点を強調する.
　「イスラーム都市」についても,「普遍的」なるものと「地域的」「現地的」なるものの併存を確認できるのではないか,というのが本書における視点である.

　F　都市や建築の具体的な形態,例えば例に挙げられるモスクの基本的特性,基本的要素が統一的であることを,果たして「……といった程度のことである」と言い切って済まされるであろうか. 都市や建築の具体的形態を問おうとするものにとっては,モスクの存在は極めて重要な問題である. モスクが必ずメッカの方向を意識して建設されることは極めて特異なことである. 通常,都市や集落の計画において重視されるのは東西南北の基本方位であり,また,立地する場所の地勢,山,川の位置と流れや勾配の方向なのである. しかも,支配者がムスリムであるかどうか,シャリーア

shari'a[26]（イスラーム法）が統治原理となっているかどうかにかかわらず，モスクという空間そのものが無視しえない要素である．少なくとも，東アジアの諸都市において，モスクは必ずしも主要で本質的な要素ではなかった．モスクの形式や形態の差異を越えて，モスクが存在する都市景観そのものがその都市を特徴づけるし，それなりの空間秩序を持ち込むのは当然である．続いて強調するように，アジア都市論，あるいはアジア都市研究という大きな平面を仮構してみると，「イスラーム都市」と呼びうるような類型を区別できるのではないか．

G　イスラームが「都市」の「宗教」であり，「都市性」を基礎とするのであれば，それは具体的な都市の形態，空間構成に表現されることはないのか，という最初の問いも残されている．例えば，モスクとその周辺，あるいはスーク（バザール）の空間は「イスラーム都市」を特徴づけるのではないか．ムスリム社会を分析する「市場社会論」「ネットワーク論」[27]を具体的な空間のあり方に即して確認してみる必要はあるのではないか．

H　「イスラーム都市」論，とりわけ，ハキームの『アラブ・イスラーム都市』（Hakim (1986)）[28]が刺激的であったのは，チュニス Tunis の都市形成の原理を明快に描き出したことである．中でも，イスラーム法（シャリーア）とワクフ waqf（寄進）制度を基本とする都市計画手法は，決して大袈裟ではなく「世界都市計画史」という観点からも，また今日の都市計画手法の問題としても，注目すべきものである．すなわち，ディテール，相隣関係の細かいルールを基に都市の街区が形成される仕組み，ワクフ（寄進）財として公共的施設を建設する仕組みは，あらかじめ全体計画（マスタープラン）として立案される都市計画の伝統とは異なるのである．イスラームの根幹にシャリーアあるいはワクフ制があるとすれば，それらが都市計画原理としても一般的に用いられたであろうことは大きな前提である．チュニスのみ

---

26) シャリーアは，もともと「水場へ至る道」という意味であり，「ムスリムとしての正しい生き方を示す指針」である．
27) 家島彦一『イスラム世界の成立と国際商業——国際商業ネットワークの変動を中心に』岩波書店，1991年，加藤博『文明としてのイスラム』東京大学出版会，1995年など．
28) Hakim, B. S., "Arabic-Islamic Cities: Building and Planning Principles", London, 1986. B. S. ハキーム『イスラーム都市——アラブの町づくりの原理』佐藤次高監訳，第三書館，1990年．

ならず他の都市においてもハキームと同様の作業が積み重ねられる必要があるのではないか．

「比較の手法によるイスラームの都市性」という共同研究の結論を，「イスラーム都市」という固有の形態はないのではないか，と，「のではないか」と留保をつけたのは，以上のような視点F～Hにおいてである．

そして，何よりも以下のような点において，逆説的に「イスラーム都市」が規定できるのではないかと考えるからである．それは上記のEに大いに関わっている．

I　都市計画の伝統についてアジアを広く見渡してみると，都市とコスモロジーが密接に関わりを持つ地域がある．一つは「中国都城」の理念が成立した地域（中原）とその影響圏，もう一つは「インド都城」が成立した地域とその影響圏である．中国の中原を核心域として生み出された中国都城の理念は，朝鮮半島，日本，ヴェトナム北部に及びそれを基にした少なからぬ都市を生んだ．一方，インド北部で生み出されたヒンドゥー都市の理念は，東南アジアに及んでアンコール諸都市などいくつかの都市を実現させた．しかし，キルタル山脈―中央ブラーフイ山脈―スライマーン山脈―ヒンドゥー・クシュ山脈以西の西アジアには，そうした都市をコスモスの表現と見なす伝統は見られない．，中国そしてインドには，都市計画の理念，手法を記す書物があるけれども，西アジアにはないように思われる（管見にして知らない）．もしそうだとすると（おそらくそうではないのではないか）[29]，その伝統をむしろイスラームは引き継いでいるのではないか．

J　イスラームには，一つの都市を完結した一つの宇宙と見なす考え方はない．イスラームにおいて最も重要な都市は，メッカであり，またメディナであり，さらにエルサレム Jerusalem である．メッカを中心とする都市のネットワークが宇宙（世界）を構成すると考えられている．西アジアにおけるイスラームとイスラーム以前の都市の関係は不明である．上述のように，イスラーム成立以前の都市の伝統がその後も引き継がれていることははっきり

---

[29] イスラーム以前の諸都市，例えば，ペルセポリスのような神殿都市計画を支えた原理が明らかにされる必要がある．

しているけれど，こうした都市間ネットワークこそが世界であるとする思想はイスラーム以前にはおそらくないのではないか．こうしてコスモロジカルな秩序と都市空間の秩序という観点に関して　その関係の欠如という特性において，「イスラーム都市」をひとまず規定することができるのではないか．

以上を踏まえて，いささか大胆な仮説を提出すれば以下のようである．

K　イスラームは，基本的に都市全体の具体的な形態については関心を持たない．専ら関心を集中するのは，身近な居住地，街区のあり方である（H）．イスラームは，「偶像禁止」を遵守することにおいて，基本的に建築の様式，装飾等には関心を持たない．だからといって，イスラーム建築が他に比べて劣っているということでは決してない．「偶像禁止」ということで，むしろ精緻な幾何学を発展させ，数多くのすぐれた建築を生み出してきたことはよく知られるところである．宮殿にしても，むしろ精緻な幾何学を基礎に設計されることが一般的である．しかし，モスクにしてもキブラ qibla（メッカの方向）[30]のみが唯一重るだけで，その形式　様式は時代によって，地域によって異なる．場合によっては，異教徒の建造物をそのまま使用して，執着するところがない．土着の建築様式を借用するのはむしろ基本的手法であり，一般的である．建築の型についてのこうした無頓着からの類推に過ぎないけれど，都市の形態についてもイスラームは一定の型にこだわるところはない．

以上の準備をした上で，「イスラーム都市」解体論に戻ろう．このレヴェルでは，羽田の「イスラーム世界」論の整理は実に有り難い．今日，「イスラーム世界」という場合，i：理念的な意味でのムスリム共同体，ii：イスラーム諸国会議機構，iii：住民の多数がムスリムである地域，iv：支配者がムスリムでイスラーム法による統治が行なわれている地域（歴史的「イスラーム世界」）の四つが区別される．

---

30)〈向かう方向〉を意味するアラビア語であるが，特にムスリムが礼拝の際に向かう方向を意味する．ムハンマドはメディナへのヒジュラの直後，その地のユダヤ教徒の制度を取り入れ，エルサレムの神殿をキブラとしたが，624年2月，これをメッカのカーバに改め，現在に至っている．モスクはキブラを示すミフラーブを中心に構成されることになった．

羽田が認めるのはiの規定のみであるが，ウンマは個別の都市を越えた世界であり，理念としてのウンマがある一つの都市として具象化されることはないから，ここでは問題とはなりえないだろう．問題は，理念としての「イスラーム都市」が存在するかどうかである．

iiは別として，iiiの規定は，都市のレヴェルでは捨て難い．インドネシアやマレーシアなど，ムスリムが大多数を占める都市を「イスラーム都市」あるいは「ムスリム都市」と呼ぶのにそう違和感はないからである．しかし，都市全体をそう規定することができるかどうかは疑問である．問題にできるのは，ムスリムの居住区や街区のレヴェルに限定されるであろう．

結局，「イスラーム都市」と規定できるのは，ivの歴史的「イスラーム世界」における都市，すなわち「支配者がムスリムでイスラーム法による統治が行なわれていた」都市ということになる．逆に言えば，歴史的な限定の上であれば「イスラーム都市」という概念を問題にしうる，ということである．

本書では，この歴史的な「イスラーム都市」をまず振り返っておきたい．その作業において，都市とイスラームを巡って基本的な概念を整理したい．究極的にはイスラームとは何か，ということになるが，イスラームにおける，宇宙，国家，社会，都市，街区，住居などに関わる空間概念について考察したい．具体的には，都市と農村，遊牧と牧畜の関係，都市の形態，居住地の空間構成が焦点となるであろう．そして，「イスラーム都市」の典型として，チュニスを解読する，ハキームの「アラブ・イスラーム都市」論を一つのモデルとして確認しておきたい．

# 6
## 「ムガル都市」

　以上の議論を踏まえた上で，イスラーム侵入以後のインドの諸都市を問題にしよう．都市の形態，その空間構成，都市組織と街区構成といった側面に限定されるが，冒頭に述べたように，インド諸都市へのイスラームのインパクトがどのようなものであったのかが，本書のテーマである．「イスラーム都市」論の展開において，インドに触れられることがほとんどないこと，インド都市論の展開において，イスラーム化のインパクトに触れられることが極めて少ないことは実に不思議である．誕生して1世紀ほど経て，イスラームはインド世界に伝えられた．そして，その影響は13世紀のテュルク系ムスリムの侵入以降，広く深くインド社会に及んでいるからである．

　イスラームのインパクトを何らかの形で受けたインドの都市，イスラーム支配の拠点となった都市を，とりあえず，「インド・イスラーム都市 Indo-Islamic city」と呼ぼう．あるいは，ムスリムが数多く居住する都市ということで「インド・ムスリム都市 Indo-Muslim city」という言葉も一般的に用いよう．しかし，問題は，イスラームのインパクトとは何か，であり，「インド・イスラーム都市」の特性は何か，ということである．

　本書にとって心強いのが，エーラーズとT. クラフト Krafft 編の『シャージャーハーナーバード／オールド・デリー：伝統と植民地化による変化』(Ehlers & Krafft (2003))である．彼らは「インド・イスラーム都市」を正面から取り上げ，しかも，「シャージャーハーナーバード／オールド・デリー」をその典型として焦点を当てているのである．

　エーラーズ (1993) の「インドのイスラーム都市？」によれば，先に触れたデッ

トマン（1969）の「イスラーム都市」の空間モデル（図 0-6 の 1）は，「インド・ムスリム都市」を問題にする先駆的の論考に基づいており，レヴァント地方の都市と北西インドの都市を比較して作成されたものである．「イスラーム都市論」で，「イスラーム都市」の地域性が提起される以前の論考で，そこでは概念的モデルの共通性が強調されている．しかし，もちろん，違いも指摘されている．デットマンは，「イスラーム世界の他の都市とは異なって，イスラーム・インド諸都市 Islamic Indian Cities のバーザールはまったく区別されていない．それどころか，小売，製造，生活の形態が近い共生関係にある．卸売，小売，製造，そしてサーヴィスは，広い範囲をカヴァーすると考えられており，一部，アラブやトルコ，ペルシアの諸都市の伝統的バーザールに見られるような「非典型的」なものがある．バーザールは，決して空間的に広がった複合体ではなく，線状のパターンを採るのが特徴である．こうして，北西インドとパキスタンの諸都市の伝統的業務地区内には，中央—周辺の傾斜勾配が生じるのが排除され，避けられているのである．」と言っている．一般に，アラビア語でスークという場合，一定の空間的広がりをもった市場をいい，ペルシア語でバーザールというと通りを挟んだ線状の形態をいう．イランのバーザールは線状だからデットマンがペルシアを含めるのは問題で，インド・ムスリム都市はむしろペルシアのバーザールの形式を持ち込んでいるというのがここでの指摘だと考えた方がいい．

　もちろん，バーザールの空間形態のみならず，比較は多様な視点から多重に行なわれねばならない．『シャージャーハーナーバード／オールド・デリー：伝統と植民地化による変化』は，その試みであり，本書の一つの前提である．

　8 世紀初頭，最初にイスラーム化されたのはシンド Sindhu 地方である．アラブの核心域からのイスラームの伝播は，紅海ルート，ペルシア湾ルートを通じての海域ルートが先行する．しかし，シンド地方からイスラームがインド亜大陸にそのまま伸張していったわけではない．イスラームがアム河を越えるのは 10 世紀末以降のことである．

　テュルク系ムスリム諸族の西北インドへの侵入は，10 世紀のガズナ朝（977-1186）勢力に始まり，ゴール朝（1148-1215）が続いた．そして，ゴール朝のインド方面の領土は，マムルーク出身の将軍クトゥブ・アッディーン・アイバク Qutub-ud-din Aibak（在位 1206-1210）に継承される．このアイバクが，チョウハー

ン（チャーハマーナ）朝（973頃-192）の都であったデリーを拠点に建てたのが，いわゆる奴隷王朝（1206-1290）である．以降，デリー・サルタナット（デリー・スルタン朝）と呼ばれる5王朝が継起する．そして，最後のローディー朝を倒して，ムガル朝を樹立するのがバーブル Bābur である．ムガル朝において，インド・イスラーム世界が本格的に形づくられることになる．イスラームの西北インドへの侵入の拠点となったのがラーホールであり，興亡の中心であり続けたのがデリーである．デリー・サルタナットに反旗を翻した地方政権が建設したのがアフマダーバードである．

インドのイスラーム化を広くユーラシア世界において俯瞰すると，テュルク系イスラーム，そしてモンゴル系イスラームの大きな流れにおいて捉えることができる．テュルク系ムスリムがデリー・サルタナットを建てた後，ムガル王朝がインドを支配することになるが，その起源はティムール王朝であり，実際，ムガル王朝は第2次ティムール朝といっていい．バーブルはティムール朝の王子として生まれた．そして，ティムール朝は，モンゴル・ウルスに遡る．バーブルの母は，モグール・ウルス（モグーリスターン・ハーン国）の君主ユーヌス・ハーンの次女である．ユーヌス・ハーンはチャガタイ・ハーンの子孫である．モグールはモンゴルのペルシア語への転訛形であり，ムガルはモグールの転訛[31]である．ムガル朝という呼称には，モンゴル―ティムール―ムガルという系譜がはっきり意識されている．本書を，批判を覚悟で「ムガル都市」と冠したのは，以上の大きな歴史的な流れ，ユーラシアの大きな歴史的構図を強調したかったからである．

「インド・イスラーム都市」については，その建築遺構を記録する東京大学調査隊の仕事がある（山本達郎・荒松雄・月輪時房（1967-70））．荒松雄によってまとめられた一連の著作のうち，『インド・イスラーム遺蹟研究　中世デリーの「壁モスク」群』（荒松雄（1997）），そして，『インドの「奴隷王朝」――中世イスラム王権の成立』（荒松雄（2006））は，デリーの歴史的な空間構造を明らかにする貴重な前提である．そして，『中世インドのイスラム遺蹟　探査の記録』（荒松雄（2003））に収録された都市と遺構が広くは本書が扱うべき対象となるだろう．

ムガル朝の時代は，都市が急速に発達した時代である．ムガル朝の貴族や高官

---

31) アラビア語訛りという．ポルトガル人がムガルという呼称を用いたことが知られている．

## 序章

たちは，都市に暮らすことを好んだ．遊牧民の伝統が次第に変質し，定住化が進行していくのがムガル朝の初期である．16世紀から17世紀にかけて，インドの大都市と言えば，第1に，帝国の首都アーグラーとデリーである．当時のロンドン，パリを凌ぎ数十万の人口を誇ったとされる．また，各地の交易中心地もそれぞれに栄えた．あるイギリス人旅行者は，ラーホールは，アーグラー，デリーをも超えて世界最大と書いている（Foster (1968)）．また，アフマダーバードは，ロンドンに匹敵した，という記録がある（De Laet (1928, 1974)）（アンドレ・クロー (2001)）．デリー，ラーホール，アフマダーバードの三都を本書で取り上げるのは，以上の位置づけにおいてでもある[32]．

ユーラシアを股にかけた遊牧民たちにとって，都市は必ずしも恒久的なものではない．遊牧・移動を生業とする彼らにとって，定住地としての都市はあくまで従である．遊牧民の王たちは，その都においても，郊外の仮設的野営地に天幕張りの王宮（オルド ordu）に滞在することが多かった．大元ウルスの大都（北京）にしても，その初期は，明らかにそうである．

大都は，しかし，明・清の首都として，まさに「大元」都市となる．すなわち，中国古来の宇宙観を基礎とする理念的都市として構想される．ここで，どういう変換が起こったのか．

同様のことは，ムガル王朝の首都についても言いうる．初代皇帝のバーブルにしても，第2代フマーユーン Humayun，第3代アクバル，第4代ジャハーンギールにしても，その一生は遠征移動の生涯である．モンゴルの伝統，定住と移動をその基本原理としてきたイスラームの伝統はムガル王朝にも生きてきた．そして，第5代シャー・ジャハーンによって，「もしこの世に天国（パラダイス）がありとせば，そは此処なり，そは此処なり」と造営されたのが，シャージャーハーナーバード Shahjahanabad（デリー）である．

本書を敢えて「ムガル都市」としたのは，モンゴルを介して，「中国都城」と「インド都城」というアジアにおける二つの強力な都市理念の伝統との関係を強く意識するからである．ユーラシアの草原，沙漠において定住を可能にする生態学的条件は限られていた．都市が成立したのはオアシスである．

---

[32] ムガル朝の他の大都市としては，ダッカ，パトナ，ラクノウ，ハイダラーバード，カンペイ，スーラト，ゴア，フーグリーなどが挙げられる．

「ムガル都市」

図0-8 ● 本書に関する主要都市：作図　中實志

序　章

チュニス

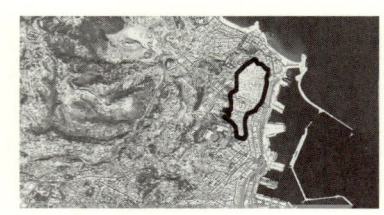

アルジェ

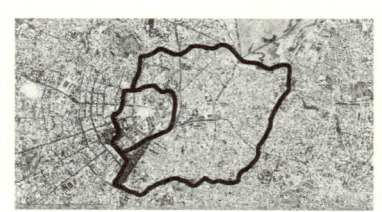

サマルカンド

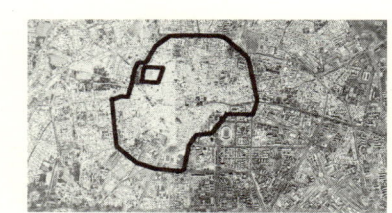

ブハラ

ヴァーラーナシー

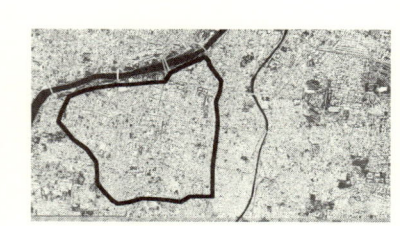

ハイデラバード

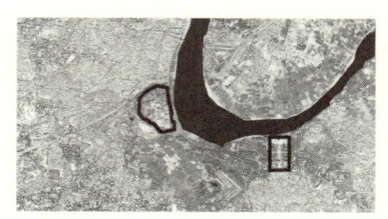

アーグラー

アフマダーバード

デリー

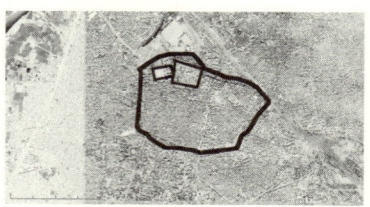

ラーホール

0　750　1500m

6
「ムガル都市」

メッカ

メディナ

ダマスクス

バグダード

コルドバ

セヴィージャ

グラナダ

ラバト

フェズ

マラケシュ

0　750　1500m

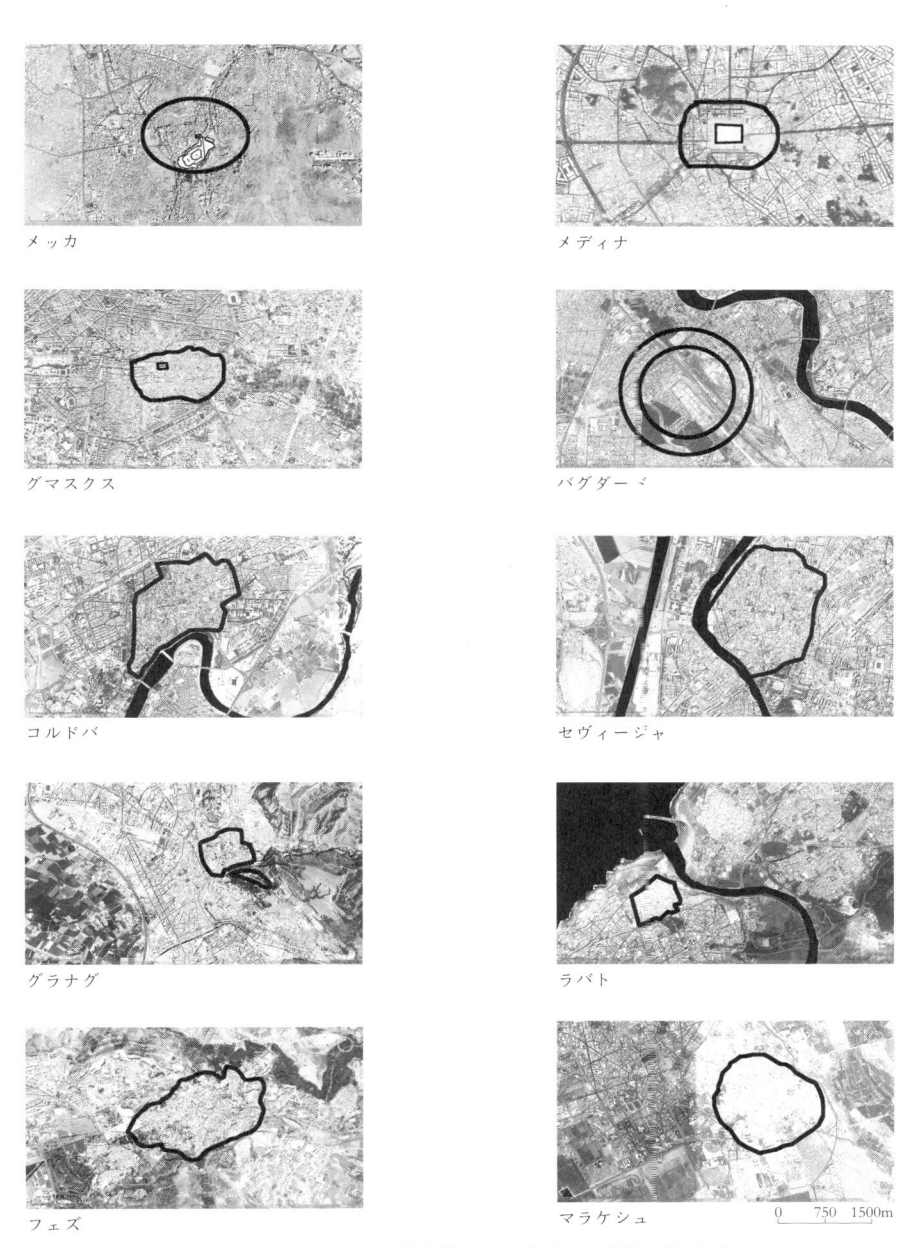

図0-9 ●諸都市の規模比較　布野修司＋川井操－趙聖民

イスラーム世界は，この「オアシス都市」のネットワークを基礎として拡大していくことになった．イスラームの聖都メッカ，メディナにしろ，起源はオアシスである．「イスラーム都市」のこの起源，すなわち，水という生態学的基盤と遊牧民の拠点ネットワークという交易的基盤は，繰り返し確認し，強調しておく必要がある．オアシスとしての都市を象徴するのが，庭園（バーグ bāgh）[33]である．イランを起源とするチャハル・バーグ Chahar Bāgh（四分庭園，四苑）は，ムガル都市にも取り入れられることになるのである．

ムハンマドの出自は，メッカの商人，都市民である．ヒジャーズに「オアシス都市」が発達したのは，遊牧民との関係においても，その立地によるところが大きい．すなわち，アラビアの遊牧民たちは，夏の乾期にはチグリス・ユーフラテスの肥沃な地域に惹きつけられ，分散的な「オアシス都市」を定期的に襲うことはなかったのである．逆にジハードによるミスルの建設は，都市住民が遊牧民（ベドウィン）を都市の統制下に保つための手段であった．イスラーム史の最初の大転換は，フナインの戦い（630）で，ムスリム軍がハワージン族を盟主とする遊牧諸部族の連合軍を破ったことにある（前嶋信次（2000a））．一方，チンギス・カンの出自は，遊牧集団の長の息子である．高原アジアの沙漠とステップの規模は，アラビア半島に比べればはるかに広大であり，「オアシス都市」を繋いで強大な遊牧国家が成立する条件があった．そして，遊牧民の間にイスラームが取り入れられていったのは，統合の原理としてである．遊牧民と定住民，「オアシス都市」とそのネットワーク形成の伝統と「ムガル都市」はどう繋がっているのか，またその関係はどう変容していったのかというテーマが，本書の基底にある（図0-8，図0-9）．

---

33) 他に，ジャンナ，フィルダウス，ラウダ，ハディーカなど，庭園を指す言葉は少なくない．

# Chapter I

# 第 I 章
# 「イスラーム都市」

  1　イスラーム国家の形成と都市
    1-1　二つの聖都：メッカとメディナ
    1-2　第3の磁極：ダマスクスとエルサレム
    1-3　平安の都：バグダードとサーマッラー

  2　「アラブ・イスラーム都市」
    2-1　マグリブ・イスラーム都市
    2-2　アラブ・イスラーム都市の構成原理
    2-3　シャリーアと建築ガイドライン
    2-4　街路体系と都市構成要素

  3　ユーラシアの中のイスラーム都市
    3-1　「オアシス都市」
    3-2　イラン・ペルシアの都市
    3-3　マー・ワラー・アンナフルの興亡
    3-4　ティムールの都市

  4　インド・イスラーム都市 ── ムガル都市
    4-1　イスラーム以前のインド都市
    4-2　ムスリムのインド侵入
    4-3　デリー・サルタナット
    4-4　ムガル朝の首都

# 1
# イスラーム国家の形成と都市

　前章でも概観したように，アラビア半島中西部，メッカ（マッカ），メディナ（マディーナ）を拠点として生まれたイスラームは，ムハンマドの死（632）後10年足らずで，ビザンツ帝国領のシリア（ダマスクス，アレッポ）を征圧し，さらに，バスラ，クーファを建設してサーサーン朝ペルシア（226-651）統治下のイラクを支配下に置いた．そして，640年代初めにはエジプトを征服し，フスタート Fustāt が建設される．「正統カリフ」時代を経て，ウマイヤ朝が成立する（661）が，その末期，すなわちアッバース革命の段階（8世紀中葉）で，イスラームの広がりは，西はイベリア半島，東はイランまで，歴史的「イスラーム世界」の中核域を形成するに至っていた．そしてアッバース朝において，「イスラーム国家」あるいは「イスラーム王権」が成立することになる．

　「イスラーム国家」とは，一般に，「イスラーム法（シャリーア）が公正に運用される国家」，「ムスリムの支配者がイスラーム法に基づいて統治する体制」（佐藤次高（1999a）），あるいは，「カリフあるいはスルタンの支配権を承認するムスリムとそれに服するズィンミー dhimmi の集合体」（佐藤次高（2004））とそっけなく定義されるが，イスラーム史に即して，もう少し具体的に振り返っておこう．シャリーアが成立するのは8世紀後半アッバース朝においてであり，スルタン制が成立するのは11世紀前半のセルジューク朝（1038-1194）においてである．

　本章で論じるのは，歴史的「イスラーム都市」である．その中心には，イスラームが生まれた二つの聖都メッカとメディナがある．そして，イスラームが拡大していくジハードの過程で建設されたミスル（軍営都市）がある．歴史的「イスラーム都市」の原型となるのは，メッカ，メディナと，このミスルである．まったく

イスラーム国家の形成と都市

新たに建設されたミスルもあるが，基本的には，イスラーム以前の都市あるいは交易拠点をベースにしている．まずは，イスラーム国家と社会の空間的広がり，すなわち，イスラームの国家と社会を支えた「イスラーム都市」とそのネットワークの形成を確認したい．ここではまず主要な初期「イスラーム都市」をリスト・アップすることになる．そして，その都市の空間構造を理解する上で最低限必要な点を見ておきたい．すなわち，ウンマの構成，行政機構，都市と農村の関係，土地所有関係などに注目しながら，国家，社会，都市に関わる諸関係を整理したい．焦点を当てるのは，ヒジュラ hijra（移住）からモンゴルの西アジアへの侵入，そしてイスラームのヒンドゥスターン平原への侵入までの時代である．

「イスラーム都市」論が批判的に総括された後，焦点となるのは，歴史的，地域的な限定をした上で，諸都市の構造を重層的かつ動態的に描き出し，モデル化することである．その前提として，まずは，イスラーム成立期の拠点都市の形態，その空間構造を確認しよう．

そして，「イスラーム都市」の「原型」とされてきた形態を，B. S. ハキーム（1986）の『アラブ・イスラーム都市』に即して確認しよう．

## 1-1 二つの聖都：メッカとメディナ

ムスリムにとって，聖都とされるのがメッカ（マッカ）（図 1-1）であり，そしてメディナ（マディーナ）である．

メッカは，「アル・マッカ・アルムカラマー al=Makkat al-mukarramah」（祝福された都市），メディナは，「アル・マディーナ・アル・ムナワラー al-Madinat al-munawwarah」（光輝の都市）と呼ばれる．メディナ（マディーナ）はアラビア語で都市そのものを意味する．もともとはヤスリブ Yathrib と呼ばれたが，ヒジュラとともに「マディーナ・アル・ナビー Madina al-nabi」（予言者の町）となり，それが省略されて，ただ「都市（マディーナ）」と呼ばれるようになった．

このイスラームの二つの聖都は，古代都市文明の発祥の地として知られるエジプト[34]とメソポタミア[35]に挟まれたアラビア半島の紅海沿岸，ヒジャーズ[36]地域に位置する．ヒジャーズは，障壁という意味であるが，アラビア半島南部とアフリカ，インド方面と地中海方面の中継地点に位置し，古来交易拠点として栄えた

第 I 章
「イスラーム都市」

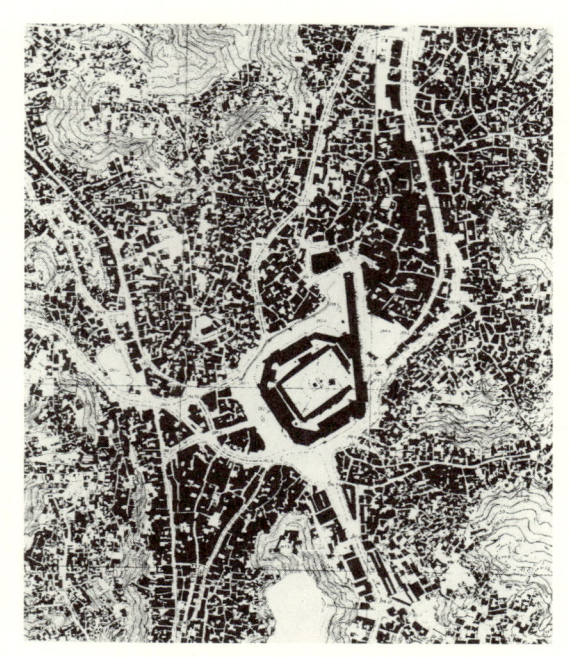

図 1-1 ●メッカ　Bianca, Stephan（2000）

34) エジプトでは紀元前 4000 年頃，都市国家ノモスが成立したとされ，紀元前 3000 年頃統一王朝が出現し，メンフィス，テーベなどを都として古王国（前 2850 頃-前 2250 頃），中王国（前 2133 頃-前 1786 頃），新王国（前 1567 頃-前 1085 頃）が建ったことが知られる．クフ王がギザに大ピラミッドを建設したのは紀元前 2650 年頃のことで，アケメネス朝ペルシア（前 550-前 330）によって滅ぼされるまで（前 525），ナイル河流域にエジプト王国は栄えた．

35) メソポタミアでは，紀元前 3500 年頃都市文明が開花し，ウルク，ウル，ラルサ，ラガシュ，ウンマ，イシン，ニップルといった都市が栄えた．紀元前 9000 年紀から 7000 年紀にかけていわゆる「肥沃な三角地帯」，レヴァント，北メソポタミア，ザクロス山脈の各地で穀物栽培，牧畜が始まり，ウバイド期（前 5000-前 3500）には，チグリス・ユーフラテス両河下流域に灌漑農耕が成立する．そして，ウルク期（前 3500-前 3100）以降，シュメール人の都市国家が群立し，統一に向かって覇を競う．そして，統一国家が成立するのはウル第 3 王朝時代（前 2100-前 2004）である．イシン・ラルサ時代，古バビロニア時代が続き，アマルナ時代（前 14 世紀）のオリエントには，新王国時代のエジプト，ヒッタイト，ミタンニ，アッシリア，バビロニアの五大強国が並立し，その後の混乱，激動の時代を経て全オリエントを統一したのがアケメネス朝ペルシア（前 550-前 330）である．

36) 障壁の意．サウジアラビアの北西部に位置する地域で，メッカ，メディナの二大聖地，外交・港湾都市ジェッダ，〈夏の首都〉ともなるターイフなど重要な地域を含む．ヒジャーズ北方は，アラビア半島南部とアフリカ，インド方面と地中海方面の中間に位置するため，古来，中継貿易が行なわれ，この地を介してユダヤ教，キリスト教が伝えられた．

イスラーム国家の形成と都市

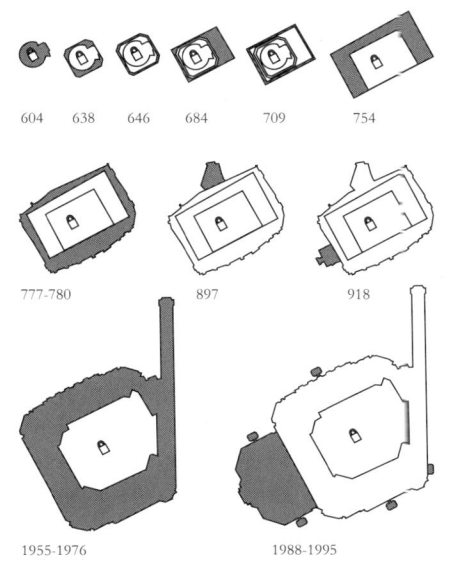

604　638　646　684　709　754

777-780　897　918

1955-1976　1988-1995

図1-2 ●カーバ神殿の変遷：出典
Nomachi, Ali Kazuyoshi & Seyyed Hossein Nasr (2003)

地域と考えられている[37]．

　アラビアにおける前イスラーム時代をジャーヒリーヤ Jāhilīiya（無明時代）といい，通常，南アラブと北アラブの棲み分けが固定化された5世紀半ばからムハンマドの時代までの1世紀半をいうが，アラビア半島の歴史がイスラーム以前にイスラーム暦を遙かに超えて遡ることは言うまでもない．

　アラビア半島，すなわちアラブ人たちの「島」は，大半が沙漠であり，エジプト，メソポタミア両文明の狭間にあって，古代はある種の空白地帯である．ただ，西の紅海沿岸，東のペルシア湾沿岸については両文明とともに古くから知られる．また，考古学的発掘資料から最も古いとされるのが半島南部のイエメンである．紀元前1000年頃に，イエメンの地に，サバ，ハドゥラマウト Hadramawt など古代王国が存立していたことが知られる．その古代王国が滅び，そこで農業もしく

---
37) 間野英二編 (2000)，佐藤次高編 (2002)，ジョン・エスポジト編 (2005) などによる．

は商業に従事していた部族は北方へ移動し遊牧を始める．それがベドゥインの起源とされ，このベドゥインによって半島全体で遊牧生活が支配的となる．古来遊牧は行なわれてきたが，紀元前3000年紀にアラビア半島南東部でひとこぶラクダの家畜化が始まり，2000年紀末に至って，メソポタミアとの間にラクダを運搬手段とする隊商交易路が開かれたと考えられている．隊商交易路とともに，宿駅そして灌漑農業の可能な「オアシス都市」が発達してくる．メッカもメディナも，その起源は，隊商交易のネットワークを形成した交易都市である．この二つの聖都を含む，イエメンの山岳地帯から北へ降りていく紅海沿岸地域をヒジャーズ地域という．

ベドゥインは，ラクダの飼養を主とするベドゥインと山羊，羊の飼養を主とするベドゥインに分かれるが，前者は隊商を組んで遠隔地交易に当たり，後者はオアシス，水場を線で繋いで狭い範囲を移動する．このベドゥインの隊商ネットワーク，オアシス・ネットワークの中で定住生活が行なわれていたのが，インド洋・ペルシア湾の沿岸とヒジャーズ地方である．そして，アラビア半島随一の富と権力を誇ったのが，クライシュ族の住むメッカである．メッカの起源は古く，その元になった町はプトレマイオスの地図に見えるマコラバ Makoraba[38] に比定されている．

メッカは，地味が痩せ水も乏しい場所で農業には適しないが，イエメンとシリア，エジプトを結ぶ通商路のほぼ中央に位置しており，古くから交通の要衝であった．また，その古名の通り，神殿都市として知られていた．メッカに定住したクライシュ部族によって，メッカは6世紀中頃から急速に発展するが，大きくは中央部に住む「谷間のクライシュ」と周囲の山腹に住む「外側のクライシュ」という二つの集団からなっており，ムハンマドが生まれた頃には，夏はシリア，冬はイエメンに大隊商を派遣するシステムが出来上がっていたという．

ムハンマドが啓示を受けイスラームを創唱して以降，メッカの大商人階層が加えた迫害によって，ムハンマドはメディナにヒジュラすることになる．

イスラームの建設当初，すなわちヒジュラ時点（622）でウンマを構成したのは，メッカからメディナへ移住した移住者ムハージルーン muhājirūn とメディナ居住

---

[38] 神殿を意味するミクラーブ miqrāb の転訛とされる．

の援助者アンサール anṣār，それぞれ 70 人余りであったとされる（嶋田襄平（1977, 1996））．そのウンマは，その後に移住し定着したムハージルーンを加えて次第に拡大し，クライシュ族が組織したメディナ包囲が失敗した時点（627）で，ごく僅かのユダヤ教徒を除いてメディナの住民はほとんどすべてムスリムとなる．メディナは，まさに最初の「イスラーム都市」である．

そして続いて，ムハンマドはイスラームの拡大を目指し，各地に向かって諸部族と盟約を結んでジャマーア jamā'a を形成する．ジャマーアとは，ムハンマドがアラビア半島の様々な部族，集団と個別に盟約（アフド 'ahd）を結ぶことによって形成した緩やかな政治構成体のことである[39]．盟約によって与えられた安全保障がズィンマ dhimma といい，それに基づく庇護民がズィンミー（ズィンマの民 ahl al-dhimma）である．ユダヤ教徒そしてキリスト教徒は，啓典の民アール・アル・キターブ ahl al-kitāb として早くからズィンマを与えられている．

このウンマからジャマーアへの発展，ウンマとジャマーアの二重構造を「イスラーム国家」の萌芽形態，その原初的形態と考えるのが嶋田襄平（1977, 1996）である．初期のジャマーアは，ムハージルーンとアンサール，クライシュ族，アラブ遊牧民，啓典の民からなる．佐藤次高（2004）は，ウンマは宗教あるいは法を基礎にした共同体を意味し，ジャマーアはスンナ sunna（確立された諸慣行）を重視する信者の集合体を意味するとした上で，ウンマもジャマーアもムスリムの集団であり異教徒は含まれていないとするが，ウンマとジャマーアの二重構造は認めている．ジャマーアがムスリムのみであるとすれば，ズィンミーはその二重構造の外部に位置づけられることになる．いずれにせよ，ジズヤ jizya（jizā' 人頭税）の支払いを条件に信仰の自由を認められたズィンミーは，イスラーム社会の構成要素として拡大していくことになる．

ムハンマドがメッカ巡礼を宗教的義務とすることを決意したのは，「バドルの戦い」（624）から 630 年のメッカ征服までの時期とされるが，ムハンマドが死の直前に行なった「別離の巡礼」（632）の所作や方法がモデルとなり，それを追体験することが今日に至るまで行なわれている．このメッカ巡礼というシステムによって，メッカは，永遠にイスラーム世界の中心であり続けることを保障されて

---

39) ジャマーアは，文字通りには人々の集まりや共同体を意味するアラビア語であり，ウンマと同義で用いられることも多い．

第 I 章
「イスラーム都市」

図 1-3 ● 1790 年　メディナ中心部：出典　Nomachi, Ali Kazuyoshi & Seyyed Hossein Nasr (2003)

いるのである．

　ダマスカスからマアーン，タブークと南下し，メディナを経てメッカに至るシリア巡礼道，フスタートからメッカへ至るエジプト巡礼道 ── これには紅海を水路で南下し，ジャールもしくはジッダに上陸するもの，ナイル河を遡りアスワーン経由でアイザーブに出て紅海を横断してジッダに渡るもの，アラビア半島の西岸を南下する陸路によるものの三つがあった ── バグダードからクーファを経由，サラビーヤ，ファイド，ナキラ（ナクラ）などの「オアシス都市」を繋いでメディナ，メッカへ至るイラク巡礼道，タイッズあるいはザビードを起点として紅海岸を北上するイエメン巡礼道の四つの巡礼道が整備された（家島彦一 (2006)）．

　第 2 の聖都メディナについては，中心に巨大な預言者のモスクがあり，その周辺を中庭式住居が埋め尽くしている 18 世紀末に描かれた俯瞰図が残されている（図 1-3）．小規模な都市であり，建設当初の姿を彷彿とさせる．この図に描かれた城壁は 1541 年に建設されたものであり，全長 2,300m 程である．預言者のモスクは，ワリード 1 世（在位 705-715）による拡張以降，大きな拡張は行なわれていないから，この図からある程度当初の姿を推測することは可能であろう．現在のメディナの中心部にも，預言者のモスクを囲んで，かつて城壁があった環状の道

路がそのまま残されている.

　10億人を超える全世界のムスリムにとっての聖都メッカは，イスラーム世界の中心であり，「世界の臍」，「邑々の母」と呼ばれるが，居住人口は現在でも40万人を超えるに過ぎない．ムスリム以外はメッカへ立ち入ることを禁じられており，メッカに繋がる道路には検問所が設けられている．非ムスリムにとってメッカは謎の「禁じられた都市」，「神秘の都市」であり続けている[40]．ムスリムとなってメッカに入った野町和嘉の写真集（野町和嘉（2002），Nomachi, Ali Kazuyoshi & Seyyed Hossein Nasr（2003））を見ると，今日のメッカは，巨大なカーバ神殿（図1-2）を囲んで雑然と高層ビルが建ぶ無秩序な都市に見える．都心にもかかわらず，地肌が所々覗いており，それが荒涼たる沙漠の谷間にあるそう大きくない都市である．しかし，このメッカは，ヒジュラ暦（イスラーム太陰暦）の12月，ズルヒッジャ月（巡礼月）になると，200万人の巡礼者で膨れあがる．この巡礼者のために，巡礼の儀礼の中心となるミナー Mina には，空調設備を完備した巨大なテント施設が作られている．これは，ユーラシア大陸を股にかけた遊牧国家の王のオルド（野営地）のようにも見える．

　メッカという都市にとって巡礼は最も重要な儀礼であり，その空間構造を決定づける要素であるが，それは以下のようである（図1-4）.

① メッカを陸路訪れる巡礼者たちは，5か所のミーカート ―― ズー・アル・フライファ（メディナより），ジュフファ（シリア，エジプトより），ザート・イルク（イラクより），カルン・アル・マナーズィル（ネジュドより），ヤラムラム（イエメンより）―― で巡礼着（イフラーム ihrām）に着替える．このミーカートの内側がムスリムにとっての聖域（ハラム）である[41]．

② メッカを訪れた巡礼者たちは，まずカーバ神殿に赴いて巡回（タワーフ tawāfs）の儀礼（I）を行なう．巡礼者は，知られるように，起点となる「黒い石」に右手で触れて，カーバ神殿の東側にあるイブラーヒームの立処まで，左回

---

40) 古来，メッカ，ハジへの関心はヨーロッパ世界に強かったが，メッカにムスリムを装って侵入して探訪記（A Personal Narrative of a Pilgrimage to Mecca and Al-Madina など）を残した R. F. バートン Burton（1821-1890）がいる．
41) 近年，航空機あるいは船舶によってメッカへ向かう場合は，しかるべき場所，例えば，出発地の空港内で着替えるのが普通である．

第Ⅰ章
「イスラーム都市」

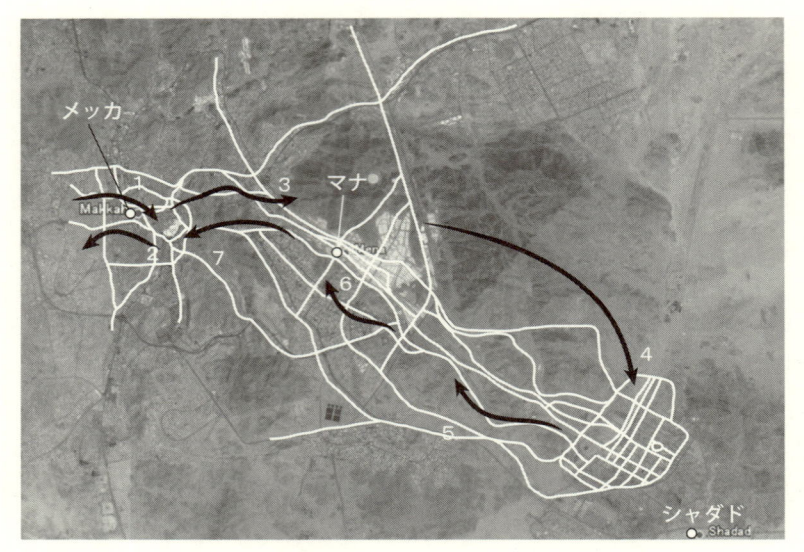

図1-4 ●メッカ　巡礼路：出典　Nomachi, Ali Kazuyoshi & Seyyed Hossein Nasr（2003）：作図　岡崎まり

りに7回螺旋形を描くように回る．
③巡礼者は，次に，カーバ神殿から東へ向かい，サファー Safā とマルーワ Marwah という二つの丘の間を，サファーの丘を起点として，3回半，早足で往復する儀礼を行なう．サァイ sa'y（試み，努力）の儀礼（Ⅱ）と呼ばれ，イブラーヒームの妻ハージャルが乳飲み子イスマーイールのために飲み水を探し求めて二つの丘の間を駆け回ったという故事に基づく．
④ズルヒッジャ月7日までに以上の巡回と早駆けの儀礼をすませた巡礼者は，8日の朝までにメッカを発って東約25kmにあるアラファート Arafāt へ向かう．アラファートは，イスラームの伝承によれば，天国を追放されたアダムとイブが彷徨の末に出会った場所である．巡礼者は，メッカの東にあるミナーで1泊し，9日の夜が明けると慈悲の山ラフマ山 Jabal al-Rahmah に登り立礼（ウクーフ）の儀礼（Ⅲ）を行なう．
⑤夜明けの礼拝をすますと，アラファートからミナーへ引き返し，ムズダリファ Muzdalifah で拾い集めた七つの石を石柱に投げつける儀礼（Ⅳ）を行なう．偶像崇拝の道に引き戻そうとする悪魔の誘惑を振り払う意味があるとい

う．この後，用意した山羊，羊，ラクダなどを捧げる犠牲祭（イードル・アドハー）(V) が行なわれる．
⑥犠牲祭の後，巡礼者は巡礼着を脱ぎ，髪の毛や髭を剃り，日常生活に戻る．ミナーでは饗宴と石投げの儀礼が続けられ，13日にはすべての行事は終わる．

メッカは，以上のように，カーバ神殿とその周辺，そしてカアバ―アラファートの巡礼空間，さらに聖域（ハラム）という3重の空間構造をしていることがわかる．

クルアーン（コーラン）には，「神こそは，七つの天を創造し，また同数の大地を創造したもうたお方である」（65章12節）とある．また，ハディースは，「天と地の距離は500年であり，天の厚さは500年であり，天と天の距離も500年であり，第七天と玉座の距離も500年である」，「神は七つの天を創り，同じく七つの地を創った．天と天の間は，天と地の間の距離である」という[42]．実に興味深いことに，ヒンドゥー教（仏教）もまた，宇宙の上半分と下半分は七つの階層からなるとして，その間に大地があるとする[43]．ヒンドゥー教も，仏教も，人間の居住世界をジャンブ・ドヴィーパ（贍部州）と呼ぶが，大地の中心にあるのはメール山（須弥山）を中心とする円盤であり，七つの大陸と七つの海を持つとするが，イスラームにおいても，7という数字は7層からなる天を象徴する．ヒンドゥー教（仏教）が右繞を原則とする点は異なるが，カーバ神殿における7回の巡回は，宇宙を構成する七つの天を上昇する行為である．

## 1-2 第3の磁極：ダマスクスとエルサレム

メッカとメディナは今日に至るイスラームの2大聖都である．しかし，イスラーム世界の拡大とともにイスラーム世界の政治的中心は様々に移動する．661年に

---

[42] 青柳は，スユーティー（1445-1505）の『高貴な宇宙形状誌』によりながら，クルアーンとハディースの世界観について論じている（青柳かおる (2005)）．
[43] インドの宇宙観については，定方晟の『インド宇宙誌』があり，仏教（小乗，大乗），ヒンドゥー教（プラーナ，タントラ tantra）の宇宙観を一つの視野に収めてわかりやすく図解している（定方晟 (1985)）．

# 第Ⅰ章
「イスラーム都市」

　ダマスクス総督であったムアーウィアが権力を奪取してウマイヤ朝が成立すると，以降約1世紀の間，ウンマの中心となったのがダマスクス[44]である．

　メッカ，メディナと新たな中心ダマスクスとの間には政治的緊張と抗争が続く．アリーの息子フサイン殺害の責任者と目されるヤジード1世が政権に就くと，ムハンマドの従兄弟イブン・アズバイルはメッカでカリフを称する．このいわゆる僭称カリフは，その死（693）まで10年以上二聖都とともにアラビア半島を支配することになった．そこでアラブ世界の二聖都に対抗する第3の聖地エルサレムが設定されることになる（図1-5ab）．

　この間の抗争でカーバ神殿が炎上，そのためウマイヤ朝は後々まで非難されることになるが，世俗的王権が二聖都の磁力を弱めるために第3の磁極を必要としたと考えることが出来る．そのために一つの強烈なモニュメントが建設された．それが岩のドームである．

　エルサレムが選ばれたのは必然であった．もともとムハンマドはメディナにおいてユダヤ教の伝統を受け入れながら聖地エルサレムを礼拝の方向としていた．大天使ガブリエルは，預言者をメッカの聖モスクからエルサレムの「遠隔のモスク」まで導いたとクルアーン（コーラン）には書かれている．岩のドームが置かれたその場所は，ムハンマドが人面の天馬ブラークとともに昇天して神にまみえたという「ミラージュ（夜の旅）」の舞台である．太祖アブラハムが拱犠を捧げた記念の場所であり，かつてソロモンの神殿が建っていた場所である．

---

44) シリア地方の中央部にある「オアシス都市」．アラビア半島とアナトリアを結ぶ南北のキャラヴァン・ルートとメソポタミアとエジプトを結ぶ東西のキャラヴァン・ルートの交差点に位置し，古くから交通の要衝として繁栄した．前3000年頃にはすでに都市形成がなされ，前10世紀にアラム人がここに首都を定めた．その後，アッシリア，バビロニア，ペルシアの諸勢力が相次いでダマスクスを占拠し，アレクサンドロス大王の征服（前333）を機にヘレニズム文化の影響が強まった．前64年にはローマの属州に編入され，395年にビザンチン帝国領に組みこまれるが，サーサーン朝ペルシアとビザンチン帝国との政治的混乱に乗じたハーリド・ブン・アルワリード配下のアラブ軍はほとんど何の抵抗も受けることなくダマスクスを占拠する（635）．ウマイヤ朝時代（661-750）には，広大なイスラーム帝国の首都として繁栄する．アッバース朝（750-1258）の成立によって帝国の首都がバグダードに移ると，ダマスクスは諸勢力の争奪の的となり，9世紀から12世紀初めにかけて，トゥールーン朝，イフシード朝，ファーティマ朝，セルジューク朝が相次いでここを占拠した．マムルーク朝（1250-1517）治下のダマスクスは，カイロから派遣されたマムルーク総督のもとで引き続き繁栄を享受している．1400-1401年にはティムールによる徹底的な略奪・破壊を受けて急速に衰えた．またこのとき，多数の工芸家や職人がサマルカンドへ連れ去られたことも，ダマスクスの衰退を早める一因であった．

イスラーム国家の形成と都市

　ムハンマドが没すると（632），ムハージルーンとアンサールの反目が顕在化する．そしてさらにアラビア半島各地のアラブ人たちがウンマから次々に離反（リッダ ridda）し始める．そのリッダすなわちジャマーアの分裂を平定し，ジハード（聖戦）による大征服を開始したのが，早くから預言者ムハンマドと行動をともにしてきたクライシュ族の長老アブー・バクル（在位 632-634）である．アブー・バクルは，ハリーファ・ラスール・アッラー khalifa Rasūl Allāh（神の使徒の後継者）と呼ばれたが，このハリーファのヨーロッパ語への訛化がカリフである．アブー・バクルは，ウンマのカリフからジャマーアのカリフへの基礎を築いたことになる．ここにカリフ制が始まるが，経緯は単純ではない．カリフ制の成立を巡る過程はイスラームのその後の歴史を大きく左右することになるのである．

　第2代カリフとなったウマルは，カリフとは別にアミール・アルムーミニーン amir al-mu'minīn（信徒の長）という称号を用いた[45]．遠征軍の司令官の称号がアミールであったことが示すように，カリフの軍事的職責を強調した称号である．大征服を本格的に担った第2代カリフ，ウマルに相応しい称号であった．カリフは，また後にイマーム imām（指導者，導師）とも呼ばれるようになる[46]．

　ジハードによって，ダマスクス（635），バスラ（638），クーファ（639），フスタート（642）など各地にアラブの軍営都市ミスルが次々に建設された．そして，ミスルには多くのアラブ遊牧民がムカーティラ muqātila（戦士）として移り住んだ．「イスラーム都市」の原型となるのは，メッカ，メディナと，このミスルということになるだろう．

　大征服によってイスラームがその支配域を拡大して行くにつれて，カリフの権力は次第に強大化していくことになる．戦利品（ファイ fay, ガニーマ ghanīma）の1/5はメディナのカリフに送付（4/5は聖戦に参加した戦士たちの間で分配）するこ

---

45）当初，ウマルは，アブー・バクルの代理という意味でハリーファ・ハリーファ・ラスール・アッラーと言ったが，ハリーファが重なるということから，単にハリーファ（ラスール・アッラー）と称するようになったと考えられている．

46）『クルアーン（コーラン）』では規範または指導者を意味する．現実の統治者としてのカリフに対して，イマームは，シーア派の考えるイスラーム世界の主権者であり，それは当然アリーの血を引くものでなければならなかった．後に，モスクでの礼拝の指導者もイマームというようになる．

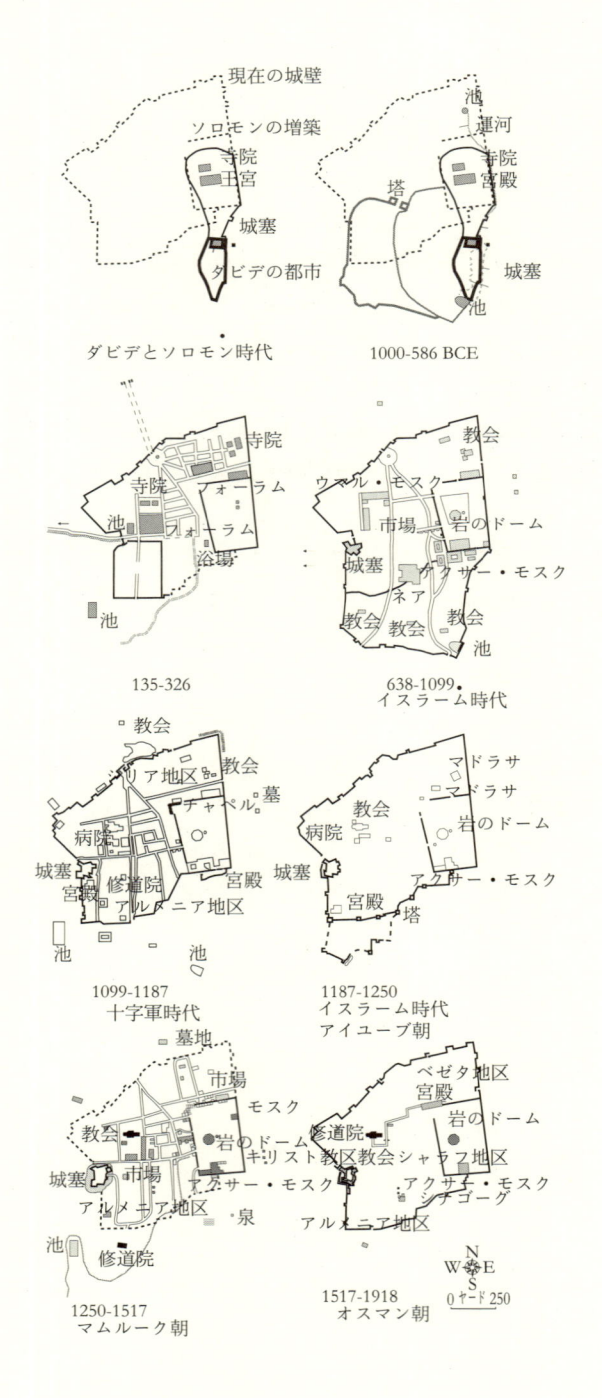

第Ⅰ章
「イスラーム都市」

a

ダビデとソロモン時代 / 1000-586 BCE

135-326 / 638-1099 イスラーム時代

1099-1187 十字軍時代 / 1187-1250 イスラーム時代 アイユーブ朝

1250-1517 マムルーク朝 / 1517-1918 オスマン朝

54

1

イスラーム国家の形成と都市

図1-5 ● a（左頁）　エルサレムの変遷：作図　中貴志
　　　　b（上）　パレスチナ古図：出典　Armstrong（1996）

とが慣例[47]となり，莫大な富が蓄積されるのである．そして，その処理のために，また，広大な領域を統治するために，第2代カリフ・ウマルの時代に，盟約を支える制度と組織，統治機構としての官庁（ディーワーン dīwān）が整備された（640）．

---

47）もともとは，ムハンマドがバドルの勝利の後定めたアムスの制度に遡る．戦利品は当初すべてファイといったが，その後，戦利品のうち不動産をファイ，動産をガニーマという区別がなされるようになった．

ムカーティラへの俸給を司る役所で，俸給は現金アター 'atā とリズク rizq（家族手当）からなっていた[48]．

アブー・バクル以降，ウマル，ウスマーン，アリーの4人の「正統カリフ」の時代（632-661）が続くが，メディナを中心とする各地のミスルのネットワークは，その広がりとともに変化していく．大征服は，ウマルの時代に最も精力的に行なわれ，第3代カリフ・ウスマーン（在位644-656）の時代の半ば650年頃ほぼ終了している．とりわけ焦点となったのは，サワードと呼ばれたチグリス・ユーフラテス河両流域に囲われた肥沃な平野部である．メディナの位置は，イスラーム世界の中心ではなくなり，各ミスル（ダマスクス，クーファ，バスラ，フスタート）にディーワーンが設けられるようになる．そして，ついに第4代カリフ・アリーは，その拠点をクーファに移している．

大征服の終わりは戦利品収入の途絶を意味する．ウンマ―ジャマーア体制に亀裂が入るのはわかりやすい歴史過程である．イスラーム世界が，遊牧民と農耕定住民との関係に成り立っているのは，その成立の当初からである．

654年にはクーファとバスラで総督に対する叛乱が起こり，656年にはウスマーンが殺害された．第4代カリフとしてアリーが選ばれるが，イスラーム世界は分裂状態となり，シリア総督ムアーウィアがカリフを称してアリーと並立する事態となる．カリフの選任を巡る攻防の果てに，アリーが暗殺される（661）．そして，ダマスクスを拠点としてムアーウィアによって建てられたのがウマイヤ朝である．

ウマイヤ朝の首都となったダマスクスに建てられたジャーミー・マスジッドがウマイヤ・モスクである．建設者は，アブド・アル・マリクの後を引き継いで第6代カリフとなった，その息子ワリード1世（在位705-715）である．彼は，モスクの歴史に大きな貢献をなすことになる．

即位とともに，ワリード1世は，メディナの最初のモスク＝預言者のモスクの大改築を命ずる．イブン・アズバイルの死によって，すでに2大聖地メッカ，メディナは奪還され，自由に行き来できるようになっていた．また，平行してエルサレムの「岩のドーム」の南にアクサー・モスクを建設する（715-719）．クルアー

---

[48) ディーワーンは，帳面という意味で，家族数，アター，リズクを記す，戸籍台帳であり俸給支給台帳であった．

ン（コーラン）にいう「遠隔のモスク」を実現するためである．そしてさらに，ダマスクスの聖ヨハネ教会を没収破壊し，新たにウマイヤ・モスクを建設した（716-715）のである．とりわけ，カリフ・アル・ワリードのモスクとも呼ばれるウマイヤ・モスクは初期のモスクを代表する壮麗なる大モスクである．

　ウスマーン暗殺からアリー暗殺までの第1次内乱（656-661）において争われたのは，カリフを統治者あるいは統治権の象徴とするかどうかであった．確固としたカリフ制度が成立するのはウマイヤ朝，ムアーウィア以降14代のカリフがウマイヤ家の一族によって占められることにおいてである．事実，「正統カリフ the Orthodox Caliphate」という言葉が用いられるのは，はるかに後世のことであり，その基になったアラビア語はフラファー＝アッラーシドゥーン al-Khulafā' al-Rāshidūn（正義のカリフたち）である．すなわち，ウマイヤ王朝において成立することになった「イスラーム王権」「イスラーム王朝」に対して，それ以前のカリフたちを区別するようになるのである．ムアーウィアに対抗した「アリーの党派（シーア・アリー Shia 'Ali'，後のシーア派）」はウマイヤ朝の正統性を認めないが，ムアーウィアが，ジャマーアの団結を守るために預言者のスンナ（言行）に基づく政治を行なうことを表明することによって，多数派（スンナ派）に受け入れられる．ムアーウィアがシリアに加えてイラクを統一したヒジュラ暦41年（661/2）はジャマーア統一の年とされる．

　ウマイヤ朝政権（661-750）のもとで，イスラーム社会は大きく変貌する．その最大の要因は，イラン・イラクの農民たちが土地を捨て近隣の都市に流入し始めたことである．アラブ人地主が収穫の1/10＝ウシュル 'ushr を収めればいいのに対して，非アラブ人異教徒は収穫の1/2の地租＝ハラージュ kharāj に加えてジズヤも義務づけられていたからだとされる．都市に流入し，有力なアラブ商人の庇護を得てイスラームに改宗した非アラブ人の改宗者はマワーリー mawālī（単数形はマウラー）と呼ばれる．このマワーリー，すなわち非アラブ民族の量的拡大によって，ウンマ―ジャマーア体制は新たな要素を抱え込むことになるのである．ウマイヤ朝の崩壊の原因は，マワーリーの増大とそれへの対応（帰村政策の強行）による混乱にあるとされる[49]．

---

49) 佐藤次高（2004）によれば，ウマイヤ朝の崩壊の原因を巡って，ズィンミーの不満の方が大きかったする説（P. クローン）もある．

第 I 章
「イスラーム都市」

　正統カリフ・ウマイヤ朝時代のイスラーム世界を，嶋田襄平 (1977, 1996) は「アラブ帝国」と規定する．　アラブの大征服によって成立した征服王朝であり，政治の原則はアラブの異民族支配によって貫かれ，アラブの特権が帝国のいたるところに認められ，国家目的と呼びうるものがあるとすれば，それは領土の拡大と租税の徴収以外の何ものでもなく，これに対応して，ディーワーン・アルジュンド（軍務庁）とディーワーン・アルハラージュ（租税庁）が国家機関のほとんどすべてであったから，というのが理由である．大征服をイスラームの聖戦と考えるイスラーム史観に対して，アラブ民族の発展の一過程であるとするその視点，「有史以来しばしば繰り返されたセム族のアラビア半島からの進出の，最後の，そして最大の規模のものであった」という指摘は一つのポイントである．ウマイヤ朝において，イスラーム世界を構成したのは，基本的にアラブ＝イスラームだったからである．

　ウマイヤ朝の支配域は，ウンマ―ジャマーアの空間的拡大であり，盟約に基づく部族連合が統治の基本システムであることには変わりはない．空間的規模の拡大に対応するために新たに設けられたのが，ミスルを中心とした行政州単位の地域連合である．その図式は極めて分かりやすい．ジハード（聖戦）による征服は，面による征服ではなく，点と線による征服であった．都市と都市を線で結びつけ，都市を中心として村落，部族を組織し，徴税するシステムを作りあげたのである[50]．

　ダマスクスの都市形成，都市構造，住居類型については，J. ソヴァジェ Sauvaget (1934)，三浦徹[51] などの論考を踏まえた新井勇治の臨地調査[52] が貴重である（図 1-6）．ダマスクスもまた，早くから灌漑農業が行なわれてきた「オアシス都市」であり，旧約聖書にもその名が記載される由緒ある都市である．イラクには，新たに建設された都市が多いが，シリアには，古来の都市を基礎に置く都

---

50) 後世のムスリムの法学者たちは，アラブの征服をアンワ 'anwa（武力）による征服とスルフ Sulh（和約）による征服とにわけている．
51) 三浦徹「街区と民衆叛乱 ── 一五・一六世紀ダマスクス」『世界史への問い　四　社会的結合』岩波書店，1989年他．ダマスクスに関する文献については，三浦徹「アラブ (2) マシュリク 2 シリア・ダマスカス」『イスラム都市研究』（羽田正・三浦徹 (1991)）による詳細な解題がある．
52) 新井勇治「シリア＊オアシスに持続する世界最古の都市文明　ダマスクス＊歴史の積層する都市」，陣内・新井編 (2002)

1

イスラーム国家の形成と都市

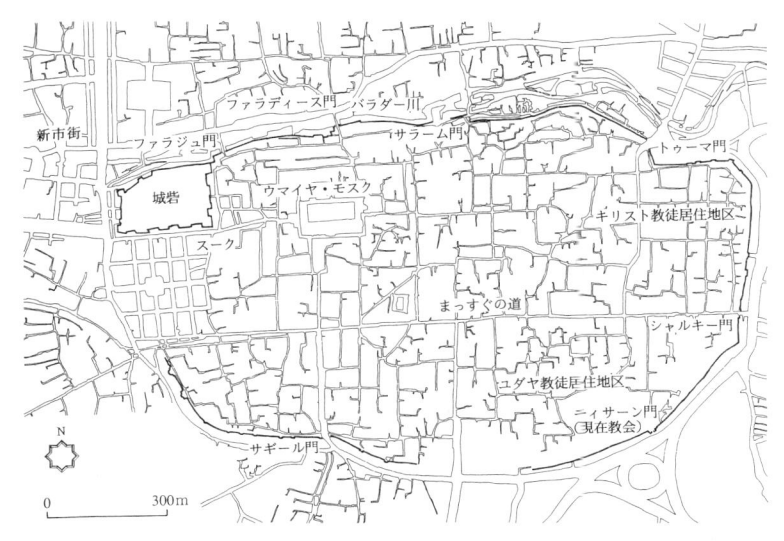

図 1-6 ●ダマスクス　陣内秀信・新井勇治編（2002）

市が多い．ダマスクスの起源は前 2000 年紀のアラム Aram 人[53]の都市とされる．そして，その骨格が作られたのはローマ時代である．カルド（南北道）とデクマヌス（東西道）という十字に交差する幹線道路を中心としたグリッドの道路網からなるローマの都市理念（ウルブス・クワドラタ＝方形都市）に基づく，およそ東西 1.5km，南北 0.75km の市壁で囲われた矩形の都市であった．かつてのデクマヌスは「まっすぐの道」として今日も残っており，また，円形劇場があった地区の形状もそのまま残されており，旧市街[54]がローマ時代の都市を引き継いでいることがわかる．

　北側に西から東へ流れるバラダー河があり，その水を市壁内に引き込んで都市が形成されている．城砦（カルア）が位置するのは，西北角である．城砦と，その南に接するスーク・ハミディーヤ，そのスークが向かうウマイヤ・モスクが市の中心である．ヴォールトやドームによって覆われたスークに接して，所々に

---

[53) 前 2000 年紀末から前 1000 年紀前半にかけて東はエラムから西はレバノン山麓まで広範囲にわたって行動したセム系半遊牧民．紀元前 11 世紀頃アラム人はユーフラテス河およびハブル河流域を占拠していくつもの王国を作り，アッシリア帝国の西漸を妨げる最大の障害となった．
54) 1989 年に世界文化遺産に登録された．

ハーン khān（隊商宿），ハンマーム（公衆浴場）が建てられている．ダマスクスはメッカのほぼ北に位置しており，キブラは南となることから，上述のように聖ヨハネ教会を没収して建てられたウマイヤ・モスクは南に礼拝室を設ける改変が行なわれただけで，カルドとデクマヌスという町の基本軸は維持されたと考えられる．

　しかし，街区内部の街路体系は様々に崩れている．635年にアラブ軍に占領され，1300年にはモンゴル，1400年にはティムールの侵略を受けた．ムスリムが支配する歴史の過程でグリッドは徐々に歪められてきたのである．また，市壁も楕円形に膨らんでいる．現在残る市壁と城塞は十字軍の時代に12-13世紀に建設されたものである．東部のキリスト教徒の居住区に格子状の街区が残る他は，所々に南北方向の街路が残っているのが，ローマ時代の痕跡である．旧市街の西南部，城砦およびスーク・ハミディーヤの南に格子状の街区が見られるが，これは1920年代の都市計画による．

　都市を構成する街区はハーラ hāra あるいはモハッラ mohalla（マハッラ mahalla）と呼ばれる．16世紀初めのダマスクスは19のハーラから成っていたという．ウマイヤ・モスクの東南角の街区（ハーラ）を見ると，西南から東北へかけて大きく湾曲した道が形成されている．このナッカーシャート街区を「イスラーム都市」の街区のモデルとしたのがソヴァジェ（1934）である．街区は，民族・部族，宗教，出身地などを同じくする住民が集まり，入口に設けられた門によって閉じられる．内部にモスク，ハンマーム，スーク，井戸などの共用施設を持ち，長（シャイフ shaikh）の下，自衛組織によって守られている．この自律的な街区のモザイクによって都市が構成されるとしたこのソヴァジェのモデルを巡っては，その後多くの議論がなされてきている．ダマスクスの旧市街西南部にあるシャーグール街区（ハイイ）などを詳細に調査した新井勇治は，ナッカーシャート街区の形態はむしろ少数例であるという．ハーラをいくつか集めた上位単位をハイイ hayy と言い，今日ではハイイが一般的に用いられている．モハッラは小路という意味で使われる．この街路を挟んで街区の内部に形成される住区の形は，ラーホール，デリー，アフマダーバード，ヴァーラーナシーなどインドの諸都市でも見られるが，この街区形態の比較は，その名称の比較とともに，本書の大きなテーマである．

　街区を構成する住居についても，その変容過程も含めて新井勇治が明らかにし

てくれている．ダマスクスの場合，2-3層の中庭式住宅が基本で大きく四つに類型化されるが，「インド・イスラーム都市」の場合，ハヴェリ haveli[55] と呼ばれる中庭式住居はダマスクスとは異なる．都市組織を構成する都市住居の比較も本書のテーマである．

## 1-3 平安の都：バグダードとサーマッラー

　問題は次の展開である．すなわち，異教徒，異民族がどう組織化されていくか．アラブ＝イスラームの支配原理に対して，すでにズィンミーとマワーリーという層が拡大しつつあった．アラブ―イスラームを基礎とするウマイヤ朝体制は，アッバース革命によって，より普遍的なイスラーム体制へ転成していくことになった．その基礎になったのがシャリーア（イスラーム法）であり，それが整備されるのがアッバース朝（750-1258）である．そして，8世紀末に至って「王朝」あるいは「国家」を意味するダウラ dawla という概念が成立する[56]．また，「神のカリフ（神権的カリフ）」の概念が成立する．

　「神のカリフ」という概念は，ウマイヤ家のカリフ体制に対して，予言者ムハンマドと同じハーシム家に属するアッバース家がイスラーム世界の主権の座についた，そのアッバース革命の正統性原理に関わっている．アッバース家のメシア運動は，ムハンマド家のイマームをカリフとする運動であり，その基幹が「神のカリフ（ハリーファ＝アッラー（フ））」である．この「神のカリフ」という称号自体は正統カリフ・ウマイヤ朝時代からあるが，最初の「神のカリフ」がアッバース朝第2代カリフ，マンスール（在位 754-775）であるとされるのは，それがシャリーアの体系に組み込まれたことにおいてである（嶋田襄平（1977））．

　シャリーアがイスラームの根幹として成立すると，世界は，その規定に従って，それが支配するダール・アルイスラーム Dār al-Islām（イスラーム世界（イスラームの「家」））とそれ以外のダール・アルハルブ Dār al-Harb（戦いの世界）に二分され

---

55) ハヴェリという言葉はペルシア語に由来するといわれ，パキスタンから西インドにかけて広く用いられる．
56) ダウラの領土的広がり（「王国」）をマムラカ mamlaka といい，今日のイスラーム国家にも用いられている．

る．ダール・アルイスラームは，ムスリムとその支配を受け入れるズィンミーからなる．ダール・アルハルブは，異教徒（シャリーアを受け入れない）の世界でありジハード（聖戦）の対象となる地域と見なされるが，中には少数であれムスリムは存在しており，ウンマはダール・アルイスラームの外にも広がっていると考えられた．そして，ダール・アルイスラームは，いくつかのダウラが並立する形となる．

また，シャリーアの体系化によって，ファイ（戦利品）とされた土地は，戦士に分配されるのではなく，ウンマに帰属するものとされた．シャリーアのもとでは，アラブであれ，非アラブのマワーリーであれ，土地を耕す農民はすべて地代としてのハラージュを収めることになる[57]．

こうして，アッバース朝（749-1258）の成立によって，イスラームは，イスラーム国家，イスラーム王朝の基幹を確立することになるが，それと同時に自ら設計する王都を実現させることになる．アッバース朝第2代カリフ，アル・マンスールが造営したバグダード，「平安の都」マディーナ・アッサラーム Madīna al-Salām[58]である（762）（図1-7, 1-8）．

この見事に幾何学的な円城をどう考えればいいのかは大きなテーマである．円

---

57) ファイがカリフ（イマーム）あるいは国家に直属する国有地であるという見方に対して，ファイをワクフ（寄進）財とする見解がある．その場合，土地を所有するのは神であり，国家は土地を管理するだけである，ということになる．ハラージュ地の他に私有権（ムルク）を認められたウシュル地があった．

58) マンスールがバグダードを首都とするまでに四つの拠点が設けられるが，すべてハーシミーヤ Hāshimīya（ハーシムの家）と呼ばれた．その首都の変遷は以下のようである．アッバース朝第1代カリフとなるサッファーフ（アブー・アルアッバース）は，クーファでバイア（忠誠の誓い）を受けたが，アリーが都して以来シーアの勢力の強いこの地をまもなく離れ，クーファとバグダードのほぼ中間のウマイヤ朝のイラク総督イブン＝フバイラの築いた城に移り，さらにその近郊アンバール付近に新首都を築く．その建設途上にサッファーフは死に，後を継いだ第2代カリフ，マンスールは，クーファ近くに新首都を築いて763年にバグダードに移るまで住んだ．

59) ホラーサーンは〈太陽 khor の上る所〉を意味する．マー・ワラー・アンナフル以南に位置し，メルヴ，ヘラート，バルフの他，ニーシャープール，タバス，ビールジャンド，サブザバールなどの町がある．アッバース革命は，メルヴから起こった．9世紀になると中央政権が弱化し，ターヒル朝が興り，サッファール朝，サーマーン朝の支配を経て，ガズナ朝の版図となった．1041年にはセルジューク朝に征服され，次いで13世紀にはモンゴルによって破壊解体された．ティムール朝下ではシャー・ルフによってヘラートが首都とされ，イスラームの中心として栄えた．カナート灌漑がおもに行なわれている．地下水位も深く，10kmを超す長いカナートが多い．ホラーサーン南部には70kmを超えるカナートもある．穀作・綿作の他テンサイ，果物が栽培されている．マシュハドにはイマーム・レザー廟があってシーア派の巡礼の地となっている．

1

イスラーム国家の形成と都市

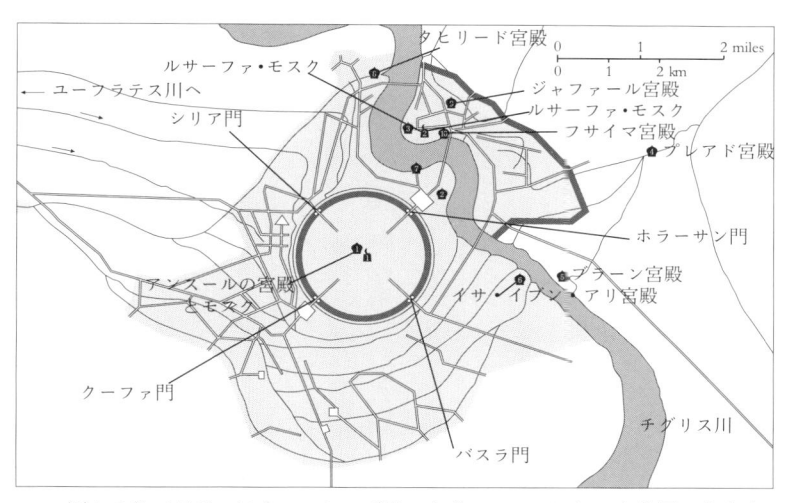

図1-7 ●バグダード（アッバース朝）：出典　Kennedy（2004）作図　中貴志

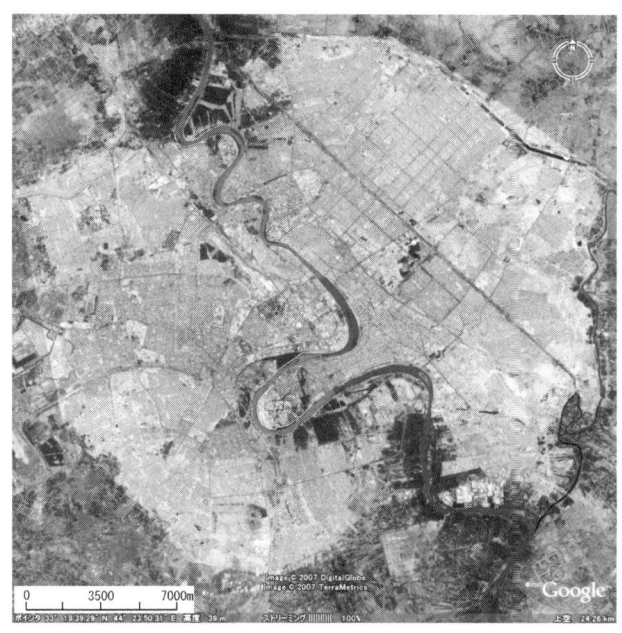

図1-8 ●バグダード：出典　Google　Earth：©2008 Europa Technologies, Image©Digital Globe

形都市はイスラーム以前にイラン東部ホラーサーン[59]地域の伝統であったというが，果たしてどうか．また，バグダードがイスラームが最初に造形した都市であるとして，他に，同様の都市が作られなかったのは何故か．

　序章で見てきたように，一般には，イスラームに固有な都市の形はない，とされる．「イスラーム都市」というと迷路状の袋小路に中庭式住居が密集する形態がイメージされるが，その街区形態は，明らかにイスラーム以前に遡る．ウマイヤ朝時代，ワリード1世によって建設された（714-715）レバノンのアンジャールの町はローマの「ウルブス・クワドラタ」（方形都市）の原理に従っている．ビザンチンの建築的伝統を受け入れたように，イスラームはそれぞれの土地の都市計画の伝統を受け入れてきた．

　バグダードは，そうして見ると特異である．カリフの宮殿とモスクを中心とした完全な円形をしており，極めて整然と放射状の街路によって区画されている．古代イラン以来の円形都市の伝統を引き継ぐとも言われるが，その求心的構成は岩のドームの求心的構成をも思わせる．復元図によれば，直径2.35km，3重の城壁からなり，斜堤に続いて住区が円環状に配されていた．門は4ヶ所，北東，北西，南東，南西に設置され，門から中心へ向かって商店街が設けられていた．城内には，王宮，モスクの他，諸官庁，カリフ一族の住居などが置かれていた．

　バグダードには，「知恵の館」（バイト・アル・ヒクマ）という学者たちの集まる教育研究機関があった．数学，天文学，力学の分野で傑出した業績を残したバヌー・ムーサーなどが知られる．バグダードが当時の占星術を基礎にして設計されたことは間違いない．第7代カリフ，アル・マームーンの時代にはホラズム（ヒヴァ）の出身のアル・フワーリズミーなどが知られる．ホラズムには，前4世紀と考えられるコイ・クリルガン・カラと呼ばれる円形の遺構が残されている．ホラズム王の墓廟とも，神殿とも，領主の居城とも目されるが，実際に訪れて規模を確認した直感では天文台だと思う（図1-9a, b, c）．ホラーサーン地方の円城の伝統も天文学を基礎とした幾何学に基づいていたと考えるのが自然である．

　イスラーム世界には，天文学，測地学の伝統は確実に伝えられていく．その延長にティムール朝のウルグ・ベクがいるのである．ただ，こうした明確な計画原理に基づく都市造営は以降見られない．バグダードそれ自体も，すべての建造物が日乾し煉瓦で作られていたため，今日何の痕跡も残っていない．

バグダードとは対照的なのがサーマッラーである（図1-10a, b, c）．9世紀に入って，高い戦闘能力の故にカリフの家臣グループに取り入れられてきたトルコ系親衛隊の専横を嫌って，カリフ，ムータシム（在位833-842）は，バグダードの北西151kmにあるサーマッラーに遷都することを決定する（836）．極めて完結的なバグダードがさらなる発展に不都合であったということもあって，サーマッラーではまったく異なった都市計画が行なわれる．すなわち，塁壁で囲われた区画を順次連続していく方法，いわゆるグリッド・プランがとられる．アッバース朝はこうして相異なる二つの都市計画原理を具体化することになる．

　ムータシムを引き継いで，バルクワーラーの宮殿（851-861），サーマッラーの大モスク[60]とアブー・ドゥラフのモスクなど多くの壮麗な建造物を建てたのがムタワッキル（在位847-861）である．発掘によれば，バルクワーラーの宮殿は，明確な中心軸を持ち，左右対称に極めて整然と構成されている．際だつのは中央軸線上の二つの庭園，その後もペルシア（イラン）の宮廷建築に見られる十字に交差する路によって4分割されるチャハル・バーグである．イスラーム建築において庭園は，オアシスであり楽園の象徴とされ，極めて重要な要素である．整然とした構成の中で，モスクのみがメッカの方向に向けられ，45度ほどずれた正南北軸に従っている．

　サーマッラーは，その最盛期において，市域は幅5km，チグリス河に沿って25kmに及んだ．しかし，サーマッラーもまたその痕跡をほとんど残していない．カリフ，ムータミド（在位871-892）が892年にサーマッラーを捨て，再びバグダー

---

[60] サーマッラーと言えば大モスクである．ムタワッキルのモスクともよばれるこの大モスクは848年から52年にかけて建設されるが，厚さ2.65mの壁で囲われた建物は241m×161mの規模を持つ．モスクを囲んで外庭が巡らされ，さらに441m×376mの神域が設定されていた．現存する世界最大のモスクがサーマッラーのモスクである．4隅に塔があり，東西それぞれ八つ，南北それぞれ12，計44本の櫓で囲われた内部へは，東西四つずつ，南北三つずつ14の入口があり，内部には，東西は4列，南は3列，そしてキブラ壁のある北は9列の列柱が並び，161m×111mの中庭を囲んでいる．中庭はウマイヤ・モスクと違って縦（南北）長である．そして，何よりも特徴的なのは，北に置かれた，バビロニアのジッグラト，そしてバベルの塔を思わせるマラウィーア（螺旋）である．ウマイヤ朝のモスクとはまた異なった類型である．この螺旋のミナレットをモスクの外に置く形式は，世界第2位の規模を誇るアブー・ドゥラフ（859-861）も同じである．そして，カイロにイブン・トゥールーンのモスクがある．螺旋の塔とともに2重の外壁が特徴である．イブン・トゥールーンはトルコ人傭兵部隊を率いてエジプト入りし，新たな町カターイとともにモスクを建設した（876-879）のである．ただ，イブン・トゥールーンのモスクの場合，中庭は正方形で中心に泉亭が置かれているのが異なっている．

第Ⅰ章
「イスラーム都市」

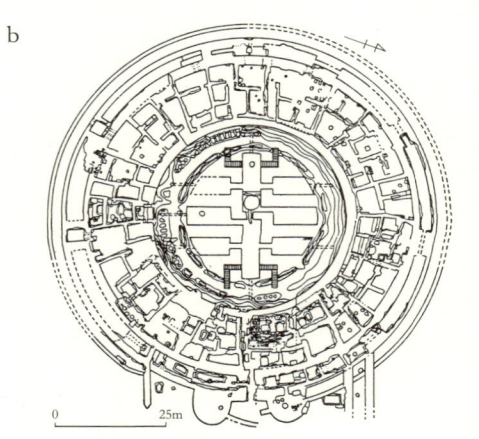

図1-9 ●コイ・クリルガン・カラ（ホラズム，ウズベキスタン）出典：a ヒヴァ博物館　b 日本建築学会（1995）　c 写真　布野修司

イスラーム国家の形成と都市

ドを都として以来，急速に衰え，忘れ去られるのである．

　ここで，序章の大胆な仮説（K）を再確認しておきたい．

　「イスラームは，基本的に都市全体の具体的な形態については関心を持たない．専ら関心を集中するのは，身近な居住地，街区のあり方である（H）．イスラームは，「偶像禁止」を遵守することにおいて，基本的に建築の様式，装飾等には関心を持たない．……「偶像禁止」ということで，むしろ精緻な幾何学を発展させ，数多くのすぐれた建築を生み出してきたことはよく知られるところである．宮殿にしても，むしろ精緻な幾何学を基礎に設計されることが一般的である．……都市の形態についてもイスラームは一定の型にこだわるところはない．」

　アッバース朝の二つの都，バグダードとサーマッラーは，奇しくも，二つの都市計画の系譜に従っている．すなわち，極端に単純化して言えば，円形都市（極座標系）の系譜と方格都市（直交座標系）の系譜である[61]．イスラーム国家が最初に計画した都市が人類が生み出した理想都市計画の系譜に従っていることは興味深いことであるが，そう意外なことではない．アクバルのファテープル・シークリー計画にしても，シャー・アッバースのイスファハーン計画にしても，幾何学的な都市計画に属するものである．街区のフィジカルな「狭く迷路のように曲がりくねった道，多くの袋小路，中庭構造」というイメージとは別に，チャハル・バーグやモスクの幾何学的な平面計画は，「イスラーム都市」のもう一つのイメージを形成するのである．

　アッバース朝を支えたのは，強力忠実な軍隊と官僚機構である．その行政体制を支えたのは，ディーワーンであり，カリフを補佐する副官ワズィール wasīr を頂点とするカーティブ kātib（書記＝官僚）群である．ワズィールはアッバース朝になって初めて現われた職位である．そして一方に，カリフの立法権，教義決定権を認めない，シャリーアを体系化したウラマー ulamā（学者）群が併存した[62]．

　バグダードには，カリフとその一族を頂点とする特権階層，軍隊・官庁における高官，ワズィール，ウラマー，大商人などが住んだ[63]．彼らは，ダイア（私領地）を経営し，その拡大を目指した．ダイア経営によって獲得された富と遠隔地交易によってもたらされた各種の商品はバグダードの市場に集中し，市場には監督官

---

61) 理想的都市計画の系譜として，プラトンがすでにこの二つのモデルを示している．

第I章
「イスラーム都市」

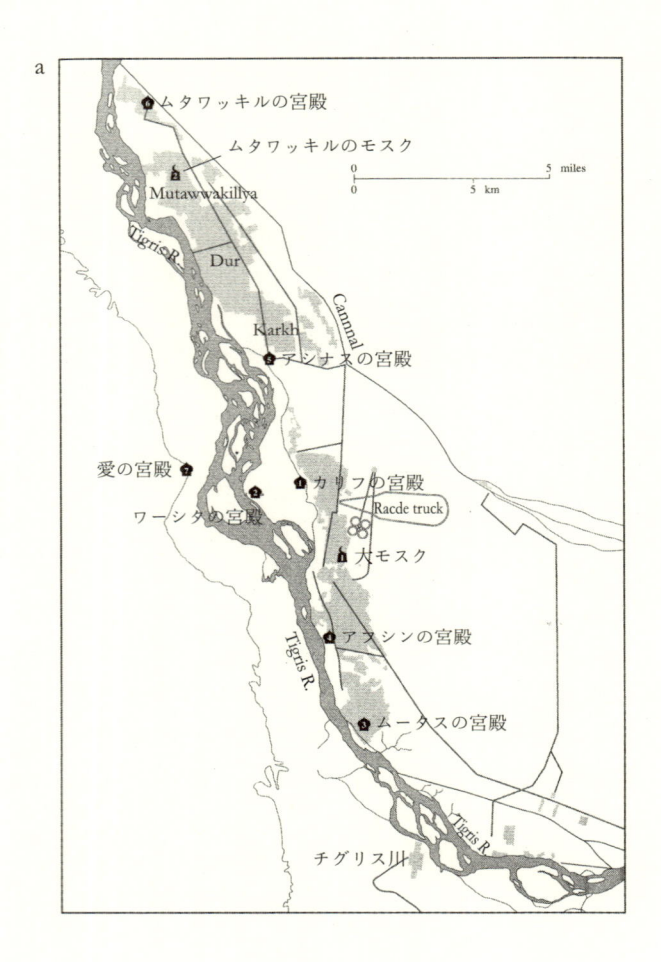

[地図：サーマッラー周辺。ムタワッキルの宮殿、ムタワッキルのモスク、Mutawwakiliya、Dur、Karkh、アンナスの宮殿、愛の宮殿、ワーシタの宮殿、カリフの宮殿、Racde truck、大モスク、アスシンの宮殿、ムータスの宮殿、チグリス川 Tigris R.、Cannnal]

62) カリフ体制を支えるこの構造は，やがて，軍人の台頭によって崩れる．軍人が租税徴収権を含む行政権を要求して出現したのがアミール・アルウマラーである．そして，軍人が直接農村に赴いて租税を徴収するシステムとして成立したのが軍事イクター iqtā 制である．イクターとは，カリフやスルタンから授与された分与地のことである．その保有者をムクター muqpa' というが，軍人に限らず，官僚や部族民に対してもそれぞれの功績に応じて小規模の荒蕪地や耕地が与えられ，より大規模な私有地であるダイア day'a とともに大土地所有形成の基礎となった．ムクターは国家に対するウシュル税納入の義務を負っていたが，彼らはやがて免税特権を獲得して納税を免れるようになる．ブワイフ朝（932-1062）のイラク征服（946）を契機として，軍人にイクターを授与し，直接土地の管理と徴税権とをゆだねる新しい体制が始まった．これがいわゆる軍事イクター制である．
63) 彼らをハーッサ khāṣa といい，ムスリムの一般民衆をアーンマ āmma という．

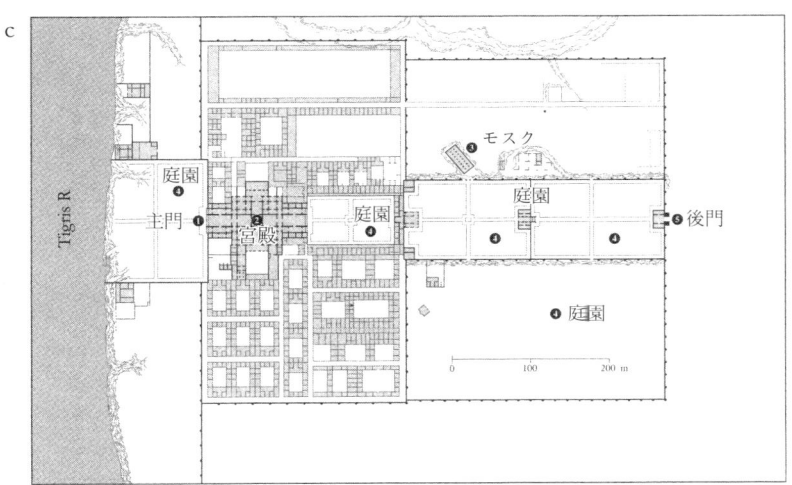

図 1-10 ● a　サーマッラー：出典　Kennedy（2004）　b　サーマッラー航空写真：出典　Benevolo（1975）　c　サーマッラーのムータス王子の宮殿：出典　Kennedy（2004）

ムフタスィブ muhtasib が設けられた[64]．

　シャリーアの整備とともに，租税システムも整序された．土地税ハラージュ，十分の一税ウシュル，異教徒に対する人頭税ジズヤ（あるいはジャワーリー）の納入は，村（カルヤ）を単位として一括された．この責任者，村長は，イラン・イラクではディフカーン，エジプトではマーズートと呼ばれた．村は，村長の下，私有のダイアを持つターニーや自作農ファッラーフーン，小作人ムザーリウーン（アッカール）などからなっていた．

　一方，遊牧あるいは半牧半農の生活を続けるアラブ人がいた．彼らはウルバーン 'Urbān あるいはアーラーブ A'rāb と呼ばれた．

　各地から集められた税は行政府で予算化され，軍人・官僚の俸給は現金（アター）で支払われた．この国家体制をアター体制という．

　アッバース朝は，1258 年のモンゴル軍によるムスタースィムの虐殺まで，37 代 510 年間継続したとされるが，アッバース朝のカリフが政治の実権を握ったのは 936 年のアミール・アルウマラー amir al-umarā の出現までであり，946 年のブワイフ朝のバグダード入城によってカリフ制は完全に崩壊する．以降ブワイフ朝のアミール・アルウマラー，1055 年以降はセルジューク朝のスルタンがバグダードに君臨する．

---

[64] ムフタスィブの職が設けられたのは，アッバース朝のカリフ・マームーン（在位 813-833）の時代である．

# 2 「アラブ・イスラーム都市」

## 2-1 マグリブ・イスラーム都市

　7世紀から8世紀初めの「大征服時代」にイスラームは，まず，西方（マグリブ）へその勢力を拡大する（図1-11）．641年代初めにエジプトが征服されミスルとしてフスタートが建設された後，663-4年にはイフリーキーヤ Ifrīkīya（現チュニジア）にまで支配は及び，カイラワーン Qayrawān が建設された（670）．イフリーキーヤはラテン語のアフリカ Africa に由来するアラビア語で，カイラワーンとは，キャラヴァン，すなわち隊商という意味である．カイラワーンを建設した遠征軍の主将ウクバは，その帰路，ベルベル人よって殺され，マグリブ征服は一頓挫するが，7世紀末に再びマグリブに侵攻，カルタゴを押さえてチュニスを建設（698）してビザンツの海軍に対抗，イフリーキーヤはムスリムの手に落ちる．そして，711年以降，イベリア半島の征服が開始される．その勢力に，わずか3年で一気にイベリア半島北部まで及ぶが，その征服に大きな役割を果たしたのは改宗したベルベル人たちである（前嶋信次（2000b））．

　ムハンマドの親族に当たるアッバース家の政権獲得によって，ウマイヤ朝の一族は悉く殺害されるが，唯一の例外は，スペインに逃れてコルドバ Córdoba[65]で政権を建てたアブド・アル・ラフマーン1世（在位756-788）である．この政権がアンダルスあるいはコルドバのウマイヤ朝，また後ウマイヤ朝（756-1031）である．

---

[65) 高級なめし革の代名詞〈コードバン cordovan〉は，イスラーム期コルドバの特産であった皮革製品の名声に由来する．アラビア語ではクルトゥバ Qurtuba という．

第Ⅰ章
「イスラーム都市」

図1-11 ●マグリブの諸都市：作図　中貴志

　イベリア半島においては，イスラームの侵入直後からすぐさまレコンキスタ（失地回復）が始まる．イスラーム勢力は，コルドバ，セヴィージャ（セヴィーリャ）Sevilla，グラナダ Granada[66]と拠点を移しながら徐々に後退していき，1492年のグラナダ陥落によってレコンキスタは完了する．1492年は奇しくもコロンブスが「新大陸」を「発見」した年であり，コンキスタ（征服）の始まりの年であった．

　「イスラーム・スペイン」，すなわちイスラームによって基礎が作られたアンダルスの諸都市は，「イスラーム都市」の一類型である．グアダルキビル河の中流域に位置するコルドバは，フェニキア人の植民都市を起源とし，ローマ，特にカルタゴの拠点都市ともなり，続いて西ゴートの支配を受けたとされる[67]．711年にベルベル人ターリクは，軍事征服が一段落すると，アル・アンダルスと命名した新しい領土の首都にコルドバを選んだ．そして756年にはダマスクスを追われたウマイヤ朝のアブド・アル・ラフマーン1世が亡命政権を立てたことから，西方イスラーム世界の首都となる．アブド・アル・ラフマーン1世は，サン・ヴィセンテ教会を買い取り，コルドバのモスク建設を開始する（785）．このメスキータは，その後様々に拡張，改築され，西方イスラーム圏を代表するモニュメント

---

66) イベリア半島最後のイスラーム王国ナスル朝（1232-1492）の王都．
67) 前1世紀の地理・歴史学者ストラボンによれば，コルドバはローマ人がイタリアからの入植者のためにヒスパニア —— ローマ人はイベリア半島をこう呼んだ —— に建てた最初の植民都市であった．一説には，前169年か前152年に国務官M．クラウディウス・マルケルスの命令で創設されたともいわれる．

となる．そして，13世紀には大聖堂に改造される．教会，モスク，カテドラルという数奇な運命をたどったのがコルドバのメスキータ[68]である．

コルドバへ移住したムスリムの多くはシリアの出身であり，その初期の都市形態や景観にはシリアの都市の影響があったと考えられている．10世紀には，その周囲の城壁は全長12kmあり，人口は約50万にも達していたとも言われ，「西方の宝石」と呼ばれて，バグダード，コンスタンティノープルと並ぶ三大都市の一つとなる．4回の拡張工事で収容人員2万5000人に達したメスキータとそれに隣接する王宮（アルカサル）を中心に，蔵書数40万冊と伝えられる王宮図書館など70の図書館，1600のモスク，800の公衆浴場（ハンマーム），多数のマドラサ madrasa（学院）があったとされる．また，城内はハーラ（街区）に分かれ，キリスト教徒やユダヤ教徒もハーラを形成していた．また，郊外には21のバラート balāt（郊外居住区）があったという[69]．1236年のカスティリア王フェルナンド3世による征服後，一地方都市に低落したコルドバは，次第に衰退し，「イスラーム都市」の特性も失っていくことになる．

グアダルキビル河の河口近くに位置するセヴィージャは，肥沃な平野と水利水

---

68) コルドバのメスキータは，当初（785-787），幅広の中庭と列柱の建ち並ぶ（東西11列×南北12列）礼拝室からなる単純な構成であった．ローマや西ゴートの建物の材料が転用されている．アブド・アル・ラフマーン2世（在位822-852）の時代になると，南側に礼拝室は拡張され（832-848），柱列は8列伸びて円柱は211本になる．さらに，アブド・アル・ラフマーン3世（在位912年-）は，さらに南に礼拝室を拡張，中庭に回廊を設け，高さ34mのミナレットを建設する．さらに，ハカム2世（在位961-976）は，さらに列柱を追加，南に2重壁を作る．そして，その形式を確定するのがヒシャーム2世（在位976-1113）の宰相マンスールである．彼は東側に列柱の間を増築，中庭も拡張された（987年-）．その結果，コルドバのメスキータは，サーマッラーの二つのモスクにつぐ世界第3位の規模を誇ることになる．

こうして出来上がった611本近くの円柱の林立する様はまさに森のようである．馬蹄形のアーチの上に半円形のアーチを組んだ2重アーチは他に例のない空間を作り出している．このメスキータの起源についてシリアの影響が指摘される．キブラ壁に直交する形式はエルサレムのアクサー・モスクに見られるからである．創建者アブド・アル・ラフマーン1世がシリアのウマイヤ家の出であり，側近にシリア人が多く，切妻屋根や馬蹄形アーチ，中庭周りのアーケードなど細部にシリアの影響が見られることもその背景としてある．

しかし，このコルドバのメスキータの形式は西方イスラーム世界に共通に見られる．そうした意味で注目されるのは，フスタートのアムル・モスクである．642年に征服者アムル・ブン・アルアースによって建設され，その後，破壊，再建が繰り返されて698年に現在の規模に達する．結果としてキブラ壁に直交する柱列が実現されている．アーチの下部，柱頭を木製の梁で繋いでいるのが特徴である．

69) ワット，W. M.『イスラーム・スペイン史』黒田・柏木訳，岩波書店，1976年

第 I 章
「イスラーム都市」

運に恵まれ，その都市としての起源は有史以前に遡る[70]．前1世紀には，ユリウス・カエサルが占領して「ヒスパリス Hispalis」と命名，ローマの自治都市となって「小ローマ」Romula と呼ばれたという[71]．ローマ時代以後，バンダル族やスエビ族の支配を経て，西ゴート王国成立当初 (441) の首都となる．イスラーム勢力に征服されると，後ウマイヤ朝の首都コルドバと経済的繁栄を競った．

11世紀に後ウマイヤ朝が崩壊し，群小王朝が分裂割拠する時代になると，セヴィージャはコルドバを凌ぐ，セヴィージャ王国 (1023-1093) の首都となる．12世紀，北アフリカに勢力をもっていたムスリムのアルモアーデ族がスペイン南部を制圧し，アルモアーデ帝国（ムワッヒド朝）(1130-1269) を築く．「イスラーム都市」セヴィージャの経済的繁栄は13世紀に頂点に達する．フェルナンド3世は，コルドバに少し遅れて，1248年にセヴィージャを奪回したが，セヴィージャは，カスティリア王国でも重要な都市として存続する．「新大陸」発見を契機に，1503年通商院が設置され，セヴィージャは植民地貿易を独占する．16世紀スペイン最大の商業都市に発展し，スペイン黄金世紀の文化の中心都市となるのである．黄金の塔 (13世紀) そしてヒラルダの塔はムワッヒド朝下の建設であり，アルカサル（王宮）は，レコンキスタ後の14世紀にモサラベ mozárabe[72] 職人によって建てられたものである．

グラナダもまた都市の起源はローマ時代に遡るが，その名は，アルハンブラ宮殿のある丘に8世紀に築かれたユダヤ人居住区ガルナータ Gharnāta に由来する．シエラネバダ山脈に囲われた自然の要害にあることから，キリスト教徒が1236年にコルドバを奪回して以後，イベリア半島最後のイスラーム王国ナスル朝の首都として，1492年まで存続した．

こうして，アンダルスのイスラーム諸都市は，ローマ時代の都市を基礎とし，イスラーム文化の華を咲かせた後，再び，レコンキスタされるという共通の歴史特性をもっている．イスラーム時代のモサラベの存在とレコンキスタ後のムデーハル mudéjar[73] の存在が，その特性を象徴する．彼らの多くは，コルドバ，セ

---

70) 伝説上ヘラクレスが建設者とされ，また古代タルテソス王国の首都とも考えられている．
71) 前1世紀にカエサルがヒスパリスと命名し，ローマの自治都市となった．
72) アラビア語のムスターリバ（アラブ化した人々）が転訛したもの．イスラーム・スペインにおいて，キリスト教徒でありながら，言語・文化的にはアラブ化したスペイン人を指す．

ヴィージャ，トレド，バレンシアなどの大都市に居住し，建築業，革細工，金属細工，彫刻業，織物業，文筆業などに従事したが，その活動によって，イスラーム文化と中世スペイン・キリスト教文化との融合がなされるのである．

それに対して，マグリブの「イスラーム都市」は，必ずしも，ギリシア・ローマの都市を起源とせず，アラブ・イスラームの伝統がそのまま持ち込まれた都市が少なくない．アラブの征服者がマグリブを支配した際，基層文化として存在したのはベルベル人の文化である．アッバース朝がアンダルスを放棄すると，マグリブには，ルスタム朝 (777-909)，イドリース朝 (789-926)，アーグラーブ朝 (800-909)，トゥールーン朝 (868-905) が相次いで建った．それぞれ，ターハルト（ティアレ），フェズ Fez，カイラワーン，フスタートを拠点，首都とする．ルスタム朝はイバード派[74]の王朝，イドリース朝は史上初のシーア派王朝である．アーグラーブ朝は，当初毎年現金をバグダードに送金するという条件で総督の自由な権利と地位の世襲を認められた王朝である．正統派イスラームは四つのマズハブ madhhab（法学派）からなるが，エジプトからアンダルスまでの西方イスラーム世界はほぼ完全にマーリク派[75]によって占められ，その中心がカイラワーンであった．カリフ・ムータスィムの近衛軍団の将校だったトルコ人マムルーク，トゥールーンの息子アフマドがやがて自立したのがトゥールーン朝である．

マグリブを四つに分割したこれらの王朝は独立した王朝であったが，アッバース朝のカリフの権威に正面から対抗するものではなかった．それに対して，イスマーイール派[76]が，アーグラーブ朝を倒してチュニジアに建国したファーティマ朝 (909-1171) は，当初からカリフという称号を用い，アッバース朝に真っ向から挑戦する．アーグラーブ朝に続いてルスタム朝を倒してアルジェリアを支配し，

---

73) アラビア語のムダッジャンがスペイン語に転訛したもので，残留者すなわちキリスト教徒に再征服された後のイベリア半島で，自分たちの信仰・法慣習を維持しながらその地に被支配者として残留を許可されたムスリムをいう．

74) 最初の指導者アブド・アッラーフ・ブン・イバード 'Abd All'h b. Ib'd（生没年不詳）の名によって名づけられたハワーリジュ派の穏健な一派．他のハワーリジュ者派は現在すべて消滅したが，イバード派だけはリビア西部のトリポリタニア，南部アルジェリア，オマーン，およびオマーンから17世紀に伝えられたザンジバルに少数の信者が存在する．

75) マーリク・ブン・アナスの名によって名づけられたスンナ派イスラームの法学派．シャーフィイー派が特定の地域に関わりない法学派として成立した後，ハナフィー派と同じく，メディナの初期法学派がメッカのそれを吸収しつつ，発展的に解消してマーリク派となった．

76) イスラームの十二イマーム派の分派で過激シーア派をいう．

# 第I章
「イスラーム都市」

969年にはエジプトを征服してカイロ（アル・カーヒラ（勝利の町））を建設する．そして，さらにシリア南部からヒジャーズ地方も支配した．1059年にはバグダードも占領するほどの勢力となるのである．

これらマグリブの諸都市の典型と考えられるファーティマ朝のチュニスについては続いてみよう．「イスラーム都市」論の最初の基礎を作ることになったマグリブ都市研究の歴史とフレームについては，冒頭に概略触れたが，私市正年が総括するところである（羽田正・三浦徹編(1991)）．私市によれば（板垣雄三，後藤明編(1992)），都市の地域間の文化交流という観点からは，チュニジアとモロッコで異なり，チュニジアの諸都市，特にチュニスが，常にマシュリク Mashriq と強い結びつきを持ってきたのに対して，モロッコの諸都市の場合，マシュリクとの関係は薄く，サハラ以南との結びつきが強い．アルジェリアは，西部のトレムセンはモロッコ型，東部のビジャーヤなどはチュニジア型である．また，大モスクとスークを中心として市壁で囲われたメディナ（市街）は構成されるが，王の居館であるカスバは，チュニスやトレムセンのように大モスクの近くに立地するものと，アルジェのように，メディナと切り離されて造営される場合がある．住民は，アラブ人とベルベル人のムスリムが中心であるが，ユダヤ教徒の居住者も多く，メッラーフと呼ばれる特別の居住区に住んだ．モール（ムーア）人と呼ばれたアンダルスからの流入者もチュニスやフェズに数多く居住した．マグリブ全体としてアンダルスとの繋がりは強い．都市行政は，裁判，ワクフの管理に当たるカーディー，日常生活全般の取締を行なうムフタスィブ，中央政府の代理人アーミル（カーイド）という三つの官職によって行なわれ，一般の都市住民はホーマ howma と呼ばれる街区に分かれて住み，街区長（ムカッダム）の支配下にあった．

フェズは，四方を山に囲まれた窪地に位置し，中央にフェズ河（フェズ・ワーディー（涸れ河））が流れる（図1–12）．王都の建設は，ムーレイ・イドーレス1世および後継の2世によって行なわれたが，フェズ・アルバリー（旧フェズ）と呼ばれる市壁で囲われたメディナには，河を挟んで左岸にカラウィーン地区，右岸にアンダルス地区がある．9世紀初め，コルドバおよびチュニジアのカイラワーンから多くの亡命者が来住，コルドバからの者が川の右岸に，カイラワーンからの者が川の左岸に住みついてそれぞれアンダルス地区，カラウィーン地区として急激に発展し，785のモスクと10万の住戸を数えたと言う．隣接してカスバ

2 「アラブ・イスラーム都市」

図 1-12 ●フェズ航空写真　Bianca, Stephan（2000）

がある．11 世紀のムラービト朝期には，川をはさむ二つの町が併合されている．

　フェズ・アルバリーに隣接するフェズ・アルジャディード（新フェズ）は，13 世紀にベニ・マリーンがマリーン朝（1196-1465）の首都として建設した市街で，ダール・アルマグゼン王宮と 14 世紀初め以降に形成されたユダヤ人街（メッラーフ）がある．かつては五つのシナゴーグがあったという．マリーン朝期には，数多くのモスクやマドラサが建設され，西方の高台へマディーナ・アルバイダー（白い町）と呼ばれた市街地が形成された．14 世紀中葉，フェズの人口は 20 万人を数え，モロッコ最古のモスクであるカラウィイーン・モスク[77]には，8000 人の学生が寄宿していたと言われる．しかし，14 世紀末からのマリーン朝の衰退とともに，また，マラケシュ（図 1-13）を都としたサート朝（1549-1659）の建国な

---

77) 9 世紀中ごろ建設．12 世紀初めに今日の規模に拡張された．

第 I 章
「イスラーム都市」

図 1-13 ●マラケシュ　出典　板垣雄三, 後藤明編 (1992)

どによってフェズは次第に衰退し始めることになる．現在は，上記二つの歴史的市街の南に，フランス植民地政府によって計画されたフェズ・デビバハ（新市街）がある．

　カイラワーンは，上述のように，アラブの軍人ウクバ・ブン・ナーフィーが670-675年に築いたミスル（軍営都市）を起源としており，マグリブ最古の「イスラーム都市」である．ベルベル人の指導者クサイラによる占領（7世紀末）や異端派ハワーリジュ派による占領（8世紀中頃）など，政治的に不安定な状態が続いたが，アーグラーブ朝の首都になって繁栄し始め，マグリブにおける政治，経済，宗教，学問の中心となった．繁栄は，ファーティマ朝，ジール朝の時代まで続いたが，11世紀の中ごろ，カイロに移ったファーティマ朝が送り込んだアラブ遊牧民ヒラール族により破壊され，衰退することになる．ウクバ・ブン・ナーフィーの創設になる大モスクは，西方イスラーム世界における最古のモスクである．836年に，アーグラーブ朝の王子ジャーダ・アッラーフによって建立され，ほぼ現在の規模と形態に再建された．古典的な列柱ホール式で，フスタートのアムル・

モスクに似たT字型プランの典型である．この大モスク（シディ・ウクバ・モスク）や聖者廟には多くの巡礼者や学者が訪れ，その後もイフリーキーヤの聖都であり続けた．

　カイロは，かつてフスタートが置かれ，アムル・モスク，イブン・トゥールーンのモスクが建設されていた，その後，アスカル（751），カターイ（870）と新たな都市が発展していたナイル右岸の土地にある．1.1km四方のほぼ正方形の城塞で，君主，廷臣，親衛隊のみが居住する禁城であった．城壁，東西二つの宮殿，宝庫，造幣所，図書館などとともにその中心に建設されたのがアズハル・モスク（970-972）である．さらに続いて北門フトゥーフ門の近くに建てられた，ファーティマ朝を代表する二つ目のモスクがハキーム・モスク（990-1013）である．ファーティマ朝は，初のシーア派の本格的王朝であった．しかし，シーア派独自のモスクの形式を生み出したかというと必ずしもそうでもない．二つのモスクとも増築，改築が重ねられるが，建設当初の復元図によれば幅広矩形の中庭を柱廊で囲む古典的形式は踏襲されている．また，アーチ上部の装飾などはイブン・トゥールーン・モスクを原型としている．もちろん，主礼拝室の反対に回廊がないこと，ミフラーブの前面に柱廊が作られ，ミフラーブの上に小ドームが載せられていることなど古典型モスクとの相違もある．ハキーム・モスクの場合，ファーティマ朝が瓦解した後もスンナ派の中心的大学が付置され大きな役割を担い続けるアズハル・モスクと異なり，やがてモスクの機能を失い，荒廃するが，近年再建されている[78]．

## 2-2 アラブ・イスラーム都市の構成原理

　ファーティマ朝の最初の首都となったのは，以上のようにチュニスである．そのチュニスを対象に，アラブの都市構成を明らかにするのが，ハキームである．『アラブ・イスラーム都市』（Hakim (1979)）の冒頭にはその目標が明確に書かれているが，最終的に目標とされているのは，その伝統的な諸原則を現代のアーバ

---

[78] ミナレットが独特であるが，プランは概ね古典型である．注目すべきは石材が用いられたことである．エジプトでは古来石造建築が行われてきたが，これまでモスクは専ら煉瓦で建てられてきたのである．

ン・デザイン・プロジェクトに用いて，評価，再利用，試験し（あるいは展開し），現在および近い将来において有効性，利用価値があるかどうかを確認すること，である．そのために，伝統的な「アラブ・イスラーム都市」を形成した建築と都市計画の原則を見つけ出し記録すること，研究成果を体系的で明確な形式に記録して，他の人々が直接利用できるようにすることが必要だという構えである．ハキームは，もともと建築家・都市計画家であり，その視点は本書の視点とも極めて近い．以下にそのエッセンスをみよう．

　ハキームは，前章で触れたように，イスラーム史の最初の3世紀の間に，「イスラーム都市」の原型，基本原理ができあがったと考える．イスラーム世界の急速な拡大に伴い，精力的に展開された建築・都市建設活動が様々な問題・軋轢を各地で引き起こしたことは想像に難くない．種々の問題を規制し裁定するためにガイドラインと法的枠組みが必要となるのも極く当然である．イスラーム化された各地で膨大な量の「情報」が生み出され，写本の流布によって活発に情報交換がなされた，とハキームは考える．そして，「イスラームによって作り出された統一的な法的ガイドラインおよび同一性を持つ社会・文化的な枠組みは —— イスラーム世界の多くの地域に共通する気候と建築技術と合わさって —— 都市建築過程に対する非常に類似したアプローチを生み出した．その結果，よく知られた蜂の巣状の都市パターンが，この広大な地域にくまなく見られることになった．」という．

　ここで言われる「蜂の巣状の都市パターン」というのは，すでに序章で問題にしてきたが，「グリッド・パターン」の対極としてイメージしやすい．嶋田襄平(1977)は，どことは特定せずに，「いくつかの典型的なイスラム都市を空から鳥瞰してみよう」と，次のように描写している．

> 　都市には城壁によって囲われたものと，城壁のないものとがあったが，少なくとも大アミールの住むほどの都市には城塞のあるのが普通であった．大アミールは必ずしも城塞に住むとは限らなかったが，都市が外敵に包囲された場合，城塞は防衛の最後の拠点となった．都市の中央部には大アミールの宮殿，もし宮殿と別であれば若干の官庁，親衛隊宿舎などの立ち並ぶ行政・軍事センターがあり，それと広場を隔ててあい対し，あるいは若干の距離をおいて大モスクと中央市場からなる市民センターがあった．軍事上重要な意味を持つ都市の場合には兵営と練兵場とがあったが，それは両センターから離れたところ，城

> 壁で囲われた都市の場合には普通城壁外に設けられていた．市民の居住の場はハーラまたはモハッラとよばれた街区に分けられ，各街区は多くそれぞれのモスク，市場，公衆浴場を持ち，しばしば街区は隣接する街区と壁で区切られ，各街区の門は夜間は厳重にかんぬきがかけられた．……都市の中央のセンター付近の道路は広く真っ直ぐであるが，各街区の内部では通路は狭く曲がり，あるいは袋小路となり，建物に通路を背にして反対側に設けられた中庭に面して建てられていた．街区は，それぞれの市場が中央市場から，あるいは都市外の農村から食料品を定期的に供給されている限り，物質的にはかなりの程度まで自己充足的であった．……したがって「イスラーム都市」はその破片化を最大の特徴とする．

街区の「自己充足性」，「破片化」を指摘するこの嶋田の描写は，「街区やギルドの長が都市住民と国家の間に立って一定の自治的機能を果たしていた」とする，また「しかし，それらは全体としては結合されず都市はそうした街区の寄せ集めからなる」とする，G. E. フォン・グルーネバウムの議論に通じる．「通路は狭く曲がり，あるいは袋小路となり」という，街区の物理的形態については，今日でも一般的な「イスラーム都市」のイメージである．

ハキームが強調するのは，この「蜂の巣状の都市パターン」を生み出すガイドラインと法的枠組みによる統一性である．ハキームは，「場合によっては，この統一的な都市パターン（基本的な意味で）から逸れることもあるが，それは各地域の気候，経済状態，入手可能な建築材料，地域に特有な建築様式とその影響などによる部分的な変更から生じている．」という．そして，その統一性についての主張は，以下のような言明によってさらにはっきりする．

> 建築と都市発展のこの長い伝統（それは 288/900 年には成熟の域に達し，続く 10 世紀間継続した）は，今世紀の初め頃に，やや唐突な形で断絶し 1337/1918 年のオスマン帝国の崩壊によって，最終的に終焉したのであった．

都市形態そのものが ── 例えば具体的には「蜂の巣状パターン」が ── オスマン帝国の崩壊によって終焉した，というのはにわかには認め難い．都市の形態が瞬時に解体されるということは原子爆弾を投下された広島・長崎のような場合を除いてそうあるわけではないからである．言うのであれば，オスマン帝国の崩壊とともに「ガイドラインあるいは法的枠組みが崩壊した」というべきであろう．むしろまず問題とすべきは，終焉より起源であり，具体的都市形態として，イス

# 第Ⅰ章
## 「イスラーム都市」

ラーム以前にすでに「蜂の巣状の都市パターン」が存在してきたことである．

ハキームは，「イスラーム都市」ではなく，「アラブ・イスラーム都市」という概念を用いるが，端的に言えば，「イスラーム都市」の構成原理には，アラブの建築・まちづくりの原理が継承されている，ということを強調するのである．「アラブ・イスラーム都市」という概念を用いる理由は以下のようである．

A. イスラームが生まれたアラビアの中心部は，建築慣行を含む種々の生活領域において，イスラーム以前から強いアラブ的伝統をもっていた．イスラーム的な価値観と適合しない多くの伝統が禁止されたが，そうでない伝統は，部分的な修正をされつつ，イスラーム文明の一部となった．イスラーム以前の影響の一部は，古代のセム的，アラブ的な文明，中でもメソポタミア地方における文明まで遡ることができる．

そもそもイスラームの核心にあるのはアラブ的伝統であり，アラビア語である．そして確かに，正統カリフ時代そしてウマイヤ朝時代のイスラーム世界を支配し構成したのは，アラブである．政治の原則はアラブの異民族支配によって貫かれ，アラブの特権がいたるところに認められていた．ジハード（聖戦）による大征服は，有史以来しばしば繰り返されたセム族のアラビア半島からの進出の延長とみることができるのである．ハキームは，続いて以下の二点を強調する．

B. クルアーンはもとより，種々の諸科学における第1次資料もアラビア語で書かれている．アラビア語は，知識を生み出し，伝える上で最も重要な言語である．

C. イスラーム世界で優勢な五つの法学派の中で，マーリク学派が「予言者の町」＝マディーナでの伝統と実践に最も近い．これらの伝統の基礎は，ムハンマドがヒジュラ暦11年／西暦632年に死去するまでの10年間に確立された．この10年間に最初のアラブ・イスラーム共同体が獲得した社会の枠組みと性格，およびその経験は，現在に至るまで多くのムスリムにとって見習うべき規範と見なされてきた．

しかし，それでは，何故チュニスなのか，あるいはマグリブ地方なのか，ハキームの位置づけは以下のようである．

D. 7世紀から8世紀にかけて，多くの「イスラーム都市」が非アラブ地域に建設されたが，アラブの東方においては，各地域の建築伝統とイスラーム以前の都市の性格が強く，相当程度影響している．それに対して，新しく生まれた「イスラーム都市」に地域の影響が最低限しか及ばなかったのがマグリブ地方である．アラブ・イスラームの指導者たちが，アラブの西方において建設した諸都市は，一般的なイスラームの枠組，そのアラブ的性格に関して，「最も純粋」と言える．そして，マーリク学派の教説が支配的であったのもマグリブ地方である．

ハキームは，「マグリブ・イスラーム都市」，「北アフリカ都市」，「ムーア(マグリブ)的都市」という規定も考えた上で，マグリブ都市の典型としてのチュニスを取り上げ，それが，最もよく「アラブ・イスラーム都市」の構成原理を引き継いでいると考えるのである．ハキームの「アラブ・イスラーム都市」を形成する主要要素の概念モデルは図1-14のように示される．この概念モデルは，「イスラーム都市」の地域変容，本書のテーマである「インド・イスラーム都市」を考える上でも大きなフレームとなる．

「アラブ・イスラーム都市」は，上述のように(A)，まず，シャリーアに規制される建築ガイドラインとイスラーム以前の慣行(主としてメソポタミア・モデル)に基づく建築言語・都市要素・都市組織の二つによって構成される．そして，都市の立地する地域的環境に対して，統治者によるモスク・王宮・基幹設備など公共施設などを巡るマクロ・レヴェルの計画決定と住民による住居・居住地・街区を巡るミクロ・レヴェルの意志決定によって都市が形成される．その形態を具体的に規定する諸要因とシステムとなるのが，宗教関係(礼拝施設，教育施設のネットワーク)，経済関係(市場のネットワーク)，統治／軍事(官庁・統治組織)，衛生／上下水道，住居／街区，道路システム，広場／空地，建物の高さ，などである．

## 2-3 シャリーアと建築ガイドライン

その内容を具体的に見よう．

『アラブ・イスラーム都市』の第1章において，「イスラーム法とまちづくりの

第Ⅰ章
「イスラーム都市」

伝統的なアラブ・イスラーム都市を形成する主要要素の概念モデル
ヒジュラ暦元年（西暦622年）から発展し始め，ヒジュラ暦300年（西暦912年）までに確立

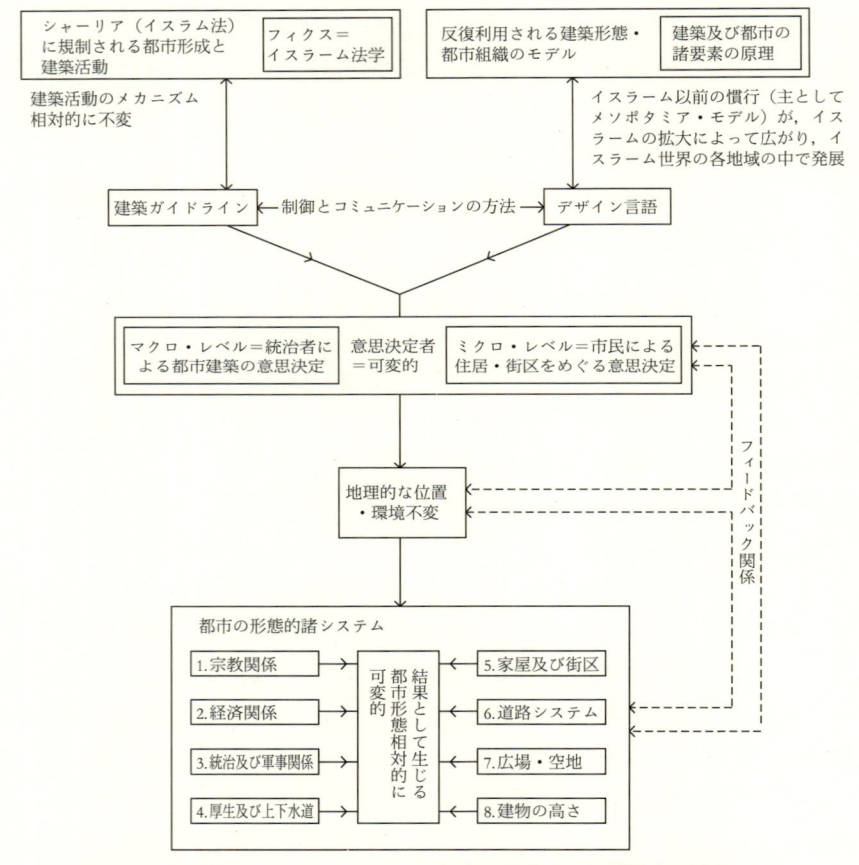

```
┌─────────────────────┐ ┌──────────┐   ┌──────────────────┐ ┌──────────────┐
│シャーリア（イスラム法）│ │フィクス＝ │   │反復利用される建築形態│ │建築及び都市の │
│に規制される都市形成と │ │イスラム法学│   │・都市組織のモデル │ │諸要素の原理 │
│建築活動              │ │          │   │                 │ │              │
└─────────────────────┘ └──────────┘   └──────────────────┘ └──────────────┘
  建築活動のメカニズム                    イスラム以前の慣行（主として
  相対的に不変                            メソポタミア・モデル）が，イ
                                         スラームの拡大によって広がり，イ
                                         スラーム世界の各地域の中で発展

      ┌──────────────┐ ←制御とコミュニケーションの方法→ ┌──────────┐
      │建築ガイドライン│                                │デザイン言語│
      └──────────────┘                                └──────────┘

┌──────────────────┐ ┌──────────┐ ┌──────────────────┐
│マクロ・レベル＝統治者│ │意思決定者 │ │ミクロ・レベル＝市民による│
│による都市建築の意思決定│ │＝可変的  │ │住居・街区をめぐる意思決定│
└──────────────────┘ └──────────┘ └──────────────────┘

              ┌──────────┐
              │地理的な位置│
              │・環境不変 │
              └──────────┘

        都市の形態的諸システム
        ┌─────────┐              ┌─────────────┐
        │1.宗教関係 │              │5.家屋及び街区│
        ├─────────┤  結果として   ├─────────────┤
        │2.経済関係 │  生じる都市   │6.道路システム│
        ├─────────┤  形態相対的   ├─────────────┤
        │3.統治及び │  に可変的     │7.広場・空地 │
        │軍事関係   │              ├─────────────┤
        ├─────────┤              │8.建物の高さ │
        │4.厚生及び │              └─────────────┘
        │上下水道   │
        └─────────┘
```

図1-14 ●伝統的なアラブ・イスラーム都市を形成する主要要素の概念モデル

ガイドライン」が，クルアーンとハディース（予言者の言行についての伝承）から引き出され，整理される．具体的に検討されるのは14世紀のチュニスで用いられていたもので，主として依拠されるのは，石工頭であったイブン・アッラーミー（1334年没）の『建築規定の手引書』である．イブン・アッラーミーが典拠としたのが，マーリク派の祖，マーリク・ブン・アナス・アルアスバヒー（711-795）以下の学者たちの著作であり，ハキームはそのリストを掲げている．

ハキームの整理によると，マーリク学派の建築の諸原則に関わるイスラーム的規範は，まず以下の 12 にまとめられる（クルアーンの宣句とハディースの番号は原著に譲る）．

A. 「害」の回避：他人に「害」を及ぼさない限りにおいて正統な権利を行使できる．
B. 相互依存
C. プライバシー
D. 先行権：所有，使用に関して，既成事実となったものに対して一定の権利を与える．
E. 空中権：自分の敷地の範囲内において，たとえ他人の通風，日照を妨害する場合であっても，より高い建物を建てることができる権利（「害」の回避原則（A）の唯一の例外）
F. 他人の財産の尊重．
G. 隣人の先買権：ある土地，建物の売買に関しては，共同所有者あるいは隣人に先買権を認める
H. 公共の通りの道幅は，最低7ジラー：1ジラー zira は46-50cmとされるから，3.23-3.50mであるが，荷物と人を乗せたラクダがすれ違える幅であること，という原則．高さも7ジラー以上とされていた．
I. 公共の通りに障害物を置いてはならない
J. 余分な水は独占してはならない：水場は公共水場が原則．
K. 家屋または建物の所有者が，隣接する外側のフィナー finā（私用地）を私用する権利：フィナーとは，敷地の外周壁または住居の壁に直接接する外側の空間のことをいう．
L. 悪臭，騒音の発生源は，モスクに隣接または近接する場所に置いてはならない

H～Lは極めて具体的であり，A～Eは一般概念化されているが，いずれも公私の権利関係に関わっている．A, Bがまず基本原理としてあり，C, Fを認めた上で，D, E, Gをルールとするということであろう．H～Lは公共性の尊重をいうがフィナーの権利を認めるということである．このフィナーは，以上の

第Ⅰ章
「イスラーム都市」

ように，建物周辺の半公共的半私的空間をいうが，基本的には，建物に囲われた空間，中庭を意味する．

　ハキームは，以上に加えて，自己抑制的行動の基準および社会的ガイドラインとして，a：清潔を保つことの奨励，b：責任感，公共意識の奨励，c：誇示するためではない美の奨励，d：隣人（地域住民）間の信頼，敬意，平安，e：財産を処分する際には，瑕疵は隠さず通知されなければならない，という精神を取り出してまとめている．

　以上，ハキームが整理する「アラブ・イスラーム都市」の建築ガイドラインは，大筋において，現代都市における相隣関係を考えても，「かくあるべし」と思えるほど，違和感はないのではないか．「イスラーム都市」に関する都市計画手法としての関心の第1は，ディテールのルール，相隣関係におけるミクロ・レヴェルの意志決定が都市計画の原理となっていることである．

　ハキームは，さらにファトワー（判例）を基に，道路，開口部，境界壁，騒音，

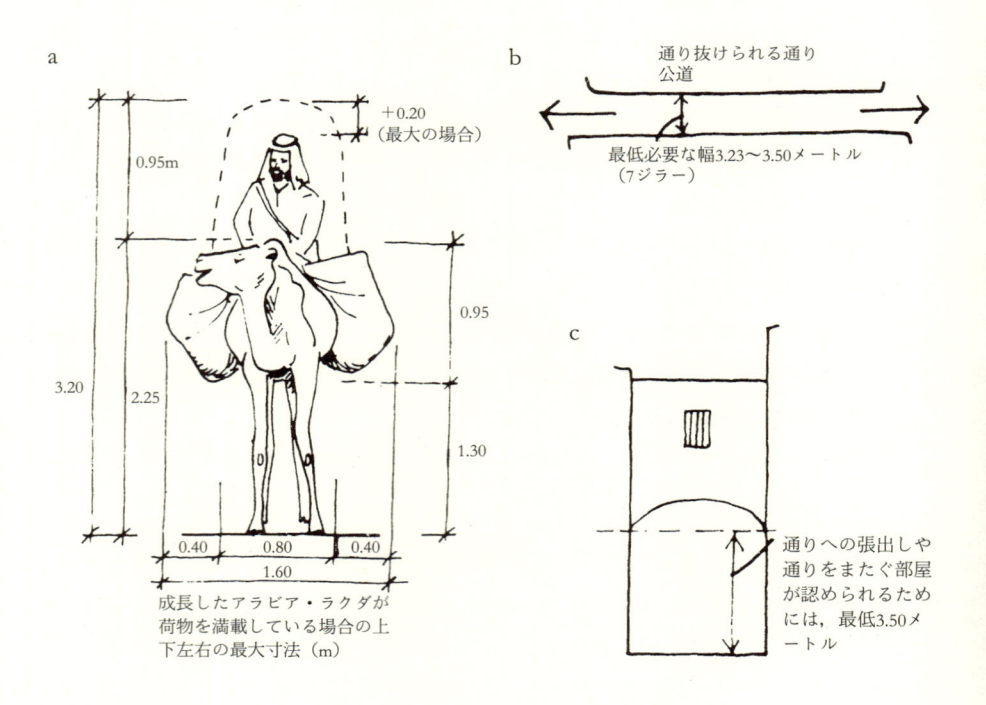

a　成長したアラビア・ラクダが荷物を満載している場合の上下左右の最大寸法（m）

b　公道　通り抜けられる通り　最低必要な幅3.23〜3.50メートル（7ジラー）

c　通りへの張出しや通りをまたぐ部屋が認められるためには，最低3.50メートル

86

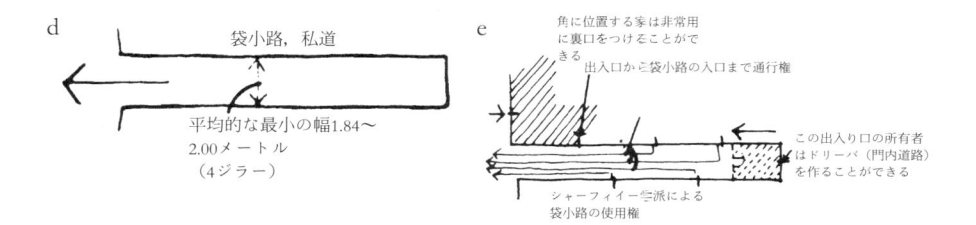

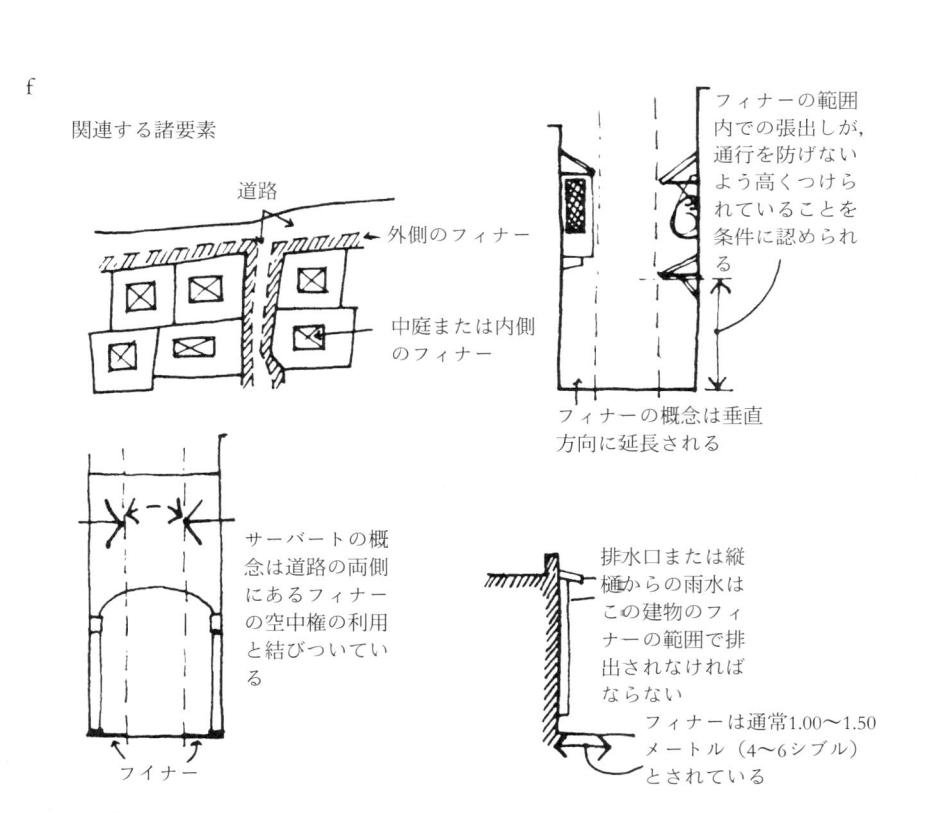

2
「アラブ・イスラーム都市」

d

袋小路，私道

平均的な最小の幅1.84〜2.00メートル（4ジラー）

e

角に位置する家は非常用に裏口をつけることができる

出入口から袋小路の入口まで通行権

この出入り口の所有者はドリーバ（門内道路）を作ることができる

シャーフィイー派による袋小路の使用権

f 関連する諸要素

道路

外側のフィナー

中庭または内側のフィナー

フィナーの範囲内での張出しが，通行を防げないよう高くつけられていることを条件に認められる

フィナーの概念は垂直方向に延長される

サーバートの概念は道路の両側にあるフィナーの空中権の利用と結びついている

フィナー

排水口または縦樋からの雨水はこの建物のフィナーの範囲で排出されなければならない

フィナーは通常1.00〜1.50メートル（4〜6シブル）とされている

# 第Ⅰ章
「イスラーム都市」

g

両側の壁　　　　　柱と片側の壁　　　　両側の柱

サーバートを支える3つの方法

h

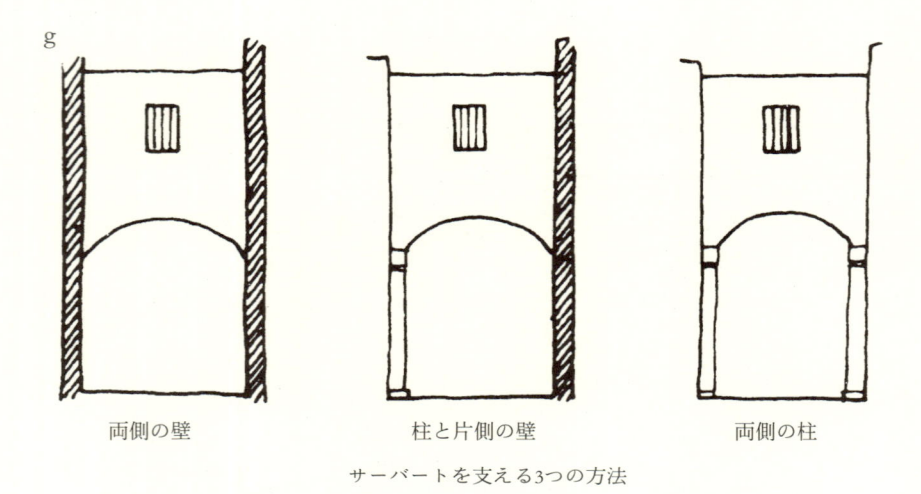

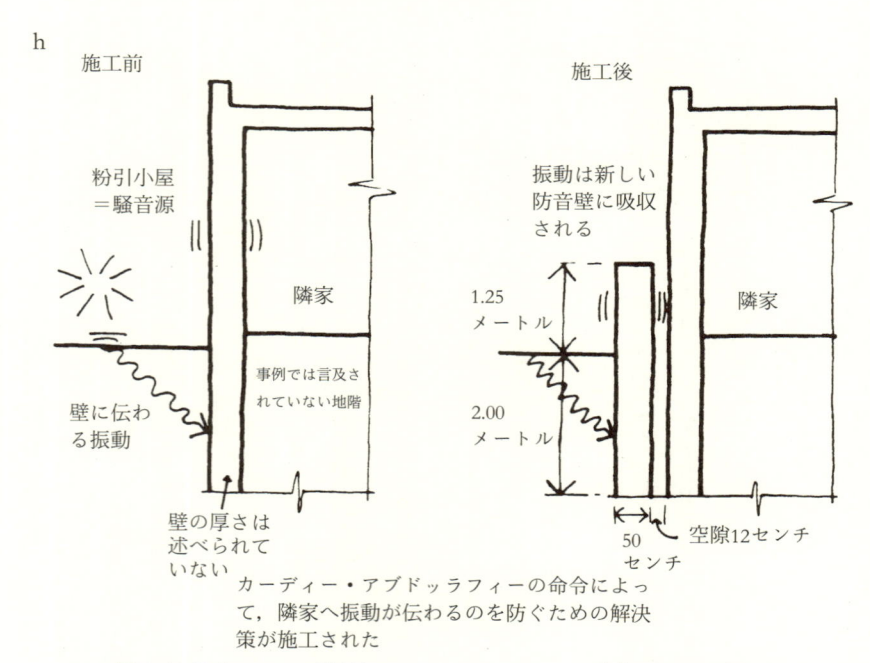

施工前
- 粉引小屋＝騒音源
- 隣家
- 事例では言及されていない地階
- 壁に伝わる振動
- 壁の厚さは述べられていない

施工後
- 振動は新しい防音壁に吸収される
- 隣家
- 1.25メートル
- 2.00メートル
- 50センチ
- 空隙12センチ

カーディー・アブドゥラフィーの命令によって，隣家へ振動が伝わるのを防ぐための解決策が施工された

図1-15 ●イスラーム都市とシャリーア　a〜h　：出典　Hakim (1987)

汚水などについて，具体的な事例，規定を明らかにするが，いくつか図（図1-15 a〜h）を借用するにとどめ，ここでは省略しよう．

## 2-4 街路体系と都市構成要素

『アラブ・イスラーム都市』の第2章は，都市の構成要素・建築言語を列挙し

a

b

図1-16ab ●チュニス　航空写真2枚　出典　Hakim (1987)

# 第Ⅰ章
「イスラーム都市」

図1-17 ● チュニス　都市構成図：作図　高橋渓　出典　Google Earth: ©2008 Europa Technologies, Image ©Digital Globe

た上で，その構成をチュニス（図1-16）に即して明らかにしている．

「アラブ・イスラーム都市」は一般に，カスバ kasbah（城塞）（②：番号は図1-17に示される番号，以下同様），市壁で囲まれたメディナ medina（旧市街，マディーナ，都市の意）（①），ラバト rabad（郊外）（③）の三つの部分からなる．チュニスの場合，二つのラバトがあり，両方のラバトを防壁が囲んでいる．チュニスは，古来栄えたマグリブの主要都市で，カルタゴ，フェニキア，ローマ，バンダル，ビザンチンとめまぐるしく支配者を代え，7世紀にアラブ人ムスリムが侵入して以降，アーグラーブ朝（800-909），ファーティマ朝（909-1171），ジール朝（972-1148）が建てられるが，ハフス朝（1228-1574）の14世紀には現在のメディナとラバトの形態はできあがったとされる．

カスバは，スルタンや総督の居城，軍隊の駐屯地であり，城塞で囲われ，メディナからの自立性は高い．チュニスでは最も高い位置にある．内部には，宮殿，各種行政施設の他，監獄，兵舎，浴場，市場，店舗などもある．

メディナは，スール sūr（市壁）（④）で囲われ，スールにはバーブ bāb（門）（⑤），ブルジュ burj（望楼）（⑥）が設けられる．チュニスには計七つのブルジュが配置されている．メディナには，まず，ジャーミー・マスジッド（金曜モスク）があり，

礼拝の場ムサッラ musalla（⑨）が街区単位に設けられる．チュニスのメディナの中央部にあるのは，創建者ハムーダ・パシャのモスクである．また，スーク（市場，バーザール）や公共の広場バトハ batha（⑧）が配される．貯水施設はハッザーン khazzan（⑪），下水施設はハンダク khandaq（⑫）と呼ばれる．マクバラ maqbara（公共墓地）（⑩）はラバトもしくは市壁外に作られる．

## (1) 街路体系

全体構成は以上のようであるが，内部の居住空間を律するのは，第 1 に街路体系である．街路体系は，基本的に上下水に関わる基幹設備（インフラストラクチャー）システムと関わっている．雨水と汚水の排水について，イブン・アッラーミーの『建築規定の手引書』はこと細かに規定するが，相隣関係において，雨水と汚水の処理が大きな意味をもっていることは明らかで，その処理には街路のヒエラルキーが大きく関係するのである．

アラビア語で「通り」のことを一般にナフジュ nahj という．また，タリーク・アルムスリミーン，タリーク・ナーフィズ，シャーリー shāri という語も同様に使われる．後の三つは歴史的用語で，19 世紀末以降はシャーリーとナフジュが広く用いられる．タリーク・ナーフィズとは，「通り抜け道」のことで，公道を意味する．この公道にも 3 段階のヒエラルキーがあり，すべての主要な市門（バーブ）と大モスクやスークのあるメディナの中心部を結びつける大通り(a)，街区（モハッラ）内の主要な道(b 級)，街区内の小路(c 級)に分けられる．

そして，私的な袋小路がある．アラビア語では，シッカ・ガイル・ナーフィザ sikka ghayr naīfidh，シッカ・ムンサッダト・アルアズファル，ダルブ・ガイル・ナーフィズ darb ghayr naīfidh，ズカーク zuqāq・ガイル・ナーフィズ，ザンカ zanqa と呼ばれる．ザンカは 19 世紀中葉以降一般的になった言葉であり，前四つは歴史的用語である．この袋小路は，上の公道，「通り抜け道」(a)(b)(c) のいずれかに繋がる．

さらにもう一つ第 3 の道として挙げるとすれば，スーク（市場）の道がある．これは，門の開閉によって，人の流れ，侵入を制御する．この街路の制御・遮蔽システム，具体的には門であり，ヴォールトや簡単な覆いによるアーケードである．門の一つの形態として興味深いのが，袋小路の上に設けられるサーバート

sābāt と呼ばれる部屋である．サーバートによってトンネルのように門が作られるのである．

以上のような街路体系が，他の地域においてどう変化するのかしないのか，本書の一つの視点となる．また，この街路体系がどのように生み出されたかがテーマである．相隣関係を規定する原理（シャリーア，判例）がこのシステムの基礎にあることは確認したが，問題となるのは，都市の構成要素となる建築要素（施設）の空間構成とその配置である．

### (2) 施設体系

「イスラーム都市」に建設される施設として，ハキームは，マスジッド masjid（モスク），マドラサ（学校，教育機関），ザーウィヤ zāwiya（修道院，学校），マラブート[79] marabout（ムラービト murābit，聖者廟），トゥルバ turba（墓），マクバラ，スーク，ワカーラ wakāla（宿泊施設，キャラバンサライ carabanserai），フンドゥク funduq，スール sūr（壁），バーブ（門），キシュラ qishla（兵舎），ハンマーム（浴場），ミーダート mīdat（洗浄場），マーリスターン māristān（病院），カスル ksar（宮殿），ダール dār（住居）を順に取り上げている．

まず強調すべきは，いずれの建築要素（施設）もフィナー（あるいはサフヌ sahn）という中庭空間を中心に組み立てられていることである．

「イスラーム都市」の中心施設はモスクである．マスジッドは，もともと跪く（平伏する）場所を意味し，特定の建物，施設を意味したのではない．その原型とされるのは，メディナの予言者の家である．やがて，人々が集い，礼拝し，イスラームの教えを学ぶ場所として独立した建物となり，ミスル建設の場合には，第1にその中心に建てられるようになる．ある都市の中心に建てられるマスジッドを，アル・マスジッド・アルアーザム（大モスク）という．あるいは，マスジッド・アルジャマーア，マスジッド・アルジャーミー（集会モスク），さらにマスジッド・アルジューマー（金曜モスク）という．さらにマスジッド・アルフトバ（フトバ・モスク）やジャーミー・アルフトバという呼称もある．フトバ khutba とは説教という意味で，マスジッド・アルミンバルとも呼ばれる．正統カリフ時代のウマル

---

79）マラブートはムラービトのヨーロッパ訛りである．

の時代までは，1都市に1マスジッドが原則とされたが，人口増とともに複数設けられるようになった．チュニスの場合，最初のモスクは，703年に建設されたジャーミー・アッザイトゥーナである．以降，7世紀末から19世紀末にかけて13のフトバ・モスクが建設されている．ジャーミーを含むフトバ・モスクの他に，礼拝のために街区単位で設けられるマスジッドがある．ハキームは，チュニスに66のそうした地区単位のマスジッドを確認している．200ハトワ（約300m）に一つのモスクが配置されるというが，住区に数多くの礼拝所が設けられるのは「イスラーム都市」の大きな特徴である[80]．

　マドラサは，イスラーム法学をはじめとする諸学が研究，教授される高等教育機関である．イスラームにとって極めて重要な施設である．イスラーム初期には，モスクが学問の中心であったが，10世紀頃から独立した研究教育機関としてマドラサが建設されるようになり[81]，11世紀後半にセルジューク朝が権力を握ると，数多くのマドラサが建てられた[82]．12世紀後半，十字軍と戦ったことで後世有名となるサラーフ・アッディーン（在位1174-1193）が開いたアイユーブ朝においては，大モスクは建てられず，専らマドラサが建てられている．原則として墓を付属しないモスクよりも，権力の象徴として「墓付きマドラサ」の建設が流行するのである．13世紀後半のリアのアレッポには51のマドラサ，カイロには73のマドラサが存在したという．チュニスの内メディナには18，二つのラバトを含めると37のマドラサをハキームは確認している．マドラサと同様，聖者が隠棲し弟子や信徒ともに住むイスラームの修道場，学校をザーウィヤという．他に，ハーンカー khānqāh，リバート ribāt とともにスーフィー sufi の修道場を指すようになる．ハキームは，内メディナに38のザーウィヤを確認している．

---

80) インドネシアでは，マスジッドに対してランガール langar とよばれ，各町内会（ルクン・ワルガ RW）にいくつか建てられる．
81) 初期イスラーム時代には，モスクにおいて，イスラームの教えが説かれており，教授用の建物があったわけではない．高名なウラマーが教えを説くモスクには多くの信者，弟子が集まり，彼らのための宿泊施設が建てられるようになる．そして，講義自体もモスクの傍に建てられた専用の施設で行なわれるようになった．マドラサの起源は，以上のように考えられている．
82) 最初のマドラサは，ニーシャープールに建設された四つのマドラサだとされる．初期のマドラサとして有名なのは，セルジューク朝の宰相ニザーム・アルムルク（1064-1092）が，バグダードにアブー・イスハーク・アッシーラージーのために建設したニザーミーヤ学院（1065-1067）である．

# 第 I 章
「イスラーム都市」

　イスラームの死生観，その教義に従えば，死者には特別な墓は必要ない．墓は，最後の審判までの仮のつかの間の場所であり，豪華な墓を建てることは意味を持たない．また，モスクには原則として墓はない．クルアーンは，墓場での礼拝を禁じている．しかし，「墓付きマドラサ」あるいは聖者廟が一般的に建設されるようになったことが示すように，墓（マラブート，トゥルバ，マクバラ）は，「イスラーム都市」の重要な要素となる．マラブート38，トゥルバ26をハキームは確認している．

　日常生活において，重要なのがスークで，独特なアーケード街が形成されるのが「イスラーム都市」の特徴であるとされる．スークは，ジャーミー・マスジッドの近くに位置する大スーク (a)，主要な市門とメディナの中心部を結ぶ通り沿いに形成される線状のスーク (b)，主要な門の近くに隣接するスーク (c)，バトハに設けられる定期市 (d)，そしてスワイカと呼ばれるモハッラの中の日常的なスーク (e) に分けられる．

　商人，巡礼者など移動する人々にとって，宿泊施設（ワカーラ，キャラバンサライ，フンドゥク）が不可欠である．ワカーラは，古くはカイサーリーヤ qaysarīya といい，ペルシア語のカールヴァーンサラーイ，すなわちキャラバンサライと同じだとされる．カイサーリーヤは，店舗，倉庫，仕事場，宿舎などを中庭の周りに配した大型の建物をいい，スークは本来一つの店舗を持つものを言ったという．15世紀にはまだカイサーリーヤが一般的に用いられたという．フンドゥクは北アフリカで用いられ，隊商宿をいい，ペルシア語のハーンと同義である．中庭を囲む形をとるのはキャラバンサライと同じであるが，駱駝を利用するために十分な広さと高さの入口を持つ．インドネシア語で木賃宿をポンドックというが，この由来はフンドゥクである．

　ハンマームは，旅人のみならず一般には浴場を自宅に持たなかった住民のためにも必要な施設である．「トルコ風呂」（ムーア式風呂）と呼ばれるものであるが，蒸し風呂である．ウマイヤ朝期にはハンマームが存在していたことが考古学的に明らかにされている．古代ローマの公衆浴場テルマエに起源を持つと考えられている．

---

83）ダーラ（囲む）の派生語．

ダール[83]は，住居，家屋を意味する．他にバイト bayt も用いられるが，これはより簡易なシェルターを言う．あるいは，部屋を意味する．ダールで構成されるのが，モハッラである．モハッラは，共通の民族的，文化的背景を持った人々が共住する街区である．マシュリクではムフタール，マグリブではムハッリクと呼ばれる．他にヒッタという言葉もあり，チュニスではホーマという言葉が用いられた．モハッラは，伝統的には門を構え，夜や危険なときには施錠された．このモハッラの空間構成の地域間比較が本書の一つの視点である．

### (3) 建設過程

チュニスの建設過程は，その立地，自然条件によって大きく規定されている．まず 698 年のカルタゴ征服の後，ハッサーン・ブン・アンウーマンによって防御に適した選地が行なわれ，フトバ・モスク（ザイトゥーナ・モスク）が建設された．チュニスの場合，ローマ時代の都市基盤であるカルド（南北大通り）とデクマヌス（東西大通り）がモスクの立地に影響している．興味深いハキームの指摘は，ザイトゥーナ・モスクのキブラの方向が 30 度ずれていることである．このずれもローマ時代に遡るグリッドに影響されたものと考えられ，内メディナの他のモスクもこれにならっている．中心部から離れたモスクには，正確にキブラの方向を向いているものがあり，都市軸とキブラの方向については，ジャーミー・マスジッドの影響力が強いということをチュニスは示している．

ジャーミー・マスジッドの位置と方向が定められると，主な通りがそれぞれ城外へ向かう門へ向けて作られた．その方向は，ある程度，カルドとデクマヌスによって規定されるグリッドに沿っているが，全体としてみると規則性はない．城門と望楼の位置が戦略的に決められ，それが主要な通りの方向を決めている．また，主要な通りに沿ってスークが形成された．さらに，西の高台に建設されたカスバと地形によって，内メディナの形が規定されている．

以上のような大きな構成が決定された後，あるいは並行して，街区および住区が作られていったが，ここの住居の建設活動を規定するガイドラインが，上で見たシャリーアであり判例である．

そして，街路体系を決定する大きな要素が水である．チュニスでは，水道の他に個々の住居で冬期（雨期）に蓄えた貯水槽，そして井戸が水源として用いられ

# 第Ⅰ章
「イスラーム都市」

た．西の高台からの地下水は，質がよく，「甘い水」として知られていたという．雨の少ないチュニスにおいては，雨水をどう利用するかは大きな問題であり，雨水の確保と排除を巡る相隣関係については多くの規定が設けられていた．また，汚水の処理も，上述のように事細かな規定が設けられており，それが街路の方向を大きく規定した．

　こうして，身近なディテールを規定するルールとともに，「イスラーム都市」の建設にあたって興味深いのがワクフ制度である．一種の寄進制度で，モスクやマドラサなど主要な都市施設はワクフによって建設されるのが一般的である．

# 3
## ユーラシアの中のイスラーム都市

　アラブ世界は，以上に見たように，北アフリカのマグリブ（西アラブ圏）とエジプト以東のマシュリク（東アラブ圏）に分けられるが，マシュリクのさらに東方，イラン高原では，ペルシア人が古来覇を唱えてきた．アケメネス（ハカーマニシュ）朝ペルシア（前550–前330）は，ファールス（パールサ Persis（ペルセポリス））地方を核心域として，ダレイオス1世王在位時（前522–前486）には，西はエーゲ海東部・エジプト，東はインダス河流域に至る広大なオリエント世界を版図とした．サーサーン朝ペルシア（226–651）も，その最大版図は，アケメネス朝ペルシアとほぼ同様である．ウマイヤ朝は，すでにこのペルシアの地を支配域としてきたが，アッバース朝（750–1258）において，具体的に東の境界となったのは，スライマーン山脈からヒンドゥー・クシュ山脈，パミール高原，北の境界になったのは，カスピ海南岸からアム河にかけての地域である．

　このパミール高原の氷河に水源を発するアム河（アム・ダリア，オクソス（烏滸水），ジャイフーン）とシル河（シル・ダリア，ヤクサルテス（薬殺水），サイフーン）で囲われた地域は一大オアシス地域をなしており，古くはギリシア語で「トランス・オクシアナ（オクジアナ，オクサニア）」あるいはアラビア語でマー・ワラー・アンナフルと呼ばれてきた[84]．そして，中央ユーラシアに興亡した諸勢力にとって，その領有が常に焦点となってきた．東西南北いずれにも繋がる，人，物，情報，文化が交流する要の地であったからである（杉山正明 (1997a)）．アケメネス朝ペルシアの北東限もアム河であり，イスラームの東進に当たっても，上述のよ

---

84) 現在，その大半はウズベキスタンに属するが，東端の一部はタジキスタン領になっている．

第 I 章
「イスラーム都市」

図 1-18 ● シルクロードの諸都市：作図　中貴志

うにアム河が境界となった．このマー・ワラー・アンナフルの中核域はまた，ソグド人，ソグド商人の原郷とされ，ソグディアナと呼ばれる[85]．ソグド人は，「シルクロード」の交易を支配した国際商人として知られる（図 1-18）．

ここで，イスラーム世界が成立したその核心域から，このマー・ワラー・アンナフルに視点を移そう．

黒海からカスピ海にかけての地域を原郷とし，中央アジアで遊牧生活を行なっていたアーリヤ（イラン）民族が南下するのはこの地を通じてである．ティムール朝が本拠を置いたのがマー・ワラー・アンナフルであり，ここを追われる形でバーブルが建てたのがムガル朝である．インドの歴史を考える上で，この地域は実に重要である．また，中央ユーラシアの歴史の鍵を握るのが，以上のようにこのマー・ワラー・アンナフルである．

マー・ワラー・アンナフルを中心として中央アジアを見ると，まず，キジルクム沙漠の東西に，カラクム，タクラマカン，ゴビといった広大な沙漠が連なり，

---

[85]  ソグド人の土地を意味し，しばしば，マー・ワラー・アンナフルと同義語として用いられる．

南北をくっきり分けている．そして，その沙漠ベルトの北，アルタイ山脈の南西麓から，天山山脈の北麓を経てアラル海，カスピ海の北岸に至る地域は，ジュンガル草原，カザフ草原とも呼ばれる広大な草原地帯である．草原は，東の大興安嶺からモンゴル草原，西のウラル草原，南ロシア草原，カルパチア草原と接続し，一大草原ベルトを形成している．

また，南には世界の屋根とも言われるパミールを中心に，崑崙，天山，アルタイ，ヒンドゥー・クシュといった高峻な山脈が立ち並ぶ．これらの山々の雪どけ水を集めて，アム河，シル河，ザラフシャン，ムルガーブ，バルフ，チュー，タラス，ヤルカンド，イリ等の諸河川が渓谷を経てやがて沙漠の中に流れ込み，あるものはアラル海，バルハシ湖，イシク・クルといった湖を形成するが，あるものは沙漠の砂の中に「尻無し川」としてその姿を没している．

われわれは，すでに，杉山正明の一連の著作をはじめとして中央ユーラシアの歴史を遊牧民の視点から描く構図をもっている．ここでは，それを下書きにしたい．中央アジア，すなわち，マー・ワラー・アンナフルとその周辺で南北の断面図を書くと，北から南へ，大きく5層に分けて捉えることができる．第1がシル河の北の遊牧草原で，天山北側の緑野にそのまま繋がる．上述の「天山・シル河線」である．第二がマー・ワラー・アンナフルで，肥沃なオアシス地域にサマルカンド，ブハラなどの都市・集落が展開する．第3がアム河の南からヒンドゥー・クシュ山脈に至るアフガン・トルキスタンで，乾燥地帯にオアシスが点在する．第4がヒンドゥー・クシュ山脈からガンダーラ Gandhara など北西インドに至る地域で，カイバル峠を介して中央アジアとインドが交錯する．第5が北インドのヒンドゥスターン平原で，湿潤の世界となる．クシャーノ朝，エフタルは，ともにヒンドゥー・クシュ山脈の北側に本拠を持ち，北西インドを支配した．インドのイスラーム化は中央アジアのテュルク系ムスリム軍事政権の南下による．

## 3-1 「オアシス都市」

中央ユーラシア世界は，大きく分けると，遊牧と農耕という二つの生活生業体系を基本とする草原（ステップ）とオアシスという二つの世界からなる．いわゆる「天山シル河線」（松田壽男 (1971)）を境に二つの世界は分かれる．もちろん，

# 第Ⅰ章
「イスラーム都市」

　二つの世界は截然と二分されるのではなく、そのラインに沿って、二つの生活生業体系が交錯する「農業＝遊牧境界地帯」(「農業＝遊牧境域線」妹尾達彦 (2001)、「農牧接壌地帯」(森安孝夫 (2007)) が広がる．この「農業＝遊牧境界地帯」を縫うように東西を繋いだのが、いわゆる「シルクロード」である．

　農耕と遊牧という二つの生活生業体系が交錯する「農業＝遊牧境界地帯」=「草原とオアシス」の世界とイスラーム世界は密接に関わっている．イスラームは、上述のように、メッカ、メディナという「オアシス都市」に生まれたのである．そして「オアシス都市」を点々と繋いでイスラーム世界は広がっていくのである．

　そもそも、オアシスとは何か．

　オアシスとは、一般には、乾燥、半乾燥地域において、淡水がつねに存在し、樹木など生物群集の形成されている場所と考えられている．ペルシア語で水を「アーブ」といい、水のあるところを「アーバード」という[86]．すなわち、「アーバード」がオアシスである．本書で焦点を当てるアフマダーバードも、アウランガーバード、アシハバード Ashkhabad、ブラフマナーバード、トゥグルカーバード Tughlaqabad (「トゥグルク Tughluq の都市」の意)……などもオアシスに因んだ名前だと考えられる．アラビア語では、オアシスのことをワーハ wāha という．

　しかし、オアシスは、単に、水のあるところではない．水を利用して農耕が行なわれるところがオアシスである．すなわち、オアシスは自然に存在するのではなく、人工的営為によって作られるのである．オアシスの持続のためには人為が不可欠である．沙漠に埋もれて忘れ去られた数多くの都市があることがそのことを示している．また、オアシスの成立には水の利用について高度な技術、知恵が必要とされる．松田壽男は、「オアシス作り」が「世界史の第一章」という．農耕の発生（農業革命）とオアシスの成立が密接に関わっていると考えるからである．すなわち、オアシスは灌漑の一形態なのである．そして、その形態によって「オアシス都市」の規模や形態は規定されるのである．

　オアシスは、その立地と水の存在形態（地表水か地下水か、水源からの距離）から、

---

[86] 水のないところを「ビヤバーン biyābān」という．世界は、アーバードとビヤバーンに二分化される．

A．泉，湧水によるオアシス
　B．山間河谷および山麓扇状地のオアシス
　C．井戸や掘抜井戸，あるいはカナート qanāt（井渠）などによるオアシス

に分けられる．
　Aは，自然に得られる水を利用するのであるから人為の度合いは少ない．しかし，一般的に水量が少なく，大きな都市は形成されにくい[87]．
　Bは，降水のある山間高地の河川沿いに線状に形成される．降水が冬に偏っても雪どけ水の形で夏も水が潤う．A同様地表水を手がかりとするが，線状の河川となるから，Aより多くの水量を得ることが出来る．天山・崑崙山脈の山麓の，クチャ Kucha（庫車）[88]，ホータン Khotan（和田）[89]，ヤルカンド Yarkand（葉爾羗）[90]などのいわゆる「シルクロード都市」は，このタイプである．西アジアでもイランのエルブルズ，ザグロス山脈の内陸斜面側の山麓などに多くの例がある[91]．
　オアシスの本質を考える上で興味深いのがCである．
　イラン高原は，三方を高い山脈（西のザグロス山脈，北のアルボルズ山脈，東のスライマーン山脈につらなる東部山系）によって囲われている．高山は降雨を産み，

---

87) アラビア半島北部にあるタイマー Taym' の泉は，アラビア半島随一の評判があり，直径35m，深さ20mの大きさを持ち，十数頭のラクダが終日水をくみ上げても水がれをおこさないという．
88) 中部天山の南麓，クチャ河とムザルト河とが平地に流れ出たところに位置した「オアシス都市」．古来，南のホータンと並びタリム盆地内の有力な都城であった．中国では亀茲（きじ），丘茲，屈茲，邱慈，屈履，苦叉，曲先，抑支臥などと表記された．
89) タリム盆地の南辺，崑崙山脈の北麓に位置する「オアシス都市」．中国文献には于闐（敢）（うてん），あるいは和闐ともされる．法顕，玄奘（げんじょう）らがこの地を通過した5-8世紀には仏教文化の一大中心地として栄えた．カラ・ハーン朝によるホータンの征服は10世紀末-11世紀初頭と考えられるが，この征服の際，従来のホータンの町は破壊され，その南東に新しい市街が建設された．次いで12世紀にはカラ・キタイ，13世紀にはモンゴル帝国の支配下に入り，14世紀にはチャガタイ・ハーン国の支配を受けた．1340年代にハーン国が東西に分裂すると，その東部ハーン家（モグーリスターン・ハーン国）の支配下に入ったが　この地方の直接の支配権はカシュガルを本拠地としたモグールのドゥグラト家のアミールたちの手中に握られた．16世紀初頭，モグールのハーンがカシュガルを制圧してその直接支配を開始すると，この地もその支配下に組み入れられた．
90) 南カラコルム山脈から流れ下るヤルカンド河のタリム盆地への出口，タクラマカン砂漠の南西端に位置する「オアシス都市」．前2世紀にはすでにオアシスが成立しており，中国文献は莎車（さしや）と記している．16世紀にチャガタイ・ハーン国の末裔が建たいわゆるカシュガル・ハーン国の首都となってから，タリム盆地南西部の政治的中心として急速に発展した．
91) 西アジアのアンチ・レバノン山脈の東麓に，バラダー河が作る扇状地は，シリアの首都ダマスクスが位置する他，8000haの灌漑耕地が展開する大オアシスとして名高い．

# 第Ⅰ章
「イスラーム都市」

しかも，冬期に集中する降水は積雪となり，雪解け水が豊かな水源となる．ザグロス山脈やアルボルズ山脈の沖積台地には集落が集中し，都市が発達した．イランの都市の多くは海抜 1000m 以上の高原都市である．しかし，高原の北部にはカヴィール沙漠，南部にはルート沙漠がある．その 3/4 以上は沙漠あるいは半沙漠で，年間降水量は 200 ミリ程度である．250 ミリ以上となるカスピ海南部のバーフタラーンでは天水による小麦・大麦の生産が可能であるが，他地域では，農耕のためには灌漑が不可欠である．湧水やイスファハーン地方を環流するザーヤンデルード河，フーゼスターン平野を流れるカールーン河など河川を利用した灌漑も見られるが，広く見られるのがカナート[92]灌漑である．

　カナート技術は，まったく人工的に都市を作る技術である．「カナート都市」の場合，まず，都市を作って，「都市が農村を作る」のである．岡崎正孝（1988）は，時代は下るがイスラーム誕生前夜のイラン南西部のケルマーンを例に挙げている．クテシフォン Ktēsiphōn[93] に都を置いたサーサーン朝ペルシア (226-651) は，多くの地方都市を建設するが，初代の王アルダシール (240 没) によってバルーチスターン Baluchistan に依拠する勢力に対抗するために建設されたケルマーンがその最初期の例である[94]．まず，防御のために，城塞都市が作られる．そして，派遣された軍人，役人によって，郊外の沙漠地域にカナート掘削による水利事業とともに農耕が開始され，オアシス集落が形成される．都市に居住する富者がカナート事業に投資をし「農業植民地」を作るのが，イラン東部における集落形成の一般的パターンとなった[95]．これが「都市が農村を作る」プロセスである．

　イランの集落は，以上のように，古来のオアシス村落とカナート灌漑による人

---

[92] 語源については，①葦を意味するアッカド語カヌーに由来する（葦のようなもの，管，水路．ラテン語のカンナ（葦）も同様で，英語の canal の語源となる），②古代ペルシア語のカンタナイ kantanaij に由来する，③覆われた（カン kan），掘る（カンダン kandan）などいくつか説がある．

[93] チグリス河東岸にあったパルティアおよびサーサーン朝ペルシア時代の中心都市．セレウキアが破壊された (165) 後，バビロニアの中心都市となり，古代東西交通路の要衝として栄えた．637 年イスラーム軍に占領され，アッバース朝の新都バグダードが成立 (762) してから荒廃した．都市遺構はバグダードの南東 26km にあり，ターク・イ・キスラーと呼ばれるホスロー 1 世の宮殿遺構が有名である．

[94] English, P. W., "City and Village in Iran: Settlement and Economy in the Kirman Basin", Madison, 1966

[95] 都市の規模は，当然，「農業植民地」の規模と能力に依存することになる．時代は遙かに下るが，1962 年の農地改革前のイランには，数百もの集落を所有する巨大地主が存在し，「千家族」と呼ばれていた．

工的村落，すなわち山地型集落と平地型集落の二つに分けられる．いずれも，利用可能な水の量によってその規模を規定された．都市の規模も一般的に小規模である．また，その立地は分散的である．50万人を超えたとされるサファヴィー朝の都イスファハーンのような例はむしろ例外で，カージャール朝（1779-1925）の都テヘランや商都タブリーズ Tabrīz[96]でも人口は20万人を超えることはなかった．各都市を核にした地方分散的な体制は近代まで維持される[97]．

　カナートはペルシア語に入ったアラビア語で，ペルシア語ではカーリーズ kārīz[98]ともいう．ペルシア人がイラン高原に定着した頃には，カナート灌漑が行なわれていたと考えられている．イラン高原で発達したカナート灌漑は，ユーラシア各地に伝播していく．その起源と広がりは以下のようである（岡崎正孝 (1988)）．

① 灌漑農業は前5000年紀に始まったことが考古学的に明らかにされているが，傾斜地を利用して横井戸の水路を導くカナート灌漑についてははっきりしない．前2000年紀には成立していたという説もあるが，カナート灌漑が行なわれていたことが確認されるのは前700年代である．イラン起源と考えられているが，アーリヤ人の定住以前に鉱業の中心であったアルメニアで生み出され，アッシリアに伝わって定着したというのが定説[99]であ

---

96) テヘランから628km，標高1360m，サハンド山の麓に位置し，年降水量は286mm．トルコ系の住民が多く，アゼリー（アゼルバイジャン語）と称するトルコ系言語を話す．東西交通の要衝を占めており，東にはカズビーン，北にはジョルファ，北西にはトラブゾンに道路が通ずる．歴史は古く，パルティア時代にアルメニアの王が建設，1世紀にはパルティア王ティリダテス3世の都であったが地震で破壊され，8世紀にはアッバース朝カリフ，ハールーン・アッラシードの妻ズバイダが再建した．地震帯に位置しているためしばしば震災を受けた．1231年モンゴル軍に占領され荒廃したが，イル・ハーン国の下では再び首都となり，ガーザーン・ハーンの治下で繁栄を享受した．1386年ティムールの支配下に入り，1473年にはカラ・コユンル朝のウズン・ハサンの首都となった．1501年にはイスマーイール1世がタブリーズでサファヴィー朝を創建した．カージャール朝下ではテヘランに次ぐ重要な都市で，皇太子が知事を務め，対ヨーロッパ貿易の拠点として栄えた．

97) メトロポリス，テヘランが出現するのはパフラヴィー朝の1960年代になってからである．農地改革が進められ，国際的な石油経済が確立されることによって，農村から都市への人口移動が急激に引き起こされ，テヘランへの一極集中がもたらされた．このテヘランの巨大都市化による都市問題の出現が，パフラヴィー王朝の崩壊を招き，イラン・イスラーム革命に繋がったと指摘される．

98) 古代ペルシア語の掘る kan，アヴェスター語の注ぐ raek などからたる，とされる．

99) シンガー，C. J.，『技術の歴史』平田寛訳，筑摩書房，1962年．

る．カナート掘削のための技術は，古来の鉱山技術を基にしていると考えられる．

② アッシリア王サルゴン2世（前721-705）によるアルメニアのウラルトゥ王国大征討によってカナート技術がアッシリアにもたらされ，その子センナヘリブの時代（前706-681）には，その都ニネヴェ Nineveh[100]周辺でカナート掘削が行なわれた．現在でも北イラクは有数のカナート地帯である．イラン高原西部に定着したアーリヤ系メディア人にもカナートが伝わり，その都エクバタナ Ekbatana[101]（現ハマダーン）は，前7世紀にはカナートで給水されていた．

③ メディア王国を滅ぼして「世界帝国」を作ったアケメネス朝ペルシアの下で，イラン高原各地にカナートは広まった．帝国の将軍や地方総督たちは自らの経済基盤を確保するために，カナート掘削によるオアシス集落の開発を行なうのである．アケメネス朝ペルシアの都ペルセポリス Persepolis もカナートから水を得ていた．

④ アケメネス朝ペルシア，またサーサーン朝ペルシアによって，ダマスクス，パルミラ，さらにエジプト，キプロス，ニコシア，ギリシアにまで，西アジア各地にカナート技術は伝えられた．アラビア半島にも，オマーン Oman やイエメンなどまでカナート技術が伝えられたことが考古学的に明らかにされている[102]．

⑤ 7世紀以降，イスラームの成立と拡大とともに，カナートは「イスラーム

---

100) イラク北部にあったアッシリアの首都．センナヘリブ王が前700年頃から建設してのち，前612年の滅亡まで存続した．都市は5門を持つ周囲約12kmの城壁で囲まれ，西辺の北寄りに王城跡のテルが，南寄りにヨナの墓という伝説がある第2の王城跡がある．王城跡では南端にセンナヘリブ宮殿，北寄りにアッシュールバニパル宮殿がある．この両宮殿に付属する文書館から多くの粘土板が発掘された．中央にこの都市の守護神であるイシュタル神の神殿とナブー神殿がある．パルティア時代にギリシア都市が近くに作られている．

101) ヘロドトスは7重の城壁を持つ都市であったと伝えている．キュロス2世がメディアを征服（前550）してからは，ペルシア帝国の王都の一つとなり，夏宮として利用された．エクバタナを占領した（前330）アレクサンドロス大王は，略奪した莫大な財宝をすべてここに集めさせたという．ペルセポリスやスーサ，バビロンとともに，エクバタナにも帝国公文書類が保管されていたことは旧約聖書の記事（《エズラ記》6：2）から明らかである．セレウコス朝からパルティア，サーサーン朝，イスラーム時代を通じてメディア地方の州都として，内陸貿易の重要な商業都市として繁栄を続けた．

102) 時期ははっきりしないが，ヘロドトス（前5世紀）以前という説もある．

世界」に伝えられた．リビア（クフラ，フェザン他），チュニジア（ジェリード等），アルジェリア，さらにモロッコ，カナリア諸島，イベリア半島（クエバス，ロルカ等）にもカナートが伝えられた．マドリードも，9世紀後半にムスリムがカナートを開いて興したとされ，19世紀中葉までカナートが生活用水を供給していた．その他，バイエルン地方，ワイマール南部，ボヘミヤにもカナートが存在するが，西アジアから伝えられたと考えられる．メキシコ，チリー，ペルーにもカナートが見られ，スペインによる移植とする説もある．

⑥ イラン高原以東にもカナートは伝えられるが，ペルシア語でカーリーズと呼ばれることがイラン（ペルシア）から伝わったことを示している．ヒンドゥー・クシュ山脈の南麓には，ヘラート Herat [103]，ファラー Farah，カンダハル Qandahar[104]，ガズナ Ghazna[105]，カーブル Kabul[106] と山地を半円形に囲むようにカナート灌漑による「オアシス都市」が分布している．Qah（カ）の付く都市は基本的にカナートによって興された村であり町で

---

103) ハリー・ルード（ヘラート河）流域に位置し，古来，中国と西アジア・ヨーロッパを結ぶ「シルクロード」上の要地として栄えた．アレクサンドロス大王がこの地にアレクサンドレイア・アレイア Alexandreia hē en Areiois（〈アーリヤのアレクサンドレイア〉）を建設したと伝えられる．サーサーン朝，アラブ支配期，サーマーン朝時代にはホラーサーンの代表的都市の一つであり，ゴール朝の首都として栄えた．モンゴル軍の攻撃を受けて破壊されたが，すぐに復興され，13-14世紀にはクルト朝の首都となり，15世紀にはサマルカンドと並ぶティムール朝の首都としてイスラーム世界を代表する都市の一つであった．
104) 東はパキスタンのクエッタ，北はカーブル，西はヘラートへ，いずれも天然の障害なく通ずる古代以来の交通の要地で，前4世紀にすでに，ギリシア名アラコシア Arachōsia で知られている．アフガニスタン国内でのパシュトゥーン族の最大の拠点で，ドゥッラーニー朝のアフマド・シャー・ドゥッラーニー（1722-72）や，ギルザイのミール・ワイス（?-1715）の墓がある．バーブルが岩山に彫ったというチヒル・ジーナ（40階段）がある．
105) カーブルの南西150kmにある．2世紀のプトレマイオスの地理書に，すでにガザカ Gazaka の名がみえる．ガズナ朝（977-1186）の都として知られ，同朝のサブクティギーンとマフムードの墓坡がある．またマフムードの戦勝記念塔が2基，東郊外に立っている．
106) ヒンドゥー・クシュ山脈の南側，インダス河の支流カーブル河に沿って位置する．古代からの交通上の要地で，東はタンギ・ガールーを経てジャララバード，ペシャワールに，西はウナイ峠を越えてハザラジャートに，南はガズナ，カンダハルに，北はサーラング峠のトンネルを経てトルキスタンに，それぞれ通ずる．アレクサンドロス大王の東征以降，クシャーナ朝，エフタルなどの侵入，支配が行なわれ，仏教，ヒンドゥー文化が栄えた．7世紀以降，アラブ・イスラーム軍はしばしば遠征を行なったが，イスラーム化が本格的にすすむのは10世紀末のガズナ朝以降である．1504年，ムガル帝国の創始者バーブルはトルキスタンからカーブルに入り，この地を好み，支配の拠点とした．墓もここにある．

ある．北インドにもカナートは伝えられ，メガステネス Medasthenēs[107] の『インド誌』が記している．

⑦ マー・ワラー・アンナフルは，古来，ソグド人が本拠地としてきたが，イスラームとともにイラン人が移り住み「イラン化」される．カナートもイランから導入され，トルクメニスタンのアシハバード[108] (Ashgabat)，ウズベキスタンのフェルガナ盆地などでカナート灌漑が行なわれている．フェルガナ盆地へのカナート灌漑の伝播はティムール朝時代とされる．

⑧ 新疆ウイグルのトゥルハン，ハミにカナートが見られる．古代からカナート灌漑が行なわれていたという説[109]もあるが，導入されたのは18世紀末で，清朝における綿花栽培によって急速に普及したと考えられている．

カナート灌漑による「オアシス都市」の広がりは，以上のように実に大きい[110]．ただ，カナート灌漑が極めて莫大なエネルギーを要することは明らかで，中央ユーラシアにおける「オアシス都市」の原型はBのタイプのオアシスと考えていいだろう．

一方，オアシス，あるいは「オアシス都市」のもう一つの類型として，

D. 乾燥地域外に水源を持つ長大な河川の流域に形成されるオアシス

を区別することができる．

チグリス・ユーフラテス，インダス，ナイルなどの長大な河川は，たえず豊かな水量の供給を受け，途中で蒸発作用によって水量の一部を失いながらもかれることなく，外洋に達している．こうした大河の沿線地域は，大河に淡水を頼って，オアシスを作ることができるのである．この場合，A〜Cに比べて多くの水量を確保できることから，外来河川によって養われるオアシスは一般に巨大となる．

---

107) 紀元前304年ごろ，アレクサンドロスの帝国の東方領を継承したシリア王セレウコスとマウリヤ朝の創始者チャンドラグプタとの間に講和が結ばれ，セレウコス朝によって首都パータリプトラのチャンドラグプタの宮廷に派遣された．長期間インドに滞在し，帰国後に『インド誌』を書いた．
108) 中央アジア，トルクメニスタン共和国の首都．古代より知られ，近くにパルティア時代の都市ニサがあり，東10kmには15-16世紀の町バガバドがあった．
109) 『史記』の「河渠書」の記述を基に中国起源であるという説がある．
110) 朝鮮半島にも萬能三伏（マンヌンボ）と呼ばれる暗渠水路があり，日本でもマンボと呼ばれる地下灌漑溝があるが，乾燥地域における伝統とは別と考えていい．

アム河，シル河流域のマー・ワラー・アンナフルがまさにそうであるように，Bのタイプは，河川の運ぶ水量に従って，Dへ移行するのである．

　注目すべきは，四大都市文明がユーラシアのオアシス―草原地帯の南に発生していることである．例えば，チグリス・ユーフラテスの両河のほとりには，数多くのオアシスが形成され，それぞれにオアシスを単位とするオアシス国家を成立させた．オアシスはその宿命として隊商交易を発達させ，多くの人々が集住することによって「オアシス都市」(都市国家)となる．メソポタミアの都市文明も，その起源にはオアシスがあり，「オアシス都市」がある　松田壽男がオアシスの形成を「世界史の第一章」というのは実に慧眼である．

　われわれは，こうして，「オアシス都市」を原型とするユーラシア全体を視野に入れた（世界）都市史の骨格を手にすることが出来る．

　まず，「オアシス都市」が遊牧＝農耕の境界領域に発生する．松田壽男(1971)は，「シルクロード」を意識しながら，敦煌を楔の頂点とし，アラビア半島西側，紅海を底辺とする三角形を「オアシス世界」とするが，カナート灌漑の広がりが示すように，オアシス世界はもう少し一般的に考えられていい．要は，利水と治水の問題である．

　ナイル，チグリス・ユーフラテス，インダス，黄河という大河川沿いに形成された「オアシス都市」(国家)は，大きく連合して都市文明の華を開かせた．一方，ユーラシアの乾燥・半乾燥地域，草原とステップに成立した「オアシス都市」は，「遊牧国家」によって翻弄されながらも，長らく，今日に至るまでといってもいい程の間存続する．

　インダス文明を生んだ諸都市が，未だに完全には解明されない理由で衰退した後，インド，そしてイランへ侵入してきたのが，インド・アーリヤ民族である．そして，遥かに時を経てイスラームがインドに侵入してくる．いずれもマー・ワラー・アンナフルを通じてである．マー・ワラー・アンナフルは，モンゴル時代，ティムール時代を通じて，「遊牧国家」と「オアシス都市」の興亡の伝統の中で生きてきた．この伝統を捨て，大河川の流域に下って，「野の世界」[11]に成立したのが「ムガル都市」である．

第Ⅰ章
「イスラーム都市」

## 3-2 イラン・ペルシアの都市

　マー・ワラー・アンナフルおよびその周辺地域には，前6000-5000年以降の新石器時代のものとされる定住オアシス農耕の遺跡・遺構が見られる．前2000年紀までには青銅器時代に入っており，メソポタミア文明の影響を受けていたと考えられている[112]．しかし，この地域の初期農耕文化は，インダス文明と同様，一旦は衰退している．この衰退と並行して，北方の草原（ステップ）から南下してきたのが，馬を家畜化した騎馬民族である．これが人類史上最古の大言語集団とされるアーリヤ（イラン）民族である．人種としてはコーカソイドとされる彼らは，前6000年紀には東ヨーロッパの草原（ステップ）地帯で新石器農耕を行なっていたと考えられているが，前4000年紀にコーカサスからカスピ海，アラル海方面に出てくる．

　農耕の発生と遊牧の起源は，おそらく同時である．定住が開始されて農耕が始まったのか，農耕によって定住化が開始されたのか，を巡って議論はあるが，定住生活が成立して遊牧が開始されたという説が今のところ最も説得力を持っていると考えられる．まず，農業革命によって「オアシス都市」が成立する．ほぼ平行して動物の家畜化が起こる．人口が増大するとともに，オアシス内で家畜を飼育していた人々が遊牧生活を開始する．搾乳，去勢，そして特に騎馬の技術を身につけた人々が遊牧社会を形成する．そして，馬と軽量の二輪車，四輪車がその行動範囲を飛躍的に拡大することになる．農業革命とともに，人類史の帰趨を握ったのは馬である．

　インドのイスラーム化を大きく促したのは，以下に続いてみるように，テュルク（トルコ）系諸王朝の進入である．しかし一方，インド亜大陸のイスラーム化（イスラーミケート）に際して大きな影響力をもったのは，ペルシアである．ムスリム軍の兵士の大半はテュルク系であったが，社会の基底を形成したのはペルシア

---

111) 高谷好一のアジアの生態区分による．アジア大陸の景観を概観すると，大きく，森，沙漠，草原，野，海の五つの区域を区別できる．大陸の中央部を横断して沙漠と草原があり，その北と南に森が広がる．東西端そして南に，中国，ヨーロッパ，インドの野が位置する．そして，大陸全体を取り巻く海がある．
112) メソポタミア文明は，陸路で直接伝わったものの他，海路でインダス文明に伝わり北へ向かったものがある，と考えられている．

語であり，ペルシア系の人々であり，ペルシア文化であった．それ故，インドのイスラーム化はペルシアネートと呼ばれるのである．ここでは，まず，イラン系遊牧民の動向をその拠点となった都市に着目しながら概観しておこう．

　アーリヤ（イラン）民族は，前2000年紀に入った頃から数派に分かれて南下するが，その一派（インド・アーリア人）はイラン北東部からアフガニスタンを経て，前1500年ごろにインド北西部に移住する．そして，少し遅れて，同じくイラン北東部から南西のイラン高原に進出する．彼らがペルシア（イラン）人である．ペルシア人は，前1000年頃イラン北東部に入り，前7世紀頃に高原南西部パールサ（ペルシス，現ファールス）に定着したとされる．ペルシアという名称は，定着した地域の名に由来するが，他称である．古代ギリシア人が，アケメネス朝ペルシアの支配領域をパールサ（ペルシス）と呼び，それがラテン語に入りヨーロッパ側からの呼称として定着するのである．イランは，アーリヤ（「高貴の」という意味）に由来する自称である[113]．古代ペルシア語のアルヤーン Aryān が訛って変化し，近代ペルシア語に入ってイーラーン Irān となった．

　イラン高原で最も古くから知られる都市は，ラガ Ragha（レイ Rey）[114]である．イラン高原東北部に起源を持つとされるゾロアスター教の経典『アヴェスター』に表われる都市はラガのみで，その拠点都市であったと考えられるが，その記述は牧歌的で，大きな都市であったとは考えられない．ファールス地方を拠点としたペルシア人たちは，アッシリアを滅ぼしてメディア王国（前8世紀末-550）を建て，バクトリア，パルティア，アナトリアを支配した．その首都エクバタナ（ハマダーン）が古くから知られる．

　そして，前6世紀半ばに，メディア王国から自立する形で打ち立てられたのが世界史上最初の「世界帝国」アケメネス（ハカーマニシュ）朝ペルシアである．ア

---

[113] イランという言葉は，今日狭義にはイラン高原，あるいはパフラヴィー朝（1935-1979）以降のイランという国家について用いられるが，以上のような起源とその後の歴史を踏まえて，より広く，黒海北岸地方（スキタイなどの北イラン語派），中央アジア（ソグド人などの東イラン語派），イラン高原（西イラン語派）を含めたイラン系の諸民族が関わりをもった文化圏についても用いられる．

[114] 現在はテヘラン市に含まれる．古来東西交通の要衝を占め，アケメネス朝下で大都市として栄えた．1221年モンゴル軍により大虐殺を被り，14世紀にはティムールによって破壊された．シーア派の第8代イマームであるイマーム・レザーの息子，アブド・アルアジームの廟がありシーア派の聖地の一つである．

第 I 章
「イスラーム都市」

　ケメネス朝には複数の拠点都市が存在した．基本的には遊牧民の王朝である．王は騎馬軍団とともに移動し，その駐留地が王権の所在地になった．ファールスにはペルセポリス[115]とパサルガダエ Pasargadae[116]があり，旧メディア王国のエクバタナ，旧バビロニア王国のバビロン Babylon，旧エラム王国のスーサ Susa[117]などが王都とされた．

　パルティア（前248-後226），サーサーン朝ペルシャ（226-651）の時代には，多くの円城都市が建設された，とされる．ハトラ Hatra[118]あるいはニーシャープール Nīshāpūr[119]，さらにバグダードの円城はその伝統を引き継ぐとされるが，その起源と展開については，はっきりしない．今日見られるイランの都市の大半は，

---

115) ペルシア帝国の都．ダレイオス1世，クセルクセス1世の2代にわたって造営された．この建設工事にはイオニア，リュディア，シリア，エジプト，アッシリア，バビロニアの他，バクトリア，ソグドなど，帝国各地から多くの工人，労働者が動員された．ペルセポリスが世界帝国の都を意図して建設されたことは明らかであるが，実際にはスーサが行政の首都として利用されたので，アケメネス朝後期には王がペルセポリスを訪れることはまれになり，わずかにアルタクセルクセス3世の建築活動が知られているに過ぎない．侵入してきたアレクサンドロス大王の軍によって，前332年春，廃墟と化した．
　巨大な柱を残した遺跡は，イスラーム時代の史料に〈千の柱〉とか〈四十の尖塔〉などの名で言及されている．17世紀以降，ヨーロッパの旅行者が訪れるようになり，そこで写し取られた碑文がグローテフェントの楔形文字解読の手がかりとなった．1931-1939年，シカゴ大学オリエント研究所は，ペルセポリスとナクシ・ルスタムなど周辺地域の発掘調査を行ない，その成果を大冊3巻（1953-1970）にまとめて報告している．その際，宝蔵と城砦施設から出土した多数のエラム語粘土板文書も，同研究所から刊行されている．アメリカ隊の後，イラン考古局による発掘調査が続けられ，1964年からはイタリア中・極東研究所が遺跡の修復保存作業にあたった．

116) アケメネス朝ペルシア帝国の建国者キュロス2世（在位前559-前530）が造営した王都．ギリシア名パサルガダイ Pasargadai．ペルセポリスの北東約70kmにある．

117) ペルシア湾頭から北へ約240kmの地点に位置する．前2000年紀前半には，エラムにおける都市スーサの位置は低かったが，前14-前12世紀は栄光の時代で，シュトルクナフンテ王（前12世紀）はバビロニアを攻略して，ナラムシンの戦勝碑やハムラビ法典碑を持ち帰っている．アケメネス朝ペルシアのダレイオス1世がここに首都を建設すると，スーサの様相は一変した．全体は堅固な城壁によって囲まれ，さらに濠を巡らし，シャーウル河の水路を変えて水を導入している．前4世紀末のギリシア人の侵入以後は，商業都市として，サーサーン朝ペルシア下では絹の産地として栄えた．イスラーム化とともに商業活動は持続されたが，13世紀にモンゴル族の侵略を受けて決定的に破壊された．

118) パルティア時代からサーサーン朝初期（1-3世紀）の，ほぼ楕円形（長径約2km）の隊商都市遺跡．都市は切石の城壁・稜堡で防備され，堀が巡らされている．東西南北に城門があり，市内中央部には聖域があって，太陽神の神殿など多数のイーワーン式建築が切石で建設されている．聖域外にも小神殿が多数ある．住民はアラブ系であったが，支配層はイラン（パルティア）系で，アラム文字を用いていた．ハトラは1-2世紀にはローマに敵対したが，アルサケス朝滅亡（224）後はローマと同盟して新興のサーサーン朝と抗争したので，ローマ文化の影響も認められる．ハトラはサーサーン朝のシャープール1世によって攻略破壊された（243年頃）．

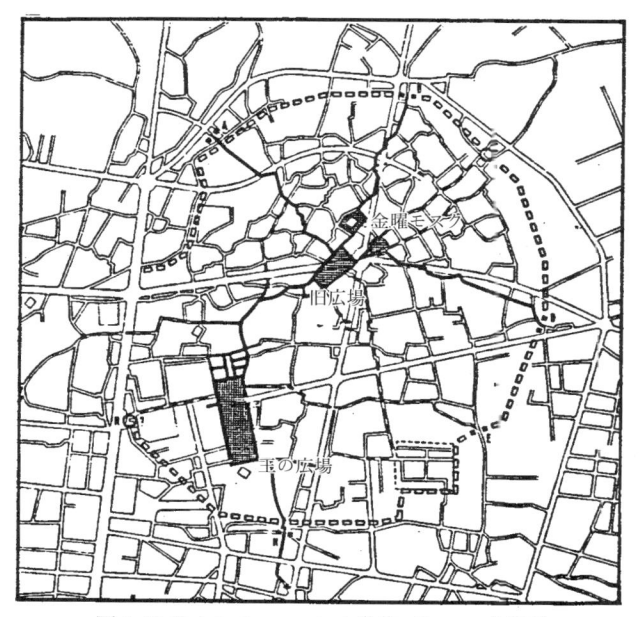

図 1-19 ●イスファハーン：出典　Donato（1990）

図 1-20 ●イスファハーン　出典　Google Earth: ©2008 Europa Technologies, Image ©Digital Globe

10 世紀以降に建設されたものである．アラブによる征服によって，イランでは，ゾロアスター教からイスラームへ，パフラヴィー語から新しいペルシア語へと大転換が進行するが，都市について，その起源をイスラーム化の拠点として建設されたミスル（軍営都市）とするか，それ以前の都市の伝統に遡るとするかは，各都市それぞれで必ずしも明らかに出来ないのである．

　イランの諸都市の生態学的基盤はオアシスであった．しかし，セルジューク朝以降，カージャール朝の終焉に至るまで，テュルク系，モンゴル系，クルド系など遊牧民が都市を政治的にも，経済的にも支配してきた．テュルク系遊牧民の王朝セルジューク朝とイスファハーン（図 1-19, 20），ティムール朝とヘラート，モンゴル系遊牧民の王朝フレグ・ウルス（イル・ハーン朝）とタブリーズなどが遊牧民の都市支配の代表である．

　イラン系最初のイスラーム王朝とされるのは，ターヒル朝（821-873）である．創設者ターヒル（在位 821-822）は，祖父がアッバース朝革命に功績があったとされるが，カリフ，マームーンのもとでホラーサーンの総督に任命される．その一族は，バグダード市内に屋敷地を持ち，またアッバース朝の軍隊の中核をなし，その勢力を背景に，金曜礼拝の際にカリフの名を読み上げるのをやめ，貨幣からカリフの名を削除するに至ったことから，独立王朝とされるのである．トルコ人軍閥によってカリフの権力が弱まったサーマッラー時代には，ターヒル朝はホラーサーンから，タバリスターン，さらにケルマーンまで勢力を伸ばしている．

　ターヒル朝の首都となったのはニーシャープールである．もともとサーサーン朝のシャープール Shahpur 1 世によって 3 世紀に建設された都市を原型としている．内外 2 重の城壁を持つ円城都市がその起源である．49 の街区（モハッラ）からなり，内城（シャフリスターン）には 4，外城（ラバト）には 11 の門があった（Bulliet (1972)）．都市の郊外に 13 のルースターク（農村複合体），四つのタッスージュ（小地方）があり，さらにその外側にウィラーヤ（地方）が広がって，同じくニーシャープールと呼ばれていた．この同心円状の都市—村落構造がホラーサーン地方のモデルである．ニーシャープールは，最初にマドラサが建設された都市

---

119) イラン北東部，ホラーサーン州の都市．2 世紀の初めにサーサーン朝のシャープール 1 世が建設，11 世紀中葉には人口 50 万を擁し，セルジューク朝のアルプ・アルスラーンの都として栄えた．13 世紀にモンゴル軍によって完全に破壊されたが，ティムール朝下で復興した．

として知られる．10世紀から11世紀にかけて特に有名な四つのマドラサが存在している[120]．

　ターヒル朝を倒したのはスィースターンを本拠としたサッファール朝（867-903）であり，ニーシャープールを奪取して，ホラーサーン，ファールスを合わせて支配したが，並行してマー・ワラー・アンナフルに興ったのがサーマーン朝（875-999）であり，サッファール朝はサーマーン朝によって滅ぼされる．サーマーン朝は，バルフ Balkh[121] に興り，ブハラ Bukhara[122] を都とした．このブハラを中心とするサーマーン朝は，近世ペルシア語を生み出し，いわゆるイラン・イスラーム文化の形成に多大な貢献をなすことになる．また，サーマーン朝の王たちが，テュルク系遊牧民をイラン・イスラーム世界に引き入れることになる．

## 3-3 マー・ワラー・アンナフルの興亡

　アーリヤ（イラン）人に席巻された後のマー・ワラー・アンナフルは，ペルシア世界からは，「化外の地」と見なされてきた．「イーラーン」（高貴（文明）の地）に対する「トゥーラーン Turan」（蛮族の地）である[123]（図1-21）．

　しかし，イラン高原東部からマー・ワラー・アンナフルにかけて各地に割拠した一派（東イラン族）は，前1000年紀前半には，ゆるやかに「オアシス都市」国家

---

120) 11世紀初めには39のマドラサがあったという．マドラサ建設が盛んとなったのは，ニーシャープールにおいて，いくつかの法学派，神学派が分かれて競い合った結果である．
121) 古名はバクトラ Bactra．アフガニスタン北部にある古都で，イラン，中央アジア，インドを結ぶ交通の要衝にあり，ヒンドゥー・クシュ山脈北麓からアム河（アム・ダリヤ）上流域に広がるバクトリア地方の中心として，古代から中世にかけて繁栄した．チンギス・カンによって解体された．
122) ザラフシャン河下流域の広大なオアシスに位置し，ブハラは後1世紀頃に建設され，以後今日に至るまで市域の移動は行なわれていない．ブハラという都市名は仏教の僧院を意味するサンスクリットのヴィハーラから派生したと推定されているが，文献には7世紀の中国の史書に「安国」として初めて現われる．この時代のブハラはイラン系のソグド人の「オアシス都市」国家であった．709年クタイバ・イブン・ムスリム指揮下のアラブ・ムスリム軍に征服され，アラブの移住に伴ってイスラーム化が始まった．9，10世紀にサーマーン朝の首都となったブハラは，西アジア方面にトルコ系奴隷を供給する商業都市として繁栄するとともに，イスラーム文化と，復興するイラン文化との一大中心地となり，イブン・シーナー，ルーダキーら多くの学者，詩人が輩出した．1220年モンゴル遠征軍の攻撃によって多大の被害を被ったが，都市は徐々に復興し，1500年のウズベク族による占領の後はブハラ・ハーン国の首都となった．
123) この地域は前6世紀後半にペルシアのキュロス2世によって征服されている．

第Ⅰ章
「イスラーム都市」

図 1-21 ● マー・ワラー・アンナフル：作図　林亮介

の連合を形成していたと考えられている．少なくとも，紀元前 6-7 世紀頃には，すなわちアケメネス朝ペルシアの時代には，鉄器が普及し，農業を基本とする緑豊かな「オアシス都市」群が栄えていた．その中心がマラカンダ Marakanda（サマルカンド）でありソグディアナである．

そして，その地には，ペルシア人によって「サカ」（漢語文献で塞（さく））と呼ばれる人々が居住していたとされる．この「サカ」は，同じくイラン系の遊牧民であり，このイラン系の遊牧民のうち，同じくイラン系遊牧民サルナートによって東方から圧力を受けてカスピ海から黒海の北岸地域に移動したと考えられるのが，いわゆる「スキタイ（スキュタイ）」である．スキタイの起源を巡っては，ヘロドトスの『歴史』に記述があり，諸説があるが，以上のようにもともとイラン系遊牧民（北イラン族）であり，古代オリエントから鉄器文化を学んで，強力な遊牧国家を打ち立てたのである（林俊雄 (2007)）．

古来イラン系住民が居住し，活動してきたマー・ワラー・アンナフルに一大転機が訪れるのは 9 世紀から 10 世紀にかけてのことである．ウイグルをはじめとするテュルク系遊牧民のオアシス定住化が開始されるのである．いわゆる「テュルク化」である．そして，それとともに「イスラーム化」が進むことになるのである．

# 3 ユーラシアの中のイスラーム都市

　テュルク系遊牧民のマー・ワラー・アンナフルへの登場までの経緯は以下のようである．

　紀元前3世紀末，モンゴル高原に中国人によって匈奴と呼ばれる遊牧国家が出現する．この匈奴がテュルク・モンゴル系遊牧国家の先駆けである．この匈奴は，3次に亘って征西し，マー・ワラー・アンナフルに影響を及ぼしている．

　しかし，それに先立って，マー・ワラー・アンナフルを襲ったのはアレクサンドロスであった．アレクサンドロスの東征（前334-324）軍は，アケメネス朝の首都ペルセポリスを占領（前330）した後，ダレイオス3世を追ってエクバタナへ向かい，アケメネス朝ペルシアを滅亡させる．そして，アム河を渡ってマラカンダ（サマルカンド，康国，颯秣皮，尋思干，撒馬児罕），ブハラ（図1-22）を占領してソグディアナを平定している．アレクサンドロスは，ソグディアナの豪族の娘と結婚している．ただ，シル河の北部にはソグド人の大勢力があって，アレクサンドロス軍は南岸の要塞都市アレクサンドリア・エスカテ（現ホジャント Khodjent）[124]を建設したのみで，その支配域の拡大を阻まれている．ソグド人は，スキタイとも連携していたとされる[125]．アレクサンドロスのアジアへの足跡は極めて短期間ではあったが，ギリシア人の文化，ヘレニズム世界の様々な事物，価値体系がもたらされる大きな契機になったことはよく知られるところである．

　アレクサンドロスの後を引き継いだのは，セレウコス・ニカトール（在位前312-前281）の建てたセレウコス朝（前312-63）であるが，この時代，インド西部からヒンドゥー・クシュ山脈まではマウリヤ朝（前c317-c180）に奪取されている．また，西ではパルティア王国（前248-後226）が自立し，マー・ワラー・アンナフルの南にはグレコ・バクトリア（前250頃-前139頃）が建つ．この時代には，再び多くのギリシア人が渡来し，多くのギリシア植民都市を建設している．

　グレコ・バクトリア王国は1世紀余り存続したに過ぎない．その滅亡の原因とされるのは大月氏の南下である．中国資料にいう月氏は，スキタイの一支，すなわちイラン系遊牧民と考えられている[126]．この月氏の南下の原因となったのが匈奴の征西である．

　大月氏は，バクトリアを五つに分割統治する．この五つの翕侯のうちクシャー

---

124) アレクサンドロスが建設した9番目のアレクサンドリア．これが最北，最東の都市である．
125) 森谷公俊『アレクサンドロスの征服と神話』興亡の世界史01，講談社，2007年

ン（貴霜）が打ち立てたのが，クシャーン朝（45頃-5世紀半）である．クシャーン朝は，カニシカ王（144頃-173頃）のときに最盛期を迎えるが，その版図は，北はソグディアナ，ホラズム，シル河，南はヒンドゥー・クシュを越えてガンダーラ，インド西北部からデカン高原西半，東は北インドのパータリプトラ Pataliputra（パトナ Patna），東北はカシュガル Kashghar[127]，ホータンにまで及んだ．カニシカ王が仏典結集（第4回 150頃）を行ない，仏教を篤く保護し広めたことは，数多くの仏教関連の遺跡が示している．マー・ワラー・アンナフルを，最初にまとめあげる基礎になったのは仏教である．クシャーン朝はガンダーラのプルシャプラ（ペシャーワル Peshawar）を首都とし，マトゥラーを副都とした．他にタクシラ（タクシャシラー），カーブル，インドラプラスタ Indraprastha（デリー）などの拠点都市があった．

クシャーン朝が衰えるとともに，その広大な領域を引き継いで支配したのはエフタル（450頃-567頃）である．エフタルの出自はよくわからないが，イラン系と考えられている．ガンダーラの仏教文化は急速に衰え，エフタルの「破仏」と言われてきたが，仏教の衰退とエフタルとは直接的には関係ない，という（桑山正進（1990））．

エフタルが建った5世紀半ば，モンゴル高原には柔然が覇を唱えており，5世紀末には柔然から高車が離脱して天山方面に独立国家を建てた．これを，遊牧国家の「三国鼎立」という（杉山正明（1997b））．匈奴国家の解体後，モンゴル平原を征したのは鮮卑族で，この鮮卑族が南下して中国北部に移動し，とって替わった

---

126) ギリシア資料（ストラボン）は，シル河の北から南下したスキタイ（ペルシア資料のサカ）がバクトリア地方をギリシア人から奪ったとする．中国資料は，月氏が匈奴の老上単于（在位前174-前160）に敗れて，一部（小月氏）を祁連山周辺に残し，アム河の北へ移動したとする（大月氏）．

127) タリム（塔里木）盆地の西端に位置する「オアシス都市」．シルクロードの要衝．漢～宋代の中国には疏勒（そろく）国，唐代以降，安沙，栴師佉黎，伽師梢離，可失哈耳，可失哈児などとして知られる．前イスラーム期には，アーリヤ系民族が居住したが，エフタル，突厥（とっくつ），唐，吐蕃など異民族の支配下に置かれた．玄奘（げんじよう）がこの地を通過した8世紀には，小乗系の仏教文化が栄えていた．10世紀にカラ・ハーン朝の一首都となると，急速にそのテュルク化，イスラーム化が進展し，12世紀にはカラ・キタイ，13世紀にはモンゴル帝国の支配下に置かれた．14世紀にはチャガタイ・ハーン国の支配下に入ったが，1340年代にハーン国が東西に分裂すると，この地はその東部モグーリスタン・ハーン国の支配を受けた．16世紀初頭，モグルのハーンはこの地方に進出してカシュガル・ハーン国を建てた．17世紀の後半にはジュンガル王国の，18世紀の中葉には清朝の支配下に入った．

のが柔然である．

　そして，6世紀半ば，西モンゴリアのアルタイ地方から突厥（552-744）と漢音表記されるテュルク国家が出現し，この三国を相次いで打倒，吸収し，さらには西北ユーラシア草原にも及んで，巨大な遊牧国家となる．このマンチュリアから黒海北岸へ至る突厥の大領域のほぼ中央に位置するのがマー・ワラー・アンナフルである．

　突厥が東西の草原地帯を広大に支配している2世紀の間に，上述のように，アラビア半島に興ったイスラームがまたたくまにその世界を拡大することになる．アラブ軍が初めてアム河を越えてマー・ワラー・アンナフルへ侵入するのは667年のことである．そして，705年にホラーサーン総督に起用されたクタイバ・イブン・ムスリムによって，本格的征服が試みられている．クタイバの死後，アラブ軍は，漢文資料が蘇禄と呼ぶ首領に率いられたテュルク族の反抗を受けるが，740年代にはマー・ワラー・アンナフルはアラブの支配に服する．そして，ホラーサーンを舞台に進展したアッバース革命の先駆けとし，アブー・ムスリムが東方でのウマイヤ朝支配を終息させた（747）．その部将ズィヤード・イブン・サーリフが高仙芝率いる唐軍を破ったのがタラス（河畔）の戦い（751）[128]である．テュルク族が再びマー・ワラー・アンナフルに戻ってくるのは2世紀近く後のことになる．そして，そのときには，テュルク族はイスラーム化していたのである．

　そして，9世紀半ばから10世紀にかけて，ユーラシア世界は大きく変動する．ウイグル（744-840）遊牧連合体が解体し，いくつかの集団に分かれて西方に移動したことが引き金である．テュルク系の諸族の大西進によって，西方のオアシス定住地帯が次々に「テュルク化」されるのである．「テュルク化」が西進する一方，その裏返しの形でイスラームは東進することになった．西進した集団によって，天山北麓のチュー河流域に建てられたカラ・ハーン朝（940-1132）において，テュルク族がイスラームに集団改宗した（960）のが大きな契機である．天山一帯がイスラーム化されたことで，その影響が今度は西へ及ぶ．そしてまた，上述のイラン系のイスラーム地方王朝サーマーン朝がマー・ワラー・アンナフルに出現したことが大きい．サーマーン朝は，シル河の北方および東方に盛んにジハード（聖戦）

---

[128] 紙の製法が西アジアに伝えられたことで有名である．

を仕掛け，イスラーム化を企図した．結果として，テュルク族の間にイスラームが浸透していく．具体的には，サーマーン朝の王たちが，テュルク族の若者奴隷を遠征や市場で大量に手に入れ，親衛隊を組織したことによって，テュルク族をイラン・イスラーム世界へ引き入れることになるのである．

　こうして，テュルク・イスラーム時代 1000 年の歴史が始まる．サーマーン朝の実権はテュルク族に移り，アフガニスタンから北インドを押さえるガズナ朝（962-1186）が出現する．テュルク系ムスリムがインドに侵入することになる最初の王朝がガズナ朝である．999 年には，イスラーム化したカラ・ハーン朝が西進してサーマーン朝を倒す．パミールの東西は，11 世紀初頭には，文字通りトゥルキスタン（テュルク族の土地）となるのである．

　そしてさらに，セルジューク家に率いられたテュルク系の大集団が一挙に西アジアに覇を唱えることになった．アラル海周辺出身のセルジューク家は，10 世紀末頃，マー・ワラー・アンナフルへ進出し，ブハラ（図 1-22）に至ってイスラームに改宗する．そして，ペルシア，メソポタミア，そしてアナトリアへ侵攻を開始する．1040 年にガズナ朝（962-1186）を破り，ブワイフ朝（932-1055）を倒すと，セルジューク・トルコは，ペルシア全土を手中に収めてイスファハーンを首都に定める[129]．セルジューク朝（1038-1194）の軍事力を示す象徴的な出来事が 1055 年のバグダード入城である．度重なるイスラーム勢力の侵攻にもかかわらず，ビザンツ帝国の東端域を死守してきた小アジア・アナトリア高原もついにイスラーム勢力の手におちた．セルジューク家の一族がコンヤを拠点に独立政権を建てるのである．ルーム・セルジューク朝（1077-1243）である．セルジューク朝のダマスクスおよびエルサレム占領は，十字軍の来襲を招き，トルコの小アジア支配に一時期停滞をもたらすが，12 世紀から 13 世紀にかけて建設活動が活発化する．アナトリア地方には，古来，すぐれた石造建築の伝統がある．ビザンツ帝国支配下において多くのキリスト教建築が石造で建てられている．イスラーム建築も，このアナトリアのすぐれた石造技術を基に建設されることになる．

　12 世紀末，ゴール朝（1148-1215）とホラズム・シャー朝（1077-1220）の台頭によってセルジューク朝は滅ぼされる．両王朝は，遙か東方の金朝（1115-1234），その西に西夏（1038-1227），続いてカラ・キタイ（西遼）（1132-1211），天山ウイグル王国などとともに草原に並び立った．以上が，モンゴル前夜の中央ユーラシア

のおよその構図である．

## 3-4 ティムールの都市

マー・ワラー・アンナフルのめまぐるしい歴史の興亡の中で，その核心域ソグディアナの主邑サマルカンドにはアフラシアブ Afrasiab と呼ばれる城塞都市（図1-23）が栄えてきた．伝説の最初のソグド王の名から採られたという説があるが，シアブは「二つの川」（あるいは「黒い川」）という意味でもある．アフラシアブは，

---

129) イスファハーンは，1244 年のモンゴルの攻略，1387 年，1414 年のティムール（在位 1370-1405）の襲来によって二度三度と灰燼に帰している．また，16 世紀初頭，イスマーイール 1 世（1487-1524）がダブリーズを都とし，シーア派の民族王朝を建てる．サファヴィー朝（1501-1736）の成立である．11 世紀のセルジューク朝以来，イラン全域を治めた王朝はなかったけれど，西のオスマン・トルコ，東のムガル帝国の間にあって，200 年以上に及ぶ領域支配を維持することになる．1597 年，シャー・アッバース 1 世（1587-1629）は首都をカズヴィーンからイスファハーンに移し（1598），新たな町づくりを開始した．金曜モスクとその周辺に形成された旧市街の大改造のために，新たな町の核として「王の広場（メイダーネ・シャー（現エマーム広場））」が作られた．そして，「王のモスク（現エマーム・モスク）」（1612-1630）とロトフォッラー・モスク（1602 年-1618）の二つのモスク，アリー・カプー宮殿を配している．西側にチェヘル・ソトゥーン，ハシュト・ベヘシュト宮殿が後に加えられる．北側には金曜モスクへ向かってバーザール，キャラバンサライが作られ，ブアイフ朝時代の 4 倍の市域を囲む市壁が建設された．ザーヤンデルード河に，アッラーヴェルディ橋，ハージュ橋といった橋が架けられた．イスファハーンは最盛期には人口 60 万人を超えた．カージャール朝が建って，テヘランに都に移るがイスファハーンは 19 世紀前半まではタブリーズと並ぶ大都市であったが，大飢饉や英，露の綿製品の輸入増加による打撃から 19 世紀後半には人口 5 万人まで落ち込んだ．

　イスファハーンの「王のモスク」はイラン型モスクの最高峰とされる．キブラ壁をメッカの方向に対して直角に配するために「王の広場」に対して 45 度，軸が振られている．広場の長辺中央に位置する小さな傑作ロトフォッラー・モスクも軸は 45 度振られる．「王のモスク」は完璧な四イーワーン形式である．中庭の大きさ，泉水の大きさと位置，イーワーンの幅と高さ等が，完全に数学的比例関係に基づいている．イスラーム建築を特徴づけるのがモザイク・タイルである．様々な大きさの煉瓦を組合せることにおいて装飾が行なわれてきたのであるが，12 世紀初頭頃に青緑色の煉瓦タイルが生み出される．イランのカーシャーン地方を産地とすることからカーシー・タイルと呼ばれる．当初表面が彩色された煉瓦そのものが使われるが，やがて彩釉タイルによる陶片モザイクへと変化していく．全面タイル装飾のモスクが出現したのは 14c 初頭からである．この彩陶モザイクの手法は，ティムール朝に絶頂を迎え，各地に伝えられる．四イーワーン形式とともに，西トルキスタン・アフガニスタンからイラク・アナトリアまでイラン型モスク広まる．ただ，彩釉タイルはシリアやエジプトでは主流とはならなかった．「王のモスク」の建設に当たって，タイル装飾の二つの技法，単色タイルの組み合わせによるいわゆるモザイクと下絵を描いて焼くハフトランギー（七彩）がくみあわされた．すなわち，白いタイルを何枚か組合せておいて下絵を描き，同時に焼く大量生産の手法である．23cm×23cm のタイルが 150 万枚必要とされたという．

第Ⅰ章
「イスラーム都市」

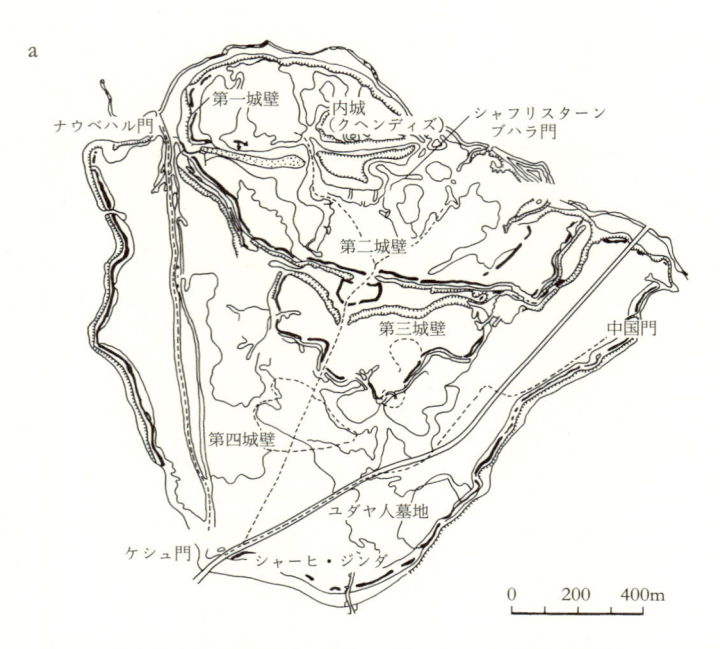

図1-23 ●アフラシアブ　a 復元図：出典　日本建築学会（1995）　b 城壁：写真　布野修司

シアブ河（アービ・ラフマト[130]）とオビマシャット河という二つの川に挟まれた高台に位置する．このアフラシアブは，現在，ラクダ草が生えるだけの荒涼たる丘でしかない．1220年にチンギス・カンに徹底的に破壊（「洗城」）されたままなのである．

紀元前6世紀から13世紀の初頭まで，発掘された考古学的遺構は11層にも及ぶ．歩くと城壁や建物の壁らしきもので人工の跡は確認できるが，往時をイメージするのは難しい．復元図によると，4重の城壁で囲われており，大きくは，クヘンディズと呼ばれる城塞部，シャフリスターンと呼ばれる郭（居住）部，ラバトと呼ばれる郊外区の三つの区域からなっている．城郭内には水が引き込まれ，各所に池が作られている．「オアシス都市」としての「シルクロード都市」の典型と考えられるのがこのアフラシアブである．

サマルカンドから東へ60kmほどのザラフシャン河の上流にあるペンジケント Penjikent の都市遺構は，やや小規模でクヘンディズとシャフリスターンが分離している．こうした城郭分離の構造も小規模な「オアシス都市」においては一般的であったと考えられている．

時代は下るが，『バーブル・ナーマ』（間野英二（1995-2001））の冒頭でバーブルは，フェルガナ地方に七つの都市カサバ qasaba があり，最大の首都アンディジャーンは，三つの門を持ち，9本の水路が流れ込んでいる．また，城壁の周囲はすべて居住区モハッラからなっている，と書いている．また，城市クルガン qurghan の中に内城（アルク ark）があったという．こうした城郭の二重構造も一般的だったと考えられる．

一方，遊牧国家の君主の居所はオルド ordu と呼ばれ，普通，宮殿あるいは宿営と訳される．テュルク語で中央を意味するオルト ortu に由来するというが定かではない．モンゴルは，基本的に都市を必要としなかった．中枢はオルドであり，それは移動するのである．このオルドは，しかし，単に王とその一族郎党が宿営するといった規模のものではない．大元ウルスが大都を首都とするように，このオルドは，やがて，都市として定着していくのである．続いて見るが，ティムールのオルドは2万もの天幕が建ち並ぶ壮大なもので，まさに移動都市であった．

---

130) バーブルの時代は，アービ・ラフマト（恵みの川）と呼ばれていた．

第Ⅰ章
「イスラーム都市」

　チンギス・カンの死後，ユーラシアの西方には，ジョチ・ウルス（キプチャク・ハーン国　1243-1502），チャガタイ・ウルス（チャガタイ・ハーン国　1227-1389），フレグ・ウルス（イル・ハーン国　1258-1411）の三王家の所領が形成されることになる．そして，いずれもテュルク化するとともに，イスラームを受容していくことになる[131]．

　簡単な経緯は以下のようである．チンギス・カンを継いで国政を代行したトルイの死後，帝位についたオゴデイ（太宗，在位 1229-1241）は，1235 年早々新都カラコルム Kharakhorum（和林）[132] の建設を決定し，新都を中心とする駅伝（ジャムチ）網を設置する．そして，ジョチの次子バトゥを総司令官とする西征軍をキプチャク，ブルガル方面へ派遣する．バトゥ軍は 1236 年，ブルガル王国を征服し，キプチャク軍の一部を殲滅し，大部分を吸収する．オゴデイの死（1241）後，バトゥはモンゴル本土に帰還せず，ヴォルガ河畔に留まり本拠地とした．1246 年クリルタイが開催され，第 3 代皇帝に選出されたグユク（定宗，在位 1246-1248）は，イラン以西への遠征を宣言，翌年先遣部隊を派遣するが，1248 年不慮の死を遂げる．バトゥのジョチ家の強力な支持によって第 4 代カーンとなったモンケ（憲宗，在位 1251-1259）は，帝国を四分し，中央アジアからロシアに至る広大なジョチ・ウルス領をバトゥに一任，アム河以西の西アジア全域には第 3 弟フレグを配した．また，帝位争いにおいて敵対したチャガタイ家はイリ渓谷周辺のみの所領とした．チンギス・カンの孫フレグを総司令官とする西征軍は，1253 年秋，モンゴル高原を発ち，アルマリク Almarigh[133] からサマルカンド（1255 初秋），ケシュ Kesh（シャフリサブズ）（1255.11）を経て，1256 年初頭，再びアム河を渡った．バルフ，トゥーン，ニーシャープール（1256 秋），トゥース Tūs[134]，ギルドクーフ，

---

131) 一族で最初にイスラームに改宗したのはジョチ家のベルケである．
132) 古来多くの遊牧国家の根拠地が置かれたが，オノン，ヘルレン両河流域に興ったモンゴル帝国も，やがてこの地に中心地を移し，1235 年オゴタイ・ハーンによって都城が築かれた．クビライが大都（北京）に遷都してからは，和林行省の所在地として地方都市となった．オルホン河上流右岸，モンゴル中部，オボルハンガイ・アイマク（州）のハルホリン・ソムの中心地付近に遺跡がある．
133) 12 世紀から 15 世紀にかけて中央アジアのイリ河上流のイリ盆地に存在した「オアシス都市」．13 世紀頃のチャガタイ・ハーン国の首都として知られる．同時代の漢籍では阿里馬城，阿里麻里城などと表記されている．チャガタイ・ハーン国末期の戦乱の過程で廃城となった．
134) ホラーサーン地方の中心マシャドの南 20km に位置する．

スィムナーン，レイ，カズウィーンと進軍し，アラムート Alamūt を陥落させて（1256.11），ハマダーンを抜けて，アッバース朝の首都バグダードに向かいカリフの一族を滅亡させた（1258.2）．さらに，タブリーズ，モスル，アレッポ，ジャズィーラ Jazīra[135] と進軍し，ダマスクスを開城させる（1260.4）．アレッポ滞在中にモンケの死を知ったフレグは，イラン方面へ引き返したが，タブリーズで兄クビライ（世祖，在位 1260-1294）の即位を聞いて，帝位を諦め，西アジアを本拠とすることを決意して，タブリーズに都を置いた．

そして，クビライの時代が来る．クビライは，首都をカラコルムから自分の本拠地である上都（旧開平府）と中都に遷し，帝位を争ったアリク・ブケ（1260-1264）派を処分した上で，ジョチ家の当主ベルケ，弟のフレグ，チャガタイ家のアルグに呼びかけて 1266 年にあらためてクリルタイを開催することを決定するが，この三人は相次いで没し，帝国はさらに混乱することになった．

一方，クビライは，宮廷にいたチャガタイ家のバラクをアルグの後継者として送り込むが，バラクは自立の意向を示し，オゴデイ家のカイドゥ，ジョチ家のモンケ・テルムの代理人とタラスで会盟（1269），マー・ワラー・アンナフルの分割を決めている．バラクは，中央アジア各地の遊牧諸集団を糾合し，イランの領有をもくろんでアム河を越えている（1270）．フレグ軍は，バラク軍を迎撃粉砕し，敗走したバラクはカイドゥに殺害される．以後，チャガタイ・ウルスは，オゴデイ家のカイドゥに操られることになる．カイドゥが没する（1301）と，チャガタイ・ウルスは自立する（1306）．14 世紀前半には，こうして，大元ウルス，チャガタイ・ウルス，フレグ・ウルス，ジョチ・ウルスが並立し，「モンゴルの平和」とも振り返られる状況が訪れた．平行して，クビライは，大元ウルスの成立を宣言，大都の建設に取り掛かる．遊牧国家モンゴルは，都市史上の大きな転換を果たすことになるのである．ただ，モンゴル帝国は，ユーラシアの東西を覆った大天災，ペストの大流行とともに衰退の道をたどることになった．

チャガタイ・ウルスは，1340 年代になると，マー・ワラー・アンナフルを中心とする勢力とセミレチェ（天山山脈西北麓）地方を拠点とする勢力に分裂する．前者は，「オアシス都市」を拠点とし，後者は伝統的な遊牧生活を基礎とした．

---

[135] チグリス河とユーフラテス河に囲まれたイラクの北西部とシリアの北東部を含むステップ地帯．

前者は自らをチャガタイと称し，定住民を収奪の対象と見なす後者をジェテ（盗賊）と呼び，後者は自らをモグールと称し，テュルク化，イスラーム化する前者をカラナウス（混血児）と呼んだ．

東半はモグーリスタンと呼ばれたが，トゥグルク・ティムール・カーンが即位すると，マー・ワラー・アンナフルに二度にわたって侵攻し（1360, 61），チャガタイ・ウルスを再統一する．そしてさらに，サマルカンドを押さえ，そこを都としてティムール朝（1370-1500）を建てることになる．

ティムール（1336-1405）の父タラガイは，チンギス・カンがチャガタイに与えた千人隊の一つであるバルラス部に属していたとされる[136]．ティムールは，サマルカンドの南，ケシュ近郊のホージャ・イルガール Hoja Ilghar 村（シャフリサブズ Shakhrisabz）で生まれた．マー・ワラー・アンナフルに侵攻したトゥグルク・ティムールにより指揮権を委ねられたティムールが，まもなくモグール支配からの脱出を試み，曲折の末，政権を樹立したのは 1370 年である．そして，翌年から，モグーリスタン，ホラズムへたて続けに遠征している．1373 年にホラズムを勢力下に治めると，さらにジョチ・ウルスへ侵攻し，首都サライを奪取して（1378），その威光をジョチ・ウルス全域に及ぼした．政権樹立後ほぼ 10 年で，マー・ワラー・アンナフルとホラズムを直接支配し，モグーリスタンとジョチ・ウルスも影響化においたティムールは，アブー・サイードの死（1335）後分裂状態にあった旧フレグ・ウルス領を次なるターゲットとする．

ティムールは，ヘラートを拠点とするカルト（クルト）朝とサブザワールを中心とするサルバダール朝を支配下において（1380）ホラーサーン地方をまず治め，続いてアフガニスタンを牽制しながら，ジャライル朝の拠点スルターニヤを落とすと（1385），さらにアルメニア，グルジアからアナトリア東部に進軍する．

1388 年にサマルカンドに帰還し，反撃してきたジョチ・ウルスに対応した後，1392 年から 5 年の長征に及ぶ．ムザッファル朝を滅ぼしてファールス地方を押さえると，ジャライル朝の王はエジプトのマムルーク朝に逃亡，バグダードへは無血入城している．さらに，ヴォルガ河からドン河沿いにルーシー諸国に侵入するなどした後，イラン経由でサマルカンドに帰還する．1396 年までには，西征

---

[136] ティムール家の系譜については，間野英二『バーブル・ナーマの研究 IV』「第 3 部　ティムールとティムール朝」がある．

の目的を達し,旧フレグ・ウルスの大半を手に入れたのであった.ティムールは,イスラーム世界の王として君臨する.

「チンギス・カンは破壊し,ティムール建設した」と言われる.実際は,モンゴルの遠征に勝るとも劣らない破壊活動を展開しており,抵抗を受けたバグダード,イスファハーンなどは完全に解体している.ただ,そうした遊牧軍団の伝統に生きながらティムールが大規模な建設活動を行なったことは事実である.その中心は,本拠地サマルカンドの再建である.1370年にホラズムを押さえ,西トルキスタンの支配権を確立すると,直ちに新サマルカンドの城壁,内城,宮殿の建設を命じている.古来の「オアシス都市」であるサマルカンドは,1220年にチンギス・カンに破壊(「洗城」)され廃墟と化した後,新たな都市が再建されてきたが城壁を持たない小規模なものに止まっていたのである.

ティムールは,当初,生まれ故郷の,シャフリサブズ(ケシュ)を拠点とする予定であった.父タラガイの廟(1373),長男ジャハーンギールの廟(1376)を建設しているし,城壁も完成(1379)させている.また,「サイイドの館」と呼ばれるキャラバンサライもシャフリサブズに建設している(図1-24).また,1380年には,巨大なアク・サライ Ak-Saray(白い宮殿)の建設にとりかかり,死ぬまで建設を続けている.結局,離宮として使うのであるが,北の入口のアーチの高さは40m,北東部の塔は65mもあったという.今は崩れてしまっているが,「我が力と豊かさを疑うものはこの建築を見よ」という銘文を掲げていたというその巨大さは想像できる.同じ頃建設したサマルカンドのビビ・ハヌム Bibi Khanum・モスク(1399-1405)よりも一回り大きいのである.ホラズム平定の記念碑として,多数の職人を連行して建設に当たらせたという.

このアク・サライ宮殿の崩れた塔の上に上ってみると,ティムールの都市計画を理解することができる.北に宮殿を置いて,ほぼ正確に南北に軸線が取られている.興味深いことにその軸線の南端部にティムールが埋葬されるはずであった墓が置かれている.残された城壁の間を測ると東西が1434m,南北が2039mの長方形をしていた.軸線は少し東に寄っている.全体の中央にチョルス(バーザール)が配されて,宮殿との間にキャラバンサライ,金曜モスク,ハンマームがある.そして,南部にジャハーンギールの廟,父親の廟が置かれている.以上の主要な施設の間をモハッラが埋める.ティムールの都市のモデルと考えていいだろう.

第Ⅰ章
「イスラーム都市」

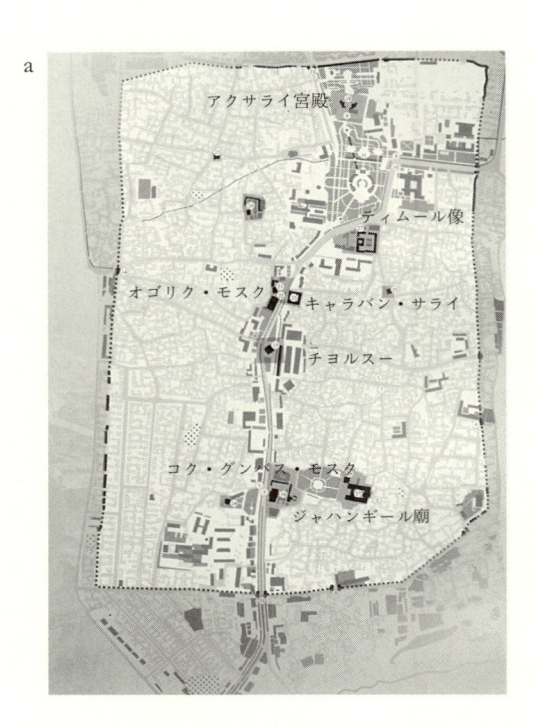

図1-24 ● a. シャフリサブズ（ウズベキスタン・ティムール博物館）　b. アク・サライ：写真　布野修司

しかし，ティムールは拠点をサマルカンドに移すことを決断する．イラク，トルコ東部，南ロシアを含む広大な地域を支配下とするに及んだからである．1397年にティムールは，サマルカンドの東郊外に新たな庭園と宮殿の建設を命じている．以降，ティムール朝はすぐれた建築遺産を残すことになるが，ティムールによるものとして，四イーワーン形式の中庭を持つビビ・ハヌム・モスクと，自身も眠る，イスファハーン出身の建築家ムハンマド・ブン・マフムード設計のグール・アミール（太守の墓1404）がある．方形平面の高い胴部の上に球根形の2重殻ドームを頂く形態はティムール朝のスタイルとなる．

ティムールに続いたシャー・ルフ（1405-1447），サマルカンドに天文台を建設したウルグ・ベク（1447-1449）もヘラート，ブハラなどにもティムールの建築文化を開花させる．後の時代の造営も含むが，サマルカンドのレギスタン地区にはウルグ・ベク・マドラサ（1420），シェル・ドール・マドラサ（1636），ティラー・カーリー・モスク（1660）の三つが広場を中心に配されている．

サマルカンドは，シャフリサブズよりはるかに規模が大きく，土地も起伏がある．ここでは，「青の宮殿」と呼ばれる城塞部は東に配されている．城郭二重構造を採る全体は不整形であるが，中央にはマドラサ，キャラバンサライ，バーザールが置かれている．

ティムールは，サマルカンドの建設に当たって，それをイスラーム世界の中心と見立てている．そして，サマルカンド周辺に，シーラーズ，ダマスカス，バグダード，スルターニヤ，ミスル（カイロ）といったイスラーム世界の大都市の名を付した都市を建設している．

シャフリサブズのアク・サライ宮殿の建設に当たって，「我が力と豊かさを疑うものはこの建築を見よ」との思いであったティムールにとって，首都サマルカンドは，世界最大で最も壮麗でなければならなかった筈である．

バーブルは，『バーブル・ナーマ』において，一時奪取して入城したときのサマルカンドについて詳細に記している[137]．それを基にした復元図も作られている（Golombek, Lisa and Wilber, Donald (1988)）（図1-25）．

「世界でサマルカンドのようにすばらしい都市は稀である」とバーブルは書く

---

[137)「903（1497/98）年の出来事」，間野英二『バーブル・ナーマの研究』3巻，松香堂，1998年

第Ⅰ章
「イスラーム都市」

a

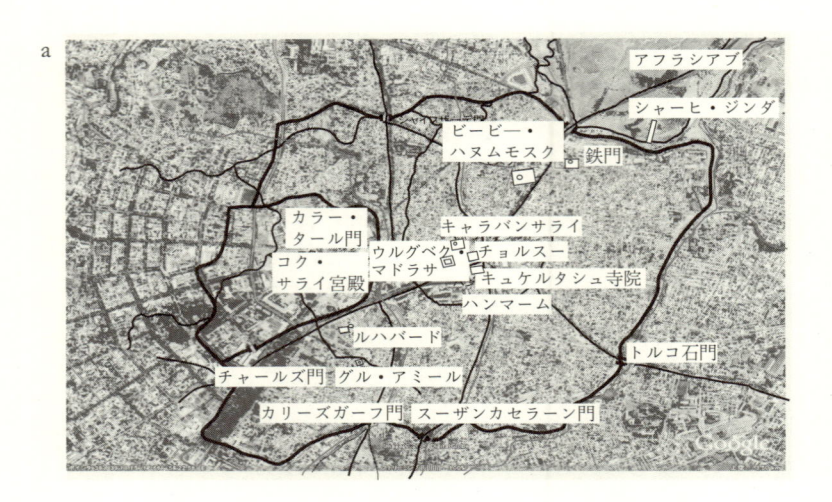

- アフラシアブ
- シャーヒ・ジンダ
- ビービー・ハヌムモスク
- 鉄門
- カラー・タール門
- キャラバンサライ
- コク・サライ宮殿
- ウルグベク・マドラサ
- チョルスー
- チュケルタシュ寺院
- ハンマーム
- ルハバード
- トルコ石門
- チャールズ門
- グル・アミール
- カリーズガーフ門
- スーザンカセラーン門

b

図1-25 ● a サマルカンド 復元図：作図 高橋渓 b サマルカンド：写真 布野修司

が，「欠点は大きな川がないことである」とも書く．北方のコーハク河から水が分流するが，小さな川で，市壁の南東側に沿って流れていた．また，市内に2筋引き込まれていたが，現在の市街にそうした川は認められない．

「青の宮殿」「中央モスク」などは，ヒンドゥスターンから連れてきた石工の手になるものだという．庭園については，「ブルデイの園」「よろこびの園」「世界の像」「すずかけの園」「北の園」「楽園」の六つを数え上げている．

また，バーブルは，サマルカンドの町は，驚くほど整備されており，他の町にはあまり見られない特徴として，「各々の商工民は，それぞれに一つのバーザールを持っていて，お互い混じりあわない．よい習慣である」と書いている．モハッラが極めて閉鎖的で自律的であったことが窺える．

今日でもブハラを歩くとタキ（ターク）Taqi (Tok)[138]と呼ばれるドームで覆われたバーザールを辻々にみることができるが，おそらく，サマルカンドのバーザールも同じような形であったであろう．サマルカンドのレギスタンの北東に唯一残っているチョルス[139]がそれである．また，各モハッラ（あるいはクッチャ）ごとに独特な蝋燭形の列柱をテラスに持つモスクを見ることができるが，近隣組織はそうしたモスクを核としていたこともイメージできる．タキあるいはチョルス，モスクは，ティムールの都市の基礎単位を構成する都市施設である．

一方，ティムールのオルドについても，間野英二 (2001) が，実際にそのオルドを訪れたクラヴィホ Clavijo, Ruy González de の『チムール帝国紀行』(山田信夫 (1967)) などに拠りながら明らかにしている[140]．2万にも及ぶ天幕が整然といくつかの囲い場に分かれて建ち並んでいるその様は一つの都市である．オルドは，巨大な移動都市といっていい．オルドが設置される場所をユルト yurt[141]といい，ティムールはサマルカンド近くのハーン・ユルト，スルターニヤ，アゼルバイジャンのカラ・バーグなどをユルトとした．ティムールはオルドとともに，オルドは

---

138) ウズベク語で覆いのついた市場を意味する．他に，ティム Tim があるが，これは入口一つのものをいう．タキ（ターク）は，交差点にあり，十字に通路が抜ける．
139) トルコ語で市場，バーザールを意味する．サマルカンドのレギスタンにあるのに八角形をしているが，タキ（ターク）と同様，交差点に設けられた．タシケントにはテョルスというバーザール地区がある．
140) 間野英二「第3部第3章　ティムールのオルド」『バーブル・ナーマの研究 IV』松香堂，2001年
141) ユルトは，一般にモンゴル語のゲル，中国語の包（パオ）を意味する．

ティムールとともに移動する．サマルカンドを再建するのであるが，ティムールが遊牧国家の伝統に生きていたことは間違いない．

　ティムール朝の歴史と社会，それを裏づける史料については，間野英二が詳述するところである[142]．法制として，テュルク・モンゴル族の慣習法とイスラーム法（シャリーア）が並存していたこと，軍事組織としてチャガタイ・テュルク族の部族組織に基礎を置き，万人隊，千人隊，百人隊，十人隊からなる，左右両翼，中軍を置いていたこと，税制として，土地税の他，人頭税，商税，強制的賦役などシャリーアに反する税制が布かれていたことなどが明らかにされている．土地所有制としては，モンゴル族の間にあった恩賞制度を継承する，功績のあった臣下に一定の地域をソユルガル（恩賜地）として下付するソユルガル制が注目される．また，シャリーアに規定されたワクフ財としての土地も存在していた．間野英二は，ティムール朝の社会の特徴を「二重構造」と「多重心構造」の二つに要約している．「二重構造」とは，テュルク族とイラン族からなる社会構造をいう．マー・ワラー・アンナフルとイランとの地域的二重構造，慣習法とシャリーア，軍事と経済といった二重構造の反映でもあった．また，「多重心構造」とは，国家とその領域を創設者一族の共有財産と考えるテュルク・モンゴル的伝統に基づき，ティムールが征服した各地域に中央と同じ形態と機能を備えた小宮廷を設置し，ネットワークを形成したことをいう．ティムール朝の社会は，基本的に征服者と被征服者の二重構造となっており，「オアシス都市」のネットワークを基礎としていた．

　ティムールがオトラルで没する（1405）と，シャー・ルフによる安定した時代（在位1409-1447）が続いた．そして，学者の誉れ高いウルグ・ベクがその跡をつぐ．しかし，そのウルグ・ベクが，その息子によって殺害（1451）されると，ティムール帝国は分裂していくことになる．1500年に，ウズベク族のシャイバーニーがサマルカンドを征服し，マー・ワラー・アンナフルの支配権を奪う．この王朝は，1599年まで続いてシャイバーン朝[143]（1500-1599）と呼ばれる．サマルカンドあるいはブハラを首都として，西トルキスタンからホラーサーンを支配した．このシャイバーン朝に抵抗し，一時期，サマルカンドを奪取した（1500）ものの，結局，

---

142）間野英二「第3部第4章　ティムール朝の社会」「付篇第1章史料解説」『バーブル・ナーマの研究 IV』松香堂，2001年

その奪還を果たせず，カーブル，そしてアーグラーに拠点を移さざるをえなかったのが，ティムール家のバーブル，ムガル朝の初代皇帝である．

---

143) ジュチの第5子シバンShiban（シャイバーン）を始祖とするためにこの名で呼ばれる．アブー・アルハイル・ハーンが，ウズベクを統一して，キプチャク草原に遊牧国家を建設した．その孫のシャイバーニー・ハーンである．アブー・アルハイルの子孫がハーン位を継承した．アブド・アッラーフ・ハーン（在位1583-1598）は，父イスカンダルの治世時代（1561-1583）から実権を握り，国内の対抗勢力を破ってハーン権力の強化をはかった．王朝はその時代に黄金期をむかえたが，その死後たちまち崩壊し，ジャーン朝にとって代わられた．

# 4
## インド・イスラーム都市 ── ムガル都市

　「イスラーム世界」という概念が，そもそも地理的空間的に限定できないのに対して，「インド世界」という概念は，古来[144]，「インド」という空間に限定された概念として用いられてきた．「インド」という空間とは，具体的には，北をヒンドゥー・クシュ[145]山脈・カラコルム山脈・ヒマラヤ山脈，東をアラーカーン山脈，西をスライマーン山脈，南をインド洋（アラビア海，ベンガル湾）に囲まれたインド亜大陸のことである．極めて閉じた形をしており，仏教あるいはヒンドゥー教の世界観が，この地理的に拘束された空間に依拠していることはよく知られている（定方晟（1985））．

　インド亜大陸は，インダス河とガンジス河の両大河の流れる北インドと，南インドすなわちヴィンディヤ山脈・ナルマダー河，マハーナディー河以南の三角形状の半島部に大きく分かれる．南インドの大半を占めるのがデカン高原である．デカン Deccan というのは，タミル語のダクシナム Daksinam，サンスクリット語のダクシナーパタに由来し，そもそも「南」を意味する．ただ，南インドは，狭義に用いられ，デカン以南の，西ガート山脈と東ガート山脈に囲われた，ドラヴィダ語族系の諸民族が居住する，タミル・ナードゥ州（タミル語），アーンドラ・プラデーシュ州（テルグ語），カルナータカ州（カンナダ語），ケーララ州（マラヤーラム語）の南部四州をいうことが多い．

---

[144] インド，すなわち，今日のインド亜大陸が一つの世界として認識されだすのは紀元前3世紀頃だという．古くはリグ・ヴェーダに見える最も有力な部族，バーラタ Bharata 族の領土＝バーラタヴァルシャ Bharatavarsa と呼ばれた．
[145] 「インド人殺し」という意味である．如何に越え難かったかをその名称が示している．

# 4 インド・イスラーム都市

インドという呼称は，インダス河に由来する．インダス河のことをサンスクリット語でシンド Sindhu，ペルシア語でヒンドゥー Hindu と言い，それぞれ，川と同時にその流域の人々をも意味した．また，当の地域ではインドゥ Indu が一般に用いられ，それが，ギリシア語でインドス Indos となり，インド India のヨーロッパ諸国語の起源となる．

漢字では，「身毒（しんどく）」「賢豆（けんず）」「天篤（てんとく）」などと音訳され，日本で専ら用いられた「天竺（てんじく）」は，中国で3世紀以降に多く用いられたが，一説には，「天竺」は「身毒」の音が転じて「天篤」となり，さらに篤の語が転じて竺となったという．玄奘は正音に従って「印度」とし，中国では，唐代以後は主として「印度」の名称が用いられた．

インドという言葉の語源は，以上のように他称である．インドとは，古代ギリシア人にとって世界の東端に位置し，怪物が跋扈する世界であった．クニドスの出身で，医師としてペルシア王アルタクセルクセス2世に仕えたクテシアス Ktēsias[146]の『インド誌 Indika』，あるいはメガステネスの『インド誌』や大プリニウス Gaius Plinius Secundus[147]の『博物誌 Naturalis Historia』には，一本足のスキアポデス（影足人）やキュノケパロイ（犬頭人）など不思議な動物が住む世界としてインドが描かれている．アレクサンドロス大王の東征の頃，紀元前3世紀にはインドという呼称は定着したと考えられている．

しかし，インド亜大陸が一つの世界として認識されだすのは，その呼称とは別である．古くは，リグ・ヴェーダ Ṛgveda に見える最も有力な部族，バーラタ Bharata 族に因んでバーラタヴァルシャ Bharatavarsa（バーラタの領土）と呼ばれていた（注144参照）．パンジャーブからガンジス河流域に移ったバーラタ族が繰り返した激しい戦争を詠ったのが『マハーバーラタ Mahabharata』である．仏教では，ジャンブ・ドヴィーパ（瞻部州）あるいはチャクラヴァルティン（転輪聖王）の国土である．

もちろん，「インド世界」が古来閉じていたということではない．この「インド

---

[146] 古代ギリシア，前5世紀後半–前4世紀前半のの歴史家，医師．『ペルシァ史』23巻『地理書』3巻，『インド誌』などを著す．
[147] 古代ローマの博物誌家．コモ生まれ．古今東西の文献を渉猟し，77年『博物誌』全37巻を完成した．

世界」の歴史を形づくってきたのは、むしろ流入者である．インド亜大陸に見られる言語グループは，大きく起源的にヨーロッパと繋がるアーリヤ系，中央アジアから南下したドラヴィダ系に分かれ，さらに東南アジアと繋がるオーストロ・アジア系，中国と繋がるシナ・チベット系に分かれる．

## 4-1 イスラーム以前のインド都市

インドの歴史は，インダス文明の勃興[148]から書き起こされるが，このインダス文明成立の主要因を，西アジアの農耕・牧畜文化の伝播を基盤とするメソポタミア・シュメールの都市文明の波及によるとする見方が発掘当初から支配的であった（ウィーラー (1966, 1971)）．インダス文明とメソポタミア文明との間に，オマーン湾，バーレーン Baharain を中継基地として，海上交易が行なわれていたことは，碑文のみならず印章や紅玉髄などメソポタミアで出土したインダス文明の遺物からわかっている．ロータル Lohtal やマクラーン Makran 沿岸の港市遺跡が窓口であったと考えられている．紀元前 2400 年頃，オマーン半島の西岸，アブダビ Abū Zabī のウンム・アン・ナール Umm An Nar 島が交易都市として栄えていた（マガン国，ウンム・アン・ナール文明）ことが知られるが，メソポタミア，インダス両文明の土器が出土する．また，紀元前 2100 年頃，交易拠点はバーレーン（ディルムン国，バールバール文明）に移ったことが知られるが，同じように両文明の土器が出土している．イラン高原と境を接するバルーチスターン地方がいち早く西方から農耕・牧畜文化の影響を受けてきたことも明らかになっている．

インダス文明の担い手と考えられるのはドラヴィダ語族である．未解読ではあるが，インダス文字はドラヴィダ語であるという説が有力で[149]，その先祖たちは，言語学的な比較研究から，紀元前 3500 年頃にイラン東部の高原からインド亜大陸西北の平野部に進出してきたと考えられている（辛島昇編 (1985)）．

インダス文明の諸都市の遺構[150]については，『曼荼羅都市』（布野修司 (2006)）

---

148) インダス文明の年代を特定できる文献資料はない．しかし，紀元前 2350 年のメソポタミア・アッカド Akkad の碑文にインダス河流域にあると思われる「メルッハ」という国ないし地方の名が最初に現われ，前 1800 年頃まで楔形文字で書かれた交易文書の中で度々触れられることから，また遺構の C14 年代測定から，インダス文明の最盛期は，紀元前 2600–1800 年頃と考えられている．

において一応触れたが，未だ明らかでないことが多い．

　ドラヴィダ祖語を話した人々はやがて分裂し，北部支派，中部支派，南部支派に分かれて移動する．この分裂は紀元前1500年以前であり，南部支派からテルグ語，タミル語などが分かれるのは紀元前1500-1000年である．このドラヴィダ語族の移動と平行して，アーリヤ民族が南下してくる．アーリヤ民族は，上述のように，黒海からカスピ海にかけての地域を原郷とし，中央アジアで遊牧生活を行なっていたとされるが，前2000年紀に入ると南に移動し始め，その一部はイラン北東部に進み，アフガニスタンをへて，前1500年頃にインド北西部に移住したとされる．移動にはいくつか波があり，一挙に行なわれたわけではない．アーリヤ民族の移動が収まったのは紀元前1000年を過ぎ，インド亜大陸に鉄がもたらされて以降であるというのが通説である．アーリヤ民族がパンジャーブ地方に進出してきた頃には，インダス文明は村落文化へ退行していた[151]．すなわち，アーリヤ民族は，インダス文明の衰退と平行する形でインド北西部に侵入してきたと考えられている．

　インドに入ったアーリヤ人は，インダス河上流域のパンジャーブ地方で半農半

---

149) 残されているのは，いずれも単文で，神の名か，人名，屋号と考えられている．ドーラーヴィラー Dholavira の城塞の入口には10文字からなる看板が掲げられていた．基本字数400，そして簡単な文法が知られる．ドラヴィダ語系の文法であるという．

150) インダス河流域を中心に栄えたインダス文明が「発見」されたのは，D. R. サハニ Sahani がハラッパー Harappā，次いで R. D. バネルジー Banerji がモエンジョ・ダーロ Mohenjo dāro の都市遺構を発掘した1921-1922年のことである．続いて，1922-1927年に J. マーシャル Marshall が，27-31年に E. J. H. マッケイ Mackay がモエンジョ・ダーロを，また33-34年に M. S. ヴァッツ Vats がハラッパーを発掘することによって，その存在は揺るぎなきものとなった．その後相次いで発掘されたインダス文明の遺構は，東はデリー付近，西はアラビア海沿岸のイラン・アフガニスタン国境，南はムンバイの北，北はシムラ丘陵南端に及ぶ．東西1000km南北1400kmの範囲に約1500の大小の遺跡が知られる．遺跡は，大きく見ると，シンド地方，パンジャーブおよび北ラージャスターン，そしてグジャラートの3地域に集中しており，それぞれの地方に2ないし3の都市遺跡があり，それを後背地として支えていた多数の村落遺跡がある．都市遺跡と考えられるのは，モエンジョ・ダーロ，ハラッパーの他，カーリーバンガン Kalibangan，バナーワリー Banawali，ガンウェーリーワーラー Ganweriwara，チャヌフ＝ダーロ Chanhudaro，ドーラーヴィラー，スールコタダー Surkotada，ロータルなどである．

151) インダス文明は，紀元前2000年頃から衰退し始め，前1800年頃には解体したとされる．衰退の理由として挙げられるのは，まず，インダス河の大氾濫，あるいは河口の隆起による異常氾濫，もしくは河川の流路変更などの自然条件である．また，モエンジョ・ダーロにおける「スラム」化など都市機能が麻痺したことによる都市内的要因である．その衰退は，徐々に進行したとされ，煉瓦を焼くための森林の過剰伐採による気候変化（乾燥化），アーリヤ民族自身による破壊説は否定的な見解が多くなりつつある．

牧の半定住生活を開始する．その活動の様子，社会と生活のあり方は，最古の文献『リグ・ヴェーダ』によって窺うことができる．その活動領域は，川の名前から知られ，核心域はサプタ・サインダーヴァ Sapta Saindhava，すなわち，七つの川の土地と呼ばれる．具体的に章句，言葉の類似性が指摘され，『リグ・ヴェーダ』とイラン最古のゾロアスター教聖典『アヴェスター』が多くの共通点を持つことはよく知られるところである[152]．特に注目すべきは，『リグ・ヴェーダ』には，続くヴェーダ文献に見られるナガラ nagara＝都市という言葉が見られないことである（Majumdar et al (1970)）．アーリヤ人たちが建設した集落は，矩形で，中央で交差する2本の道路で四つの区画に分割され，四つの門を持っていたと E. B. ハヴェル Havell (1915) はいう．だとすると，タイのウエイン，ミャンマーのヤカインを想起させる[153]が，考古学的遺構など根拠は必ずしもない．

紀元前1000年頃，アーリヤ人の一部は，ガンジス河流域へ移住し，農耕による定住生活を開始する．同じ頃鉄器が伝えられ，前800年頃から普及する．先住民から稲の栽培技術を学び，大麦，小麦に加えて一般的になる．この時期の社会と生活については，ここで編まれた『サーマ・ヴェーダ』，『ヤジュル・ヴェーダ』，『アタルヴァ・ヴェーダ』から知られる．この後期ヴェーダ時代にバラモン教，ヴァルナ制度，そしてウパニシャッド哲学が成立する．

この定住以降，インドの都市化が開始される．その中心は，ガンジス河とヤムナー河の間のドアーブ Doab（「二本の川」「両河地帯」の意）で，部族を単位とする国家が割拠した．部族国家の領域はジャナパダ Janapada（部族（ジャナ）の「足場」の意），王はラージャン Rajan と呼ばれ，クル Kuru 国，パンチャーラ Panchala 国，ヴィデーハ国，コーサラ Kosala 国などが知られる．ヴェーダ時代後期の出来事をテーマにしたのが二大叙事詩『マハーバーラタ』，『ラーマーヤナ Ramayana』である．『ラーマーヤナ』の主人公ラーマの王国がコーサラ国で，その王都がアヨーディヤー Ajodhyā である．

この後期ヴェーダ時代のアーリヤ系部族の内最有力であったクル族は，バーラタ族とプール族が合体して生まれたと考えられているが，その首都はクルクシェトラ Kurukshetra と呼ばれる．バグワンプラ Bhagwanpura の遺構がクルのものと

---

152) ゾロアスター教については，青木健 (2007) が諸学説をまとめている．
153) タイ，ミャンマーには四角い都市の伝統がある．布野修司 (2006) 第1章参照．

考えられている．バーラタ族の都として名高いのが，プール・クール Puru-Kuru の分国カウラヴァ Kaurava 国のハスティナープラ Hastinapura である．他の都市としては，今日のデリーのオールド・フォート（プラーナ・キラ Purana Quila）の位置に比定されるパンダヴァ国のインドラプラスタ，北パンチャーラのアヒチハトラ Ahichhatra，プール・クール国のカウシャーンビー Kausambi などが知られる．ハスティナープラでは，アーリヤ以前の遺構を含めて4期の遺物が出土している．アヒチハトラは幾度も再建が行なわれ，紀元1100年頃まで存続したことがわかっている．

前600年頃，アーリヤ系民族の活動の中心は，さらに東方のガンジス河中・下流域に移る．そして，いわゆる十六大国（マハージャナパダ Mahajanapada）が北インドからデカン高原にかけて割拠した（図1-26）．経典によって一致しない名前もあるが，代表的なコーサラ国（アヨーディヤー→シュラーヴァスティー Sravasti）[154]，マガダ Magadha[155] 国（ラージャグリハ Rajagtiha），ヴァツァ Vatsa（ヴァムサ Vamsa）王国（カウシャーンビー[156]），アヴァンティ Avanti[157] 王国（ウッジャイン Ujjain，マヒシュマティ Mahishmati）のブッダ時代（前6-5世紀）の「四大国」の他，リッチャヴィ Lichhavis 族のヴリジ Vriji（ヴァッジ Vajji）[158] 国（ヴァイシャーリー Vaisali），カーシ Kasi 国（ヴァーラーナシー）などがあり，東はアンガ Anga 国（チャンパー Champa），西はガンダーラ（タクシラ（タクシャシラー）Takshasila），カンボージャ Kamboja（ラージャプラ Rajapura）まで広がる（括弧内は王都あるいは主要都市）[159]．都市は，プラ pura，ナガラと呼ばれたが，王都クラスの都市のみならず，

---

154) 現在のアウド Oudh 地域．ブッダ時代にはアヨーディヤーが衰退し シュラーヴァスティーが首都となった．他に，サケタ，ウカッタ Ukkattha などが有力な都市であった．
155) 現在のビハールのパトナおよびガヤ Gaya 地域．最初期の首都はギリブラジャ Giribraja と呼ばれ，マハ・ゴヴィンダ Maha Govinda によって計画された．その後，ビンビサーラ王（前545即位）によって首都が移され，ラージャグリハと呼ばれる．ビンビサーラの後継者アジャータシャトル Ajatsatru によって，さらにパータリグラーマの近くに首都は移され，パータリプトラに発展する．
156) 現在のアラハバード Allahabad 近郊のコサム Kosam．
157) 現在のマールワ．南北二つに分かれ，ウジャインとマヒシュマティがそれぞれの中心．
158) 北ビハールのムザファルプル Muzaffarpur 地域．八つの部族から成るが，リッチャヴィ族の首都がヴァイシャーリーである．
159) 他に，マッラ Malla 国（クサヴァティ Kusavati，パヴァ Pava），チェーディ Chedei 国（スクティマティ Suktimati），クル国（インドラプラスタ，ハスティナープラ），パンチャーラ（アヒチハトラ），マツヤ Matsya（バイラート Bairat），シューラセーナ Surasena（マトゥラー Mathura），アサカ Asaka（ポタル Potal）．

第 I 章
「イスラーム都市」

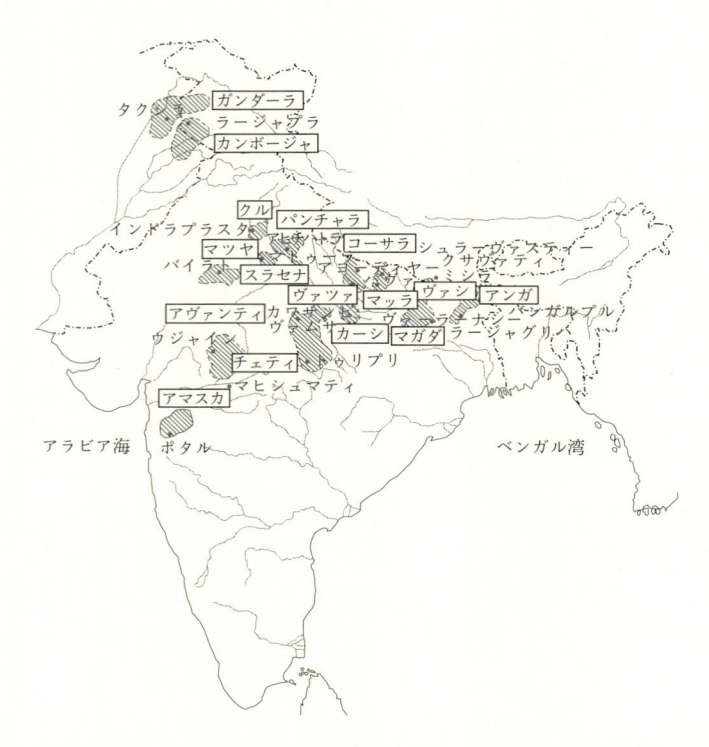

図 1-26 ● 古代インドの十六大国：出典　Bhattacharya (1979)：作図 高橋渓

農村部の交易拠点としての町ニガマも誕生している．
　マガダ国のラージャグリハ（王舎城）とコーサラ国のシュラーヴァスティー（舎衛城）は，仏教経典を通じてよく知られる．また，チャンパー，サケタ Saketa，カウシャーンビー，カーシも仏典に窺える．やがて群雄割拠を制したマガダ国の都ラージャグリハは，現在も城壁の遺構が残っているがその内部は完全には市街地化しておらず，都市核を田園が囲む形をしていたと考えられている（Basham (1953)）．ラージャグリハはマガダ国の領土拡張に伴い成長する．ビンビサーラ Bimbisara 王（在位前 546 頃-494 頃）を継いだアジャータシャトル Ajatsatru（在位前 494 頃-463 頃）がパータリグラーマ Patarigrama（パータリ村）に新城塞（新王舎城）を建設し，その子ウダーインの時代にパータリプトラ（華子城）と名を改めてい

る．ラージャグリハは，四方を山で囲われた谷間に自然の形に添うように城壁を巡らしており（周囲6.2km），新城塞はおよそ500m四方の矩形をしている．それに対して，シュラーヴァスティーは湾曲するアチラーヴァティー河南岸に合わせるように扇形に囲われている（周囲5.4km）．デリー，ラーホール，アフマダーバードとも共通の「カールムカ」の形である．

仏教，ジャイナ教が生まれるこの最初期のインド都市については，B. バッタチャルヤ Bhattacharya (1979) が列挙しているが，文献的にも考古学的にもわかっていることは多くない．ただ，ガンダーラについては，アケメネス朝ペルシアの属州となり（前518頃），そのペルシアを滅ぼしたアレクサンドロスの侵略を受けたことなど，ヘロドトスの『歴史』やアッリアノス (1996, 2001) の『アレクサンドロス大王東征記』などギリシア人による記録が残されている．都市計画におけるギリシアの伝統，またペルシアの伝統は古くから西北インドにもたらされていたことははっきりしている．

アレクサンドロスは，征服地をいくつかの属領に分け，ギリシア人部将に統治を任せたが，紀元前にバビロンで彼が死ぬとその体制は崩れ，ギリシア人はインドを去る．その過程と並行して現われたのがチャンドラグプタ Chandragupta であり，彼によって史上初めてインド亜大陸全体が統一される．マウリヤ朝（前317頃–180頃）の成立である．

チャンドラグプタ（在位前317頃–293頃）は，ガンジス河中流域で挙兵し，ナンダ朝の都となっていたパータリプトラを攻略した後，続いてインダス河流域を征服することによって両大河流域を初めて治めた．そして，さらにデカンへ足を伸ばし，アレクサンドロス大王時代の領土の奪回を目論んで侵入してきたセレウコス朝シリアの軍を斥け，講和を結んでアフガニスタン東部の割譲を受けた．この講和（前305頃）によって，セレウコス朝からパートラリプタの宮殿に派遣されたのが，前述の『インド誌』を表わしたメガステネスである．メガステネスによれば，パータリプトラは長さ9マイル，幅1.5マイルの規模で，64の門と570の監視塔を持ち，200ヤードの幅の濠で囲まれていたという．

第2代のビンドゥサーラ（在位前293頃–268頃）に続いて，第3代のアショーカ（在位前268頃–232頃）は領土拡張を進め，デカン東北部のカリンガ国を征服することによってかつてない領土を支配するに至った．アショーカ時代の版図は，熱

心な仏教徒であったアショーカ王の摩崖詔勅, 窟院, 王柱の分布によって知られる[160].

チャンドラグプタに仕えたバラモンの宰相がカウティリヤ Kautilya[161]で, その著書が『アルタシャーストラ』である. その成立年代については諸説がある[162]. すなわち, 紀元前4世紀にカウティリヤによって書かれたというのは極めて疑わしいとされ, 一般には紀元後3, 4世紀頃であるとする説が有力である[163]. この, ヒンドゥー都市の理念形を記す『アルタシャーストラ』の内容については, 『曼荼羅都市』(布野修司 (2006)) において詳細に触れた. その理念形をそのまま実現する都市が極めて少ない中で注目されるのが, オリッサの州都ブバネーシュワル近郊の, シシュパールガルフの都市遺跡である (図1-27). 1.2km四方の正方形で, 四方に2門ずつ計8門持つ極めて整然とした形をしている. マウリヤ朝は広大な領土を支配するために属州制をとり, 主要な四つの州の拠点都市として, 西北タクシャシラー, 西ウッジャイニー, 南スヴァルナギリ, 東トーサリーが知られるが, このカリンガ国のトーサリーに比定されるのがシシュパールガルフである. このオリッサと, やがてアンコールやマンダレーを産む東南アジアが, 古来直接繋がりを持つのが興味深い点である.

マウリヤ朝の滅亡 (前180頃) からグプタ朝の成立 (320頃-550頃) まで, ガンジス河流域に強国は現われない. マウリヤ朝の衰退に伴い, アレクサンドロスの東征以来, アム河上流域のバクトリア地方にとどまっていた[164]ギリシア人勢力が南下し, パンジャーブ地方を支配下においた (前200頃). 当時のインドでヨーナ (ヤヴァナ)[165]と呼ばれたこの勢力は, 本拠地バクトリアを遊牧民族に奪われ, 完全に移動することになる (前150頃). そして建設されたのが, タクシラ (タクシャ

---

160) 南インドには, ドラヴィダ語系民族による, チョーラ, パーンディヤ, サティヤプトラ, ケーララプトラの四王朝 (勢力) が存在したが, マウリヤ朝は友好関係を結んでいたとされる.
161) 別名としてチャーナキア Cānakya, あるいはヴィシュヌグプタ Visnugupta がある.
162) カングレーは, カウティリヤの著書であること, すなわち紀元前4世紀に書かれたことを実証しようとするが, 絹の産地としてチーナ Cīna (秦) という地名が出てくることから, 紀元前4世紀には遡りえない
163) 山崎元一 (「南アジア世界」山崎元一・石澤良昭編 (1999)) は紀元後3世紀頃とする.
164) バクトリア地方には, アケメネス朝ペルシア時代からギリシア人の植民地があったとされる. アレクサンドロスの征服, その死, セレウコス朝シリアの失地回復のあと, ギリシア人太守ディオドトスが独立して王国を建てていた.
165) イオニアが訛ったとされる. 欧米の歴史家はインド・ギリシア人と呼ぶ.

図1-27 ●シシュパールガルフの都市遺跡：出典　山崎利男
（1985）

シラー）のシルカップである．このシルカップについては，『曼荼羅都市』（布野修司 (2006)）で若干の検討を加えたが，インダスの諸都市さらにはカトゥマンズ盆地の都市と同様のモデュールが使われていた可能性がある．カトゥマンズ盆地の諸都市については，『Stupa and Swastika』（Mohan Pant and Shuji Funo (2007)）において詳細に検討している．

　西北インドには，続いて，マー・ワラー・アンアフルを本拠としていたイラン系の遊牧民族「サカ」が南下し（前2世紀末-前1世紀前半），さらにパルティア系民族の一派とされるパフラヴァ族が移動してくる（後1世紀）．そして，間もなく（後1世紀半）クシャーナ族が南下してきてクシャーナ朝（後1世紀-3世紀）が建てられる．クシャーナ族は，匈奴に破れてバクトリア方面に移動してきた（前2世紀半）大月氏の一族，あるいは土着のイラン系有力民族とされる．上述のように，クシャーナ朝は，ガンダーラのプルシャプラを首都とし，マトゥラーを副都とした．

　西北インドにおいて，異民族の侵入が相次いで諸民族，諸文化の融合が進んだこの時期に，デカンにおいて成立していたのがサータヴァーハナ朝（前1世紀-後

3世紀[166]）である．このデカン最初の王朝は，アーンドラ族の王朝であることからアーンドラ朝とも呼ばれるが，非アーリヤ民族系の王朝と考えられている．このサータヴァーハナ朝を継いだのがヴァーカータカ朝（3世紀中葉-6世紀中葉）である．

また，さらに南，半島南端部には，マウリヤ朝時代にすでにドラヴィダ語系民族による，チョーラ，パーンディヤ，サティヤプトラ，ケーララプトラの四王朝（勢力）が存在し，友好関係を結んでいたとされるが，紀元前後には，チョーラ（ウライユール，カーヴェーリパッティナム），パーンディヤ（マドゥライ），チェーラ（ヴァンジ）のタミル三王国（括弧内は主要都市）が成立していた．このタミル王国の都市については，シャンガム文学に見ることができるが，それについては，C. P. V. アヤール Ayyar (1916) の『古代デカンの都市計画』があり，『曼荼羅都市』（布野修司 (2006)）において見たところである．

インド亜大陸の政治的中心は，マウリヤ朝の崩壊後，以上のように西北インドとデカンに移っていたのであるが，グプタ朝（320頃-550頃）の成立によってガンジス河流域に戻り，再びパータリプトラが繁栄することになる．

グプタ朝は，第3代チャンドラグプタ2世（在位375頃-414頃）の時代に全盛期を迎えるが，彼は，前2世紀末以降西インドを支配していたサカ族を滅ぼし，その都ウッジャイニー（ウッジャイン）を副都とする．

5世紀半ば頃から西北インドへ侵攻し始めた遊牧民エフタル（フーナ）によって，グプタ朝は衰退し始め，6世紀半ばに滅びる．パータリプトラに替わって栄えたのがカナウジ Kanauj（カーニャクブジャ）である．

グプタ朝の滅亡後，マイトラカ朝（5世紀末-8世紀半ば），マウカリ朝（6-7世紀初め）など再び諸王国が割拠する状況となる．その中で，デリー北方のターネーサールを拠点とするプシャヤブーティ朝（6世紀末-）が有力となり，ハルシャヴァルダナ（在位606-647）の時代に北インドをゆるやかに統一する．この時代にインドを訪れた（629）のが玄奘であり，ハルシャヴァルダナ（戒日王）からも崇敬を得ている．これをヴァルダナ朝とも呼ぶ．

グプタ朝末期以降の政治的混乱によって，大都市間の交易活動が阻害され，都

---

[166] プラーナ文献によって知られるが，この王朝の年代には異説が多く，成立を前3世紀とするものもある．また，その出自も，諸説ある．

図 1-28 ● 7 世紀頃までに諸文献に表われたインドの諸都市の立地：
出典 Bhattacharya (1979)：作図 高橋渓

市は衰退し，村落経済へ後退したとされる．ハルシャヴァルダナ以後，各地に小国が分立する．7 世紀頃までのインドの都市については諸文献が記すのみで詳しいことはわかっていない（図 1-28）．

8-10 世紀の北インドは三王国の時代である．パーラ王国，プラティハーラ王国，ラーシュトラクータ王国が鼎立した．そしてまた，8-12 世紀の北インドはラージプート Rajput[167] 時代と呼ばれる．チャウハーン朝（チャーハマーナ朝）(7 世紀-

---

[167) サンスクリットで〈王子〉を意味するラージャプトラの俗語形．クシャトリヤの子孫であると自称してこの呼称を用いた．ラージプート諸勢力の盛んであった 8-12 世紀をラージプート時代と呼ぶ．ラージャスターン地方は，ラージプターナ（ラージプートの土地）に由来する．ラージプートに属する王朝としては，西部インドから北インドに進出したプラティーハーラ朝（8-11 世紀），チャウハーン朝（チャーハマーナ朝，9-12 世紀），中央インドのチャンデッラ朝（10-13 世紀），西部インドのパラマーラ朝（9-12 世紀）とチャウルキヤ朝（ソーランキー朝，10-13 世紀），北インドのガーハダバーラ朝（11-12 世紀）などがある．

1192年，シャーカンバリー），チャンデッラ朝（9世紀初-13世紀初，カジュラーホ），パラマーラ朝（10世紀後半-13世紀後半，ダーラー），チャウルキヤ（ソーランキー）朝（10世紀半-13世紀，アナヒラパータカ）などの王朝が興亡したことが知られる（括弧内は王都あるいは主要都市）．

## 4-2 ムスリムのインド侵入

インド世界にムスリムが初めて侵入したのは8世紀初頭，イスラームが勃興してわずか1世紀後のことである[168]．ウマイヤ朝（661-750）第6代カリフ，ワリード1世（在位705-715）の時代に，イスラームの版図は，西はイベリア半島，東はインダス河からアム河流域西岸に及んでいた．すなわち，古代インダス文明が栄えたインダス河流域がいち早くイスラーム化された地域ということになる．

アラビア半島中西部，メッカ，メディナを拠点として生まれたイスラームは，ムハンマドの死（632）後，10年足らずで，ビザンツ帝国領のシリア（ダマスクス，アレッポ）を征圧し，さらに，軍事キャンプ（ミスル）としてバスラ，クーファを建設してサーサーン朝ペルシア統治下のイラクを支配下に置くことになるが，このイスラーム揺籃の核心域から，インド世界へ至る路には，海陸およそ四つの道があった．

まず，海路としては，第1に，『エリュトラー海航海記』で知られる紅海からアラビア半島南端部を伝ってインド西部へ至るルートがあった．第2に，チグリス・ユーフラテス河河口からペルシア湾岸の「港市都市」を伝ってアラビア海を渡ってインド西部へ至るルートがあった．そして，陸路として，第3に，イラクからザクロス山脈南部を越えてイラン高原南部のファールス，ケルマーン地方を抜け，アフガニスタン南部のシースタンからインダス河下流域へ至るルート，第4に，ザクロス山脈中央部を越えてイラン高原北部を通って，ニーシャープール，ヘラートを経てヒンドゥー・クシュ山脈を越え，ガンダーラ，パンジャーブへ至るルートがあった．もちろん，この四つのルートは，イスラーム以前から西アジアと南アジアを繋ぐルートである[169]．

---

[168] 稲葉穣「イスラーム教徒のインド侵入」，山崎元一・石澤良昭編（1999）．以下，ムスリムのシンド征服については，この稲葉論文によっている．

# 4 インド・イスラーム都市

　8世紀初頭，ウマイヤ朝のイラク総督ハッジャージュ・ブン・ユースフ Hajjāj b. Yūsuf が派遣したムハンマド・イブン・アル・カーシムを指揮官に戴く遠征軍は，インダス河河口にあった一大交易港ダイブルを攻略 (711) すると，インダス河に沿って進軍し，瞬く間にシンド地方を支配下に置いたという．このシンド遠征は，イスラームの「第2次大征服運動」の一環と位置づけられている．

　当時，シンドを治めていた王国[170]の中心都市はアロールとブラフマナーバードであり，ブラフマナーバードに新たにムスリムの植民都市マンスーラの町が建設されたという．当時からアラビア海は東西交易が活発で，インド産の香料，綿布，絹，象牙，宝石などがエジプト，南欧に運ばれていた．この交易を巡る争いがムスリム軍のシンド侵入のきっかけになったという[171]．しかし，シンド地方におけるムスリム政権は，その後大きな伸長をみせることはなかった．アッバース朝 (750-1258) が成立すると，北インドにおけるプラティハーラ朝，ラーシュトラクータ朝，パーラ朝の三国鼎立抗争状況に巻き込まれることになった．アロールの町はパキスタンのサッカルに遺跡が未発掘のままに残っている．また，マンスーラの遺跡はハイデラバードの郊外の荒野に残されている．

　第1，第2の海上ルートについては，ユーラシア大陸の東から南，アフリカ大陸の東に広がる大海域世界において理解することができる．家島彦一 (2006) は，このインド洋海域世界を東シナ海，南シナ海，ベンガル湾，アラビア海・インド洋西，紅海北，東地中海，西地中海の七つの小海域世界に分けて，その相互交流を壮大に描いている．ムスリム商人が早くからこの海域世界で活躍してきたことが推測されるが，具体的には，アッバース朝の隆盛の下で，9世紀から10世紀にかけて，シンド，グジャラートなどを拠点としてムスリム商人が活躍したことが知られている (家島彦一 (1993))．ムスリム商人は，マラバールからコロマンデル，ベンガル湾に至って，さらに中国広州にも足を伸ばしている (アブー・ザイド・アッシーラーフィー (1976))．

---

169) 蔀勇造「インド諸港と東西貿易」，山崎元一・石澤良昭編 (1999)
170) 7世紀前半，シンド地方を支配していたのはバラモンのチャチュ (在位 622頃-679頃) が樹立した王国で，アラビア海岸のマクラーン地方からイランのケルマーンにまで勢力を伸ばしていた．ムスリム軍が侵入してきた頃，王国を支配していたのはチャチュの子ダーハル (在位 679-712) である．
171) 小谷汪之・辛島昇「イスラーム世界の拡大とインド亜大陸」，辛島昇編 (2004)

シンド地方の歴史については，『チャチュ・ナーマ』，『フトゥーフ・アルブルダーン』などの資料があり，A. ウィンク Wink (1990, 1997) らによって研究が進められている．稲葉穰（山崎元一・石澤良昭編（1999））によると，ムスリムの侵入に対してヒンドゥー教徒は敵対的であり，地域外交易を担っていた都市商人層を支持基盤としていた仏教徒は比較的協力的であった．そして，ヒンドゥー教徒は多くの改宗者を出さず独立を保つ (Maclean, D. N. (1989)) が，ムスリム商人の活躍とともに仏教は廃れることになったという．ムスリム地方政権が分立していたシンド地方に9世紀後半以降進出したのは，シーア派運動の分派に属すイスマーイール派であった[172]．909年にイスマーイール派によってファーティマ朝が北アフリカに樹立されると，その影響力はシンドにおいても強まる．ウマイヤ朝，アッバース朝時代のアラビア海航路は，イラク―ペルシア湾―アラビア海―シンド―インド西海岸をルートとしていたが，ファーティマ朝の成立後は，地中海―エジプト―紅海―アラビア半島―シンド―インド西海岸が主となる．イスマーイール派勢力は，グジャラート地方にも進出し，ムスリム・コミュニティが早くから形成される．その代表がボーラ（ボホラ）と呼ばれる商人コミュニティである[173]．

海上ルートを中心として，比較的早くイスラームに接触したシンド地方に対して，第4のルート，すなわちヒンドゥー・クシュ越えによってムスリムが西北インドへ侵入するのは遅れる．最初に西北インドに至ったのは，上述のように，テュルク系ムスリムのガズナ朝 (977-1186) 勢力である．

サーマーン朝 (875-999) の内部政争に敗れて，ニーシャープールからヘラート，バーミヤーン，カーブルを経てガズナに逃れたアルプティギーンの軍団が，同地の支配者を倒して町を征圧したのが965年頃であり，その死後指導者となったセビュクテギンがアフガニスタン東部を制してガズナ朝を建てたのが977年である．そして，第5代マフムード Mahmud の時代（在位998-1030），ガズナ朝勢力は西北インドに頻繁に遠征を行なう．パンジャーブ地方のシャーヒー朝，カナウジを拠点とするプラティハーラ朝，アジュメール Ajmer のパラマーラ朝，ブンデ

---

[172] 880年代にイエメンの首長がダーイー（宣教員）を派遣したという．
[173] 20世紀初頭で20万人に及んだとされている．グジャラート地方のムスリム商人コミュニティとしては，他にホージャ，マラバール地方にはマーピラ（モプラー）が形成され，アラビア海交易に従事した．

ルカンドのチャンデーラ朝の王たちは連合してマフムードに立ち向かったが破れている．マフムードはまた，南下してムルターンを攻め，インダス河下流域を押さえている．ガズナ朝のインドにおける橋頭堡になったのが，パンジャーブ平原中央に位置するラーホールである．マフムードは，西方のイラン高原やマー・ワラー・アンナフルにも支配域を拡大し，その死の時点で，ガズナ朝の支配域は，西はハマダーン，レイ，南はマクラーン，東はパンジャーブ，北はチャガーニヤーン，フッタルに及んでいた．

しかし，マフムードの遠征は基本的には略奪を目的とするものであり，マトゥラーからカナウジ，さらに遠くヴァーラーナシーにまで及んだが，確実に支配していたのはガンダーラとパンジャーブ地方のみであった．しかし，1035 年にセルジューク族がアム河を越えてホラーサーン地域に侵入し，数年の抗争の末にガズナ朝勢力が破れると，ガズナ朝は必然的に東方インドへその重心を移すことになる．セルジューク朝（1038-1194）とガズナ朝との間に講和条約が結ばれた 1059 年以降，本格的にインド経営に乗り出したと考えられている．その中心がラーホールである（Bosworth, C. E. (1977)）．そして実際，1160 年頃，ガズナ朝は都をラーホールに移すことになる．「イスラーム都市」としてのラーホールの歴史はこのときに始まる．本書の第Ⅲ章で焦点を当てるのがこのラーホールである．

続いて，ラーホールを拠点としたのはガズナ朝をラーホールに押しやることになったゴール朝（1148-1215）である．ガズナ朝の西北インドへの移動とともに，セルジューク朝とガズナ朝との間，アフガン山塊のゴール地方に一大勢力が興り，やがて，ギャースッディーン，ムイッズ・アッディーン兄弟がガズナ（1173），続いてラーホール（1186）を攻略してガズナ朝を滅ぼすのである．アフガニスタンから北インドへ勢力を伸ばしたガズナ朝，ゴール朝は，いずれもスンナ派政権であり，シンド地方に成立していたイスマーイール派の諸地方政権は，このスンナ派諸政権との抗争に巻き込まれることになった．

## 4-3 デリー・サルタナット

先に述べたように，ギャースッディーンの死（1203），ムイッズ・アッディーンの暗殺（1206）の後，ゴール朝のインド方面の領土は，マムルーク出身の将軍

# 第 I 章
「イスラーム都市」

クトゥブ・アッディーン・アイバク（在位 1206-1210）に継承される．このアイバクが，チャーハマーナ朝（973 頃-1192）の都であったデリーを拠点に建てたのが，いわゆる奴隷王朝（1206-1290）である．その名称は，アイバクを始め，シャムスッディーン・イレトゥミシュ Shams al-Din Iltutmish（在位 1211-1236），ギャースッディーン・バルバン（在位 1266-1287）など有力スルタンがいずれも宮廷奴隷マムルークの出身であったことに由来する．彼らは文武両道に優れ，行政官として権力を掌握し，スルタンにまで上り詰めたのである．奴隷王朝以後，バーブルがムガル王朝（1526-1858）を建てるまで，テュルク系あるいはアフガン系のムスリム政権が 5 王朝続くことになる．総称してデリー・サルタナット（デリー・スルタン朝）あるいはデリー諸王朝という．

このデリー・サルタナットが依拠した都市および建築遺構については，荒松雄の一連の著作がある．1950 年代から 1960 年代初頭にかけてデリーに残る建築遺構を網羅的に明らかにした荒の調査研究は極めて貴重である．

デリーについては，第 II 章で詳述するが，奴隷王朝以下，その拠点となる都市，宮廷，城砦の所在地を列挙すると以下のようである．

**奴隷王朝**（1206-1290）：基本的にヒンドゥー・ラージプート勢力が拠点としていた城砦をそのまま利用した．デリー南郊，チャウハーン朝の都城であった地に建てられたクトゥブ Qutb・モスク，クトゥブ・ミナールはアイバクとイレトミシュの建立による．ラージプート時代のヒンドゥー寺院の資材を利用し，インド人工匠を使ったとされる．デリー征服の戦勝記念のモニュメントと考えられている．奴隷王朝は，メヘローリーに残るかつてラージプートの王権が建てた旧ラール・コート Lal Kot（赤い城砦）（ラーイー・ピタウラー城 Qila Rai Pithaurā）内に宮廷が置かれていたと考えられている．奴隷王朝末期には，デリー東部のヤムナー（ジャムナー）河畔に小都市キーロークリーが建設されている．

**ハルジー朝**（1290-1320）：アラーウッディンの時代には，部将マリク・カーフールがヤーダヴァ朝の都デーヴァギリ Devagiri，カーカティーヤ朝の都ワランガルを相次いで陥落させ，さらにホイサラ朝に攻め入ってマドゥライにも及んでいる．アラーウッディンは，クトゥブ・モスクの北西にシーリー Siri 城塞を建設している．

**トゥグルク朝**（1320-1413）：ハルジー朝末期の混乱を収めたのがトルコ系トゥグルク族のギャースッディーンで，シーリー城砦に変わるトゥグルカーバードの建設を命じている．父王ギャースッディーンを殺して王位についたムハンマド・ビン・トゥグルク Muhammad bin Tughluq は，1327 年，都をデリーからデーオギリ Deogiri に移している．彼は，ダウラターバード Daulatābād（「富の都」の意））という町を建設し，デリー住民はすべて強制的に移住させられたという．西北インドへのモンゴルの侵入などが原因とされるが，新都建設は失敗に帰し，7年後にはデリーに首都が戻されている．そして，ジャハーンパナー Jahanpanah（（「世界の庇護者」「世界の栄光」の意）と呼ぶ，旧ラーイー・ピタウラー城砦，旧シーリー城砦，トゥグルカーバードを連結する新首都建設に着手する．このトゥグルク朝の宮廷をイブン・バットゥータが訪れたことはよく知られている．多大な混乱を招いたスルタン・ムハンマドが 1351 年に病死すると，従兄弟のフィーローズ・シャー Feroz Shah（1351-1338）が王位を継いで，ジャーギール jagir 制を採用するなど，建直しを計ることになる．フィーローズ・シャーは，無類の普請狂であり，新都フィーローザーバード Firuzabad など，北インド各地に新都市を造営している．この時代，首都匿は大きく拡大し，デリーは大きく変貌したと考えられる．トゥグルク朝の繁栄は広くイスラーム世界に聞こえ，フィーローズ・シャーの死後，その衰退とともにティムールのデリー占拠（1398）を許すことになる．

**サイイド朝**（1414-1451）：トゥグルク朝末期の混乱を収めた（1414 頃）のがパンジャーブの太守ヒズル・ハーン Khizr Khan で，その後継者たちがムハンマドの血を引くサイイドと称したのが，王朝名の由来である．サイイド朝はシーリー城砦を主な拠点としていたと考えられている．

**ローディー朝**（1451-1526）：以上の四代トルコ系に変わってアフガン系の武将バハルール・ローディー Bahlul Lodi が権力を握って建てられた王朝である．2代スルタンのシカンダル・シャー Sikandar Shīh（在位 1489-1517）はアーグラー近郊に宮廷を置いたとされる．ムガル朝 3 代皇帝アクバルの墓廟のあるスィカンドラで，その名に由来するとされる．

デリーは，北にはパンジャーブの穀倉地帯，東には肥沃なヒンドゥスターン平

# 第Ⅰ章
「イスラーム都市」

原，西にはラージャスターンを挟んでインダス河流域，南は中インド，南インドが繋がるいわば要に位置する．また，デリー三角地と呼ばれるが，東に東南に向かってヤムナー（ジャムナー）河が流れ，西に西南に向かって丘陵地帯，南にもアルワール山系に繋がる岩盤の露出する丘陵地帯がある地理的条件は防衛上もすぐれていた．すなわち，戦略的拠点として眼をつけたのである．

　奴隷王朝の成立した同じ 1206 年，遠く離れたモンゴル高原において突如として呱々の声を上げたのが「モンゴル帝国」である．チンギス・カンは即位すると，すぐさま，天山ウイグル王国を押さえるとともに金国との全面戦争に突入する．そして中都を陥落（1215）させると，西方へ向かう．1218 年，シル河北岸の町オトラルで起こった商人使節団の虐殺を契機として，チンギス・カン自らが率いるモンゴル軍のホラズム・シャー朝への侵攻が開始される．1220 年春にブハラ，サマルカンド，そして 6 か月の戦闘によってオトラルも陥落した．続いて，ホラズムの中心都市グルガンジ Gurganj（クニャ・ウルゲンチ Kunya Urgench）の町が徹底的に破壊され，略奪を受けた．チンギス・カンは，1221 年，アム河を渡ってホラーサーンへ侵入し，自らバルフを落とした．その後，ホラーサーンについては，第 4 子トルイを派遣し，メルヴ，ニーシャープール，ヘラートを陥落させる．このとき，ホラーサーン地方の四大都市のすべてが大きな打撃を受けたことになる．チンギス・カンは，インダス河上流域，西北インドを転戦して，1225 年にモンゴル高原の自らのオルドに引き上げている．

　奴隷王朝において，直接的にモンゴルの脅威があったことは以上の通りである．防御が城塞都市建設において考慮されたのは当然である．そして，城塞都市の立地には当然のことながら治水，利水が大きく関わっている．荒松雄（2003）は，バーオリー Bāolī と呼ばれる階段井戸[174] も含めて様々な水利施設の遺構の分布を明らかにしてくれている．ヒンドゥー時代に遡る階段井戸スーラジ・クンド Suraj Kund（「太陽池」の意）などを見ると，丘陵地帯はそう水が豊かであったわけではない．プラーナ・キラの造営の際に建設資材として使われたと考えられ，シーリー城砦の建築遺構は定かではないが，それを支えたと考えられる貯水池ハウズ・ハース Hauz Khas は，今日鬱蒼と樹木が茂る森林公園となっており，その規模

---

174）階段で水面まで降りて行く形式の巨大な被圧式深堀井戸で，周りにはオープンスペースがある．

から城砦のおよその規模も推測することが出来る．トゥグルヵーバードの建設は，ヤムナー河の水を利用しようとしたと考えられるが，結局，旧ラーイー・ピタウラー城砦，旧シーリー城砦のある地域にジャハーンパーナー Jahanpanah 城砦建設を試みているから水利政策はうまくいかなかったとみていい．そしてまた，この段階では，それ以前の都市の規模を越えた都市が必要とされていたと考えることが出来る．そして南部の丘陵地帯の水利環境は不十分であった．北部への遷都，すなわちフィーローザーバードの建設は，新たな都市の形の模索であった．その全体像は不明であるが，南端は旧城塞都市地区にも及ぶ壮大なものであったとされる．フィーローザーバードの中心のすぐ北にやがてシャージャーハーナーバードが建設される．フィーローザーバードはその前身である．

　以上に概観するデリー・サルタナットは，もとより，インド亜大陸全体を支配したわけではない．南インドのみならず，ベンガル，マールワ，グジャラート，カシュミール Kashmiri などの諸地方には，相対的独立したムスリム政権が存続した．例えば，ベンガルでは，1338 年にデリー・サルタナットに対してファクルッディーンが反旗を翻し，フセイン・シャー（在位 1493-1519）がガウルを拠点に活躍する．

　グジャラートでは，トゥグルク朝の衰退に乗じて，1401 年にザファル・ハーンが独立を宣言し，以降，アクバルによって制圧されるまで 1 世紀半にわたって地方政権が存続する．その拠点都市としてアフマド・シャーが建設したのが，IV 章で焦点を当てるアフマダーバードである．

## 4-4 ムガル朝の首都

　ムガル朝を開いたバーブルについては，すでに度々引用してきたように，間野英二の労作（1995-2001）がある．ムガル朝の創始者となるバーブル（1483-1530，在位 1526-1530）は，父方についてはティムールの第 5 代目の子孫であり，母方についてはチンギス・カンから 15 代目の後裔にあたるとされる．バーブル自身はその名を嫌ったというが[175]，モンゴルのアラビア語訛りであるムガルが

---

175) 佐藤正哲「ムガル帝国の国家権力と土地制度」，羽田正編 (2000)

王朝名とされるのはその言い伝えに基づく．バーブルは，ペルシア語，アラビア語についても深い素養を持ち，文人としてもいくつかの書[176]を残したが，母語であるテュルク語で自ら書いた『ワカーイー』（出来事，記録，事蹟録）＝『バーブル・ナーマ』は世界文学の古典である．

『バーブル・ナーマ』は，生涯を，フェルガーナを中心に活動した中央アジア時代（1483–1504），カーブルを中心に活動したアフガニスタン時代（1504–1526），そしてアーグラーを中心に活動したインド（ヒンドゥスターン）時代（1526–1530）に分けて記述している．上述のように，バーブルが生まれた当時，ティムール朝は，ティムール朝サマルカンド政権（東部ティムール朝）とティムール朝ヘラート政権（西部ティムール朝）の二つに実質上分裂していた．そして，ティムール朝は，1500年にサマルカンドを，1507年にヘラートを占領され，両政権とも新興ウズベクのシャイバーニーに支配権を奪われることによって滅亡する．

バーブルが1494年に12歳でティムール朝フェルガーナ領を継承したとき，西にウズベク・ウルス（シャイバーン朝），東にモグール・ウルス（モグーリスタン）が勢力を張り，イラン東北部にサファヴィー朝（1501–1736）が起こりつつあった．また，インドにはバーブルが滅ぼすことになるデリー・サルタナット最後の王朝ローディー朝（1451–1526）があった．

サマルカンドの争奪を巡って最終的にシャイバーニーに敗れたバーブルは，中央アジアを離れる決意をし，ホラーサーン方面へ転出する．ヘラートを目指したと考えられるが，結果的には，カーブルを攻略し（1504），拠点とする．

ティムール朝の復興を目指し，サマルカンド奪回[177]を何度か目論むが究極的にはそれを果たせず，インドにその命脈を繋ぐことになる．バーブルは周到にインド征服の計画を立て[178]，1525年にカーブルを発つ．そして，インド史上の決定的戦いの一つとされるパーニーパット Panipat の戦い（1526）でローディー朝のスルタン・イブラーヒームを破ってデリーとアーグラーを占領，北インド支配の拠点を得た．ムガル朝の成立である．ムガル朝はすなわち第2次ティムール朝で

---

176)『ムバイイン（解説）』，『アルーズ・リサーラス（韻律論）』など4書が知られる．
177) 1511年サファヴィー朝の支援を受けてサマルカンド奪回に一旦は成功するが，翌年には逐われている．サファヴィー朝軍が1514年にオスマン朝軍に敗北すると，サマルカンド奪回の夢を捨て，インド征服に目を転じることになった．
178) この間オスマン朝の銃砲術師二人を雇ったという．

ある．北インドに拠点を移動することにおいて，ティムール朝（ティムール・モンゴル王朝）は，ムガル朝（インド・モンゴル王朝）へと転成していくことになる．

バーブルは，引き続いてラージプート諸侯との戦いも制し，ベンガルも押さえるが，アーグラーからカーブルへ向かう途次，ラーホールの近くで死んだ (1530)．バーブル自身はインドに帝国を築く野望はなく，北インド・ヒンドゥスターンの地を嫌っていた，とされる[179]．彼の遺体は，アーグラーのラーム・バーグ Rāmbāgh 庭園に葬られた後，遺言に従ってカーブルの地（シャー・イ・カーブル庭園）に埋葬されている．

バーブルは，ティムールの末裔として，宮殿に居るより庭園でのキャンプ生活を好んだ．サマルカンド奪還が果たせず，安住の拠点を得ることが出来なかったという事情はあるが，バーブルが遊牧民の伝統に生きていたことは間違いない．造園を無上の喜びとし，征服した各地に庭園を作らせている．R. ナト Nath (1982) は，『ムガル建築史』第1巻において，バーブルの造営した庭園や建築物を列挙しているが，その左右相称のテラス（段々）状庭園の形式は，ティムールが造営したサマルカンドのバーグ・イ・ナウ Bāgh-i-Naw を理想とし，さらにはペルシアの伝統を引いているという．カーブルのバーグ・イ・ヴァファー Bāgh-i-Vafā （忠誠の庭，1508）がその代表である．カーブルには，他にバーグ・イ・バナフシャー Bāgh-i-Banafshā （紫の庭），バーグ・イ・パードシャーヒー Bāgh-i-Pādshāhī などがある．アーグラーのいくつかの庭園のうち，ヤムナー河左（東）岸に作られたラーム・バーグ（バーグ・イ・グル・アフシャーン Bāgh-i-Gul Afshān）のみが残っている．ラーホールにもいくつかの庭園が知られる．楽園への希求は，まさにバーブルが遊牧民の子であることを示しているのである．バーブルは，ハンマームや階段井戸も造営している．バーブルが建てたモスクとして，パーニーパットにカブリ・バーグ・モスクが知られる．

バーブル自身は，上述のようにインドに定着する気はなかったのであるが，『バーブル・ナーマ』には，「オアシス都市」と「ヒンドゥスターン都市」を鮮やかに対比する記述がある[180]．

---

[179] 人々も美しくなく，食事もうまくない，などと記している．
[180] 「932 (1525/1526) 年の出来事」，間野英二『バーブル・ナーマの研究』3巻，松香堂，1998年

# 第 I 章
「イスラーム都市」

> ヒンドゥスターンのほとんどの地方は平地にある．このように多くの町や地方があるのに人工的な流水はどこにも存在しない．いくつかの町々では，灌漑水路を掘って水を流す条件もととのっているのに，水を流していない．……農地にもバーグにもまったく水を必要としていない……秋の収穫は，雨期の雨でまかなわれる
>
> ヒンドゥスターンの町や地方は，まったく快適さに欠ける．あらゆる町，あらゆる土地が皆一様で，庭園には囲壁が無い．ほとんどの土地が真平らである．若干の河川の岸辺は，雨期の雨で池になっている．
>
> 人は無限に居る．大勢が集まる……麦藁が多く，樹木も無数にある．それで，掘っ立て小屋が作られ，即座に村や町が誕生するのである．
>
> ヒンドゥスターンは長所の少ない土地である．……才も知力も無い．寛大さも恵み深さも無い．芸術や手仕事においても，整然さや形，縦横のシンメトリカルな線もない．名馬もいない．すぐれた犬もいない．……公衆浴場もない．マドラサもない

平地で水が豊富であること，人口が多いこと，……環境が大きく異なっており，バーブルがマー・ワラー・アンナフルで身につけてきたすべてが合わないのである．

バーブルは，アフガニスタンからベンガルまで，またアム河からガンジス河までの領土を長子フマーユーン (1508-1556　在位 1530-40, 1555-1556) に引き継いだ．アーグラーで即位したフマーユーンは，すぐさま弟たちとの抗争に悩んだ．また，東部においてアフガン勢力と，またグジャラートのバハードゥル・シャー Bahadur Shah の勢力と対峙することになった．教養豊かに育てられたフマーユーンであったが，王としてはいささかその資質に欠けたことはよく知られるところである．フマーユーンが帝位に着いた頃に書記を務めたフワンダミール Khwandamir の『カーヌーン・イ・フマーユニー』[181] が第 1 次史料としてあるが，フマーユーンは，極端な理想主義者で，占星術に凝り固まっていたことがわかる．フマーユーンは，結局，ベンガルを抑えたシェール・シャーに破れてスール朝 (1539-1555) の樹立を許し，ペルシアに亡命する羽目に陥るのである．やがて，サファヴィー朝の王タフマースブの援助によって，カンダハル，さらにカーブルを奪回するが，最終的にデリー，アーグラーを取り戻すまでに 15 年を要している．しかも，デリー奪回の翌年 (1556)，自ら完成することを夢見た新首都の書庫

---

181) Khwandamir, "Qānūn-i-Humāyūnī", translated by Baini Prasad, Calcutta, 1940

（シェール・マンダル）の階段から転落して事故死するという不運の生涯であった．

　フマーユーンの造営した建造物についてもナト（1982）が詳細に明らかにしてくれている．フマーユーンは，プレハブ式の組立てか解体可能な3階建ての木造宮殿や船上市場などを考案している．また，内部を占星術に従って12分割された大テントを移動宮殿として用いていた．初期に宮廷を置いたアーグラーやグワリオール，そして拠点を置こうとしたデリーにいくつかの建造物が知られるが，フマーユーン時代のものとはっきり知られるものはそう多くない．彼の最大のプロジェクトはデリーにおける新都市ディン・パナー Din-Panāṅ（信仰の聖域）の設計計画である．即位3年後の1533年に，かつての都インドラパット Indrapat（インドラプラスタ）の地に新首都建設を宣言，すぐさま建設を開始し，翌年には城壁，稜堡，城門などは完成していたという．今日のプラーナ・キラであるが，短期間の建設であることから，そう規模は大きくはなかったと考えられる．

　フマーユーンの時代に，帝国の基礎を築いたのは，シェール・シャーである．彼は，短い間に帝国全体に広がる通商路や隊商宿（サラーイ saräy）を建設している．隊商宿は1700にも及び，それぞれが市場町に発展していった．また，彼はフマーユーンが建設しようとした新都市ディン・パナーを引き継いでプラーナ・キラを築造した．プラーナ・キラに建てたモスクはムガル朝のモスクの原型になるものであり，また，生前にササラム（ビハール）に建てたシェール・シャー・スール廟（1535）は傑作として知られる．スール朝は，基本的にデリー・サルタナットの延長とされるが，その諸政策への評価から「インド・イスラーム王の中で最も偉大な人物」とも言われる．フマーユーンは，自らの事績を記念する造営物を残していないが，死後に彼の妻によって建てられたフマーユーン廟（1564-1572）[182] は，やがて建てられることになるタージ・マハルのモデルとなるように，ムガル建築の原型となる．

　ムガル朝の命運は，弱冠13歳の長男アクバル（1542-1605　在位1556-1605）に委ねられることになる．アクバルは，各地で抵抗するスール朝のアフガン勢力を破り，北インドにムガル朝の基礎を築くことになるが，当初の征服事業を主導したのはバーブル以来の忠臣バイラーム・ハーンであり，その親政が始まるの

---

182) 設計者は，ペルシアの建築家ミーラーク・ミールザー・ギャースである．

第 I 章
「イスラーム都市」

は1560年頃からである．バーブルはサファヴィー朝の王イスマーイールの，フマーユーンはその長男タフマースブの援助を受けたことが示すように，西方のイスラームとの関係は密接であったが，アクバルに至って，インド・イスラームの独自の展開を歩み始める．そのきっかけとされるのが，1562年のアンベールの王女との婚姻である．このラージプートの王との同盟関係の樹立が，ラージャスターンを支配下に置く大きな契機となるのである．

　アクバルは稀代の普請狂として知られる．その建設活動の全体はR. ナト Nath (1982) が詳述するところである．その帝国拡大融合と普請の軌跡は以下のようである．フマーユーンの死後しばらく実権を握ったバイラーム・ハーンの摂政時代が終り即位が確定すると，アーグラー城の再建に取りかかっている．アーグラー城は，ローディー朝において造営されたものであるが，アクバルによる15年にもわたる改築によって，ムガル朝の首都としての装いを整えることになる．アーグラーは，アクバラーバード Akbarabad（アクバルの都）と呼ばれることになる．

　しかし一方，アクバルはまもなくアーグラーを離れ，ファテープル・シークリーに新都の造営を開始している (1571)．アーグラーが伝統的な都市を基礎にしているのに対して，新都の中核は極めて整然と幾何学的に設計されている．このファテープル・シークリーは，シャー・アッバースによるイスファハーンの計画に先立つ傑作である．短期間に莫大な資金をかけて，ジャングルを切り拓いてまったく新たな都市が作られたのも脅威である．アクバルは，アーグラー城と並行して，第2の都市ラーホールにも同様の城砦シャーヒー・キラー Shahi Qila (1566) を建設している．自然条件からアーグラー城よりやや規模は小さいが，ほぼ同じ構成をとっている．また，ガンジス河とヤムナー河の合流点に立地するアラハーバードにも同時期に城砦を築いている．また，少し先立ってアジメールに珠玉の建造物を揃えた城郭も構えている．普請狂と言われる所以である．

　ファテープル・シークリーは，しかし，10年ほどで放棄され，アーグラーが再び首都となる (1585)．都市住民の飲み水を確保する水源に乏しかったからである．アクバルが未だ遊牧民の伝統に生きていたことをこのあまりにもあっさりとした新都の放棄にみることもできるだろう．A. スチルラン Stierlin (1987) は，慧眼にも，ファテープル・シークリーは，そもそも戦いや行幸の際のオルド，すなわち天幕よって設営される宮廷をそのまま受け継いだものだという．移動式建築

をファテープル・シークリーでは「石化」したのである.

　アクバルは, ファテープル・シークリーの造営を開始するとともに, グジャラートに侵攻する. スーラトなどの港町を持つグジャラートは当時最も栄えた地域であり, メッカへの巡礼もここを出発点としていた. 1411年にアフマド・シャー1世によって建設されたその首都アフマダーバードは, アブル・ファズル Abu al-Fazl[183] の『アクバル会典』(1597) に「最上に属する大きな都市である」と書かれ, 当時のオランダ人の記録には「この町はロンドンとほぼ同じ規模で, 囲壁六蘭マイルである. ……この町は一大交易センターであり,」とある (近藤治(2003)). アクバルがこのアフマダーバードを攻略したのは1572年である. シークリーに帰還して, その名に「勝利の都市」という意味のファテープルを付加し, モスクに巨大な門を建造し,「勝利の門 (凱旋門)」(ブランド・ダルワーザ) と呼んだのはこの戦勝がいかに大きかったかを示している.

　すでにヨーロッパ人が盛んに訪れ, 東西交易で栄えていたスーラトそしてアフマダーバードとムガル朝の首都アーグラーを結ぶ交易路は最も重要な幹線路であった. アーグラーから西へアジュメール, そしてラージャスターンを抜けて南のアフマダーバードを通るルートと, アーグラーからマールワー地方を南下してデカンの入口ブルハーンプルに向かい, タプティ河に沿って西行してスーラトへ至る二つのルートがあった. 後者は, さらに南下してハイダラーバードへ至り, コロマンデル海岸のマスリパットナム, あるいはマラバール海岸のゴアに通じていた. 南インドにはヴィジャヤナガル, ビージャプル, アフマドナガルなどの強国が割拠しており, アクバルはデカンでの戦いには手を焼いている.

　グジャラート遠征のあと, アクバルはビハールを攻略し (1574), 続いて, ベンガルを制圧する (1576). アーグラーから東方へは, ガンジス河に沿ってアラハーバード, ヴァーラーナシー, パトナ, そしてフーグリー, ダッカといった都市を繋ぐ幹線ルートを押さえるのである. また, 北方へのデリー, ラーホールを通じてカーブル, カンダハルへ向かう幹線ルートに沿って反乱を抑えている. カーブル鎮圧は1581年, カシュミール併合は1586年である. アクバルは, ラーホールを拠点に, 祖父バーブルが夢見たサマルカンド奪還を目指すが果たせぬまま死ん

---

183) 1551-1602. アクバルの政策頭脳であった.

第 I 章
「イスラーム都市」

でいる．
　ムガル朝の統治の仕組みを作りあげたアクバルの後，第 4 代ジャハーンギール (1569-1627　在位 1605-1626)，第 5 代シャー・ジャハーン (1592-1666　在位 1627-58)，第 6 代アウラングゼーブ Aurangzeb (1618-1707　在位 1658-1707) が続くが，アウラングゼーブの時代に，ムガル朝の支配は南端部を除いてインド亜大陸の全域に及んでいる．紀元前のマウリヤ朝以来，ほとんど初めてインド亜大陸が政治的に統一されたことになる．
　アクバル存命中から王位簒奪の意図を隠さず，アブル・ファズルを暗殺し，自らの息子フスローとの王位継承争いにも勝利したアクバルの息子サリームは，ジャハーンギール（世界の支配者）を名乗った．残忍な放蕩者の印象が強いが，ジャハーンギールは，文字が読めなかった父アクバルとは異なり，芸術に造詣の深い教養人であったとされる．22 年の治世に，彼は 5 回の遠征を行なっているが，ほとんどが旅の人生であったことがわかる (Nath (1994))．遊牧生活の伝統がジャハーンギールの時代まで生きていたことがよくわかる．具体的にその軌跡を追いかけると以下のようである．最も滞在した首都アーグラーでも 5 年半に過ぎないのである．

第 1 回遠征（1 年 11 ヶ月 7 日）　アーグラー（1606 年 4 月 6 日発）—デリー（1606 年 4 月 11 日着）—ラーホール（10 ヶ月 21 日滞在）—カーブル（2 ヶ月 18 日滞在）—ラーホール（1 ヶ月 18 日滞在）—デリー（1608 年 2 月 24 日着）—アーグラー（1608 年 3 月 12 日着）
アーグラー滞在：5 年 6 ヶ月

第 2 回遠征（5 年 6 ヶ月）　アーグラー（1613 年 9 月 7 日出発）—アジュメール（2 年 11 ヶ月 24 日滞在）—ウジャイン—マンドゥ（約 8 ヶ月滞在）— 2.5 ヶ月—アフマダーバード（約 7 ヶ月滞在）—ウジャイン（1617 年 1 月 26 日着）—約 7 ヶ月（—ランタンボール—バヤナ）—アーグラー（1619 年 3 月着）
アーグラー滞在：6 ヶ月

第 3 回遠征（4 ヶ月 17 日）　アーグラー（1619 年 9 月出発）—デリー—シルヒンド

—スリナガル（5ヶ月 11 日滞在）—ラーホール（1620 年 11 月 20 日着）—デリー—アーグラー（1621 年 2 月着）

アーグラー滞在：8ヶ月

第 4 回遠征（1 年 7ヶ月） アーグラー（1621 年 10 月出発）—デリー—ハルドワル—シルヒンド—ラワルピンディ—スリナガル（3ヶ月 23 日滞在）—ラーホール—デリー—アーグラー—アジュメール（1623 年 5 月 9 日着）

アジュメール滞在：6ヶ月

第 5 回遠征（1 年 7ヶ月） アジュメール（1623 年 11 月 14 日出発）—デリー—シルヒンド—スリナガル—ラーホール（5ヶ月滞在）—カーブル（3ヶ月滞在）—ラーホール—スリナガル—ラージャウリ（1627 年 10 月 28 日死亡）

この間，ジャハーンギールは多くの道路や橋，隊商宿，庭園，邸宅，狩猟小屋などを各地に建てている．ジャハーンギールにとっても，庭園の建設は最大の関心事であった．アーグラー，ラーホールの他，アフマダーバードやカシュミールにも庭園を作っている．アーグラー城のジャハーンギール・マハールなど宮廷建築も多い．アクバルの建設したラーホール・フォートを改築した絵画壁（1612-1619）は有名である．シカンドラのアクバル廟，アーグラーにある妻ヌール・ジャハーンの父親のイティマード・ウッダウラー廟なども傑作として知られる．

ヌール・ジャハーン派との後継争いに勝利して即位したシャー・ジャハーンは，アクバルにも勝るとも劣らない普請狂として知られる．アクバルとジャハーンギールの時代に建てられた建造物のほとんどはシャー・ジャハーンによって改修され，中にはまったく改変されたものもある．アーグラー城にしても，ラーホール城にしても，今日われわれが目にする建造物のほとんどは，アクバル，そしてシャー・ジャハーンの手になる．アーグラーのジャーミー・マスジッド，そしてラーホールのシャリマール・バーグもシャー・ジャハーンである．シャー・ジャハーンこそ，まさに「ムガル都市」の建設者であり，その名を歴史に残す傑作がシャージャーハーナーバードの建設（1638 年遷都決定，1648 年遷都）であり，タージ・マハル（1632-1647）である．ムガル朝は，このシャー・ジャハーンの時代に

第 I 章
「イスラーム都市」

その絶頂を迎えることになる.
　シャー・ジャハーンの晩年は, しかし, 絶頂というわけにはいかなかった. 後継となる息子のアウラングゼーブによってアーグラー城に幽閉され, 悲嘆にくれながら死ぬことになるのである. このシャー・ジャハーン後のすさまじい後継争いは, フランス人の医師・旅行家フランソワ・ベルニエ Bernier (Bernier (1969)) が生々しく書き記して, われわれに伝え残してくれている. アウラングゼーブの治世は, ムガル朝で最も長くちょうど半世紀に及ぶ. 彼が「正義」を掲げ, 「真面目」に, 「勤勉」に政務に取り組んだことは有名である. しかし, その視野が狭く, 寛容さに欠けたことも指摘される. 異教徒に寛容であったアクバル以降の宗教政策を批判し, イスラーム回帰を鮮明にしたのがアウラングゼーブである. 彼はイスラームの教えに背くものを次々に制限し, また禁止するのである.
　アウラングゼーブは, 即位後, 異教徒のための新たな寺院を建設することを禁じ, 12 年以内に建てられたすべての建物を破壊し, それ以前の建物を修理しないこと, などを定めた政令を発布している. また続いて, すべての寺院に置かれた人物や動物などの像を破壊する政令が出されている. この禁止令は, 異教の寺院, 学舎のすべてを破壊する命令にまでエスカレートする. また, アウラングゼーブは, 1679 年に, アクバルが断念したズィンミーに対するジズヤを復活させている. こうした施策が, ヒンドゥー教徒を始めとする異教徒たちの反発を招き, 各地で反乱が勃発したのは当然であった.
　アウラングゼーブの治世の後半以降, ムガル王朝は衰退に向かう. 1682 年にアウラングゼーブは, デカンに新都アウランガーバードを建設することを決定し, デリーを離れる. デカンの制圧に全力をあげざるをえなくなったからである. アウラングゼーブは以後デリーへ戻ることはなかった.
　ムガル朝の統治体制を巡っては多くの論考がある. 佐藤正哲 (羽田正編 (2000)) によれば, アクバルが統治制度の本格的改革を開始するのは 1570 年代前半であり, その要諦は, ①軍馬への焼き印制の実施, ②貴族などの給与地削減と直轄地の拡大, ③土地給与制から現金給与制への転換, ④土地調査 (検地) による生産高の確定, である. 貴族たちは皇帝から給与されたジャーギール jagir (給与地, 徴税権) に応じて, 一定の兵馬を保有することを義務づけられていたが, その義務を履行せず, ジャーギールを領地のように私有化するものが跡をたたなかった.

それへの対応が①〜④である．特に③④は大きな抵抗を生んだ．1580年にベンガルとビハールで同時に大反乱が起こっている．この反乱後，現金給与制は土地給与制に戻されるが，ジャーギールの保持は長くて3-4年を限度とするなど改革は進められる．

アクバルは1580年初頭，帝国を12の州スーバ suba に分に[184]，その下に県サルカール sarkar, さらに郡パルガナー pargana を置いた．州都，県都は市シャフル／バルダ shahr/balda に置かれ，郡都は町カスバ qasba に置かれた．郡はおよそ100-200の村マウザー mauza から成っていた．1586年には15州となるが，州には二人の総督スーバダール subadar の他，財務長官ディーワーン，給与長官バフシ bakhshi, 都市長官コートワール kotwal などが置かれ，県，郡にも同様の官職と組織が作られた．また，郡には在地社会から選ばれた世襲の郡長チャウドゥリー chaudhri, 郡書記カーヌンゴー qanungo がいた．

ムガル朝の官僚は等しくマンサブ（禄位，位階）を与えられ，マンサブダール mansabdar と呼ばれた．マンサブのランクは，個人ザート zat と騎兵サワール sawar の数で表わされ，ザートはマンサブダール本人の給与，サワールは提供，維持を義務づけられた従者，騎数を示した．そして，その合計の費用をジャーギール（給与地）として各地の土地を与えられた．マンサブは最低10（後に20）から出発し，次第に加増されるシステムであった．原則としてマンサブの相続はできなかったが，現実には相続は行なわれている．世襲されるジャーギールはワタン・ジャーギール（永代給与地）と呼ばれた．このジャーギール制と連結したマンサブダール制がアクバルの統治体制の基礎である．そして，この統治機構はほとんど変更を加えられることなくアウラングゼーブ帝の死まで継続，維持される．

ムガル朝の軍事制度と土地制度の特性については，羽田正がオスマン朝，サファヴィー朝と比較しながら論じているが[185]，イスラームのインド化，ムガル朝の在地勢力との関係が大きなテーマとなる．アクバルは，中央アジアおよびペ

---

[184) アクバルは，獲得した領土をインド古来の地域区分に従っていくつかのスーバ（州）に分けて，スーバダール（長官）あるいはナジーム（知事）以下の地方統治機構を作りあげている．バーブルの時代の領土を回復した段階で，デリー，アーグラー，ムルターン，アラハーバード，アジュメール，ビハール，ベンガル，ラーホール，カーブル，グジャラート，マルワ，アウドの12州からなり，アクバル時代の末期には21州をえた．
185) 羽田正「三つの「イスラーム国家」」，羽田正編（2000）

第Ⅰ章
「イスラーム都市」

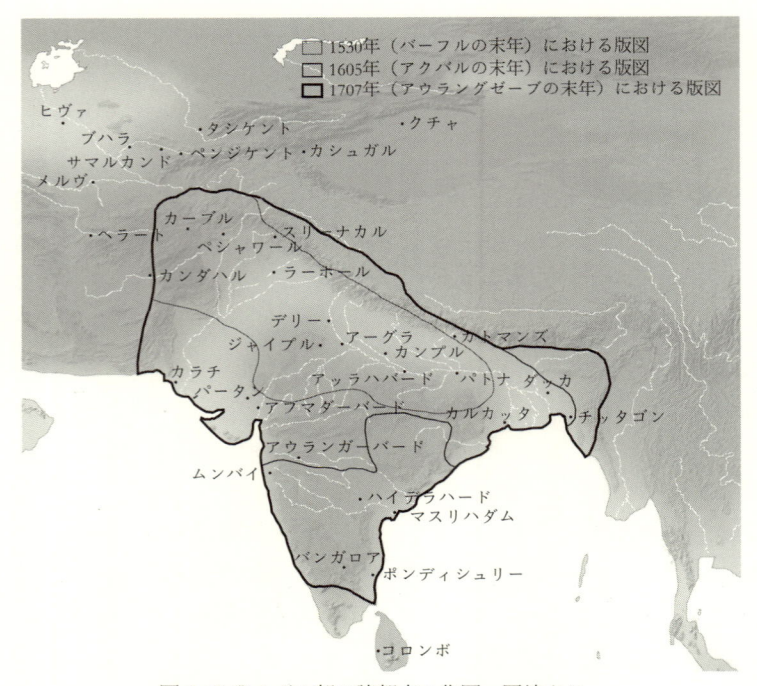

図1-29 ●ムガル朝の諸都市：作図　岡崎まり

ルシア系の貴族を中心とする支配機構の中にインド・イスラーム，とりわけラージプートという在地的要素を組み込み，勢力均衡，相互牽制による統制を図った．ラージプートをマンサブダールとして抱え込むことに成功したことはムガル朝の発展にとって決定的意味を持つことになる．アクバルは，さらに，非ムスリムに対するジズヤ（人頭税）を廃止している（1579）．一般に「イスラーム国家」においては，非ムスリムに対してジズヤを課すことにおいて信仰の自由を認める形をとるが，その点，ムガル朝はオスマン朝，サファヴィー朝と異なる．敬虔なムスリムとして，アウラングゼーブは厳格なイスラーム化政策をとり，ヒンドゥー寺院の破壊，人頭税の復活（1679）などを強行するが，結局は，激しい抵抗，叛乱を招いて，ムガル朝そのものの崩壊に繋がっていくことになる．

16世紀初頭からポルトガル，オランダ，イギリス，フランスがマラバール，コロマンデルの両海岸を押さえつつあり，時代は大きく転換しつつあった．ムガ

ル朝の宮廷にもアクバルの治世から多くのヨーロッパ人が訪れている[186]. 1707年にアウラングゼーブが死ぬと, その長男シャー・アーラム・バハードゥル (シャー・アーラム1世, 在位1707-1712) が第7代皇帝となるが, 以降, 150年余りに11人の皇帝が立っており, 平均すると在位5年という短さである. この第7代シャー・アーラム1世の死後7年の間に4人の皇帝が交替している. 権力抗争に明け暮れ, 多くが暗殺されている. ほとんどがデリーの地に眠るが, 荒松雄によればその墓廟がはっきりしない皇帝もいるという[187]. アウラングゼーブまでの6人の皇帝のうちデリーに眠るのはフマーユーンだけである. 先述のように, バーブルはカーブルに, アクバルはアーグラー西郊のシカントラ, ジャハーンギールはラーホール, シャー・ジャハーンはアーグラー, アウラングゼーブはアウランガーバードとエローラの間に位置するフルダーバードに眠る (図1-29).

---

186) 小名康之「ムガル朝とヨーロッパ人」羽田正編 (2000)
187) デリーに残る諸王朝の建造物については日本隊によって調査が行なわれ記録が残されている.
山本達郎, 荒松雄, 月輪時房 (1967-1970). 荒松雄 (1977). 荒松雄 (1993) など.

# Chapter II

# 第 II 章

# デリー

```
    1　デリーの都市形成
      1-1　デリーの起源
      1-2　デリー・サルタナットの都市建設
      1-3　プラーナ・キラ
      1-4　シャージャーハーナーバード
      1-5　英国統治とニューデリーの建設

    2　シャージャーハーナーバードの街区形成
      2-1　ムガル朝時代の街区
      2-2　街区空間の単位
      2-3　街区形成のパターン
      2-4　19世紀半ばのシャージャーハーナーバードの構成

    3　オールド・デリーの街区構成
      3-1　街路構成
      3-2　街区構成
      3-3　都市施設の分布

    4　街区空間の変容
      4-1　街路構成の変容
      4-2　街路門の位置
      4-3　水場の位置
      4-4　宗教施設の分布

    5　ムガル都市・デリー
      5-1　デリーの都市構成と街区空間
      5-2　街区空間の変容
```

# 1
## デリーの都市形成

　デリーは，ガンジス河の支流ヤムナー河とアラヴァリ山地の北端にあたるデリー丘陵に囲まれた，いわゆるデリー三角地に位置し，交通の要衝であることと防衛上の利点から古来多くの王朝の都が置かれた．歴代王朝の数々の遺跡群は，「ローマの七つの丘」になぞらえて「デリー七都」とも呼ばれてきた（図2-1）．

　デリーという名の由来については，はっきりしたことは分かっていない．S. P. ブレイク Blake (1993) や荒松雄 (1993) によれば，『ヴィシュヌ・プラーナ Vishnu Prana』に書かれたラージャ・ディリーパ Raja Dilipa という王が，『マハーバーラタ』の物語の時代以前にディリ Dili という名の都市を建設したという説 (Cunningham (1874)) や，1世紀初頭にラージャ・ディッルー Raja Dillu（あるいはディルー Dhilu）という王が，ディッリー Dilli (Dhilli) という都市を建設したという説 (Cunningham (1871)) があり，アレクサンドリアの地理学者プトレマイオスが記した「ダイダラ Daidala」という北インドの地名はデリーのことだという説もある．よく知られた説は，トマーラ（トーマル）・ラージプート Tomar Rajputs 族が8世紀以降この地で拠点としたディッリーあるいはディッリカ Dhillika という都市名に由来するというものである (Sharma (1990))．

　デリーの名を記した最も古い史料は1170年の碑文で，ディッリカの征服を記したものである．1276年の碑文には，ハリヤナカ Hariyanaka 地方のディッリーという記述があり，別の1316年の碑文にもハリタナ Haritana のディッリーの記述がある．デリー Delhi とは近代的なヒンディー語表記で，サンスクリット語のディッリーと同じ言葉である (Blake (1993))．

　現在のデリーの都市空間の基礎となっているのは，ムガル皇帝シャー・ジャ

1 デリーの都市形成

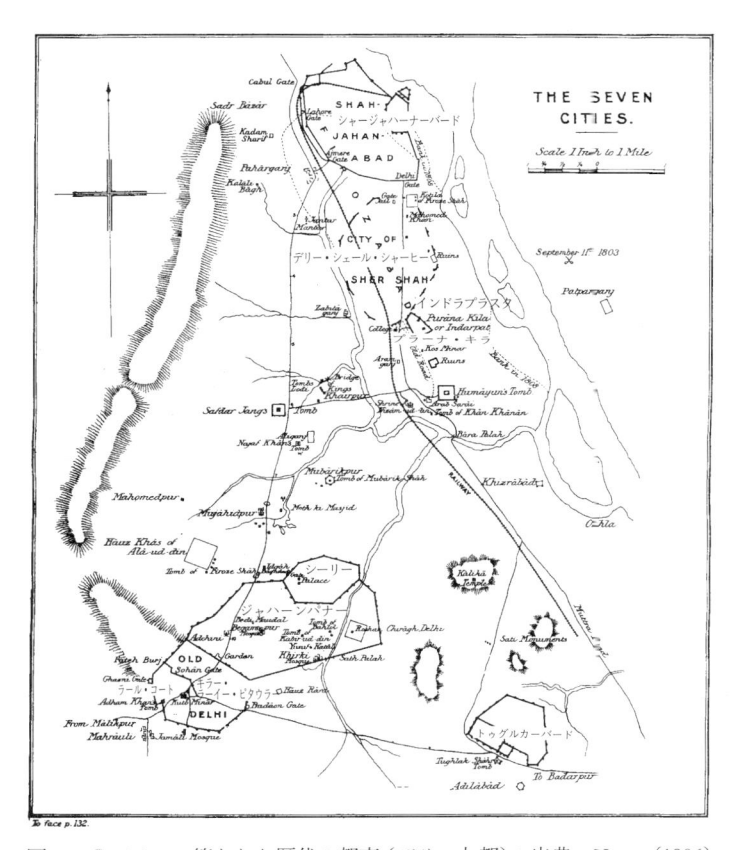

図2-1 ● デリーに築かれた歴代の都市（デリー七都）：出典　Hearn (1906)

ハーン（在位1628-1658）によって建設されたシャージャーハーナーバード，すなわち今日のオールド・デリーである．H.K. カウル Kaul (1999)，ブレイク (1991)，荒松雄 (1993)，N. グプタ Gupta (1998) などによりながら，デリーの都市形成とその変遷について概観すると以下のようである．

## 1-1 | デリーの起源

### (1) インドラプラスタ

紀元前1450年頃，カーンダヴァ・プラスタ Khandava-prastha と呼ばれたヤ

169

ムナー河右岸の森が，インドの大叙事詩『マハーバーラタ』に登場する英雄であるパーンドゥ Pandu 族の五兄弟（パーンダヴァ）の長兄ユディシュティラ Yudhishthira によって，都インドラプラスタの地に選ばれたとされている．南北に流れるヤムナー河はカーンダヴァ・プラスタの東を流れ，現在リッジ Ridge と呼ばれるアラヴァリ山脈の最北端にあたる支脈が西に位置していた．現在，ヤムナー河の流路は当時に比べて東に 2km ほど移動しているが，現在も使われているヒンドゥー教徒の神聖な火葬場であるニガムボド・ガート Nigambod Ghat や，ヤムナー河の中に建つニリチャトリ Nilichatri 寺院もまたユディシュティラによって建設されたと伝えられている．

インドラプラスタの起源やその衰退，消滅についてはほとんど明らかになっていないが，発掘により紀元前 1 世紀頃の都市的生活の存在が明らかになり，ヤムナー河沿いのフィーローズ・シャー・コートラ Kotla（宮殿）からフマーユーン廟にかけての場所にインドラプラスタが存在したと考えられている．インドラプラスタが存在したことは，アブル・ファズル（1551-1602）[188]ら後世の歴史家によっても記されてきたが，その衰退について書かれた記録はない．

考古学的発見からは，インドラプラスタはさほど大きな都市ではなかったと考えられている．しかしデリーには，フィーローズ・シャー・トゥグルクによって運ばれた 2 本のアショーカ王柱とは別に，アショーカ王の石碑が存在する．アショーカ王の時代（前 3 世紀半ば），デリーは主要な都市ではなかったようであるが，石碑の存在は，この地が彼にとって法勅をおくべき重要性を持っていたことを示している（Kaul（1999））．

### (2) ディッリー

紀元前のギリシアの旅行者ネアルコス Nearchos[189]やメガステネスはデリー（インドラプラスタ）については何も記していない．また後の中国の入竺僧，法顕や

---

[188) アクバル時代の思想家，歴史家．著名な学者であったシャイフ・ムバーラク Shaikh Mubarak の二男としてアーグラーで生まれる．23 歳で宮廷に出仕し，やがてアクバルの信任を得て政治顧問となる．しかし 1602 年 8 月，その影響力の増大を疎まれ，皇子サリーム（後のジャハーンギール帝）の配下によってデカン遠征からの帰途暗殺される．編年体によるアクバル時代の正史『アクバルナーマ Akbarnama』と，5 部からなる制度集成『アクバル会典（A'in-i Akbari）』を執筆した．

デリーの都市形成

玄奘にもデリーに関する記述はない．玄奘はデリー周辺の主要な都市はほとんど訪れているにもかかわらず，デリーそのものについては記していない．しかし，先に述べたように，プトレマイオスは，インドラプラスタの近郊に「ダイダラ」という町があるとしている．インドラプラスタ衰退の後，プトレマイオスが「ダイダラ」と呼んだ都市は，カナウジ[190]の王ラージャ・ディッルーによって紀元前57年に築かれ，ディッリーと呼ばれたと伝えられている．それはインドラプラスタの南約10km，クトゥブからトゥグルカーバードにかけての場所とされているが，「ダイダラ」すなわちディッリーの遺構は一つも発見されていない．またラージャ・ディッルーについてもその存在は確認されてはいない．仮にディッリーが言い伝え通り存在したとしても，ラージプート族によって攻略されるまでは小さな町であったと考えられている．

### (3) ラール・コートとキラー・ラーイー・ピタウラー

古代のインドラプラスタとディッリーは，764年にトマーラ・ラージプートがこの地を占領した際に目を付けられ，彼らはディッリーを首都とした．10世紀にはデリー三角地の南，アラヴァリ丘陵の岩地を拠点とするようになり，トマーラ朝の伝説の王スーラージ・パール Suraj Pal がスーラージ・クンドと呼ばれる円形の貯水池を造成した．貯水池の周囲には住居や寺院，城壁，ダム，その他の建物などの遺構も発見され，トマーラ族の集落跡と考えられている．

デリー地域における最古の都城遺構とされるのは，現在のところ，トマーラ朝の王アーナング・パール Anang Pal が1060年頃築いたとされるラール・コートである（図2-2）．アーナング・パールは後世のチャウハーン朝プリトヴィーラー

---

189) アレクサンドロス大王のヘタイロイ（側近）の一人．クレタ島出身のギリシア人で，アレクサンドロス王の少年時代からの親友で，アレクサンドロス大王の東征に従軍した．前半は後方にとどまり，小アジア南岸一帯のリュキア，パンフュリア地方の統治をゆだねられたが，前329年以降，バクトリア地方の戦線に招集され，王と行動をともにした．海事に明るく，インダス河を下航した東征の帰途には全輸送船団の指揮をとった．その後も，インダス河口からペルシア湾への航路開拓にあたり，その航行の記録内容が，アリアヌスの『インド誌』やストラボンの著作に再録されて伝存する．

190) ウッタル・プラデーシュ州中央部の地方都市．デリーの南東約320kmに位置する．古名カーニャクブジャ．7世紀初頭，ガンジス（ガンガ）河中流域を統一したハルシャ・バルダナ王の首都として栄えた．1018年にマフムードの攻略を受け，13世紀にイスラームの完全な支配下に入った．

171

第Ⅱ章
デリー

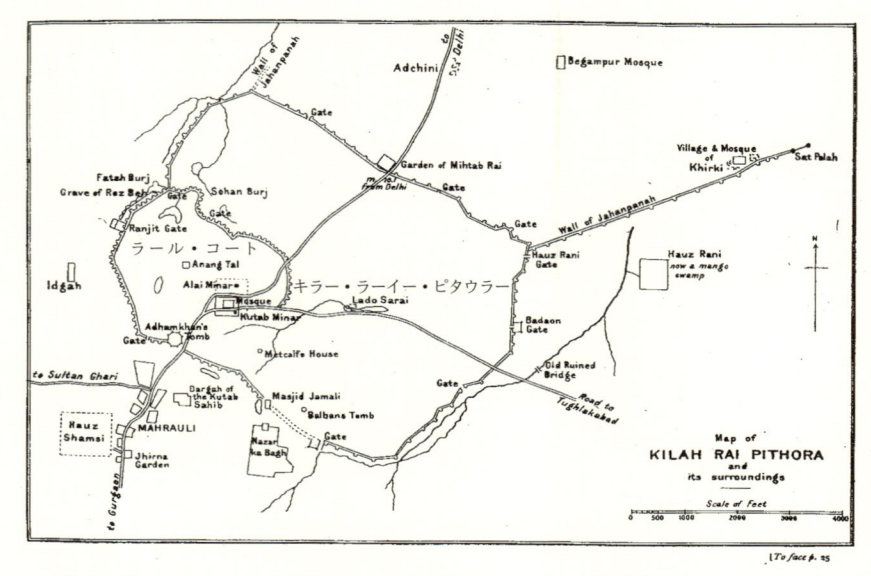

図2-2 ● ラール・コートとキラー・ラーイー・ピタウラー：出典　Fanshawe (1902)

ジ王時代の記録に登場する，謎の多い人物である．ラール・コートの古い城壁はクトゥブ・ミナールのそばに現在も見られる．城砦の中には，12世紀にクッワト・アル・イスラーム Quwwat-ul-Islam・モスクが建設され，モスク内にはグプタ朝のチャンドラグプタの偉業を記念した4-5世紀頃鋳造の鉄製の柱が立つが，これはアーナング・パールによってここに据えられたものである．

　約1世紀後，アジメール地方を拠点としていた同じくラージプートのチャウハーン朝が進出し，トマーラ朝に代わってこの地を支配した．叙情歌や恋愛伝承で有名なプリトヴィーラージ王（在位 1177-1192）は，ラール・コートの城域を拡張し，新都市を築いた．後にこの地を征服したトルコ人によってキラー・ラーイー・ピタウラー（ラーイー・ピタウラー城）と呼ばれた都市は，ゴール朝のムハンマド・ゴーリー Muhammad Ghori の攻撃に備えるため，1180年頃に建設されたと考えられている．

　しかし，プリトヴィーラージの新都はあまり長続きせず，1192年にムハンマド・ゴーリーとの戦いで陥落してしまう．

## 1-2 デリー・サルタナットの都市建設

インドへのムスリムの侵入，そしてデリー・サルタナットについては，Ⅰ章4節で簡単に触れている．キラー・ラーイー・ピタウラー→シーリー→トゥグルカーバード→ジャハーンパナー→フィーローザーバードと諸王朝の拠点は，デリー三角地の底辺を移動し，頂点に向かって北上することになる．上述のように，王都の立地には治水，利水が大きく関わっている．北部への遷都，すなわちフィーローザーバードの建設は，新たな都市の形の模索であった．そして，フィーローザーバードの中心のすぐ北にシャージャーハーナーバードが建設されることになる．

### (1) クトゥブ・ミナール

1193年にムハンマド・ゴーリーの軍隊を率いるトルコ人奴隷将軍クトゥブ・アッディーン・アイバクがデリーを占領し，以後7世紀近く続く新たな時代が幕を開け，デリーは南アジアにおけるイスラーム文化の中心となる．しかしアイバクは新都市を建設せず，キラー・ラーイー・ピタウラーを拠点とし，このラージプートの都市の改修と再建で満足したのである．27のヒンドゥー寺院およびジャイナ教寺院を破壊した資材によって，クトゥブッディーンは大規模な集会モスクであるクッワト・アル・イスラーム・モスク（「強大なイスラームのモスク」の意）を建設した（1192–1198）（図2–3，4）．彼はまた，有名なクトゥブ・ミナールの建設も手がけ，後継者である娘婿のシャムスッディーン・イレトゥミシュによって完成した（図2–5）．

その後，奴隷王朝のムイズッディーン・カイクバード Mu'izuddin Kaiqubad (1287–1290) の治世まで，北インドのムスリム支配者はキラー・ラーイー・ピタウラーを宮廷としていた．ギヤースッディーン・バルバン Ghiyas al-Din Balban（在位1266–1287）によって，ニザームッディーン・アウリヤー Nizam al-Din Auliya 廟近くにキラー・マルズカーン Qila Marzqhan（「のがれの城」の意）が建てられたが，それは罪人の収容所であり，独立した城塞や都市ではなかった．1287年カイクバードがスルタン位に就くと，ヤムナー河岸にカイルガリー Kailughari と呼ばれる新たな王城が建設された．カイルガリーは，王や限られた貴族，および彼

第Ⅱ章
デリー

図2-3 ●クッワト・アル・イスラーム・モスク：出典　Page（1927）

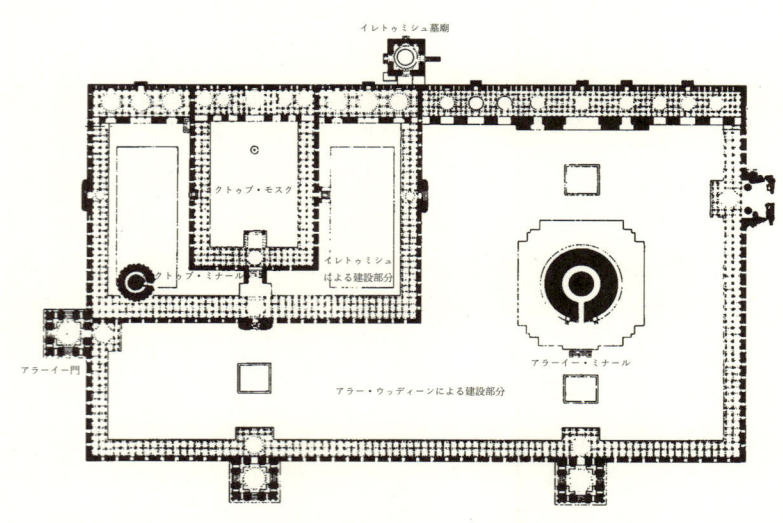

図2-4 ●クッワト・アル・イスラーム・モスク平面図：出典　Tadgell（1990）

図 2-5 ●クトゥブ・ミナール：写真　山根周

らの家臣や使用人らの住まいとしての機能が主たるもので，ニラー・ラーイー・ピタウラーに取って代わるものではなかった．カイクバードの死後，ハルジー朝を建てたジャラールッディーン・ハルジー Jalal al-Din Khalji（在位1290-1296）は，カイルガリーで戴冠したものの，かつてのラージプートの都市へと戻っている．

## （2）シーリー

　デリーにおける初の完全なムスリムの都市は，ハルジー朝2代皇帝アラーウッディン・ハルジー（在位1296-1316）によって1303年頃に建設されたシーリー Siri である（図2-6）．シーリーはもともとモンゴルの侵攻の脅威に備えて，かつての王都の北，シャープール Shahpur 村に近いシーリー Siri の平坦地に建設された軍事基地であったが，その後発展し，都市化した．1398年にこの地を訪れたティムー

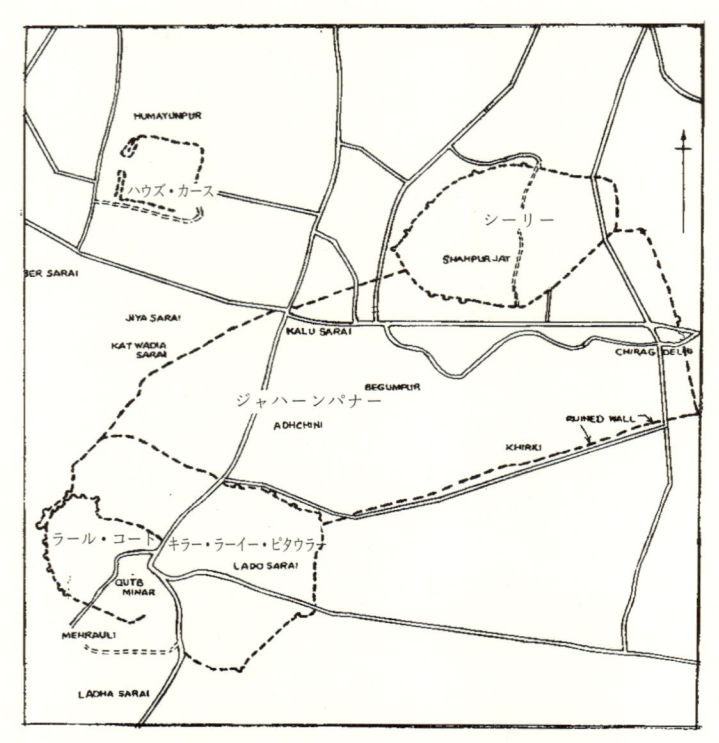

図2-6 ●ラール・コート，シーリー，ジャハーンパナー：出典　Jain（1994）

ルは，シーリーには「七つの門があり，四つは外に対して設けられ，三つは内部のジャハーンパナーへの門である」と記している．

　アラーウッディンはシーリー以外にも建設を行なっている．1311年，彼はクッワト・アル・イスラームの南門であるアラーイー門 Alai Darwaza を完成させ，未完に終わったアラーイー・ミナール Alai Minar の建設にも着手した．彼はハウジ・アラーイー Hauz-i-Alai またはハウズ・カース Hauz Khas と呼ばれる，シーリーから約2kmの場所にある貯水池の建設も行なっている（図2-7）．この地には，後にフィーローズ・シャー・トゥグルクが1352年に貯水池を見下ろすマドラサを建設し，さらに整備されることとなる．

図 2-7 ●ハウズ・カース貯水池：写真　山根周

### (3) トゥグルカーバード

　ハルジー朝に続くトルコ系王朝トゥグルク朝の創始者となったギヤースッディーン・トゥグルク Ghiyas al-Din Tughluq（在位 1320-1325）は，キラー・ラーイー・ピタウラーの東約 5km の地に，トゥグルカーバードと呼ばれる城砦を築いた．1321 年の即位後すぐに築かれたこの城砦は，王とその家族，家臣たちの王宮地区，貴族たちの居住地区，格子状のパターンにレイアウトされた商業地区に分かれていた（図 2-8）．ギヤースッディーンの後継者ムハンマド・ビン・トゥグルク（在位 1325-1351）は，トゥグルカーバードの一隅にアディラバード Adilabad（「正義の都市」の意）と名づけられた王宮を建設している．

　ギヤースッディーンの時代，デリーには偉大なスーフィー指導者[191]であった

---

191) 禁欲的修行によって神と自己との合一の境地を目指すイスラーム神秘主義者．アラビア語で羊毛を意味するスーフ suf を語源とし，「羊毛の粗衣を着た者」，すなわち清貧に生きるムスリムを意味した．道場（ハーンカー）を構え，導師（聖者：シャイフ，ピール）を中心として修行を行なうスーフィー教団（タリーカ tariqa，シルシラ silsila）が各地に組織された．南アジアでも，デリー・サルタナット以降，スーフィー教団が組織的に活動を開始し，イスラームの浸透に大きな影響を与えた．最も有力であったのがアフガニスタンのチシュトで成立したチシュティー Cishti 教団で，アジメールに本拠を構え，デリーなど多くの道場を置いた．

第Ⅱ章
デリー

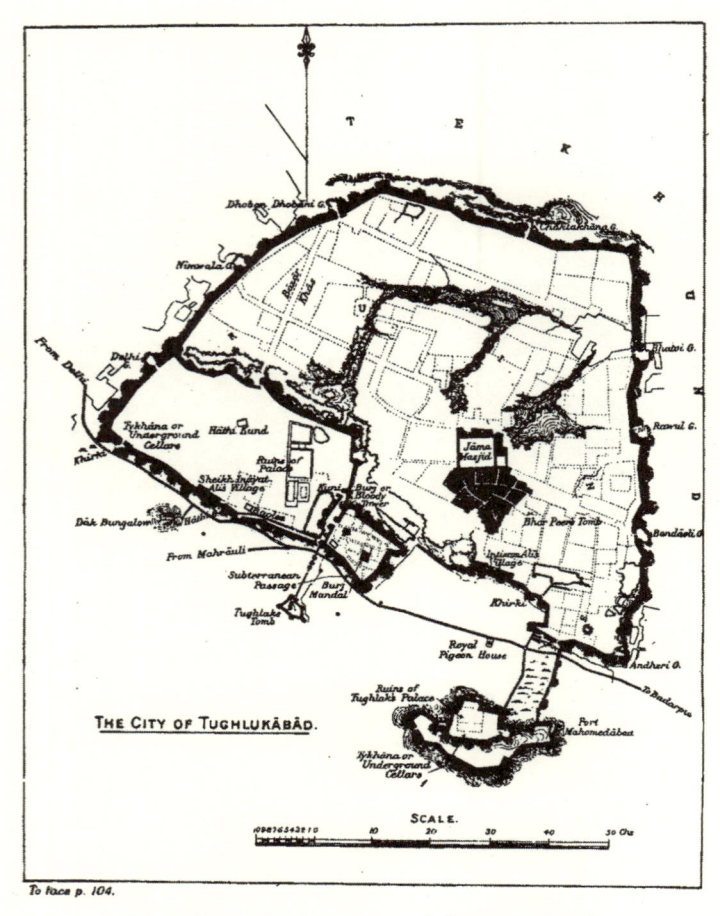

図 2-8 ● トゥグルカーバード：出典　Hearn（1906）

ニザームッディーン・アウリヤー（1238-1325）[192]や，彼の帰依者でデリーの不朽の詩人の一人であるアミール・フスロー Amir Khusrau（1253-1325）[193]が生きていた．フスローはヒンドゥーとムスリムの伝統を融合させた詩人であり，天才的な

---

[192] チシュティー教団の聖者．アジメールに道場を開いたムイーヌッディーン・シジュジー Muin ad-Din Sijzi（1142?-1236）の孫弟子にあたる．今日のニューデリー東部のニザームッディーン・ウエスト地区に道場を開き，デリーの民衆の崇敬を受け，その教化に大きな影響力を持った．
[193] 「インドのオウム」と呼ばれたペルシア語詩人．奴隷王朝，ハルジー朝，トゥグルク朝期に活躍し，ロマンス叙事詩五部作や歴史的叙事詩などを創作した．

図2-9 ●トゥグルカーバード城壁：出典　Tadgell (1990)

音楽家でもあった．トゥグルカーバードの建設中，ニザームッディーンもまたバーオリーを建設していたが，トゥグルカーバードの人夫たちが聖者のバーオリーの建設にたずさわることを申し出ると，スルタンはそれを許さず，ニザームッディーンは，スルタンの城砦には漂白民が住み着き，やがてうち捨てられるだろうと予言したと言われる．それは現実となり，ギヤースッディーンは，城の完成からわずか5年後に息子であるムハンマドによって殺されてしまう．ムハンマドはトゥグルカーバードの城と町を捨て，古いデリーへと都を戻してしまった．それ以来トゥグルカーバードは主なき城として，現在も遺跡としてその姿を留めている（図2-9）．

### (4) ジャハーンパナー

ムハンマド・ビン・トゥグルクの時代，モンゴル軍がキラー・ラーイー・ピタウラーとシーリーの間の町を何度か掠奪したため，ムハンマドは二つの都市の間に点在する集落を取り囲むように城壁を築くよう命じた．ジャハーンパナーと呼ばれたその区域は，都市生活の中心として栄えた（図2-10）　ムハンマドはこの

図 2-10 ●キルキー・マスジッド（ジャハーンパナー）：出典　Tadgell (1990)

時期，家族や家臣とともにトゥグルカーバードに居住していたが，1327年，突然デカン地方のデーヴァギリ（現ダウラターバード）への遷都を行なう．7年後の1334年にムハンマドはデリーに再び遷都し，1335-1337年には残っていた臣下たちもデリーに戻っている．

### (5) フィーローザーバード

　トゥグルク朝最後の王フィーローズ・シャー（在位1351-1388）は，それまでの中心であったデリー南部から離れた地に，新たな都であるフィーローザーバードを建設した．1354年にヤムナー河の岸辺に建設がはじまったこの都市は，広大な範囲を占めていたと考えられている．現在市壁は残っていないが，都市の直径は12マイル（約19.2km），シャージャーハーナーバードの全域が収まる広さであったと言われる．オールド・デリーのデリー門近くに位置するフィーローズ・シャー・コートラ（フィーローズ・シャーの宮殿）を王宮としていた（図2-11, 12）．

　フィーローズ・シャーは記念碑に強い関心を持ち，タッタ Thatta（パキスタン

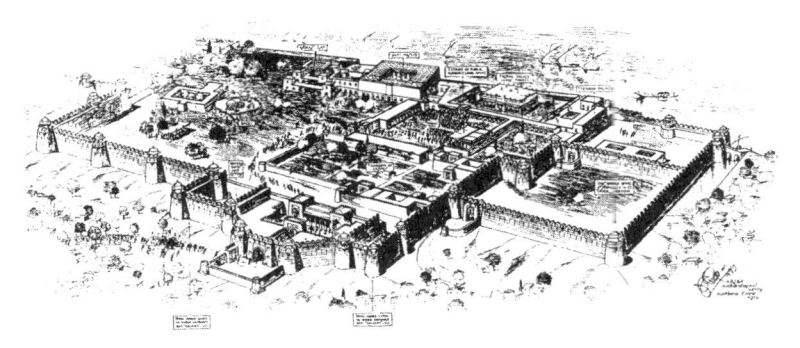

図 2-11 ●フィーローズ・シャー・コートラ復元図：出典　Tadgell (1990)

図 2-12 ●ジャーミー・マスジッド（フィーローザーバード）：写真　山根周

南部の都市）への遠征の帰途，トプラ Topra（ハリヤーナー州アンバーラー Ambala 近郊）とメーラト Meerut（ウッタル・プラデーシュ州北西部の都市）から 2 本のアショーカ王柱をデリーへと運んだ．そのうち 1 本はフィーローズ・シャー・コートラの中に，もう 1 本は現バラー・ヒンドゥー・ラオ Bara Hindu Rao 地区近くの丘陵地に立てられた．現在も 2 本の柱は立っているが，後者はムガル朝ファッルフシヤル Farrukhsiyar 帝（在位 1713-1719）の時代に一部が破壊されている．

1388 年のフィーローズの死後，デリーは大きな危機に陥る．1398 年，中央ア

# 第Ⅱ章
デリー

ジアからティムールが北インドに侵攻する．デリー郊外で，トゥグルク朝スルタン，ナーシルッディーン・マフムード Nasir ud-din Mahmud（在位 1394-1413）を破り，シーリー，ジャハーンパーナー，フィーローザーバードを占領，掠奪した．ティムール軍がデリーに留まったのは 15 日間だけであったが，膨大な財貨を奪い，多数のインド人技術者，工芸家をサマルカンドへ引き連れていった．ティムールの侵攻後，北インドは無政府状態に陥り，やがてトゥグルク朝の崩壊（1413）へと繋がっていく．

トゥグルク朝の後，サイイド朝（1414-1451）とローディー朝（1451-1526）という二つのアフガン系王朝がデリーの支配者となった．しかし，ティムールの侵攻後，デリーにはもはや領土といえるものはなくなっていた．ハルジー朝，トゥグルク朝時代の北インドの領土は，サイイド朝の時代にはデリー周辺の 200 平方マイル（約 512 平方 km）ほどの範囲になってしまっていた．サイイド朝の創始者ヒズル・ハーン（在位 1414-1421）はトゥグルク朝最後の王を破り，王宮をシーリーに構えた．

ムバラク・シャー Mubarak Shan（在位 1421-1433）は父を引き継ぎ，治世の初期には反逆者を抑え，ティムール侵攻の傷跡が残っていたラーホールを復興することに勢力を注いだ．1433 年 11 月 1 日，ムバラク・シャーはデリーの地にムバラカバード Mubarakabad と呼ばれる新都の建設を着手するが，その 3 ヶ月半後ムバラクは暗殺されてしまう．新都の敷地はシャージャーハーナーバード南のヤムナー河岸とされるが，遺構は発見されておらず，都市の建設は進まなかったと考えられている．

1451 年にバハルール・ローディー（在位 1451-1489）がサイイド朝の最後の王を追放し，ローディー朝を興し，1489 年に彼の息子シカンダル Sikandar（在位 1489-1517）が王位を継承した．シカンダルは宮廷をアーグラー近郊の地へと遷したが，その息子イブラーヒーム Ibrahim はデリーへと戻り，1526 年，ムガル朝の創始者バーブルに敗れるまでスルタン位にあった．

サイイド朝とローディー朝は，初期のスルタンたちに比べてわずかな勢力しか持てなかったが，それでも印象的な墓廟やモスクによってデリーの景観に自らの痕跡を残し，今もデリー南部に残る．この時代の建築遺構群はローディー・ガーデン Lodi Garden 内に残る．遺跡の近郊には，インド・イスラーム建築の発

展におけるもう一つのランドマーク的遺構で，シカンダル時代に建てられたモートゥ・キ・マスジッド Moth-ki-Masjid が現在も残る．

## 1-3 プラーナ・キラ

ムガル朝の成立を巡っては，初代バーブルの軌跡に即して前章（I-4-4）においてみたところである．バーブルはアーグラーを拠点とするのであるが，以下に見るように，その設立を宣言するのはデリーにおいてである．また，バーブルを継いだ第2代フマーユーンは，デリーに首都建設を試みる．第5代シャー・ジャハーンによって，帝国の首都シャージャーハーナーバードが建設されるまでのデリーは以下のようである．

### (1) ディン・パナー

1526年4月27日，デリーにおいて，フトバ[194]の中でバーブルの名が読み上げられた．ムガル朝がインドの支配者となった瞬間である．インドにおける地位を固めてから1530年に没するまで，バーブルがデリーで過ごしたのはわずかな期間であった．しかし息子で後継者のフマーユーン（在位1530–1540, 1555–1556）はデリーに新都の建設を決断し，ディン・パナーと呼んだ．この都市は，フマーユーンからデリーの支配権を奪ったシェール・シャー・スーリー Sher Shah Suri（在位1540–1545）によって引き続き整備されるが，後にシャージャーハーナーバードが建設されたとき，古い城という意味でプラーナ・キラと呼ばれるようになった（図2-13）．

フマーユーンは古代の都インドラプラスタの地を新都の建設地として選び，1533年に城と新都の建設工事が始まり，1538年までに城壁と門を備えた城砦が完成した．フマーユーンはまたニリチャトリと呼ばれる離宮をニガムボド・ガートのそばに建設した．しかし，1540年にフマーユーンはシェール・シャーとの戦いに敗れ，インドを逃れた．シェール・シャーはスール朝を興し，北インドを征服するが，5年後に彼が死ぬと，スール朝は弱体化する．1555年，フマー

---

[194] 金曜の正午の礼拝の際にモスクで行なわれる説教．この説教で時の支配者の名を読み上げることが，その主権の承認を意味する．

第Ⅱ章
デリー

図2-13 ●バラ・ダルワザ（プラーナ・キラ）：写真　山根周

ユーンはスール朝軍を破り，再度デリーの支配を確立した．彼は再びディン・パナーに居を構え，シェール・シャー・スーリーが建設したシェール・マンダル Sher Mandal を図書館として利用したが，そのシェール・マンダルの階段からフマーユーンは転落死してしまうのである（1557年）．王妃ハミダ・バヌ・ベガム Hamida Banu Begum により建設が開始されたフマーユーン廟は，9年の歳月をかけて1565年に完成した．赤砂岩と黄砂岩を用い，白大理石で縁取りされた外観は，インドのイスラーム王朝の廟建築がもっていた重々しい雰囲気を一新し，ムガル建築の幕開けを飾る記念碑的な建築となった（図2-14, 15）．

(2) シェール・ガル／デリー・シェール・シャーヒー
シェール・シャー・スーリーはインドにおける最も有能な統治者の一人とも言われ，5年という短い治世の間に，強固で効率的な統治機構を確立した．彼はまたディン・パナーの建築様式を確立した人物でもある．フマーユーンが主に城壁や門を建設したのに対し，シェール・シャーは城砦内の多くの建物の建設を行なった．それらの建設にはシーリーやフィーローザーバードの廃墟から転用された部材が用いられた．彼は八角形の塔シェール・マンダル（図2-16）やキラ・

デリーの都市形成

図 2-14 ●フマーユーン廟：写真　山根周

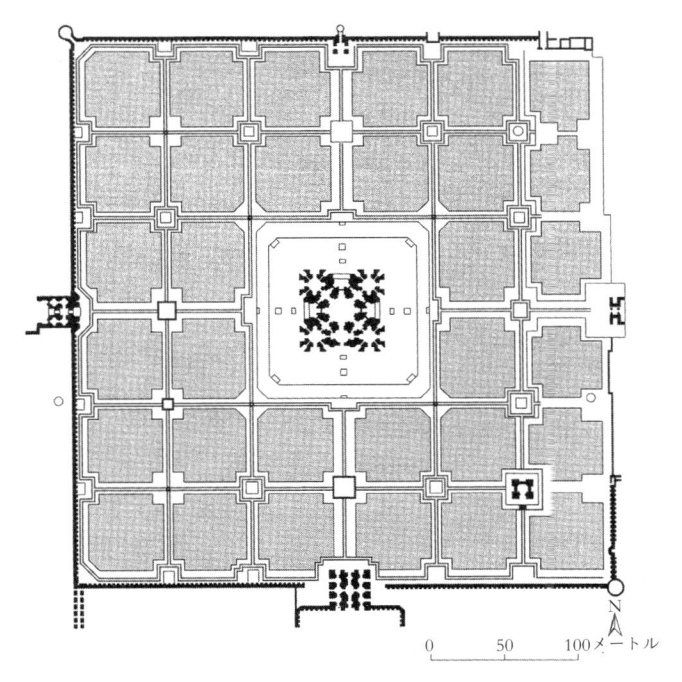

図 2-15 ●フマーユーン廟平面図：出典　Asher (1992)

第Ⅱ章
デリー

図 2-16 ● シェール・マンダル：出典　Koch (1991)

イ・コーナ・マスジッド Qila-i-Khona Masjid という壮大なモスクをディン・パナー内に建設し，また城砦内の城閣であるシェール・ガル Sher Garh を完成させた．彼の都市はデリー・シェール・シャーヒー Delhi Sher Shahi と呼ばれ，城壁はシェール・シャーの息子イスラーム・シャー Islam Shah（在位 1545-1555）が完成させた．またイスラーム・シャーはフマーユーンの攻撃に備えて，ヤムナー河の流れに囲まれた三角形の島に別な城砦を建設した．サリームガル Salimgarh[195] として知られるその城砦には，後にアクバルの時代にいくつかの建物が建設された．また 1621 年，ジャハーンギールにより五つのアーチからなる橋が城砦の南門に架けられ，名前もヌールガル Nurgarh に変わった．シャージャーハーナーバー

---

195) 1546 年ヤムナー河に建てられた小さな要塞島．

ドが建設されると，この城砦は監獄として使用されるようになる．

カニンガム[196]はデリー・シェール・シャーヒーの範囲について以下のような記述をしている．

> シェール・シャーの都市の南門はバラ・プル Bara Pul からフマーユーン廟の間のどこかにあったに違いない．都市の東の市壁はヤムナー河の堤の線によって決定された．ヤムナー河はかつてフィーローズ・シャー・コトラからフマーユーン廟の方へ向かって真南に流れていた．西の境界に関しては，シャージャーハーナーバードのアジメール門からヤムナー河の旧河道に沿って，1マイル以上の幅を保ちながら南に伸びる土手の線に沿ってたどることができる．市壁の全長はしたがって約9マイル，すなわち現在のシャージャーハーナーバードの約2倍の長さということになる．(Cunningham (1871))

プラーナ・キラ近くのラール・ダルワザ Lal Darwaza (赤門) とシェール・ガルの北門であるカーブリ・ダルワザ Kabuli Darwaza (カーブル門) は，プラーナ・キラの外にあるデリー・シェール・シャーヒーの遺構として有名である (Chenoy (1998))．

以上のように，古代よりデリーには多くの都市が築かれてきたが，その中心が置かれた地区は大きく三つに分けられる．一つはヤムナー河西岸沿いの一帯で，インドラプラスタ，キーロークリー，フィーローザーバード，ムバラカバード，ディン・パナー，シェール・ガルが築かれた．二つ目はディッリー，ラーイー・ピタウラー，シーリー，ジャハーンパーナーが築かれたデリー三角地南西の地区，そして三つ目が南東のトゥグルカーバード，アディラバード周辺の地区である (Chenoy (1998))．しかし最終的にすべての都市がデリーの名で呼ばれることになった．そして植民地支配が確立する前の最後の都市が，1638年に建設が開始されたシャージャーハーナーバードであった．

---

196) アレクサンダー・カニンガム Alexander Cunningham (1814-1893)．インド考古調査局初代局長．スコットランドに生まれ，士官学校卒業後，技術将校として1833年ベンガルに赴任する．1840年以降王立アジア協会ベンガル支部に発表した古銭に関する論文で研究活動を開始．1861年軍務を退き考古学調査官に任命される．翌年カルカッタのインド博物館内にインド考古調査局が設立され，その初代局長となる．ハラッパー遺跡発見など数百の遺跡の調査を行ない，組織的，全国的な考古学調査を推進する．それらの成果は23巻の調査報告書として刊行された．1885年退官し，イギリスに帰国．

## 1-4 シャージャーハーナーバード

　ムガル朝を興したバーブル（在位 1526-1530）は，首都をアーグラーに定めた．2代フマーユーン（在位 1530-1540, 1555-1556）はデリーにディン・パナー（プラーナ・キラ）を建設したが，3代アクバル（在位 1556-1605），4代ジャハーンギール（在位 1605-1627）時代には，アーグラー，ファテープル・シークリー，ラーホールとたびたび首都が遷されている．1628年にシャー・ジャハーン（在位 1628-1658）が5代皇帝に就くと，デリーに新都を建設することを決め，1639年，新都シャージャーハーナーバードの建設が開始された（口絵1）．

　新都建設の決断は，先代の皇帝たちをしのぐ，自らの治世を刻む永遠の証を残したいというシャー・ジャハーンの熱望がその大きな理由であったが，アーグラーの首都としての不都合さが大きくなってきたという現実的な理由もあった．ヤムナー河沿いに細長く拡張してきたアーグラーは，川の浸食に悩まされ，流路が市街地中心部にまで変化し，流域の建物に崩壊の被害を引き起こすようになっていた．また王宮の正門は，日常あるいは祭りの際に宮廷に押し寄せる群衆にとって非常に狭く，下敷きになったり押しつぶされたりする人が多数出るようになっていた．邸宅や店舗などが通りに張り出し，安全と交通秩序を確保することも困難になっていた．再びラーホールへ遷都することも考えられたが，アーグラー同様ラーホールも過密で魅力的な都市とは言えなかった．

　新都建設には，ペルシアにおけるサファヴィー朝のシャー・アッバースによるイスファハーンの新都建設も大きな影響を与えたと言われる．ムガル宮廷のペルシア指向，特にそれが強かったシャー・ジャハーンにとって，イスファハーンは大きな刺激になったという．シャー・ジャハーンは，アーグラーには壮大で象徴的な軸線がないことを常々不満に思っており，イスファハーンの様子を知り，その思いがより強くなったと言われている（Frykenberg (1986)）．

### (1) 敷地の選定

　1639年，シャー・ジャハーンは宮廷のムハンディス Muhandis（建築家）と占星術師に，アーグラーとラーホールの間の北インドに新都の建設地を選定するよう指示し，ヤムナー河を見下ろすデリー三角地の高台の地が選ばれた．

デリーは，肥沃なドアーブ平原にあり，環状の丘陵地によって守られ，ガンジス河への主要なルートを支配できるという戦略的な位置から，上述のように，何世紀にもわたり北インドの様々な支配者の首都であった．ローディー朝の滅亡から150年あまりが経っていたが，その立地の重要性，そしてインドにおけるムスリム支配の中心地であった歴史は忘れられていなかった．デリーにはシャイフ shaikh やピール pir と呼ばれる多くのムスリム聖者の墓廟が営まれ，「二十二聖者への門」Bais Khwaja ki Chaukhat とも呼ばれていた．17世紀には，敬虔なムスリムにとってインド亜大陸における重要な聖地の一つであり，主要な巡礼地になっていた．1576年にはアクバルがいくつかの聖者廟を訪れ，1633-34年にはシャー・ジャハーンもニザームッディーン廟に参拝した記録が残っている（Blake (1991))．こうした宗教センターとしての重要性も選地の大きな理由であった．さらにデリーはシャー・ジャハーンが生まれた地でもあった．

新都の敷地には，ヤムナー河の右岸，かつての王都であったディン・パナーとフィーローザーバードの北の地が選ばれ，サリームガルまでが新都の範囲とされた．宮城と都市の設計はウスタッド・ハミッド Ustad Hamid とウスタッド・アフマッド Ustad Ahmad によってなされ，宮城の建設は3人の太守の監督のもとに進められた．初代のガイラット・ハーン Ghairat Khan が基礎の掘削と建設資材の調達を完了させ，アラー・ヴァルディ・ハーン Allah Vardi Khan のもとで，ヤムナー河に面した城壁が完成した．そして後任のマクラマット・ハーン Makramat Khan が，宮城の城壁，建物，庭園の建設を監督し，約10年の歳月をかけほぼ完成を見た（Blake (1991))．

### (2) 宮城の構成

新都は「シャー・ジャハーンの都市」を意味するシャージャーハーナーバードと呼ばれ，ムガル宮廷の権力と威信を示す帝都とすることが意図された．赤砂岩の城壁からラール・キラとも呼ばれる宮城は，新都の最初の建築物であった（口絵-3，図2-17）．

宮城はヤムナー河の右岸に接して建設され，川を自然の防壁として利用した．全体のプランは，長方形を面取りした八角形をベースにしたもので，この形態は「バグダードの八角形」(Muthamman Baghdadi/Baghdadian Octagon) と呼ばれ

第Ⅱ章
デリー

図 2-17 ● ラーホール門（ラール・キラ）：写真　山根周

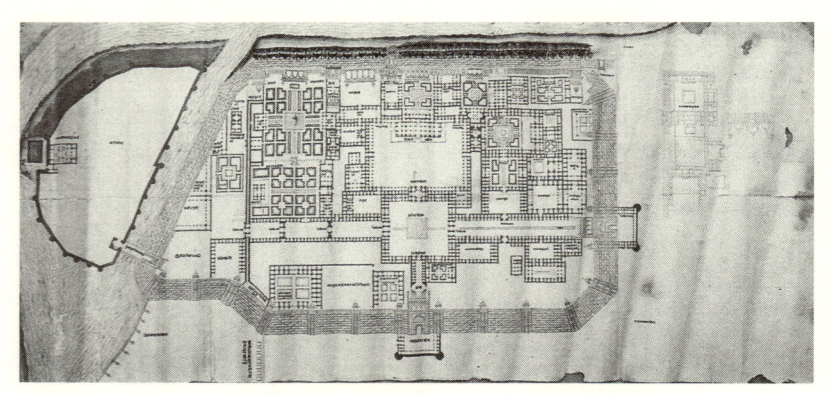

図 2-18 ● 18 世紀に描かれたラール・キラのプラン（Jaipur, Maharaja Sawai Man Shing II Museum 所蔵／出典　Gole（1989）

る[197]（図2-18）．コッホ（Koch（1991））によれば，宮城の設計は，シャー・ジャハーン・ヤードとも言うべき，ガズ gaz あるいはジラと呼ばれる単位＝約 0.82m を基準として行なわれた．そして，王宮全体は，正確に東西南北の方位に合わせた1辺 82m すなわち 100 ガズの正方形グリッドによって構成されている．長辺（南北）

---

[197) 四角形の四隅を面取りしたような，相対する四辺が他の四辺より長い八角形のことをいう．

デリーの都市形成

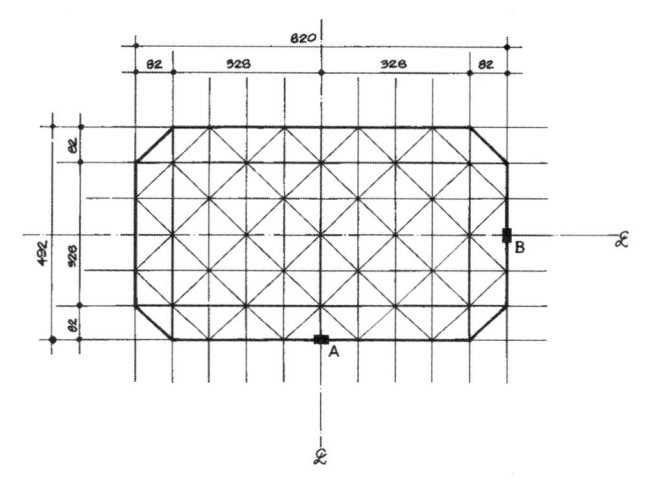

図2-19 ●ラール・キラの計画寸法（コッホ）：出典　Koch（1991）

方向は 10 個の正方形（820m），短辺（東西）方向は 6 個の正方形（492m）からなり，八角形の長い辺は正方形 8 個分（656m），短い辺は正方形 4 個分（328m）となり，四つのコーナーは正方形の対角線の長さ（116m）となる（図 2-19）.

しかし，実際にはコーナーを完全な幾何学的に構成することはできず，北東部分でサリームガルを城壁内に取り込むために V 字型に拡張する形となっている.

宮城はデリー門とサリームガル門とを結ぶ南北の通りによって二つの区画に分けられている（図 2-20）. ヤムナー河に面した東側の区画は，皇帝の政務および私的生活の場である宮域で，外部との通路は限られている．この宮域の東部には，ヤムナー河に沿ったナフル・イ・べヘシュト Nahr-i-Behisht（「楽園の川」）と呼ばれる水路に沿って大理石の宮殿群が配置されている．中央に配されるのが，イムティアーズ・マハル Imtiaz Mahal（「高貴なる宮殿」）あるいはムムターズ・マハル Mumtaz Mahal（「選ばれし宮殿」）と呼ばれ，後にラング・マハル Rang Mahal（「色彩の宮殿」）と呼ばれるようになった宮殿で，このイムティアーズ・マハルの西にはディワーニ・アーム Diwan-i-Am（「公式謁見殿」「公謁殿」）が配されている．40 本の柱で支えられた開放的な建築物である．この二つの空間が宮城の中枢部である．中庭を挟んでその西側にはナッカル・カーナ Naqqar Khana（太鼓楼門）が設けられた．この大きな楼門はディワーニ・アームへの主門で，謁見のあいだ

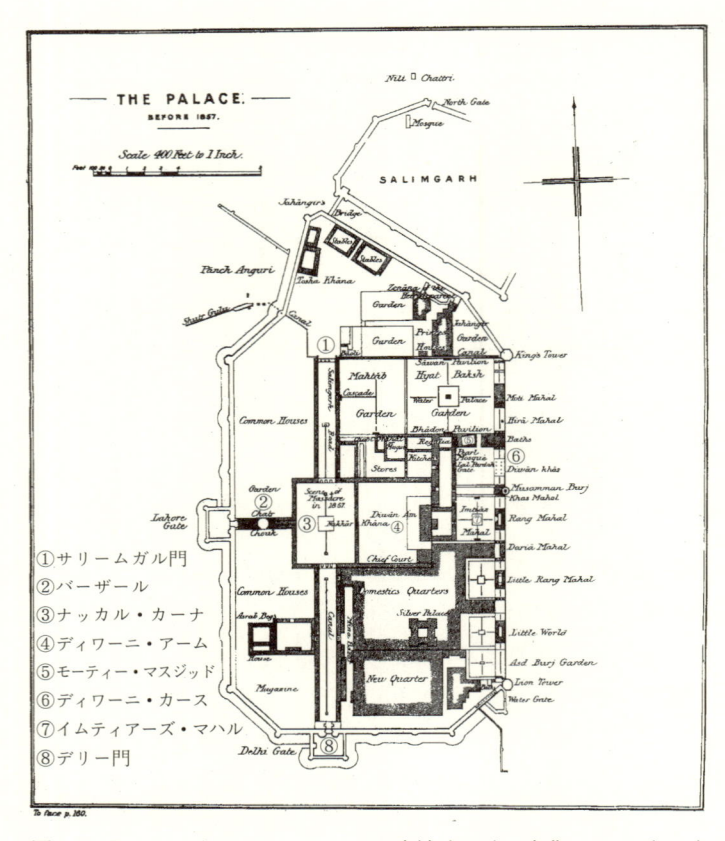

図 2-20 ●シャージャーハーナーバード宮城（1857）：出典　Hearn (1906)

①サリームガル門
②バーザール
③ナッカル・カーナ
④ディワーニ・アーム
⑤モーティー・マスジッド
⑥ディワーニ・カース
⑦イムティアーズ・マハル
⑧デリー門

楽士たちが軍楽を演奏する場所でもあった．イムティアーズ・マハルの北側には宮廷の公的施設が建てられるが，ディワーニ・アームのすぐ北にはシャー・マハル Shah Mahal（「王の宮殿」）とも呼ばれるディワーニ・カース Diwan-i-Khas（「貴賓謁見殿」「内謁殿」）が置かれた．宮城内で最も優美な建築で，総大理石の建築である．ホール前面には大きな中庭があり，周囲には小さな部屋がいくつも並んだアーケードが巡る．中庭の西端には，赤いカーテンが掛かった扉があり，ディワーニ・アームからの通路に通じている．ディワーニ・カースへ入ろうとする者はすべて，カーテンの向こう側から敬礼をする必要があった．皇室の私的生活の空間に置かれたことが，このディワーニ・カースの性格を表している．ごく限られた信頼で

きる側近とともに，皇帝は機密事項や重要事項に関する執務をこのディワーニ・カースで行なった．

ディワーニ・カースの北隣にはハンマーム（浴室）が置かれた．ムスリムの生活において，集会モスクとバーザールと並んで，都市コミュニティに必要なものとして公共浴場がある．宮域内の他の建物と同様，ハンマームは大理石で建設され，3階建てで，着替え用の部屋，温水の部屋，冷水の部屋がそれぞれ設けられ，モザイク・タイルやガラスで明るく装飾されている．ディワーニ・カースの近くには，小規模ながら繊細で美しく装飾された大理石のモスクが建てられた．モーティー・マスジッド Moti Masjid（「真珠のモスク」）と呼ばれ，城内で唯一アウラングゼーブ帝によって建設された建物である．

宮域の北半分には，ペルシアの古典的なチャハル・バーグ式のハヤット・バクシュ Hayat Baksh 庭園と，マフターブ庭園 Mahtab Garden という二つの庭園が整備された．その北の大きな三角形の区画には，皇子たちの宮殿が建てられた．宮域の南側半分は王妃や側室，皇帝の姉妹らの館が建てられたハーレム（後宮）で，皇帝とその息子，使用人以外は男子禁制の場であった．

宮城の西側の区画には，一般の居住区が設けられ，かなりの人口を擁していた．ナッカル・カーナの前にはジラウ・カーナ Jilau Khana と呼ばれる広いオープンスペースが設けられ，そこは武官や大臣，大使，役人，そして請願者など，毎日の謁見に出席する人たちが集まる場であった．周囲には小さな部屋を設けたアーケードが巡り，警護のための武官と兵士たちが控えていた．中庭の南東角にはナジール Nazir（宮廷の高官）たちの執務用建物が設けられた．

ジラウ・カーナから南北および西へ延びる軸線上に，北門であるサリームガル門，南門のアクバラーバード門（現在のデリー門）および西門であるラーホール門が設けられた．ラーホール門は，同名の城下の市門ラーホール門まで市街地を東西に貫くバーザールであるチャンドニー・チョウク Chandni Chowk に繋がり，アクバラーバード門は，王城から南にまっすぐ延び，同名の市門アクバラーバード門へといたるファイズ・バーザール Faiz Bazar に繋がっている．

宮城内のラーホール門からジラウ・カーナの西端までは，屋根付きのバーザールが設けられた．2層のバーザールは，両側各階に店舗が置かれた．中央付近では屋根の一部に開口が設けられ，通風，採光が図られその下は八角形の広場と

なっていた．イランや西アジアでは一般的な屋根のあるバーザールは，インドでは珍しく，ほとんど唯一の例である．

ジラウ・カーナに設けられた池と，サリームガル門とアクバラーバード門を結ぶ大通りの水路には，宮城東端に並ぶ宮殿群を流れるナフル・イ・ベヘシュトから水が引かれた．城内を流れた水は，最後には宮城を囲む堀へと流れていくようになっていた．通りの南端付近には，徴税官や財務，軍事記録を管理する官吏たちの部屋が位置し，通りの北西端には宮廷用の馬や象，ラクダ，牛のための厩舎が置かれた．

宮城西側の区画には，他に武器，絨毯，上布，金細工，宝石などの工房や，衣類，食料，書物，燭台を保管する倉庫，さらに宝物庫や造幣所も設けられた．また，宮廷に仕える兵士や官吏，商人，職人，医者，詩人，学者，宗教家，占星術師らの住まいも西側の区画に建てられた．

### (3) 市街地の形成

1648年4月8日，宮城と城下の落成式が行なわれ，シャー・ジャハーンは新都に入城した (Blake (1991))．その後もチャンドニー・チョウクとファイズ・バーザールの二つの大通り，ジャーミー・マスジッド（金曜モスク）をはじめとする主要なモスク，ジャーミー・マスジッド周辺のバーザール，市壁，庭園，水路システムなどの建設が続けられ，都市の骨格が形成されていった（図2-21）．

シャージャーハーナーバードのプランには，序章冒頭に触れたように，ヒンドゥーの都市計画理念が反映されているという説がある．本書の出発点である，古代インドの建築に関する文献群『ヴァーストゥ・シャーストラ Vāstu Sāstra[198]』

---

198)「ヴァーストゥ」とは「居住」，「住宅」，「建築」を意味する．シャーストラはサイエンス，あるいは知恵，それを記した文書である．このヴァーストゥ・シャーストラには実に様々なものがある．インドでスタパティ stapathi とよばれる棟梁やスートラグラヒ sūtragrahi と呼ばれる測量士が活躍してきたが，その知識，技能，技術をまとめたものがヴァーストゥ・シャーストラである．R. ラーズ (Raz, B.R. (1834)) は，『マーナサーラ』『マヤマタ』の他に『カーシャパ Cāsyapa』，『ヴァイガーナサ Vayghānasa』，『サカラーディカラ Sacalādhicāra』，『ヴィスワカルミヤ Viswacarmiya』，『サナトクマーラ Sanatcumāra』，『サーラスワトヤム Sāraswatyam』，『パーンチャラトラム Pāncharatram』を挙げている．『マーナサーラ』を英訳したアチャルヤ (1934) によれば類書は約 300 にも及ぶ．他に注釈書があるものとして，『サマランガナストラダーラ Samaranganasutradhara』，『アパラジタプルチャ Aparajitaprccha』がある．

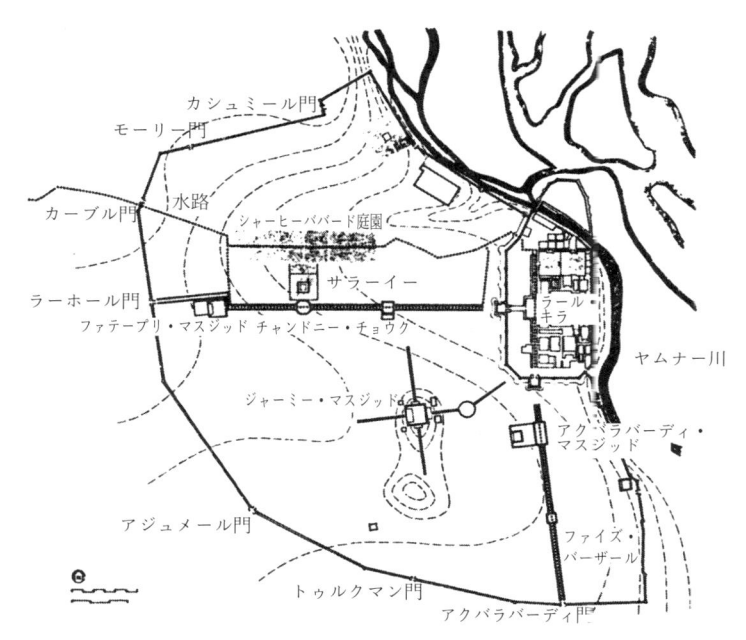

図 2-21 ●シャージャーハーナーバード市街地の主要施設：出典　Frykenberg (1986), p. 242 に加筆：山根周

の一つ『マーナサーラ』に示された「カールムカ」と呼ばれるモデルが採用されたという．「カールムカ」は，川や海に面した半円形あるいは弓形の形をしているが，「カールムカ」において最も吉兆な場所は二つの主要街路が交わる場所で，そこにはヴィシュヌあるいはシヴァを祀る寺院が建設されるとするが，シャージャーハーナーバードは，その場所に宮城が築かれたというのである（Blake (1991)）．

市街地の東西の主軸をなすバーザールであるチャンドニー・チョウクは，宮城のラーホール門と，市門のラーホール門近くに建つファテープリ・マスジッド[199]とを直線で結ぶ（図 2-22）．1650 年にシャー・ジャハーンの娘ジャハーンナーラ・ベガム Jahanara Begum によって建設され，幅 40 ヤード（約 36.5m），全長 1520 ヤード（約 1390m），両側には 1560 の店舗とアーケードが並んだ．通りの

---

[199] シャー・ジャハーンの王妃の一人ベガム・ファテープリ Begum Fatehpuri によって 1650 年に建設された．

# 第 II 章
デリー

図 2-22 ●チャンドニー・チョウク（1857）：出典　Kaul（1999）

中央にはナフル・イ・ベヘシュト（楽園の水路）が流れ、水路に沿って並木が繁り日陰と休息所を提供した．

初期の記録によれば、バーザール全体には特に名前は付いておらず、部分ごとの呼び名があったようである．宮城のラーホール門からコートワール・チャブートラ・チョウク Kotwali Chabutra Chowk（警察署前広場）付近までの 480 ヤード（約 440m）はウルドゥ Urdu・バーザール（軍営市場）と呼ばれ、宮廷内の兵士や使用人、官吏、職人、芸術家らが主な客であった．

警察署前広場からジャハーンナーラ・ベガム広場までも 480 ヤードの長さがあった．アシュラフィー Ashrafi・バーザール（両替バーザール）あるいはファウハーリー Fauhari・バーザール（宝石商のバーザール）と呼ばれ、金融部門のバーザールであった．

ジャハーンナーラ・ベガム広場は一辺 100 ヤード（約 91.5m）の八角形で、中央に大きな泉水が作られていた．その北にはジャハーンナーラによってキャラバンサライと庭園が整備され、広場の南には公共浴場が建設された．夜に月明かりが広場中央の泉水に反射して銀色に輝いたことから、いつしかこの広場周辺にチャンドニー・チョウク（「銀の広場」あるいは「月明かりの広場」の意）の名がつい

た．やがてラーホール門からファテープリ・マスジッドまでのバーザール全域が，チャンドニー・チョウクと呼ばれるようになったという．ファテープリ・マスジッドの前には壇状の広場があり，その下に泉水が設けられ，近くには学者や旅行者のための宿泊所が建てられた．

シャージャーハーナーバードの南北の主軸をなす，もう一つの大きなバーザールは，宮城のアクバラーバード門から市門のアクバラーバード門（デリー門）まで延びる通りである．幅30ヤード（約27m），全長1050ヤード（約960m）で，888の店舗が並んでいた．1650年にアクバラバーディ・ベガム Akbarabadi Begum によって建設され，ナフル・イ・ベヘシュトからの水が流れていた．宮城の門のすぐ南，バーザールの先端には，同じくアクバラバーディ・ベガムによって黒，赤，白の三色からなる大きなモスクが建設され，アシャト・パナヒ Ashat Panahi（「偉大な防御」の意）と呼ばれた．またモスク近くにはサライ（隊商宿）が建てられ，通りの向かいには公共浴場が整備された．さらに通りの中央付近に，長さ160ヤード（約146m），幅60ヤード（約55m）の広場が整備された．当初はアクバラーバードへのバーザールとして知られていたが，やがてファイズ・バーザール（「豊饒のバーザール」）と呼ばれるようになった（Blake (1993)）．

シャージャーハーナーバードの市街地が形成され始めると，最初は土で市壁が築かれた．壁には門が設けられ，1638-1639年には最大の門であるアクバラーバード門が，1644-1649年にはアジュメール門，カーブル門，カシュミール門，モーリー Mori 門，ラーホール門が築かれた．しかし1650年の長雨によって盛土による市壁が崩れたため，1651-1658年の間に石造の市壁が建設された．その高さは約8m，厚さ3.6m，総延長は約6kmである．市壁には七つの主要な市門が一定の間隔で設けられた．これらは馬，馬車，歩行者すべてが通ることのできる門であり，北からカシュミール門，モーリー門，カーブル門，ラーホール門，アジュメール門，トゥルクマン Turkmani 門，アクバラーバード門である．ヤムナー河に面した市壁には，ラージ・ガート Raj Ghat 門，キラ・ガート Qila Ghat 門，ニガムボド門 Nigambodh Gate が設けられた．これら三つの門は，ヒンドゥー教徒が遺体を荼毘に付す川岸の階段状の壇であるガート ghat へ向かうための門であった．

市域には二つの小丘があり，市域北西角に位置するフージャラール丘 Fhujalal

第 II 章
デリー

Pahari は特別重要な場所ではなかったが，市中心部のブージャラール丘 Bhujalal Pahari にジャーミー・マスジッドが建設された（口絵4）．当時インドで最大のモスクであり，宮城にも匹敵するほどの存在感を持つモスクである．ファズィール・ハーン Fazil Khan，ハーン・サマーン Khan Saman（シャー・ジャハーンの宰相），サッドゥラー・ハーン Sa'addullah Khan の監督の下，1650年10月6日に定礎が行なわれ，6年の歳月と100万ルピーを費やして完成した．全体を覆う赤砂岩はファテープル・シークリーから運ばれた（Blake (1991)）．モスクの建設は，王妃（ベガム Begum）や貴族によっても行なわれた．傑出しているのはファテープリ Fathepuri・マスジッドとアクバラバーディ Akbarabadi・マスジッドであった．都市建設の初期に建てられたこれらの赤砂岩のモスクは，二つの主要なバーザールの一角を占め，シャー・ジャハーンの王妃が建てるにふさわしい立地と壮麗さを備えていた．ジャーミー・マスジッドに比べると規模や重要度が小さいとはいえ，ジャーミー・マスジッドが都市全体に提供した機能と同様，金曜日や祭日の集団礼拝や，地域住民の集会施設としての機能を，周辺地区に提供した．

市街地には大規模な庭園も整備された．ムガル庭園は，ペルシアのチャハル・バーグ（四分庭園）の手法を採りいれて設計された．最も大規模な庭園はジャハーンナーラ・ベガムによって，1650年にチャンドニー・チョウクの北に造成されたシャーヒババード・バーグ Shahibabad Bagh である．

シャージャーハーナーバードにおける水の確保は，かつてのフィーローズ・シャー・トゥグルク（在位 1351–1388）の時代に建設された運河を改修，拡張することで解決された．シャー・ジャハーンは 1639 年に運河の再開と修復を命じ，アリー・マルダン・ハーンによって，ハンシ Hansi とヒサール Hissar から町の北西部までの 78 マイル（約125km）の運河が掘り直され，ナジャフガル・ジール Najafgarh Jheel へ導水するために，五つのアーチで支えられた長さ 162 フィート（約50m），幅 24 フィート（約 7m）の水道橋が建設された．郊外を流れる水は庭園や邸宅などを潤し，カーブル門からシャージャーハーナーバード市街地へと導水された．市街地では水路は二つに分岐されたが，その一つがファテープリ・マスジッド付近でチャンドニー・チョウクに合流し，バーザールの中央を流れファイズ・バーザールへと流れるナフル・イ・ベヘシュトである．市街地の住民は，この水を細い水路でそれぞれのタンクや貯水池，庭園へと引くことができた．分岐

したもう一本の水路は，シャーヒーババード庭園を流れ，宮城の北西角へ至るルートをとった．シュトルグル Shutrugulu（「ラクダの首」の意）と呼ばれる巧妙な装置が，地上レヴェルから宮城の床レヴェルまで水をくみ上げていたと言われる．宮城の東の城壁沿いには大理石の水路が走り，各宮殿に水を供給していた（Chenoy (1998)）．

シャージャーハーナーバードの市壁の完成によって，約20年にわたるシャー・ジャハーンと王族たちによる建設活動はひとまず終わりを迎えた．彼らの建設により整然とした帝都の骨格が形成され，残りの市街地は個々の開発にゆだねられることになった．シャー・ジャハーンは宮城周辺の土地を，重要な廷臣達の宮殿や邸宅地に指定し，貴族達は，王宮のデザインをモデルとして大規模な宮殿（ハヴェリ）を建設した．そこには貴族とその家族だけでなく，使用人や工房（カールカーナー karkhana）で働く職人達もともに居住していた．したがって内部は公的空間，半公的空間，私的空間が明確に区分されるものであった．シャー・ジャハーンの長男ダーラ・シコー Dara Shikoh は宮城の北に隣接するヤムナー河畔に壮大な宮殿を営んだ．それは城下で最大かつ最も壮麗なものであった．

18世紀にはシャージャーハーナーバードの市街地は，大まかに三つの区域に分かれていた．一つはチャンドニー・チョウクの北側で，上流階級の邸宅や庭園，宮殿が並ぶ地区として維持されていた．一つは大多数の都市住民が居住していたチャンドニー・チョウク南側の地区である．そしてもう一つはキリスト教宣教師やヨーロッパ人商人たちが居住していたヤムナー河とファイズ・バーザールの間のダリアガンジュ Daryaganj 地区であった（Ehlers & Kraft (1993)）．

## 1-5 英国統治とニューデリーの建設

ムガル朝の皇帝は19代続いたが，1707年に6代皇帝アウラングゼーブが死ぬと，帝国は衰退し，宮廷の内紛や内乱，外部勢力の侵略などが続く．1739年にはイラン，アフシャール朝のナーディル・シャー Nadir Shah (1688-1747 在位1736-1747)[200] がデリーに侵攻し虐殺と掠奪を行ない，ムガル朝の孔雀の玉座と，有名なコーヘ・ヌール Koh-e-nur のダイヤモンド[201] を奪っていった．1757年にもデリーはアフガニスタン，ドゥッラーニー朝のアフマト・シャー・アブダー

リー Ahmed Shah Abdali（1723-1773 在位 1747-1773）によって攻め入られ，町は再び掠奪の憂き目にあう．その後も，マラータ Maratha 王国やジャート Jat 族，シク Sikh 教徒，ロヒラ Rohilla 族による攻撃や掠奪を受け続けた．（Kaul（1999））．

第2次マラータ戦争（1802-1805）中の 1803 年に，デリーは英国軍に占領され，東インド会社が，弱体化したムガル皇帝の「保護者」として，初めてデリーに総督代理を任命した．英国勢力はデリー城内やカシュミール門周辺に居を構えた．またダーラー・シコー Dara Shikoh（1615-1659）[202]やアリー・マルダン・ハーン Ali Mardan Khon[203]（?-1657）といった，かつてのムガル宮廷の王族や高官たちの宮殿が占めていた市街地北東端の地区が，レジデンシー Residency（「総督代理公邸」）や兵舎，弾薬庫へと改変された．その後，カシュミール門の内側にあった庭園に，セント・ジェームズ教会（1836）と商業施設が築かれ，デリー城の南，ダリアガンジュ地区には，インド人傭兵たちの軍営（カントンメント cantonment）が置かれた（図 2-23）．

1828 年，英国軍は丘陵地にカントンメント（兵営地）を設営し，シャージャーハーナーバードから移動する．宿営地はラージプート・カントンメントやハイバル・パスと呼ばれた．同時期に，シャージャーハーナーバードの北に英国人文民の居住区であるシヴィル・ラインズ Civil Lines が建設された．デリー市壁，ヤム

---

200) イラン，アフシャール朝の創始者．ホラーサーン地方に生まれ，アフシャール部族連合下の族長の子とも，牧夫の子とも言われるが，詳しい出自は不明．サファヴィー朝末期ホラーサーンに落ち延びたタフマースブ2世に仕え，勢力を強める．跡継ぎのシャー・アッバース3世の摂政となるが，1736 年退位させ，自らナーディル・シャーを称してアフシャール朝を開く．これにより，サファヴィー朝は名実ともに滅亡した．その後マシュハドを拠点としてバグダード，デリー，マー・ワラー・アンナフルなどを攻め勢力を拡大するが，冷酷粗暴な性格から周囲の恐れを招き，1747 年暗殺される．
201) ゴルコンダ地方（現ハイダラーバード）の産出とされる．1526 年バーブルの所有となり，ムガル朝の至宝となった．ムガル王室から掠奪したナーディル・シャーが「光（noor）の山（koh）」と呼んだことがその名の由来．曲折を経て 1813 年に当時パンジャーブを治めていたランジート・シンの手に渡り，第2次シク戦争（1848-1849）によりパンジャーブを併合した英国東インド会社の所有となる．その後ヴィクトリア女王に献上され，当初の 186 カラットから 105 カラットに再カットされた後，歴代英王妃の冠を飾ることとなった．
202) シージャハーンの長男．ムガル帝位継承者に指名されていたが，1657 年にシャー・ジャハーンが病に倒れると，3人の弟たちとの間に帝位争いが起き，アウラングゼーブに敗れ処刑される．
203) ペルシアのサファヴィー朝の貴族であったが，カンダハルの総督であった 1637 年，ムガル朝に降伏しシャー・ジャハーンの宮廷に仕える．その後，カシュミールやパンジャーブの統治を任されるなど重用された．

デリーの都市形成

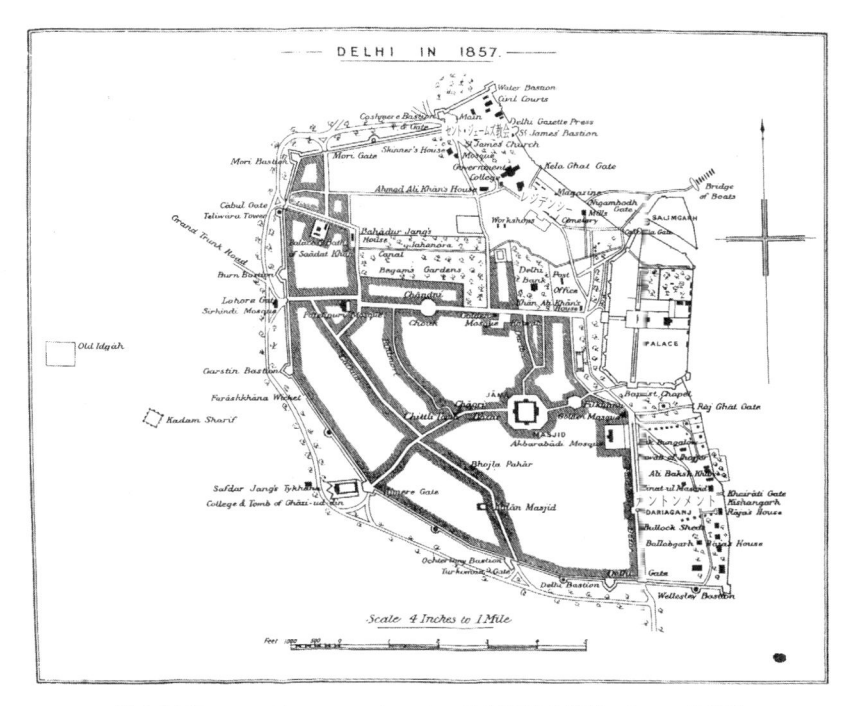

図 2-23 ● シャージャーハーナーバード（1857）：出典　Hearn（1906）

ナー河および北西に長く伸びる丘陵地に囲まれたこの三角形の地区が，防御機能に優れているという理由からであった．

　1833年のデリーの初のセンサスによると，人口は11万9800人であった．この頃，シャージャーハーナーバードの外で，いくつかの開発計画が実行された．サダル Sadar・バーザールやキシャンガンジュ Kishanganj，デピューティーガンジュ Deputyganj などである．1843年のセンサスでは，デリーの人口は13万1000となっている．同年，水源についての調査が行なわれ，全部で607の井戸のうち，555が濁った水であることが分かり，川から水を引くことが必要とされた．

　1850年代初頭には，大がかりな開発計画が議論された．グレートヘッドによる「デリーの排水施設計画」の他，グランド・トランク・ロードを延長し，シャージャーハーナーバード市街地を横切らせる計画案や，市壁の撤去計画，モー

201

## 第II章
デリー

リー門近くの堀割を埋め立て農地化する計画，デリーを鉄道に繋げる案などが議論された．1853年のセンサスでは，人口は15万1000になった．1848年，メーラト地区と川向こうのブランドシャハール Bulandshahar 地区の193平方マイルがデリーに編入され，ヤムナー河に恒久的な橋の建設が必要となった．

　1857年に起こったインド大反乱では，メーラト Meerut[204] のシパーヒー（東インド会社のインド人傭兵）が蜂起し，デリーでムガル皇帝バハードゥル・シャー2世（1775–1862　在位1837–1858）を擁立し，復権を宣言させた．しかし反乱は鎮圧され，1858年には東インド会社が解散し，インドは英国の直接統治下におかれることとなった．ここにムガル帝国は名実ともに滅んだのである．反乱後，市街地の約1/3が破壊されていたという．その後，反乱の再発防止と懲罰的措置から，シャージャーハーナーバードの大規模な破壊活動が行なわれた．宮城内は約8割（約120ha）が破壊され，英国は城内を軍の駐屯地へと変えた．皇帝は，長期間の裁判の末，ビルマに追放された．何千という従者たちも追放され，彼らは市内の裏通りやクトゥブ・ミナールやフマーユーン廟周辺へと逃げていった．英軍は宮城内に移動し，多くの宮殿を撤去し，兵舎を建設した．さらにカルカッタのフォート・ウィリアム周辺のマイダン maidan と同じように，軍営の防御のため，城の西側と南側の周囲半径300–400ヤードを，砲撃射程範囲として更地にした．ムガル時代にも同様の理由で空地が確保されてきたが，それはせいぜい100ヤードほどであった．多くの住宅，店舗，公的施設，またアクバル時代のモスクなどが破壊され，宮城と市街地との緊密な関係も失われた．主要なモスクは接収され，パン焼き場などの非宗教的用途に使われてしまった．市内外の王室所有地や資産は英国政府により占有されてしまった．

　当初，宮城を含め，市街地すべてを爆破してしまう計画もあった．宮城の跡地にヴィクトリア城を建設し，ジャーミー・マスジッドの代わりに聖堂を建てるというものであった．しかし，宮城を破壊することで得られる政治的目的は，それを占領することで事足りるとする国務大臣の意見によって中止された．デリー城のラーホール門，デリー門はそれぞれヴィクトリア門，アレクサンドラ Alexandra 門と改名され，チャンドニー・チョウクには市役所が建てられ

---

204) デリーの北東約60kmにある都市．ガンジス・ヤムナー両河中央部に位置する軍事拠点．

た．1858年初頭には市壁の撤去も始まったが，市壁とその外側約450m（500ヤード）の範囲を軍事的管理下に置くこととなり，10ヶ月後に中断された．1859年，シャージャーハーナーバードの支配は民政に移管され，パンジャーブ州に編入された．歩兵連隊がダリアガンジュとカシミール門に集中して配備され，そこでは市壁の一部が撤去され，道路の敷設，拡幅が行なわれた．ジャーミー・マスジッドには1862年まで軍が駐屯した．軍の撤退に際して，政治的集会は禁止され，政府の管理委員会のもとに置かれることとなった．1861年，カシュミール門とモーリー門間の市壁が，鉄道建設のために撤去された．1863年，デリー市政委員会 Delhi Municipal Committee に市壁の管理と管轄権が与えられ，周辺地区は文官統制に移管された．1866年，モーリー門とカシュミール門周辺の市街地を貫いて鉄道や駅，接続道路が建設された（図2-24）．300ヤード幅のクリアランスゾーンが，市内を東西に横断することになった．これにより市街地の北壁沿いの居住地は完全に孤立することとなった．クリアランスされた地区の中心に駅が置かれ，その後，鉄道はシャージャーハーナーバード南西壁の外側まで延長された．デリー最大の貨物駅がここに建設され，第2の交通の中心となった．鉄道導入後には広い自動車道路が建設されることとなり，市街地の周囲を巡回する道路が建設される一方，鉄道に隣接する道路と，カシュミール門とデリー門を結ぶ南北の道路が市街地内にも敷設された．南北の道路は，シャージャーハーナーバードの南にニューデリーを建設する上でも特に必要なものであった．シャージャーハーナーバードの北と南に二つの植民都市が隣接することになったのである．

　最終的に，ムガル期のシャージャーハーナーバードを特徴づけていた重要な要素の多くが消え去ってしまった．宮城から伸びる二つの軸線となっていたチャンドニー・チョウクとファイズ・バザールが最もいい例である．中央を流れていた大理石で作られた水路や日よけの並木は撤去され，全面的に舗装し直されてしまった．二つの道には小売店舗が集中していたが，その性格は大きく変化した．チャンドニー・チョウクの中心をなす，ジャハーンナーラ・ベガムによって建てられた大きなキャラバンサライは，市役所に建て替えられてしまい，その背後にあった広大な庭園も英国風に改造されてしまった（Frykenberg (1986)）(図2-25)．

　1877年，ヴィクトリア女王はインド皇帝を宣言し，カルカッタを首都とするインド帝国が成立した．1911年12月，英国王ジョージ5世の謁見のもとに行

第 II 章
デリー

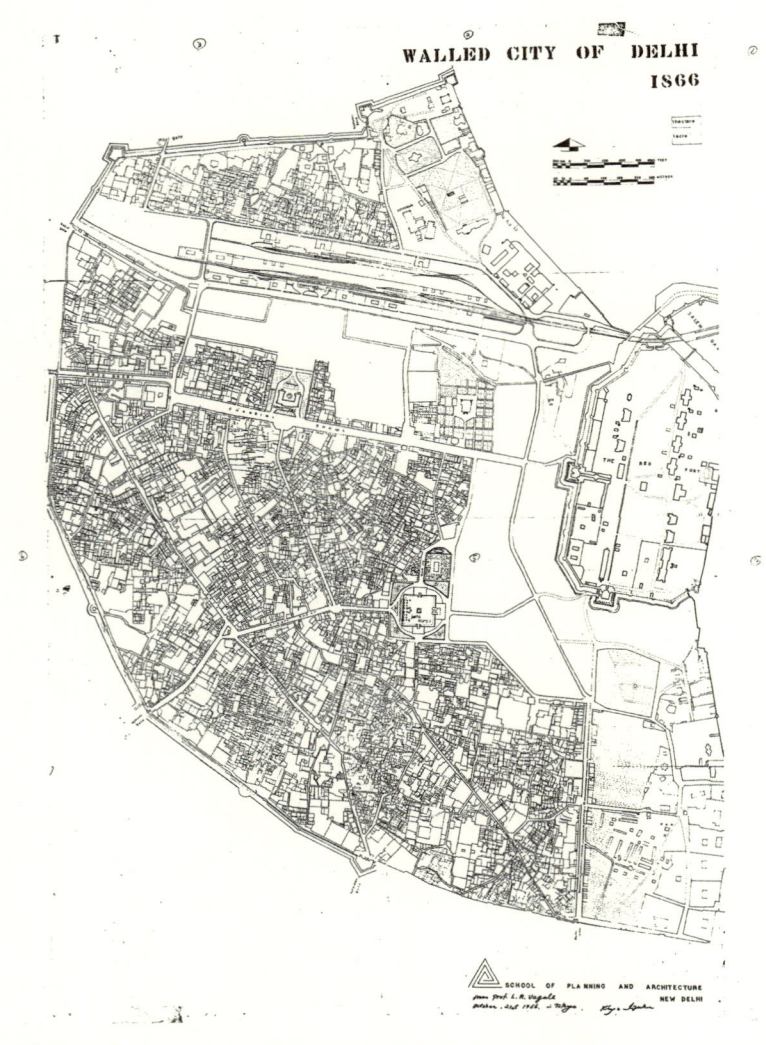

図 2-24 ● シャージャーハーナーバード (1866)：出典　School of Planning and Architecture, New Delhi 所蔵（飯塚キヨ氏のご厚意により入手）

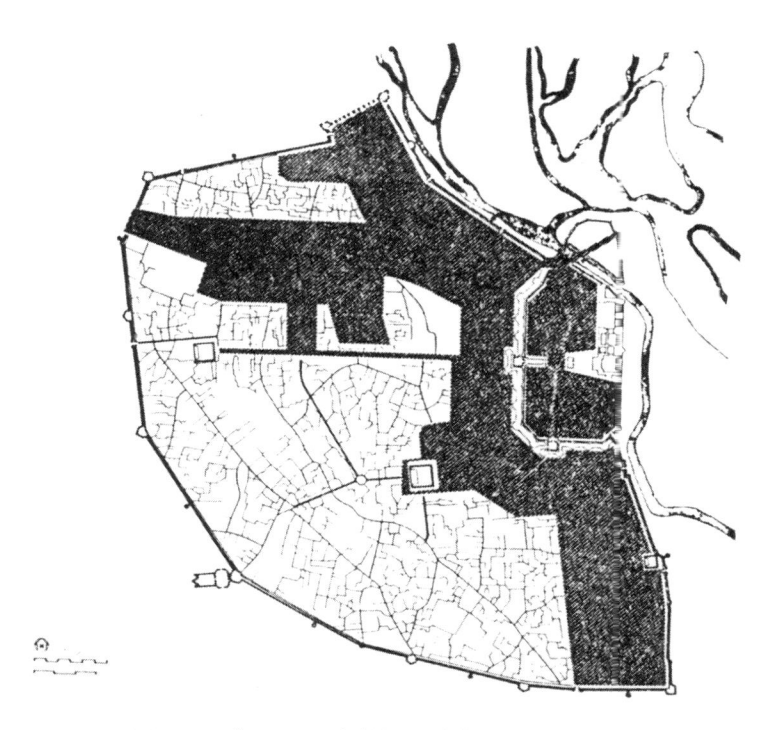

図 2-25 ●英国による改変地区：出典　Frykenberg（1986）

なわれたデリー・ダルバール darbar（行軍謁見式）において，カルカッタからデリーへの遷都が宣言され，1913 年，建築家エドウィン・ラッチェンス[205] Edwin Lutyence（1869-1944）により，新都の計画案[206]がまとめられ，建設が開始された（図 2-26）．1926 年 12 月 31 日のインド政府告示により新都は正式に「ニューデリー」と命名され，1929 年 12 月 23 日に新宮殿に副王（インド総督）が入居，1931 年 2 月にニューデリーの落成式がとり行なわれた（図 2-27）．ニューデリーの建

---

205) イギリスの建築家．ロンドン生まれ．サウスケンジントン美術学校に学び，1889 年頃建築家として独立する．アーツアンドクラフツ様式のカントリーハウスを数多く手がけ，その分野の代表的建築家となる．1912 年以降，ハーバート・ベイカー Herbert Baker らとニューデリーの都市計画に参画し，インド総督公邸（現大統領官邸）をはじめとする多くの公共建築，商業建築を設計した．1938 年に王立アカデミー院長となる．
206) ニューデリーの計画と建設，また，英国植民都市計画の歴史におけるその位置づけを巡っては，ロバート・ホーム（2001）および布野修司（2005）を参照されたい．

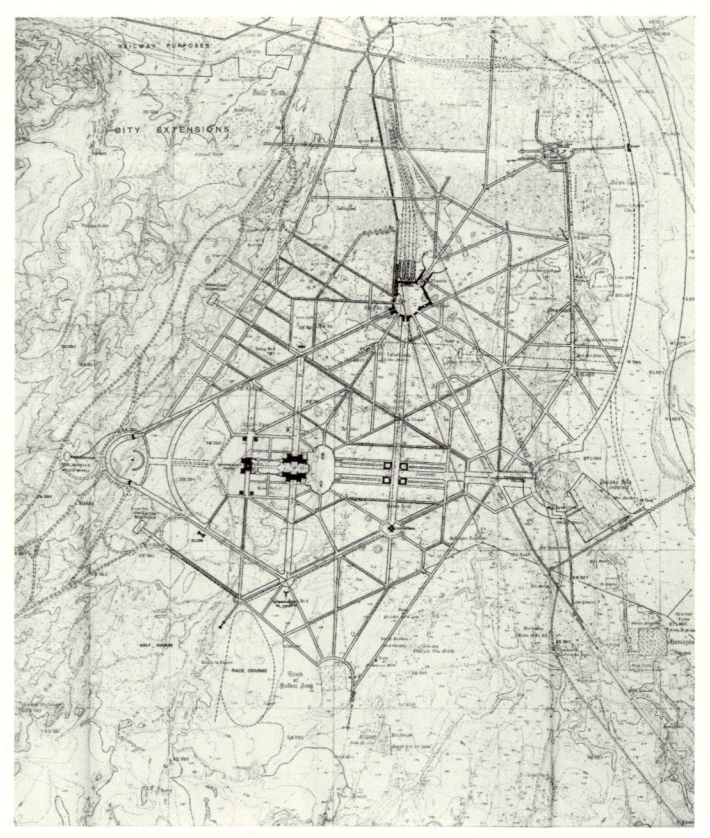

図 2-26 ●ニューデリー計画案（「デリー新帝都計画最終報告書」）：出典 Volwahsen（2002）

設によって，かつてのシャージャーハーナーバード地区は「オールド・デリー」と呼ばれることとなった．

　ニューデリー建設中は，シヴィル・ラインズ地区が行政の中心となり，臨時政庁などが設けられたが，オールド・デリーにも様々な改変が行なわれた．

　市行政委員会によりラーホール門，カーブル門地区改良計画が提案され，また商業区画の開発を伴ったオールド・デリーの周回道路の敷設が行なわれた．これらは G. B. ロード，B. B.（Burn Bastion）ロード計画と呼ばれる．1914 年には都市計画家パトリック・ゲデス[207] Patrick Geddes（1854-1932）がデリーを訪れ，旧市

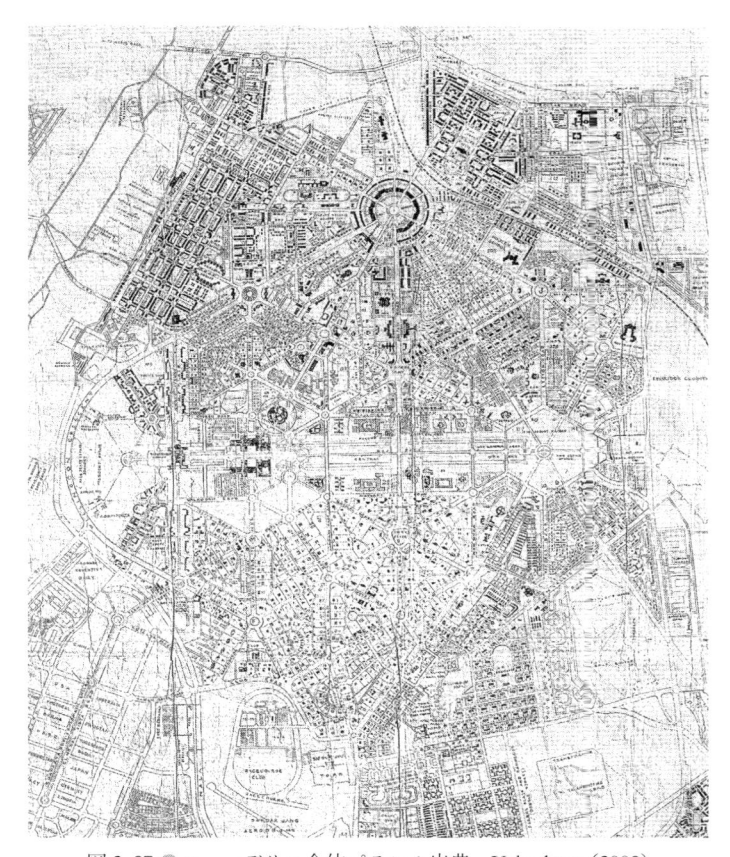

図2-27 ●ニューデリー全体プラン：出典 Volwahsen（2002）

街地区の改良計画についての報告書を作成している．1915年にはダリアガンジュ地区のカントンメントが移転し，居住地区として計画されることになった．1920年にはダリアガンジュ北地区は住宅地として再開発され，南地区は学校用地に充てられた．1926年，市政委員会はデリー門とアジュメール門の間の市壁を撤去する計画を提案したが，「ニューデリーをオールド・デリーに棲むネズミから守らなければならない」というラッチェンスの反対にあってしまう．

1936年，市政の有力者アーサーフ・アリー Asaf Ali の要請により，A. P. ヒュー

---

207) 英国の植物学者，社会学者，都市・地域計画の先駆者．その都市計画史上の位置づけについては，Home, Robert (1997) ＝ロバート・ホーム (2001) 参照．

ム Hume が「デリーの密集緩和に関する報告書」を提出した．一人あたりの最低必要面積を 50 平方フィートとして計算し，オールド・デリーの人口を 10 万人まで削減することが提言された．報告書では，ヨーロッパのスラムの定義を適用し，オールド・デリーの大部分をスラムと分類，デリーの周囲に新たな居住地区を建設することを提言している．

　1937 年，ヒューム・レポートに基づきデリー改善トラスト Delhi Improvement Trust (DIT) が設立される．ヒュームを事務局長として，市街地改善と拡張計画の実行をめざした．旧市街における最重要プロジェクトは，デリー・アジュメール門スラムクリアランス開発計画 Delhi Ajmeri Gate Slum Clearance and Development Scheme であり，モデル事業として計画された．約 70 エーカー（約 28.3ha）がクリアランスされ，そこに居住していた 2400 世帯のための新たな住居を建設するというものであった．

　DIT のプロジェクトは，予算不足や行政上の不備によりその大部分が実行されなかったが，アジュメール門計画の一部は実行に移された．デリー門とアジメール門の間の市壁は完全に撤去され，堀は埋められた．市壁の石材は，アーサーフ・アリー・ロード沿いの商業ビルや住居へと転用され，オールド・デリーとニューデリーの間の近代の壁となった．しかし実施された事業は，スラムの形成や過密な人口密度という問題に対して，改善をもたらすものではなかった．1951 年，DIT の事業は政府の委員会（ビルラー委員会 Birla Committee）によって，まったく効果がなかったと結論づけられてしまった．

　オールド・デリーにおける都市変容の大きな画期は，1947 年の分離独立であった．宗教間の流血の衝突，多くのムスリムの流出とパンジャーブからの大量の移民の流入，それに続くデリーの急激な人口増加により，既存の構造は劇的に崩壊し，多くの地区で，ほとんど全面的な住民の入れ替えが起こった．

　1941-1951 年の 10 年間にオールド・デリーの人口は 2 倍以上になっている．続く 10 年は増加してはいるが，緩やかな微増となっている．1960 年代半ば以降は反転し，わずかであるが減少に転じている（図 2-28）．独立後のプロセスは以下の三つに特徴づけられる．

①分離独立による人口構成の大激変

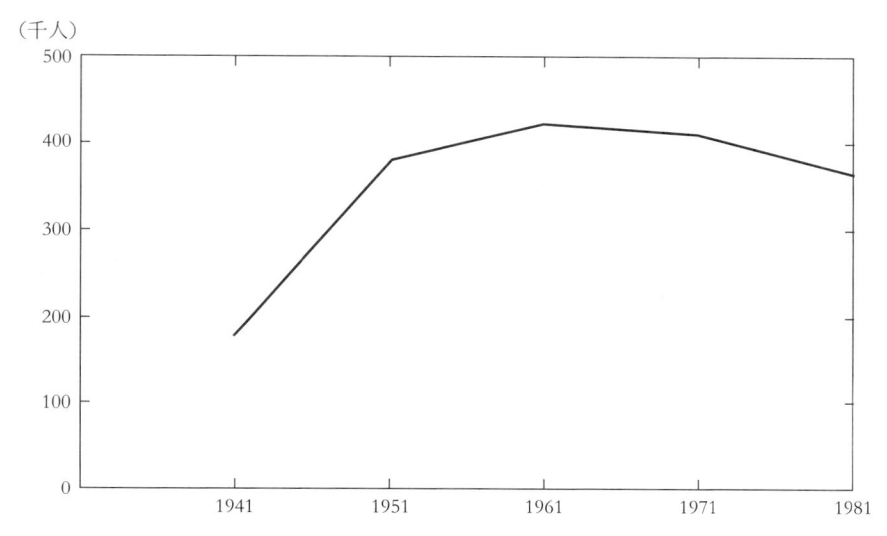

図2-28 ●オールド・デリー人口（1941-1981）：出典　Ehlers E. & Krafft T.（eds）(1993)

② 過密と住宅不足による居住区のスラム化
③ 商業化の進行による住民の流出

　1947-1948年の流血の分離は，デリーの人口構成に大きな変化をもたらした．T. クラフト Krafft によるとその状況は以下のようであった（Ehlers & Krafft (1993)）．1947-1951年の間に，32万9000人ものムスリムがデリーを離れ，反対に49万5000人ものパンジャーブからのヒンドゥー難民がデリーに押し寄せた．両難民の流出と流入によって，結果的に16万6000の人口が増えた．加えて同じ4年間に，正規の移民と人口の自然増によって，デリーでは上記とは別に20万6000人の人口増があったのである．

　この影響は特にオールド・デリーにおいて著しかった．モーリー門やカシュミール門周辺のように何世紀にもわたりムスリムが居住していた伝統的街区では，それまでの住人が流出し，代わりに多くの難民が流入した．一部は合法的に住居に割り当てられたが，大半が不法占拠であった．

　分離独立後の数年間で，何千という住宅や土地の所有権が変わった．不法占拠や，救援復興省 Ministry of Relief and Rehabilitation によるいわゆる「移民資産

evacuee properties」の配給により，深刻な住宅不足の早期解決が図られた．同時にそれらをあまり必要としない人々も，自らの財産を増やすのにちょうどよいチャンスを得た．店子は避難していった大家の家を自分のものとし，避難民の隣人はその土地の所有権を主張し，売買業者は逃げていった競争相手の不動産を自分のものとした．譲渡できないことになっていたかつてのムスリム居住区の多くのワクフ財にも，新たな所有者が現われた．結果として今日でも多くの建物や土地の真の所有者に関する混乱が続いている．

　移民資産を都市計画当局へ移管することで，救援復興省はスラム再開発のための用地や社会資本のための施設を確保した．しかし分離独立から半世紀以上たった現在でも，所有権に関する多くの裁判が係争中である．デリー・ワクフ評議会 Delhi Wakf Board が起こしている訴訟だけでも数百の裁判が係争中である．

　1950年代，オールド・デリーの都市環境は，1947年以降の大規模な人口増加と商業空間の需要の高まりによって，急激に悪化した．1958年の報告書「オールド・デリーのスラム Slum of Old Delhi」によると，スラムの人口をカトラ居住者5万人，四つのバスティー Busties (掘っ建て小屋) 地区1万2000人と推計している (Ehlers E. & Krafft T. (eds.) (1993))．

　都市計画当局は，建物やインフラストラクチャーの年数や状態，衛生状態，そして最も重要である人口密度（1エーカーあたりの人口）を「スラム」認定の評価指標としていた．ヒュームと DIT は，1エーカーあたり200人を，認めうる人口密度の上限とした．1962年に決定され，1981年までの20年間の計画目標を定めた「デリー・マスタープラン」(Delhi Development Authority (1962)) においては，上限は250人/エーカー（618人/ha）にまで緩和された．実際の人口密度は，マスタープラン策定当時，ダリアガンジュ地区を除いたすべての計画地区においてその上限を超えていた．

　スラム地区の指定は1956年の「スラム地区（改善除去）法 Slum Areas (Improvement and Clearance) Act」に基づいて行なわれた．1974年，業務はデリー市役所 Municipal Corporation of Delhi からデリー開発局 Delhi Development Authority へと移管され，スラム地区は以下の三つのカテゴリーに分類されることになった．

1 存続地区：基本的居住水準を満たしている地区で，最低限の修復によって今後も維持存続することが可能な地区．
2 再生地区：最低居住条件を実現するために，何らかの再開発計画が必要な地区．改善のためのまとまった資金投下が必要な地区．
3 撤去地区：居住条件を満たさない不適格地区．建て替えのための撤去が必要．この地区では，全面的な撤去および適切な衛生施設と公共施設を備えた新たな居住地の建設が当局によって実施される必要がある．

「デリー・マスタープラン」においては，市壁内の全地区が上記の指標によって分類された．ジャーミー・マスジッドからトゥルクマン門までの地区はすべて撤去地区に分類された．事実上オールド・デリーはすべてスラムであるとされ，とられる改善策がわずかに違うだけということになった．しかしこのような低評価の格づけによる取り組みは，都市発展の諸問題を解決するには適当でないと考えられるようになり，新たな都市計画「2001年のデリー：デリー・マスタープラン1990.8」(Akalank Publications (1998))においては，これらの手法は放棄されている．

1951年から1981年までの人口密度の増加は，過密低減の試みがまったく成功しなかったことを物語っている．それどころかオールド・デリーのすべての計画地区において，地区によって差はあるものの，人口密度は依然として極めて高い（図2-29）．1981年の統計では，最も低いチャンドニー・チョウク／ラージパット・ライ・マーケットの286人／エーカー（707人／ha）から，最も高いラール・ダルワザ（ジャーミー・マスジッド近く）の807人／エーカー（1994人／ha）までの幅がある．250人／エーカーという1981年の目標値はどの地区でも達成されていない．16の計画地区のうち，八つの地区では，目標値の倍以上の密度である．

オールド・デリーの人口そのものは減少しているにもかかわらず，人口密度が1951年，1971年に比べて高くなっている理由は，撤去によって居住空間が減少したことや，労働人口の転出による人口減少よりも速いペースで商業空間の拡張が進んでいるためである．

ニューデリーの建設によってオールド・デリーと呼ばれるようになったかつてのシャージャーハーナーバードは，分離独立によるドラスティックな人口構成の

第Ⅱ章
デリー

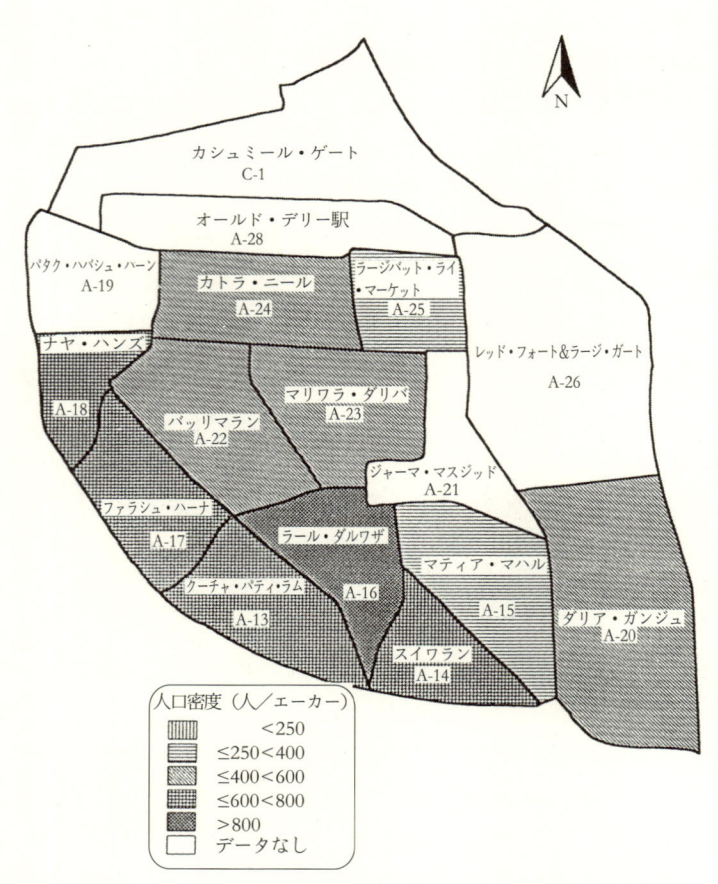

図2-29 ●オールド・デリー人口密度（1981）：出典　Ehlers E. & Krafft T. (eds)（1993）

変化の影響を大きく受け，急激な過密化による都市問題を数多く抱えてしまうことになった．独立後，新旧二つのデリーを包括的に整備する近代的都市計画の体系と手法が導入されたが，オールド・デリーの都市問題はなかなか解決されずに至っている．これらの都市問題を解決しながら，一方で歴史都市の要素を失うことなく存続させていくことが，現在のオールド・デリーの大きな課題となっている．

# 2
## シャージャーハーナーバードの街区形成

## 2-1 ムガル朝時代の街区

　1659–1669 年にインドに滞在したフランス人の旅行家フランソワ・ベルニエは，先に紹介した著名な旅行記の中でシャージャーハーナーバードの市街地について記している（Bernier（1969））．そこには両側がアーチを列ねた回廊となっている直線の大通りチャンドニー・チョウクとファイズ・バーザール，およびそこから分岐する曲がった街路網の様子や，住宅の様子が書かれている．住宅はレンガや石で築かれたものはあまりなく，土で築かれた藁屋根の住宅が多数だが，中庭や庭があり風通しがいいので住み心地はよいと記されている[208]．しかし，市街地がどのような地区や街区，住区から構成されていたかについては記述がない．

　チェノイは，シャー・ジャハーン帝時代の年代記作者や旅行者の記録にはシャージャーハーナーバードの特定のモハッラや地区についての記述は見られないが，都市建設以前のフィーローザーバードの時代からいくつかの居住区が形成されており[209]，さらにシャー・ジャハーン帝時代には以下のような地区が形成されたことを史料を基に明らかにしている（Chenoy（1998））．図 2-30．

---

208) ベルニエ著，岡美奈子・倉田信子訳『ムガル帝国誌』岩波書店　1993. 特に pp. 199–251「ラ・モット・ル・ヴァイエ氏への手紙」に市街地の様子が具体的に書かれている．
209) ブルブリ・ハーナ Bulbul-i Khana，ボージュラ・パハリ Bhola Pahari，バッリマラン Ballimaran，またチトリ・カブル Chitli Qabr，ラール・クアン，カーリー・バーオリー Khali Baoli，チャー・インドラ Chah Indra の名が挙げられている．

第Ⅱ章
デリー

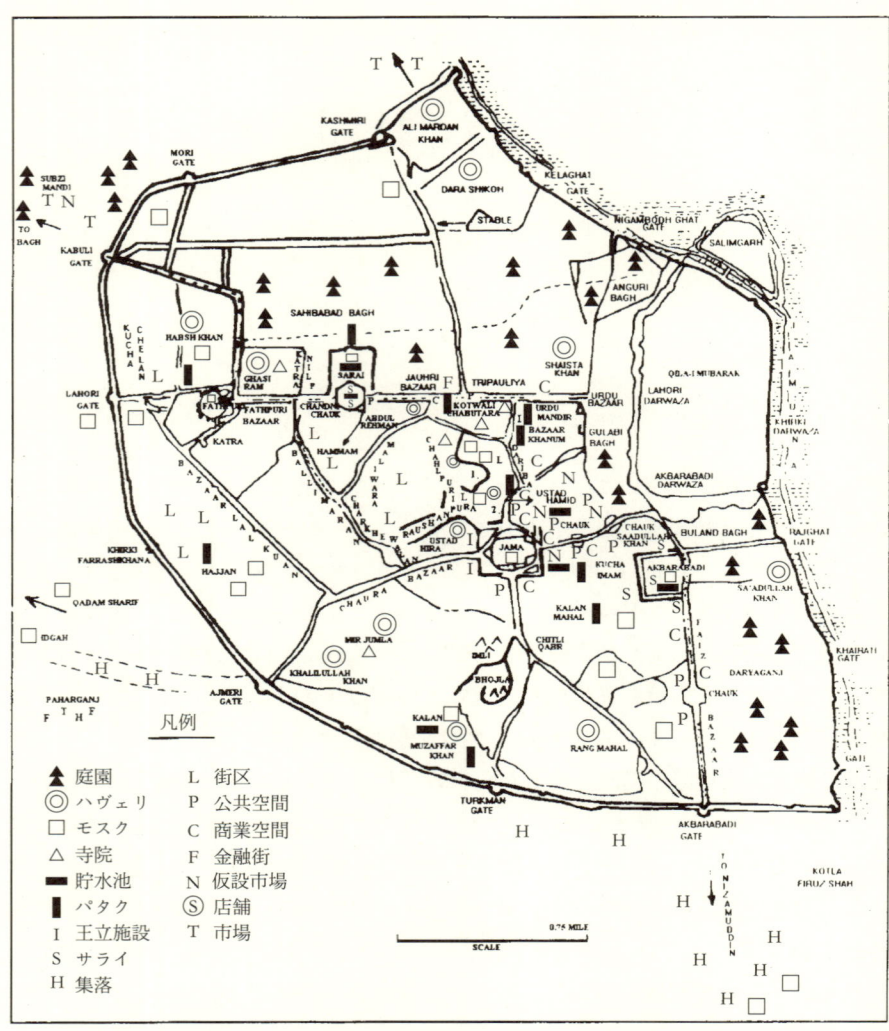

凡例

| | | | |
|---|---|---|---|
| ▲ | 庭園 | L | 街区 |
| ◎ | ハヴェリ | P | 公共空間 |
| □ | モスク | C | 商業空間 |
| △ | 寺院 | F | 金融街 |
| ■ | 貯水池 | N | 仮設市場 |
| ■ | パタク | Ⓢ | 店舗 |
| I | 王立施設 | T | 市場 |
| S | サライ | | |
| H | 集落 | | |

図 2-30 ● シャー・ジャハーン時代のシャージャーハーナーバード市街地：
出典　Chenoy (1998) に加筆：山根周

### マリワラ Maliwara

庭師の居住地区であった．18世紀半ばの記録によると，マリワラには多くの「ワラ wara」や「プラ」があった．テリワラ Teliwara，ムガルプラ Mughalpura，クーチャ・チョー・ラム Kucha Cho-Ram，チナル・バーグ Chinal Bagh などである．門の内側には1000以上のモハッラやバーザールがあったという．誇張を考慮しても，マリワラにはいくつかの住区が形成されていた．ラウシャンプラ Raushanpura というジャイナ教徒の住区もあった．またチャールプリ Chahlpuri は，字義通りには40家族からなる住区であるが，シャー・ジャハーンの宰相であったライ・ラヤン Rai Rayan が住んでいた．

### クーチャ・イ・チェラン Kucha-i Chelan

ハブシュ・ハーンのハヴェリの西に位置し，ムーリッディ・カース Murid-i Khas すなわち皇帝の門弟たちの住区であった．シャー・ジャハーンに寵愛された門徒ファテ・ムハンマド Fathe Muhammad は，この地区に居を構えていたと言われる．

### ファッラシュハーナ Farrashkhana

字義通りには絨毯やテントの保管室である．しかし，皇室の絨毯は王城からかなり離れた地区に保管されていた．したがってモハッラ・ファッラシュハーナは絨毯やテントを作る人々の住区であったと考えられる．アブル・ファズルによると，「これらの人々はイランやトゥーラン語族，インド出身の人々」であった．市壁の小門キルキー・ファッラシュハーナ Khirki Farrashkhana は彼らの市街地への出入りを容易にするために建設された．

### ガリ・ラジャン Gali Rajan

石工の住区．

### ガリ・チャブーク・スワラン Gali Chabuk Suwaran

チャブークスワール Chabuksuwar すなわち騎手を集める手配師たちの住区であった．

### イマーム・カ・クーチャ Imam ka Kucha

シャー・ジャハーン帝の時代，ジャーミー・マスジッドの王室イマームの住居が置かれた住区．

## 第Ⅱ章
デリー

### カトラ・ニル Katra Nil

ニルすなわち藍の市場もシャージャーハーナーバードの地区の一つであった．この場所で藍が製造販売されたのが，市街地の形成前かそれ以降かは明らかでない．しかし藍はずっと以前からデリーの特産品の一つとして有名であった．

18世紀初頭には，上記の他にも，ワキールプラ Wakilpura, クサルプラ Kusalpura, アーディプラ Ahadipura, クワースプラ Khwaspura, ベガムプラ Begumpura, バグダード Baghdad, カーズィーワラ Qaziwara といった地区が存在した．

その後も多くの居住区が形成されたが，同じくチェノイ Chenoy (1998) によれば，1750–1803年の間に，地図その他の史料から確認できるカトラ katra やクーチャ kucha には以下の23の地区があったという（図2–31）．

［I］ラーホール方面のバーザール（チャンドニー・チョウク）の北
(1) カトラ・ニル
(2) クーチャ・イ・パトゥア Kucha-i Patua
(3) クーチャ・イ・ギラ Kucha-i Gila

［II］コートワールのある三叉路から王城までのバーザール（チャンドニー・チョウク）の北
(4) クーチャ・イ・ジーヴァン・ダス Kucha-i Jeevan Das
(5) クーチャ・ラール・ベハラ Kucha Lal Behara
(6) クーチャ・イ・ハヴェリ・タージ・ムハンマド Kucha-i Haveli Taj Muhammad（1775年までバハダールガル Bahadurgarh を治めた人物）

［III］ハイダル・クーリー・ハーンのハヴェリの東までのバーザール（チャンドニー・チョウク）の南
(7) クーチャ・イ・チュリワラン Kucha-i Churiwalan
(8) クーチャ・イ・ライ・マン Kucha-i Rai Man（クーチャ・バリマラン Kucha Ballimaran は記されていない）

［IV］ジャハーンナーラ・ハンマーム Jahannara's Hammam の後方
(9) クーチャ・イ・マリワラ Kucha-i Maliwara

2

シャージャーハーナーバードの街区形成

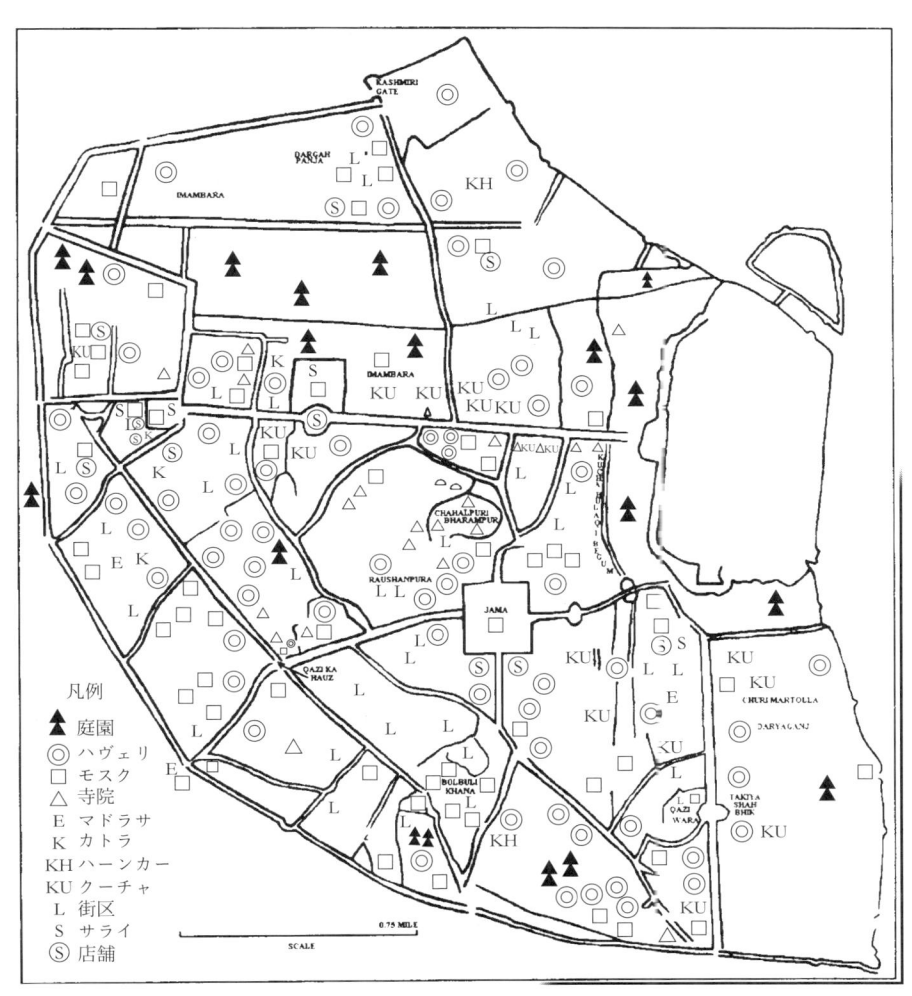

図2-31 ● 18世紀後半のシャージャーハーナーバード市街地の構成：出典
Chenoy (1998) に加筆：山根周

凡例
▲ 庭園
◎ ハヴェリ
□ モスク
△ 寺院
E マドラサ
K カトラ
KH ハーンカー
KU クーチャ
L 街区
S サライ
Ⓢ 店舗

(10) クーチャ・イ・ハヴェリ・ラージャ・ジュガル・キショール Kucha-i Haveli Raja Jugal Kishore

[V] コートワール・チャブートラ Kotwali Chabutara の後方

217

(11) クーチャ・イ・ダリバ Kucha-i Dariba

(12) クーチャ・イ・パニパーナ・サフカール Kucha-i Panipana Sahucar（貸金業者の通り）

(13) クーチャ・イ・チャウドリー・フカム・ダス Kucha-i Chaudry Hukam Das

(14) クーチャ・ブラーキ・ベガム Kucha Bulaqi Begum

(15) チャールプリ近くのダーラムプル Dharampur near Chahlpuri

[VI] アクバラーバード・マスジッドの右側のファイズ・バーザール

(16) カトラ・スーダ・カラン Katra Suda Karan

(17) クーチャ・ファウラド・ハーン Kucha Faulad Khan

[VII] ラウシャン・ウッダウラ・モスク Raushan-ud-Daula's Mosque 周辺

(18) ラスタ・チトリ・カブル Rasta Chitli Qabr

[VIII] デリー門近くのモスク周辺

(19) クーチャ・イ・イッテラン Kucha-i Itteran（香水売りの通り）

[IX] サッドゥラー・ハーンのハヴェリ沿いの左

(20) クーチャ・イ・マイダガラン Kucha-i Maidagaran（花売りの通り）

(21) クーチャ・イ・サバー・チャンド Kucha-i Sabha Chand

(22) ハヴェリ・イ・クーチャ・イティカード・ハーン Haveli-i Kucha Itiqad Khan

[X] ラウシャン・ウッダウラのハヴェリの後方

(23) 王室武器庫の工房および武器庫のカトラ

さらに史料によれば，19世紀前半には少なくとも87のクーチャやカトラ，ガリ gali[210]，モハッラ，チャッタが，シャージャーハーナーバードの市街地には存在していたという（Chenoy (1998)）．

---

210) ヒンディー語で路地，小路，小規模な地区を意味する．袋小路となる場合が多い．

## 2-2 街区空間の単位

上記の住区や街区を示す言葉のうち，カトラとは中庭状広場を囲むように住居，店舗が複合した居住区を意味する[211]．

クーチャ kucha とはペルシア語で「路地」「小路」を意味し，同時に特定のカーストやコミュニティなどの集団の居住区をも示す．ガリも同様に「狭い路地」を意味する言葉で，住区の一部を構成する場合や，ガリそのものが一つの住区となっている場合もある．

またモハッラとは，上述のように（第Ⅰ章 1-2），アラビア語起源の言葉で，都市における「地区」を意味し，ヒンディー語の辞書では「居住地や幹線道路の両側に面した商業地として明確に定義できる地区」という定義もある（Trivedi (1980)）．一般に他の名称の住区よりも規模が大きく，一般には社会的経済的な一つの単位となっていた．モハッラには，いくつかのパタク phatak やクーチャ，カトラを含む大きなものもあり，各モハッラにはモハッラダール mohalladar と呼ばれる責任者が置かれた（Ehlers & Krafft (1993)）．

その他，プラ pura とはサンスクリット語起源の言葉で「町」や「村」を意味し，シャージャーハーナーバード建設以前からの集落や，市街地がまだ建て詰まっていない時期に形成された，集落的な地区を示すものであったと考えられる．チャッタ chatta とは屋根付きの通りのことであり，シャージャーハーナーバードでは，特定の工芸に従事する職人の居住区がチャッタと呼ばれたという．

これら以外にも，パタクと呼ばれる住区があった．もともと「門」という意味があり，門扉で区切られた住区のことである．小さなカトラのような場合もあれば，モハッラのように規模が大きく多様な構成をとる場合もある．さらにサライ serai（ペルシア語起源）と呼ばれる，隊商宿や巡礼宿が住居へと転化した居住区もあった．

---

211) カトラには「若い雄の水牛」という意味もある．北インドで代々，主として農業に従事しながら牧畜を営んできたジャット Jat・カーストに使われてきた言葉とされ，牛が貴重な財産で牛泥棒が日常的であった古い時代に，カトラは乳牛を守る「囲い」をも意味していた．現在の意味はそこから派生したという説がある（Trivedi (1980)）．

## 第 II 章
デリー

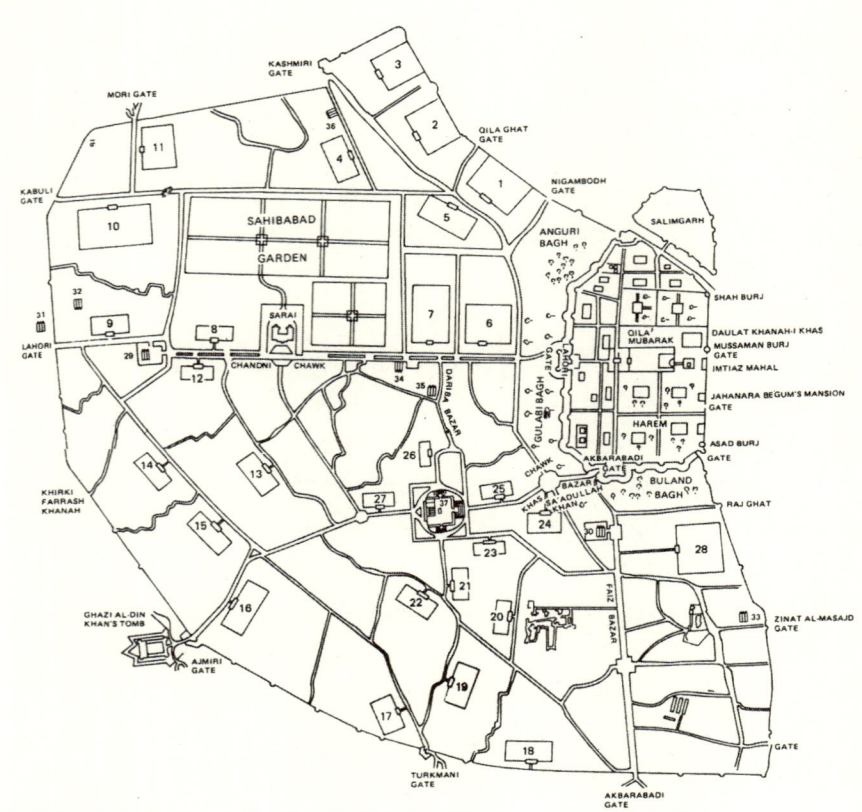

図 2-32 ●主要なハヴェリとモスク（1739）：出典　Blake (1991) pp. 72-3 に加筆：山根周

【ハヴェリ】
1. サフダル・ジャングのハヴェリ　2. ダラ・シコーのハヴェリ　3. アリー・マルダン・ハーンのハヴェリ
4. ルトフッラー・ハーンのハヴェリ　5. マジュド・アル・ダウラーのハヴェリ　6. シャイスタ・ハーンのハヴェリ
7. ラウシャン・アル・ダウラーのハヴェリ　8. ガージー・ラムのハヴェリ　9. ハブシ・ハーンのハヴェリ
10. サーダト・ハーンのハヴェリ　11. イスマイル・ハーンのハヴェリ　12. ハイダル・クーリー・ハーンのハヴェリ
13. シール・アフガン・ハーンのハヴェリ　14. シパダール・ハーンのハヴェリ　15. アディナー・ベグ・ハーンのハヴェリ
16. カマル・アル・ディン・ハーンのハヴェリ　17. ムザファル・ハーンのハヴェリ　18. ミール・ハーンのハヴェリ
19. ミール・ハシムのハヴェリ　20. アザム・ハーンのハヴェリ　21. ミティヤ・マハル
22. バクタワル・ハーンのハヴェリ　23. アフマド・アリ・ハーンのハヴェリ　24. ハーン・ダウランのハヴェリ
25. サルブランド・ハーンのハヴェリ　26. ウスタッド・ハミッドのハヴェリ　27. シャージのハヴェリ
28. サードゥッラー・ハーン/ガージー・アル・ディン・ハーンのハヴェリ

【モスク（マスジッド）】
29. ファテープリ・マスジッド　30. アクバラバーディ・マスジッド　31. シリンディ・マスジッド
32. アウランガバーディ・マスジッド　33. ジナト・アル・マスジッド　34. ソンハリ・マスジッド
35. シャリフ・アル・ダウラのマスジッド　36. ファクル・アル・マスジッド　37. ジャーマ・マスジッド

## 2-3 街区形成のパターン

　これらの住区の形成には，いくつかのパターンがあったとされる．一つはウマラー umara と呼ばれた貴族，マンサブダール mansabdar と呼ばれた軍人や官僚，また豪商らが建設したマハル mahall，コティ kothi，ハヴェリとよばれる宮殿や邸宅が核となって形成された居住区である．シャージャーハーナーバードの建設後，1650年頃の人口は37万5000〜40万人程度であったとブレイクは推計し，そのうち約8割 (30-32万人) はムガル皇室および臣下の王族や貴族らが抱える人口であったとしている (Blake (1991))．ほとんどの王族や貴族たちは，壁で囲まれた宮殿や邸宅を構え，臣下とともに居住した．このような宮殿や邸宅がシャージャーハーナーバードにおける初期の主要な居住区の形態であった (図2-32)．

　これらの宮殿や邸宅は世襲的な財産ではなく，主人が変わることも多く，次第に細分化され，クーチャやカトラへと転化していく場合もあった．そのようにして形成されたクーチャやカトラは，元のハヴェリの居住者の名で呼ばれることが多かった．カトラ・シャイフ・チャンド Shaikh Chand，クーチャ・イ・シャー・タラ Shah Tara，クーチャ・ミール・アシク Mir Ashiq，クーチャ・ウスタッド・ハミッド Ustad Hamid，クーチャ・ブラキ・ベガム Bulaqi Begum などはそうした名前である．

　住区形成のもう一つの主要なパターンは，カーストや同業者による集住であった．この場合，カースト名や職業名が居住区の呼び名となることが多かった．同業者によるモハッラや，特に食料品に関連していた住区として，チェノイはチャッタ・モムガラン Chatta Momgaran，チャッタ・マアマラン Chatta Ma'amaran，モハッラ・スザンガラン Muhalla Suzangaran，モハッラ・チュリガラン Muhalla Churigaran，チャルケワラン Charkewalan，シルケワラン Sirkewalan，カッサブプラ Qassabpura，カトラ・レウリ Katra Rewri，カトラ・バリヤン Katra Bariyan，クーチャ・バタサ Kucha Batasa，ナヤ・バンス Naya Bans，クーチャ・パトゥア Kucha Patua，カトラ・ラウガーン・ザード Katra Raughan Zard，モハッラ・カティック・チリムサザン Muhalla Khatik Chirimsazan，モハッラ・カガジ Muhalla Kagazi などを挙げている (Chenoy (1998))．カーストに基づいた住区としては，カトリー Khattri カースト[212]の住区であるカトラ・ニルや，クーチャ・

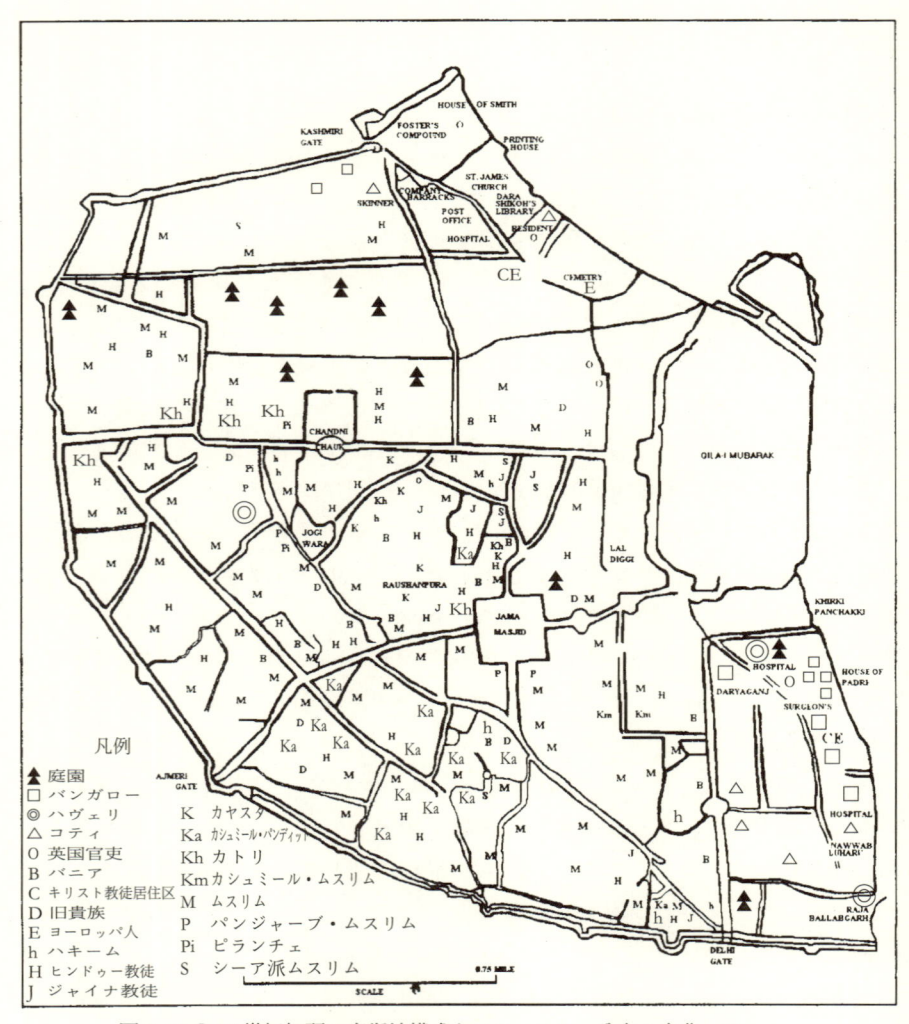

図 2-33 ● 19 世紀初頭の市街地構成とコミュニティ分布：出典　Chenoy (1998) に加筆：山根周

パハリ Kucha Pahari の例が挙げられている．また，ラール・クアン Lal Kuan の一部はハーシム家[213]の末裔の居住地であり，カシュミール・パンディット

---

212) クシャトリヤ階級から派生したといわれている商業に従事する人々をいう．
213) イスラームの開祖ムハンマドを生んだメッカの支配階級クライシュ族に属する一家.

## 2 シャージャーハーナーバードの街区形成

Kashmiri Panditの人々は主にバザール・シータ・ラム Bazaar Sita Ramに集中し，ジャイナ教徒たちはラウシャンプラに，シーア派の人々はカシュミール門近くに集まって居住していた（図2-33）．

しかし，特定のカーストが集中する地区が必ずしも排他的な地区であったわけではないという．チェノイは次のようにいう．

> カトラ・ニルやラウシャンプラ，シータ・ラム・バザールにもモスクがあり，ムスリムも居住していた．同様に，カトラ・パハーリーやカシュミール門周辺にもヒンドゥー教徒が住み，寺院も存在した．さらに，すべてのカトリー・カーストの人々がカトラ・ニルだけに住んでいたわけでもなく，ダーラムプル Dharampur, マリワラ，カーリー・バーオリー Khari Baol, チッピワラ Chippiwala に居住するものもあった．同様に，ジャイナ教徒はマリワラやダリバ・カラン，ティラハ・バイラム・ハーン Tiraha Bairam Khanにも住んでいた．カシュミール・パンディットは，バザール・シータ・ラムだけでなく，そこに繋がるガリ・カシュミーリヤン Gali Kashmiriyan, クーチャ・マリ・ダス Kucha Mali Das, クーチャ・パティ・ラム Kucha Pati Ram, クーチャ・シッディ・カーシム Kucha Siddi Qasim といった路地にも住み，ターン・パンジュ・ピラン Than Panj Piran やチュリワラン Churiwalan にもパンディットの家がいくつかあった．モハッラ・ブルブーリ・ハーナ Muhalla Bulbul-i Khana にもパンディットが居住していた．パハリ・ボージュラ Pahari Bhojra には19世紀初頭の最も著名なパンディットで，ジャッジャール Jhajjar のナワーブのワキール wakil（官吏）であったララ・ゴヴァルダーン・ダス Lala Govardhan Dasが住んでいた．また，デリー門近くのチャッタ・ラール・ミヤノ Chatta Lal Miyan には，バッラブガル Ballabgarh のラージャ Raja（王）の官吏，ダヤナンド・ハン・パンディット Dayanand Han Pandit が住んでいた．アクバラーバード・マスジッドの南にはカシュミール・カトラ Kashmiri Katra があり，カシュミールの人々に尊ばれた聖者ハジ・ハルミン Haji-i Harmin の廟があった．同じように，シーア派の人々もカシュミール門周辺だけに固まっていたわけではなく，ダリバ・カランやチャンドニー・チョウクにも住んでいた．
> （Chenoy (1998)）

クーチャやガリ，カトラの大きさや規模は場所によってまちまちであり，カトラの中にクーチャがある場合もあり，クーチャの中にカトラがある場合もあった．街区名は，クーチャ・サモサ，カトラ・ビリヤーニ，クーチャ・ダリバ・カラン，カトラ・ニル，カガジー・モハッラ Kagazi Mohalla のように，そこで売られてい

223

る物の名がつけられる場合もあれば，その通りに住む名士の名にちなんで呼ばれる街区もあり，前述のように，かつて存在したハヴェリの主人名で呼ばれることもあった．街区内のランドマーク的なものによって名づけられることもあった．モハッラ・ガルハイヤ Muhalla Garhaiya，クーチャ・ラール・クアン，クーチャ・パハリ，クーチャ・チャールタン Kucha Chahltan などがそうである．また多数を占める住民によって名づけられるカトラもあった．カシュミール・カトラがそうである．またワキールプラ Wakilpura と呼ばれる街区もあった．主にワキール wakir すなわち官吏たちが居住した地区で，ヒンドゥーもムスリムもいた．

市街地において，街区の名前や空間構成が変わることは頻繁であったという．バーザール・シータ・ラムは 17 世紀から 18 世紀初頭にかけてはバーザール・アキル・ハーン Bazaar Aqil Khan と呼ばれていた．バーザールの西側には，分岐する路地があり，特にカシュミール・パンディットの人々が多く住む地区となった．同様に，アウラングゼーブ帝が踊り娘や遊女たちを町から追放したときには，彼女たちが住んでいた地区は徐々に廃墟となっていった．ムハンマド・シャー帝（在位 1719-1748）によってナワーブ・カムルッディン Nawwab Qamruddin がワジール（宰相）に任じられると，彼は自らのハヴェリを拡張しようとし，周辺に住んでいた人々をアジュメール門周辺まで移住させた．しかしワジールの死後，その息子は元の住人に土地を返し，再び多くの世帯が住むようになったということもある (Chenoy (1998))．このような変化の中で，19 世紀になると，市街地の居住パターンはもはや古い社会的階層を反映するものではなくなり，新しい経済的現実を反映するようになったとされる．特定の社会経済的集団による集住はまだ存在していたが，19 世紀初頭には普通の家に住むナワーブ（代官や長官）がいる一方，プラン・ダルジ Puran Darzi やヒンガン・タワイフ Hingan Tawaif といった人々や一部の石工など，多くの一般人がハヴェリに住んでいた (Chenoy (1998))．

## 2-4 19 世紀半ばのシャージャーハーナーバードの構成

19 世紀半ばに作成されたとされるシャージャーハーナーバードの地図が存在する（口絵 2）．市街地の様子が，細い路地の一本一本や点在する井戸に至るまで

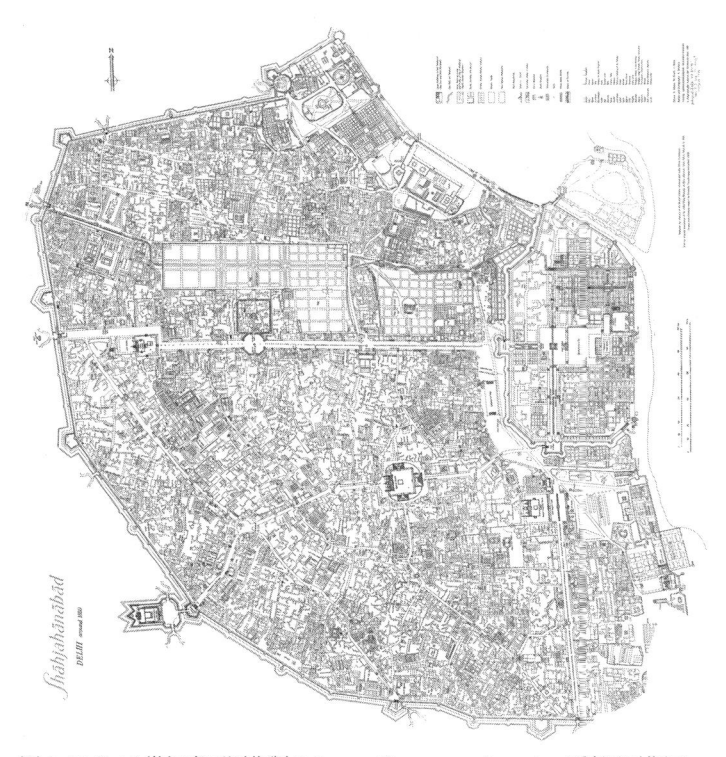

図 2-34 ● 19 世紀半ば頃作製のシャージャーハーナーバード地図再作図
版：出典　Ehlers E. & Krafft T.（eds）(1993)

詳細に描き込まれた地図で，地図上には宮殿や邸宅，庭園，宗教施設，キャラバンサライ，門，通りや住区などの名が，ウルドゥー語とペルシア語で表記されている[214]．

　地図は正確な測量に基づいて作製されたもので，1803 年に英国がデリーを占領した後，植民地行政当局によって作製されたと考えられる．地図に描かれているのは 1857 年のインド大反乱後に改変される以前の市街地の様子である．市街地北東端には，レジデンシーと呼ばれた英国総督代理公邸や，1836 年完成のセント・ジェームズ教会が描かれている．また地図中には市街地に分布する井戸の位置が詳細に描き込まれている．1843 年にデリーの水源に関する調査が行なわれており，その際に井戸の分布が調査されていることから（Jain (1994)），その結

# 第Ⅱ章
デリー

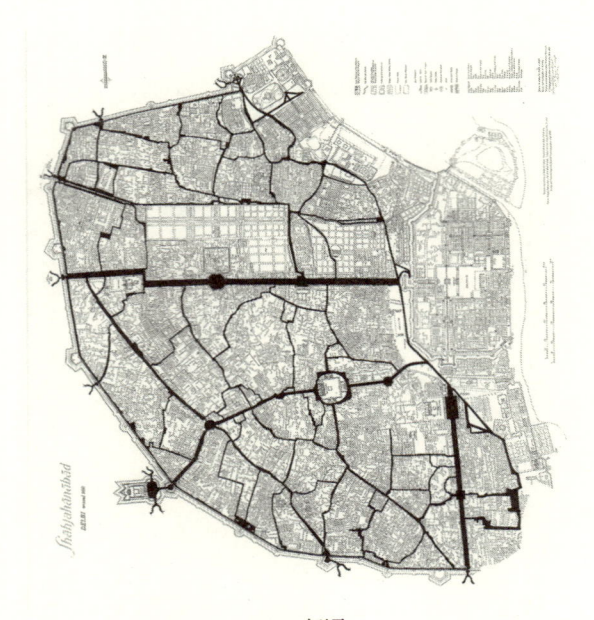

1850年頃

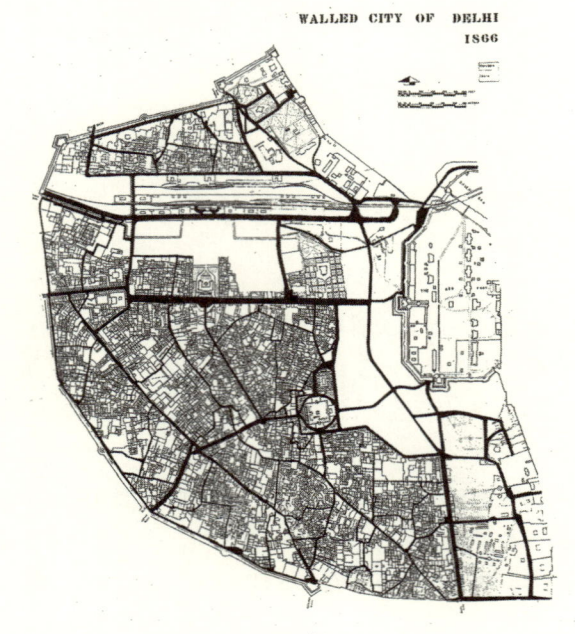

1866年

1998年

図 2-35 ● 1850年頃，1866年，1998年のシャージャーハーナーバード市街地の主要街路：作図　山根周

果を反映させた可能性が高い．これらのことから，地図の作製年代は1840年代半ばから1857年のインド大反乱までの間と考えることができる．

　当時の市街地の様子を見ると，宮城やヤムナー河沿いの宮殿，チャンドニー・チョウクの北に広がる大庭園などを除けば，すでにびっしりと建て詰まり，居住地の内部には細く入り組んだ路地が網の目のように形成されている．1993年に，ウルドゥー語表記をアルファベット表記にした，この地図の再作図版が E. エーラーズ Ehlers とクラフトにより出版された（Ehlers & Krafft (1993)）（図2-34）．

　この19世紀半ばの市街地と，1866年の市街地[215]，および現在の市街地を比較すると，1866年の時点で市街地の様子は大きく変わっている．1857年のインド

大反乱が鎮圧された後，宮城周辺が軍事上の理由からクリアランスされ，ダリアガンジュ地区が軍の駐屯地へと改変された．市街地北部は，鉄道の導入によって大きく変えられ，ジャハーンナーラ・ベガムによって建設された広大なシャーヒーババード庭園はなくなり，チャンドニー・チョウクに面した，同じくジャハーンナーラ・ベガム建設のキャラバンサライは市庁舎へと改変された．しかし主要な街路網は，チャンドニー・チョウクとジャーミー・マスジッドの西に延びるチョウリー Chowri・バーザールを真っ直ぐに結ぶナイ・サラク Nai Sarak (「ナイ通り」の意) が新たに通された他は，ほとんど変化しておらず，市街地の主要な構成は 19 世紀半ばにはすでに完成していたことが分かる (図 2–35)．

エーラーズら作製の再作図版から，通り，街区に関する名称や，ハヴェリや宮殿，サライなどを調べると，街区に関するものとしては，クーチャが 94，カトラが 39，ガリが 24，モハッラが 8，グザル guzar[216] が 2，チャッタが一つ確認できる．また，邸宅や宮殿では 45 のハヴェリ，12 のコティ，16 のマハル，四つのバングラ Bangla[217] が確認でき，その他 16 のサライが記されている (図 2–36)．サライの中には有力者の邸宅と隊商宿が一体となったマハルサライ Mahal Sarae と呼ばれる施設も確認できる．その他に，多数のモスクや井戸，街路門などの存

---

214) マリクによれば，地図作製者は不明であるが，ウルドゥー語の書法をマスターしていた人物である．しかしつづりに多くの間違いがあり，多くの通りや建物，人名の特定を妨げてきた．ヒンディー語を母語とする人に典型的な間違い方であり，特に固有名詞にそれが現われているという．多くの重要な名称が欠けており，特にペルシア語の文法上の類別がなされていないことから，地図はかなり急いで作製されたと考えられる．それらのことから，地図作製者はヒンディー語の素養があり，植民地行政当局で働いていた人物であったと考えられる．さらに作成者によって表記されているものからは，シャージャーハーナーバードがほとんど完全なムスリム都市であるかのような印象が与えられている．ヒンドゥー教徒の祠堂や集会施設がほとんど表記されていない．作製者は様々な (おそらく政治的な) 理由により，ムスリムの施設にとりわけ精通していたと考えられる．しかし当時の宮廷に所属していた者であれば，ムスリムでなくても普通ペルシア語に通じていたことや，いくつかの重要なムスリムの建物が地図上に記されていないことを考えると，作製者はムスリムとは限らないであろうとしている (Malik (1993))．S. P. ブレイクによれば，地図には年代が記載されていないが，おそらく 19 世紀初頭，英国がデリーを占領した 1803 年から 1842 年の間に作製されたものとしている (Blake (1991))．

215) "Walled City of Delhi 1866", School of Planning and Architecture, New Delhi 所蔵 (作者不明)．

216) グザルとは，ペルシア語起源のウルドゥー語で，もともと「通行」や「通り」を意味する．第 III 章 3–1 参照．

217) ベンガル地方の民家形式に由来する，隅部が垂れ下がった曲面の屋根や庇のこと．
ムガル建築に装飾的要素として採り入れられ，ラージプートの宮殿建築などで広く流行する．
ここでは，バングラを備えた邸宅，宮殿建築を指すと考えられる．

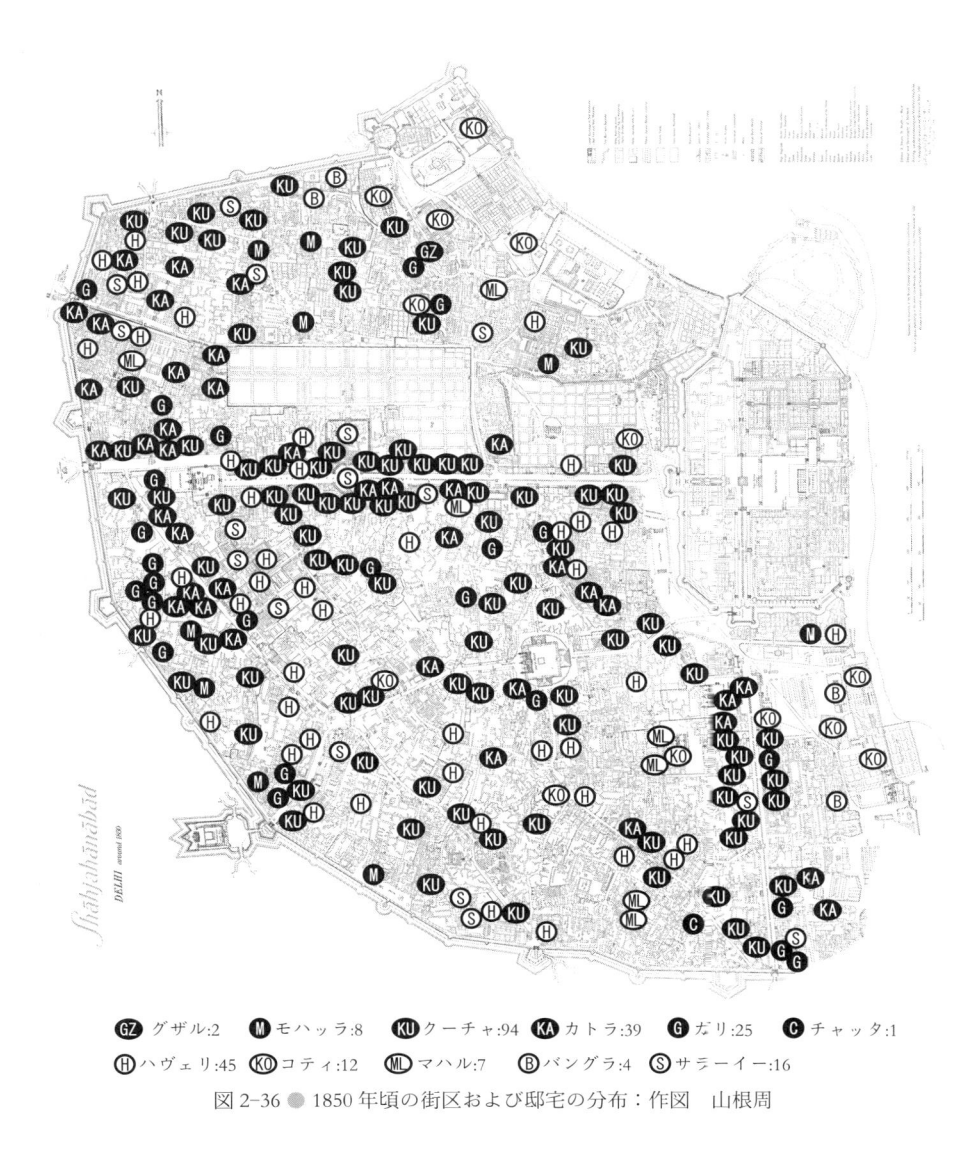

2

シャージャハーナーバードの街区形成

| GZ | グザル:2 | M | モハッラ:8 | KU | クーチャ:94 | KA | カトラ:39 | G | ガリ:25 | C | チャッタ:1 |
| H | ハヴェリ:45 | KO | コティ:12 | ML | マハル:7 | B | バングラ:4 | S | サラーイー:16 |

図 2-36 ● 1850 年頃の街区および邸宅の分布：作図　山根周

229

表 2-1 ● シャージャハーナーバードにおけるモスク，寺院の棟数と建設年代（1639-1857）：出典 Blake (1991) P.181 を基に作成（山根周）

| 建設年代 | モスク | | 寺院 | |
| --- | --- | --- | --- | --- |
| | 棟数 | 割合 | 棟数 | 割合 |
| 1639-1739 | 100 (28) | 50% | 0 (0) | 0% |
| 1739-1803 | 42 (13) | 21% | 15 (2) | 16% |
| 1803-1857 | 58 (15) | 29% | 81 (10) | 84% |
| 1639-1857 計 | 200 (56) | 100% | 96 (12) | 100% |

( ) 内は年代が明記されているもの

在が確認できる[218]（表 2-1）.

　すべての通りや街区，邸宅の名称が地図上に記されたわけではないが，名が記されたものは，当時ある程度一般に知られていたと考えられる．そのうち，通りや住区に関しては，チャンドニー・チョウクやファイズ・バーザールなど市街地の主要なバーザール沿いに立地するものが多い．また，ハヴェリやサライは宮城および市壁の近くに立地するものが多く見られる．通りや街区名はクーチャと呼ばれるものがかなりの割合を占める．これは地図の作製者がどういう人物であったかにもよるが，ムガル宮廷がペルシア語を公用語としていたことにもよると考えられる．注目すべき点は，ある程度地域的広がりをもった街区を表わすモハッラという単語がほとんど用いられず（地図中に 8 ヶ所のみ），クーチャやガリ，カトラといった単一の通りや囲い地を表わす言葉が主として記されていることで（計 158 ヶ所），このことから当時の市街地における街区は，基本的には路地を単位として構成されていたことが考えられる．

---

218) S. P. ブレイクによれば，20 世紀初頭に行なわれたインド考古局の調査において，シャージャーハーナーバード内で 410 の建築物がリスト・アップされたが，宮城以外の 378 棟の建築物のうち，202 棟（53%）はモスクであった．そのほとんどの 200 棟はムガル時代の 1639 年から 1857 年に建てられたもので，うち 100 棟がナーディル・シャーによる侵攻以前の 1639 年から 1739 年に建てられたものであった（Blake (1991)）.

# 3
## オールド・デリーの街区構成

　現在のオールド・デリーにおける街区構成を明らかにするため，ジャーミー・マスジッドの南西角からシータ・ラム・バザールまでの地区の調査を行なった[219]（図2-37）．調査地区は，ジャーミー・マスジッドから西に延びるチョウリー・バザール，南に延びるマティア・マハル Matia Mahal・バザール，バザール・チトリ・カバル Bazar Chitli Qabar，およびチョウリー・バザールの西にあるハウズ・カージー広場 Haus Qazi Chowk から南東に伸びるシータ・ラム・バザールによって囲まれた地域である（図2-38）．調査地区内は，東西に横切るチュリワラン通りによって北と南に分割され，南のブロックは南北に通るプレムナラヤン通り Sarak Premnarayan によって，東と西のブロックに分けられる．

## 3-1 街路構成

　街路構成を見ると，チョウリー・バザールはジャーミー・マスジッドとアジュメール門を結ぶ街路の一部，シータ・ラム・バザールはトゥルクマン門とラーホール門を結ぶ街路の一部，マティア・マハル・バザールとバザール・チトリ・カバールはジャーマ・マスジッドとトゥルクマン門を結ぶ街路の一部となっていて，どれも市街地における最も主要なランクにある幹線街路であり，通りの両側に商店が建ち並ぶバザールを形成している（図2-39）．チュリワラン通りやプレムナラヤン通りは，それらのバザールから分岐する街路で，調査地

---

219) 調査期間は1998/8/22-30．調査メンバーは山根周，布野修司，池尻隆史，吉村理，片岡厳である．

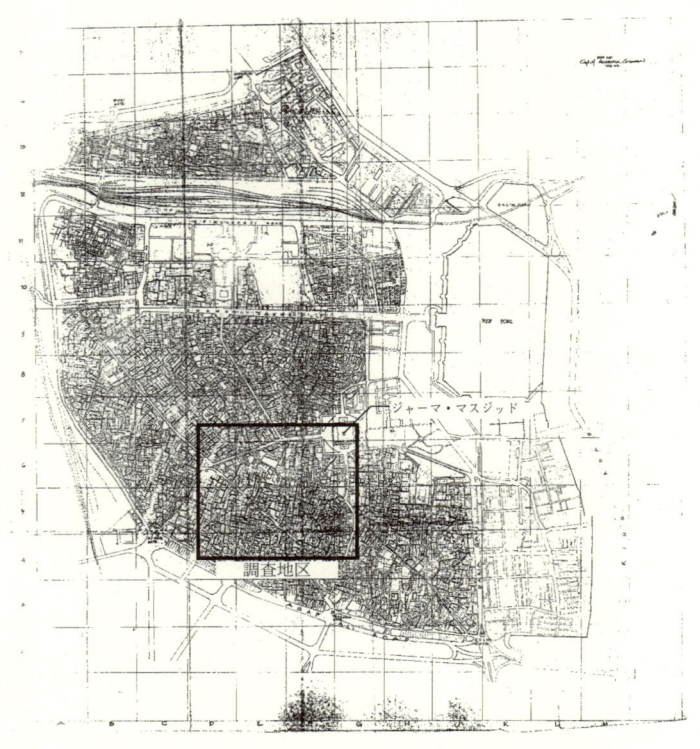

図2-37 ●オールド・デリー市街地と調査地区:作図　山根周

区内の主要な通過交通路となっている（図2-40）．チュリワラン通りの両側には商店が建ち並びバーザールを構成している．プレムナラヤン通りでは，シータ・ラム・バーザール側には商店が並ぶが，チュリワラン通り側にはそれほど商店は立地せず，バーザールというより通過街路的な性格が強い．そしてこれらのバーザールや通過街路で囲まれたブロックの内部には，路地や袋小路が入り組む（図2-41）．街路体系には明らかにバーザール（＝幹線街路）＞通過街路＞路地＞袋小路というランクがある．

## 3-2 街区構成

各路地にはそのほとんどに固有の名前があり，それぞれが一つの街区を形成し

3
オールド・デリーの街区構成

図 2-38 ●調査地区俯瞰（ジャーマ・マスジッドのミナレットより）：写真　山根周

図 2-39 ●チョウリー・バーザール：写真　山根周

233

図2-40 ●チュリワラン通り：写真　山根周

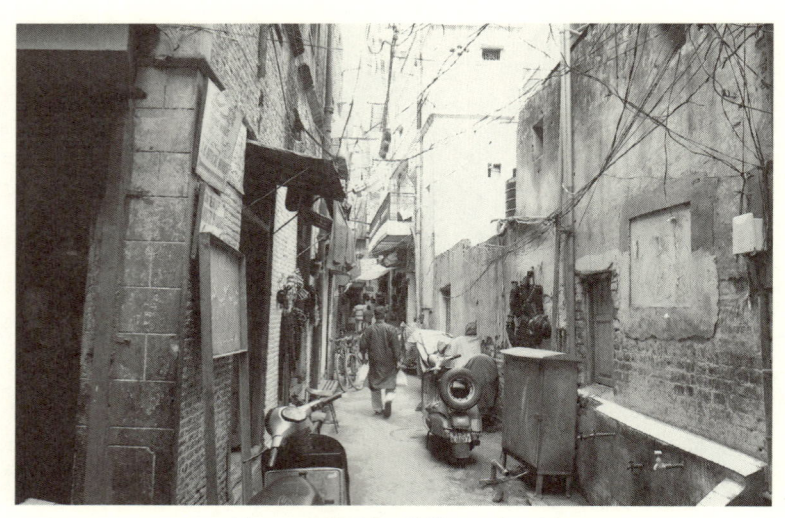

図2-41 ●街区内の路地：写真　山根周

3
オールド・デリーの街区構成

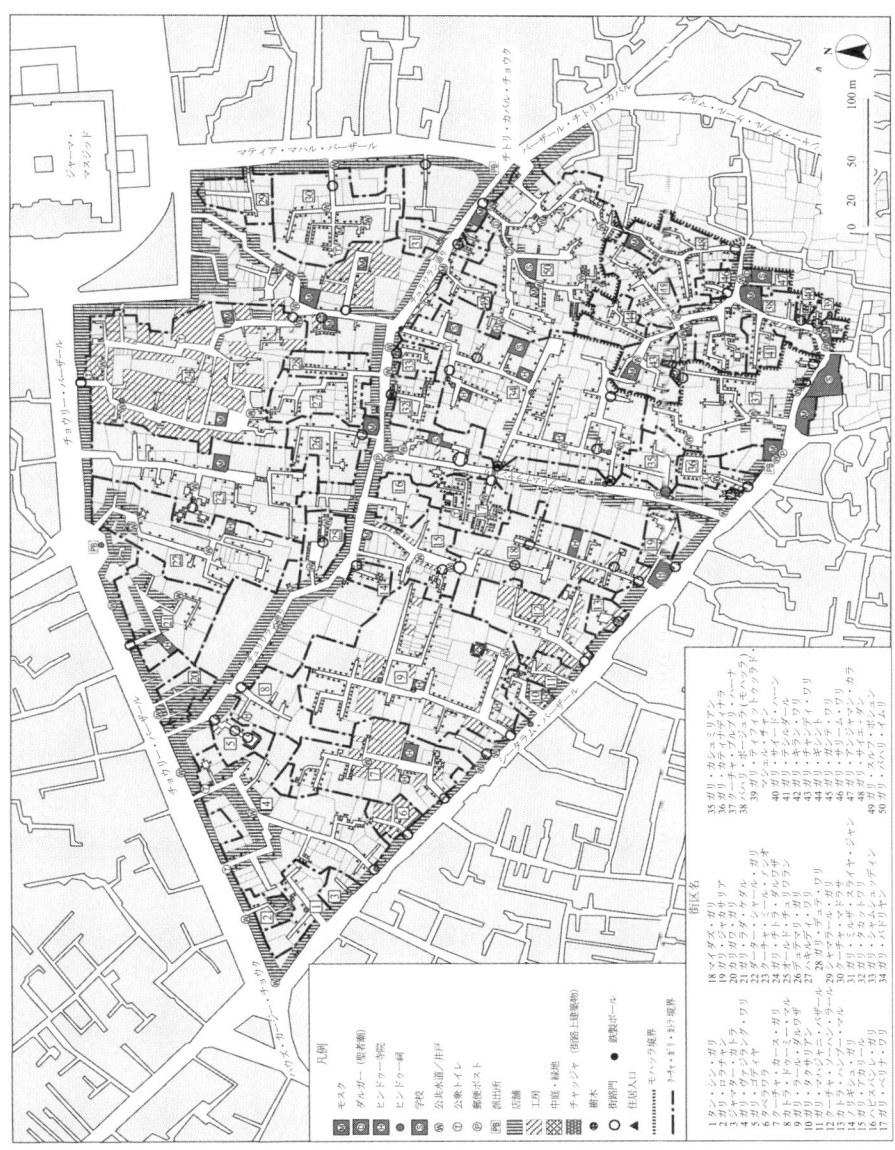

図 2-42 ● ジャーマ・マスジッド，シータ・ラム・バーザール周辺地区の街区構成：作図　山根周

ている．調査地区内には，モハッラが一つ，クーチャが 5，ガリが 39，カトラが三つ，その他三つの街区[220]が確認できた（図 2-42）[221]．クーチャやガリの形態は，バーザールから分岐し奥にほぼまっすぐに延びる主路地があり，そこから袋小路が分岐するというのが一般的である．広場的なオープンスペースもところどころに見られる．これらの路地は，バーザールから少し入ると，折れ曲がったり斜めに方向を変えたりして，内部が見通せないような構成になっている．また，内部で分岐する袋小路は，多くの場合，路地の主街路に対してほぼ直角に分岐している．カトラも路地的な構成をとっているが，もともと中庭状広場を囲むような住居と店舗の複合施設であったものが変容したと考えられる．

各街区の規模はまちまちで一定の傾向は見られないが，調査地区内にある三つのカトラ（No. 3：ジャマター・カトラ Jamatah Katra，No. 8：カトラ・ドゥーミー・マル Katra Dhoomi Mal，No. 13：カトラ・ハンブー・マル Katra Hanboo Mal）は，ガリやクーチャに比べて小規模である．これはもともとが中庭的な構成であったことによるものと考えられる．カトラ・ハンブー・マルは，現在も中庭を囲むカトラ本来の形式を保っている．

住戸密度も街区によって差がある．ガリ・ベリナ・ワリ Gali Berina Wari（No. 17）やオールド・チュリワラン Old Churiwalan（No. 25）など密度が高い街区がある一方，チョウリー・バーザールに面した街区では，商店や工場が多く住戸が少ない．また，街区内で局所的に住戸密度が極めて高い場所も存在する．ガリ・ゴディヤ Gali Godiya（No. 5）では，路地奥の中庭状広場に約 40 世帯が居住し，ガリ・ラール・ダルワザ Gali Lal Darwaza（No. 9）では，袋小路奥の広場に面して約 70 世帯が住む．

調査地区の南東に位置するクーチャ・ブルブリ・ハーナ Kucha Bulbuli Khana（No. 37）やパハリ・ボージュラ（No. 38），ガリ・パハリ・イムリ Gali Pahari Imri（No. 50）一帯は小さな丘陵地となっていて[222]，丘の斜面に路地が複雑に入り組み，住戸密度も他の住区に比べて高い．チェノイによれば，クーチャ・ブルブリ・

---

[220] ワリ wari，ワラン walan などと呼ばれる．
[221] このうち No. 7：クーチャ・カース・ガリ Kucha Khas Gali のみはクーチャとガリ双方の呼称を持つ．
[222] ガリ・サイエ・ダン Gali Saye Dan（No. 48）とガリ・パハリ・イムリ Gali Phari Imri（No. 50）の境界付近が最も高い位置にある．

ハーナ (No. 37) やパハリ・ボージュラ (No. 38) は，前述のようにシャージャーハーナーバード建設以前からの居住地であったとされる (Chenoy (1998))．すぐ南には 1236-1239 年にデリーを治めたラズィヤ・スルタン Raziya Sultan の墓や，同時代の高名なムスリム聖者シャー・トゥルクマン Shah Turkman の墓廟 (1240 築) があり[223]，ムスリムの居住地として古くからの歴史を持つ地区であると考えられる．調査地区内ではパハリ・ボージュラのみが，いくつかの住区を含むモハッラを構成しているが，これはシャージャーハーナーバード以前からこの一帯に存在した居住地の範囲を示しているものと考えられる．

## 3-3 都市施設の分布

街区内には様々な施設が分布する (表2-2)．路地の分岐点には，街区の入口となる門が設けられている場合が多い (図2-43)．現在は多くが鉄製の門である．ガリ・タカット・ワリ Gali Thakat Wari (No. 32)，ガリ・バドリヤン Gali Badliyan (No. 34) では，門に加えて車止めの鉄柱が路地の入口に立てられている．シータ・ラム・バーザールに入口を持つ街区では，ほとんどの入口に門が設置されているのに対し，チョウリー・バーザール側では街路門を備えた街区は少ない．前者が基本的に住区としての性格が強いのに対し，後者は街区内にまで数多くの商店が進出し，住区としての性格よりも商業空間としての性格が強いことがその理由として考えられる．

宗教施設としては，ムスリムのためのモスクやダルガー dargah (聖者廟)[224] とヒンドゥー教徒のための寺院や祠がある．路地内に生えている樹木もヒンドゥー教徒の信仰対象となっている．それらの分布を見ると，興味深いことに，モスクが分布する地域とヒンドゥー寺院，ヒンドゥーの祠が分布する地域が明確に分かれる (図2-44)．大まかには調査地区の東側がモスクの分布地域，西側がヒンドゥー寺院・祠の分布地域となっていて，基本的にはこの宗教施設の分布に対応

---

223) 近くに位置する市門の一つ，トルクマン門の名の由来となった．
224) ペルシア語で戸や門を意味するダル dar と，場所を意味するガー gah の合成語で，宮廷やモスクを示す言葉であったが，インドにおいては次第にスーフィー聖者の墓や廟に対して使われるようになっていったという (荒松雄 (1989))．

# 第 II 章
デリー

表 2-2 ● 調査地区の各街区における施設分布（No. は図 2-42 街区番号と同じ）：作成　山根周

| No. | 街区名 | 住戸入口 | 街路門 | 車止め鉄柱 | チャッジャ（路上屋） | モスク | ダルガー | ヒンドゥー寺院 | ヒンドゥー祠 | 樹木（街路沿） | 学校 | 水道・井戸 | 公衆トイレ | 広場空間 |
|---|---|---|---|---|---|---|---|---|---|---|---|---|---|---|
| 1 | タン・シン・ガリ | 8 | | | 1 | | | | 1 | | | | | |
| 2 | ガリ・ロラチャン | 6 | | | | | | | | | | | | |
| 3 | ジャマター・カトラ | 1 | | | 1 | | | | | | | 1 | 1 | |
| 4 | ガリ・ヴァジラング・ワリ | 52 | 1 | | | | | | | | | | | |
| 5 | ガリ・ゴディヤ | 23 | 3 | | | | | | | | | | | 1 |
| 6 | タベラワラ | 5 | 1 | | | | | | | | | | | |
| 7 | クーチャ・カース・ガリ | 51 | 1 | | | | | 2 | | | | 1 | | 4 |
| 8 | カトラ・ドゥーミー・マル | 6 | 1 | | 1 | | | 1 | | | | | | |
| 9 | ガリ・ラール・ダルワザ | 161 | 1 | | | | | 2 | 1 | 1 | | 1 | | 1 |
| 10 | ガリ・タクサリアン | 17 | | | 1 | | | 1 | | | | 1 | | 1 |
| 11 | ガリ・マハジャニ・バザール | 8 | | | | | | | | | | | | |
| 12 | クーチャ・ソーハン・ラール | 22 | 1 | | 1 | | | | | | | | | 1 |
| 13 | カトラ・ハンブー・マル | 3 | 1 | | 1 | | | | | | | | | |
| 14 | ノリギシュ・ガリ | 7 | 1 | | 1 | | | | | | | | | |
| | | | 2 | | | | | | | | | | | |
| 15 | ガリ・アカリール | 36 | (内1つは No.18 との境界) | | | | | | | | | 2 | | |
| 16 | ハビスバンレ・ガリ | 8 | | | | 1 | | | | | | | | 1 |
| 17 | ガリ・ベリナ・ワリ | 85 | 1 | | | | | | | | | 1 | 1 | 1 |
| | | | 5 | | | | | | | | | | | |
| 18 | マイダズ・ガリ | 54 | (内1つは No.15 との境界) | | 3 | | | 1 | | | | | | 3 |
| 19 | ガリ・ジャカサリア | 13 | 1 | | | | | | | | | | | 1 |
| 20 | カリガワ・ガリ | 2 | | | | | | | | | | 1 | | |
| 21 | ガリ・ラダ・ケダル | 18 | 1 | | | | | 1 | | | | 1 | | 1 |
| 22 | ダーター・シャール・ガリ | 40 | | | 1 | | | 1 | | | | 2 | | 3 |
| 23 | クーチャ・ミール・アシオ | 53 | 1 | | 6 | 1 | | | | | 1 | 1 | | 8 |
| 24 | ガリ・チトラ・ダルワザ | 45 | 2 | | 2 | 2 | | | | | | 4 | 2 | 2 |
| 25 | オールド・チュリワラン | 26 | 1 | | | | | | | | | 2 | | 1 |
| 26 | デュテマリ・ガリ | 22 | | | | | | | | | | 1 | | 1 |
| 27 | ハキルディ・ワリ | 29 | | | 1 | | | | | | | | | |
| 28 | ガリ・デュテ・ワリ | 15 | | | | | | | | | | | | |
| 29 | シャマラール・ガリ | 4 | | | 1 | | | | | | | | | |
| 30 | クーチャ・マドラサ | 54 | 1 | | | | | | | | | 2 | 1 | 4 |
| 31 | ガリ・ミルザ・スライヤ・ジャン | 2 | | | 1 | | | | | | | | | |
| 32 | ガリ・タカットワリ | 24 | 1 | 1 | 2 | | | | | | | | | |
| 33 | ガリ・シャムシュッディン | 14 | 1 | | 1 | | | | | | | | | |
| 34 | ガリ・バドリヤン | 138 | 6 | 3 | | | | 3 | 3 | 1 | 2 | 2 | 1 | 1 |
| 35 | ガリ・カシュミリアン | 8 | 1 | | | | | | | | | | | |
| 36 | ガリ・カティナディナラ | 19 | 1 | | | | | | | | | 1 | 1 | 1 |
| 37 | クーチャ・ブルブリ・ハーナ | 94 | 3 | | 1 | 1 | 1 | | | | 1 | 3 | | 1 |
| 38 | パハリ・ボージュラ（モハッラ） | 253 | 4 | | 5 | 5 | 1 | | | | 1 | 7 | | 1 |
| | 38 メイン・ストリート | 67 | | | 3 | 3 | | | | | | 4 | | 1 |
| | 39 ガリ・ティフィッ トゥッラド・マシェル・チャン | 6 | 1 | | | | | | | | | | | |
| | 40 ガリ・サイード・ハーン | 12 | 1 | | | | | | | | | | | |
| | 41 ガリ・テシルダール | 19 | | | | | | | | | | | | |
| | 42 ガリ・キラン・ワリ | 6 | | | | | | | | | | 1 | | |
| | 43 ガリ・チャンディ・ワリ | 21 | | | | 1 | | | | | | 1 | | |
| | 44 ガリ・ギシント | 23 | | | | | | | | | | | | |
| | 45 ガリ・ガンテ・ワリ | 30 | | | 1 | | | | | | | | | |
| | 46 ガリ・サリーム・ワリ | 10 | 1 | | | | | | | | | | | |
| | 47 ガリ・アンジャマン・カラ | 2 | | | 1 | | 1 | | | | | 1 | | 1 |
| | 48 ガリ・サイエ・ダン | 57 | | | | 1 | | | | | | | | |
| 49 | ガリ・スルフ・ポシュン | 17 | | | | 1 | | | | | | | | |
| 50 | ガリ・パハリ・イムリ | 171 | 1 | | 3 | | 2 | 1 | | | 1 | 6 | | 4 |

3
オールド・デリーの街区構成

図2-43 ●街区入口に設けられた門(No.9：ガリ・ラール・ダルワザ)：写真　山根周

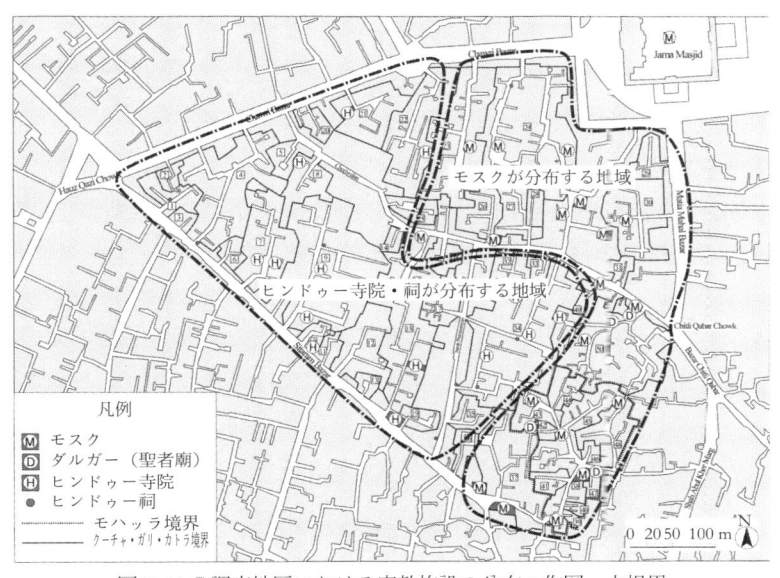

図2-44 ●調査地区における宗教施設の分布：作図　山根周

凡例
- M モスク
- D ダルガー（聖者廟）
- H ヒンドゥー寺院
- ● ヒンドゥー祠
- モハッラ境界
- クーチャ・ガリ・カトラ境界

239

## 第II章
デリー

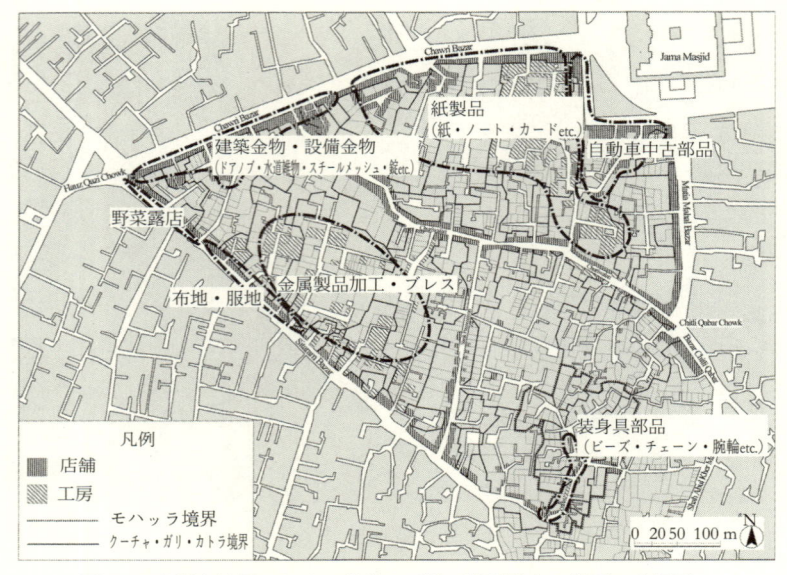

図 2-45 ●調査地区における商店，工場の業種分布：作図　山根周

する形でヒンドゥー，ムスリムが住み分けていると考えられる．特に調査地区内の北東部はジャーミー・マスジッドに隣接する地区であることから，ムスリムが支配的な地区になっていると考えられる．

　商店の分布を見ると，商店は基本的にバーザールに沿って建ち並び，主要な街路で区切られるブロックを取り囲むように分布する（図2-45）．ジャーミー・マスジッド近くや，チョウリー・バーザールなど，より人の往来が集中するバーザールにおいては，街路沿いだけでなく，街区の内部にまで商店が立地する．基本的には建物の1階部分が商店となっていて，2階以上は住居となっている場合がほとんどである．住居と商店とは連続しておらず，間口の一画に商店の入口とは別に設けられた階段が，住居への入口となっているのが基本的構成である．

　一方，工場や工房は，主要街路沿いではなく，住区の内部に立地している場合が多い．ジャーミー・マスジッド近くのガリ・チトラ・ダルワザ Gali Chitra Darwaza 周辺や，シータ・ラム・バーザールから内部に分岐する街区に工場，工房が集中している（図2-45）．

　それら商店や工場の業種について見ると，ジャーミー・マスジッド南西の広場

に面したバーザールに自動車中古部品を扱う店が集中している．その西のチョウリー・バーザールおよび街区内の広い範囲には，紙製品を扱う商店や工場が集中する．バーザール沿いには紙製品の問屋や小売店が並び，住区内には，事務用の帳面やノート，カード類などを生産する小規模な町工場が多数立地する．チョウリー・バーザールの西半分は建築金物や設備金物を扱う商店が並ぶ．チョウリー・バーザールとは「錠の市場」という意味で，現在でも錠やドアノブ，設備金物などを扱うこの一帯は，バーザールのもともとの業態を継承しているものと考えられる．

　シータ・ラム・バーザールでは，チョウリー・バーザールとの交差点付近の路上に，野菜の露店が並んで出店している．さらに少し南東の一帯には，布地，服地を扱う商店が軒を連ねる．シータ・ラム・バーザールから分岐する住区内に立地する工場では，金属製品の加工やプレスなどを行なうところが多く見られる．また，パハリ・ボージュラでは，ビーズやチェーンなど装身具の部品を扱う商店が集中している．その他のバーザールでは，食料品や日用雑貨をはじめとして，日常生活に関連する雑多な業種が軒を連ねる．

# 4
# 街区空間の変容

## 4-1 街路構成の変容

　前述の1850年頃作製の地図は，正確な測量に基づいており，細い路地に至るまで詳細に描き込まれている．現在の街路と比較すると，いくつかの地区を除けば，細い路地に至るまでほぼ現在と同じ街路構成となっており，この時代までに街区の基本的構成はほぼ完成していたことが分かる（図2-46，表2-3）．街路構成が現在と異なる地区は，当時，規模の大きなハヴェリ（邸宅）があった場所である（図2-47）．そのいくつかは現在も大きな敷地として残っているが，多くは邸宅としての規模を失い，小規模な住居へと細分化され，新たな街路や路地が形成されている．

　その一例は，現在のガリ・ラール・ダルワザ（No. 9）からクーチャ・ソーハン・ラール（No. 12）にかけての地区を占めていた，ソーハン・ラールの邸宅である．調査地区の中央をほぼ東西に走るチュリワラン通り（当時はラスタ・チュリワラ Rasta Churiwala と呼ばれていた）から，南のシータ・ラム・バーザールに至る広大な敷地を持ち，大きな中庭を囲む中庭式の住棟が何棟も建ち並んでいた．シータ・ラム・バーザールから分岐する路地は当時からクーチャ・ラージャ・ソーハン・ラール Kuchah Raja Sohan Lal と呼ばれていた．現在はチュリワラン通り側には比較的大きな敷地が残っているが，その他大部分は建て詰まり細分化された居住地となっている．

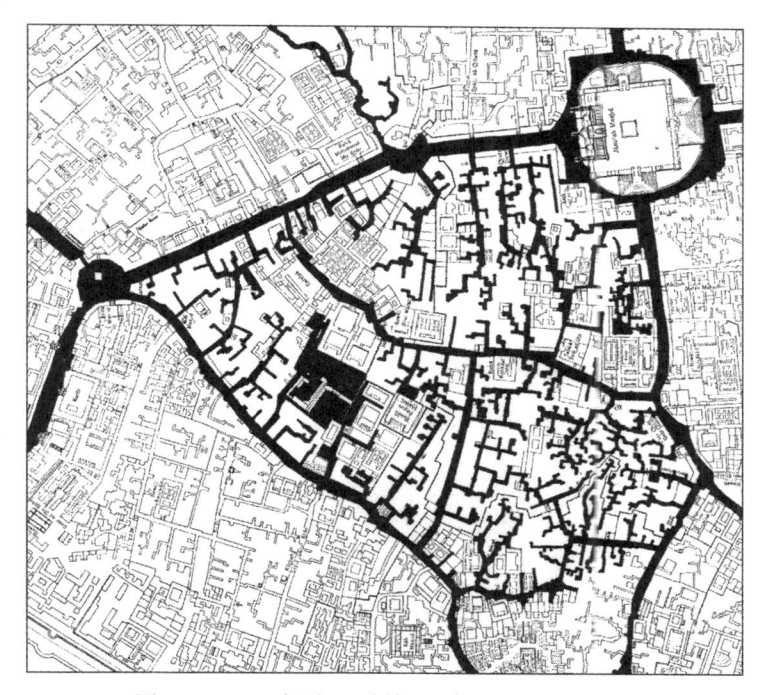

図 2-46 ● 1850 年頃の調査地区の街路：作図　山根周

## 4-2 街路門の位置

　路地の入口や内部に設けられた街路門については，当時と同じ場所に今も確認できるもの，当時はあったが現在はないもの，当時はなかった場所に現在設置されているものとがある（図2-48）．1850年頃には，基本的にはバーザールに面した路地には，ほぼすべてに街路門が設けられ，さらにジャーミー・マスジッド近くでは街区内部にもかなりの門が設けられていた．現在はバーザールとして地区内の主要な街路であるチュリワラン通りや，プレムナラヤン通りの両端にも，当時は街路門が設けられており，かつては近隣住民が主として利用する居住区内街路としての性格が，現在よりも強かったと考えられる．

　それらのうち，チョウリー・バーザールに面した路地の街路門や，ジャーミー・マスジッド付近の街区内に設けられていた街路門は，現在まで残っている

# 第Ⅱ章
デリー

表 2-3 ● 1850 年頃と現在の街路構成の比較：作成　山根周

| No. | 街区名 | 1850頃の地図に確認できる路地 | 1850頃の地図との街路形態比較 |
|---|---|---|---|
| 1 | タン・シン・ガリ | ○ | ほぼ当時と同じ |
| 2 | ガリ・ロラチャン | ○ | ほぼ当時と同じ |
| 3 | ジャマター・カトラ | × | 当時は路地が存在しない |
| 4 | ガリ・ヴァジラング・ワリ | ○ | 一部内部の路地形態に変化があるものの、ほぼ現在と同じ |
| 5 | ガリ・ゴディヤ | ○ | 内部奥に中庭状のオープンスペースが形成された |
| 6 | タベラワラ | ○ | 内部に新たな袋小路が分岐している |
| 7 | クーチャ・カース・ガリ | ○ | ほぼ当時と同じ |
| 8 | カトラ・ドゥーミー・マル | × | 当時はガリヤと呼ばれるオープンスペースをもった施設であった |
| 9 | ガリ・ラール・ダルワザ | ○ | 当時存在したフィル・ハーナ・ソーハン・ラール、ハター・ソーハン・ラール内の広大なオープンスペースが建て詰まり、路地が形成された。チュリワラン通り側は当時と同様規模の大きな敷地が残る |
| 10 | ガリ・タクサリアン | ○ | ほぼ当時と同じ |
| 11 | ガリ・マハジャニ・バザール | ○ | ほぼ当時と同じ |
| 12 | クーチャ・ソーハン・ラール | ○ | 当時あったハヴェリは現在はないが、街路形態は当時の形態をほぼ踏襲している。当時の街路名はクーチャ・ラージャ・ソーハン・ラール |
| 13 | カトラ・ハンブー・マル | ○ | 現在は中庭状オープンスペースにバザールからすぐにアクセスしているが、当時は横から回り込む路地からアクセスしていた |
| 14 | ノリギシュ・ガリ | ○ | 当時折れ曲がっていた路地は現在は真っ直ぐな路地 |
| 15 | ガリ・アカリール | ○ | 路地の奥にあったハヴェリがなくなりマイダズ・ガリ（No.18）とつながる路地が形成された |
| 16 | ハビスバンレ・ガリ | ○ | 路地の長さはほぼ当時と同じだが、若干路地形態が変化した |
| 17 | ガリ・ベリナ・ワリ | ○ | 路地がさらに細かく分岐した |
| 18 | マイダズ・ガリ | ○ | ほぼ当時の路地形態を踏襲するが、ガリ・アカリール（No.15）とつながる路地が形成された |
| 19 | ガリ・ジャカサリア | ○ | ほぼ当時と同じ |
| 20 | カリガワ・ガリ | ○ | 二本の路地をつなぐ細い路地が形成された |
| 21 | ガリ・ラダ・ケダル | ○ | 当時の路地形態をほぼ踏襲するが、内部に広場的な空間が形成された |
| 22 | ダーター・シャール・ガリ | ○ | ほぼ当時と同じ。当時の名称はクーチャ・カーシム・ハーン |
| 23 | クーチャ・ミール・アシオ | ○ | ほぼ当時と同じ。街路名称も当時と同じ |
| 24 | ガリ・チトラ・ダルワザ | ○ | 当時の路地形態をほぼ踏襲するが、袋小路の奥の路地形態に若干変化がある。大きく二本に分岐していた路地が奥でつながった |
| 25 | オールド・チュリワラン | × | 当時ハヴェリ・シタル・ワラーが存在していた |
| 26 | デュテマリ・ガリ | ○ | ほぼ当時と同じ |
| 27 | ハキルディ・ワリ | ○ | 北に延びる路地はほぼ現在と同じ。西に延びる路地の長さが延びた |
| | 28 ガリ・デュテ・ワリ | ○ | ほぼ当時と同じ |
| 29 | シャマラール・ガリ | ○ | 当時の街路形態をほぼ踏襲 |
| 30 | クーチャ・マドラサ | ○ | 当時は複雑であった内部の路地形態が、複数の直線的な袋小路へと変化し、総延長も長くなった |
| 31 | ガリ・ミルザ・スライヤ・ジャン | ○ | ほぼ当時と同じ |
| 32 | ガリ・タカットワリ | × | 当時はカトラ（カトラ・バハドゥール・ジャング）であった |
| 33 | ガリ・シャムシュッディン | ○ | 奥に路地が延びた |
| 34 | ガリ・バドリヤン | ○ | ほぼ当時と同じ。小さな袋小路が数本内部で新たに分岐した |
| 35 | ガリ・カシュミリアン | ○ | ほぼ当時と同じ |
| 36 | ガリ・カティナディナラ | ○ | 内部奥に中庭状のオープンスペースが形成された |
| 37 | クーチャ・ブルブリ・ハーナ | ○ | ほぼ当時と同じ |
| 38 | バハリ・ボージュラ（モハッラ） | | （以下の各路地ごとに比較） |
| | 38 メイン・ストリート | ○ | ほぼ当時と同じ |
| | 39 ガリ・ティフィットゥッラド・マシェル・チャン | ○ | ほぼ当時と同じ |
| | 40 ガリ・サイード・ハーン | ○ | 袋小路の奥の形態が若干変化した |
| | 41 ガリ・テシルダール | ○ | ほぼ当時の路地形態を踏襲 |
| | 42 ガリ・キラン・ワリ | ○ | ほぼ当時と同じ |
| | 43 ガリ・チャンディ・ワリ | ○ | ほぼ当時の路地形態を踏襲。袋小路の奥が若干延長した |
| | 44 ガリ・ギシント | ○ | ほぼ当時と同じ |
| | 45 ガリ・ガンテ・ワリ | ○ | ほぼ当時と同じ |
| | 46 ガリ・サリーム・ワリ | ○ | ほぼ当時と同じ |
| | 47 ガリ・アンジャマン・カラ | ○ | ほぼ当時と同じ |
| | 48 ガリ・サイエ・ダン | ○ | ほぼ当時の形態を踏襲するが、西に延びる袋小路が新たに分岐した。また、奥でガリ・バハリ・イムリ（No.50）とつながった |
| 49 | ガリ・スルフ・ポシュン | ○ | ほぼ当時と同じ |
| 50 | ガリ・バハリ・イムリ | ○ | ほぼ当時の路地形態を踏襲するが、奥でガリ・サイエ・ダン（No.48）とつながった |

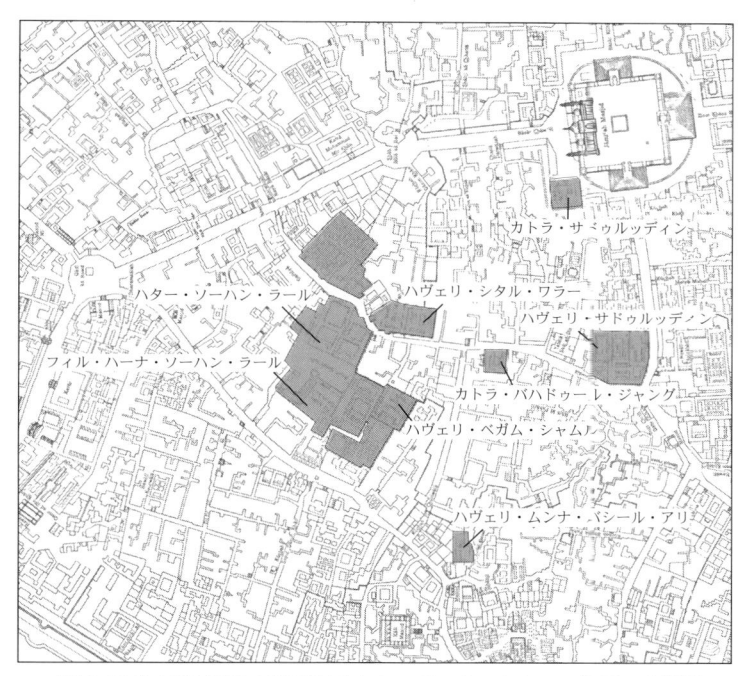

図 2-47 ● 1850年頃の調査地区内のハヴェリ，カトラ：作図　山根周

ものは少ない．商業施設や工場の立地が増加し，住区としての性格が弱まったためと考えられる．一方シータ・ラム・バーザールに面した路地には，当時と同じ場所に現在も街路門があり，さらに街路門を持つ路地が増えている．この一帯が当時と変わらず住区としての性格を保持し続けていること，またハヴェリなどの細分化により，さらに新たな住区が形成されたことによると考えられる．チュリワラン通りやプレムナラヤン通りでは，かつて通りの境界に設けられていた街路門がなくなった一方，通りに面した路地の入口に街路門が新たに設けられている例が多い．通過街路がよりバーザール的な性格を強くしていくという変化がおこり，それに対して内部の住区の安全とプライバシーを守るために新たな街路門が設けられたと考えられる．

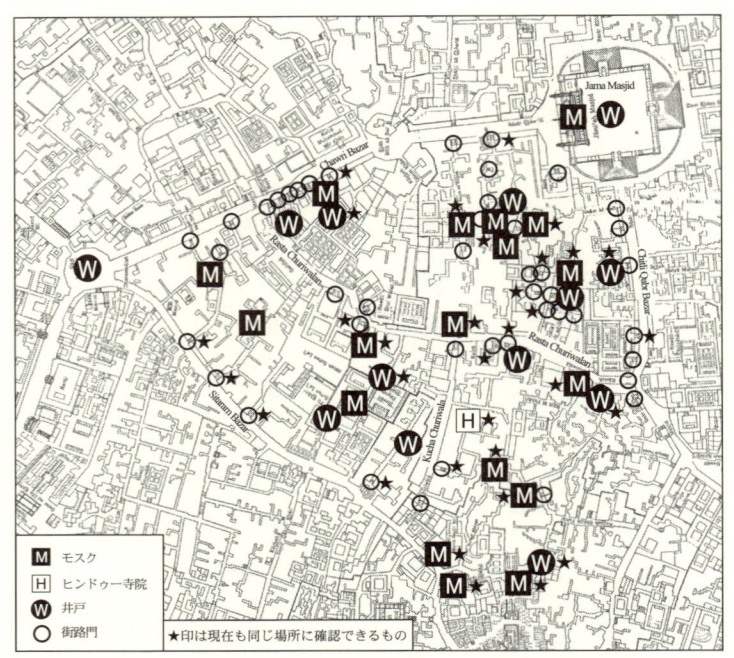

図2-48 ● 1850年頃の地図に記された調査地区内の宗教施設, 井戸, 街路門：
作図　山根周

凡例：
- M　モスク
- H　ヒンドゥー寺院
- W　井戸
- ○　街路門
- ★印は現在も同じ場所に確認できるもの

## 4-3 水場の位置

　前述の地図よりやや時代が下った1867-1868年のデリーの地図では，街区内部の路地はかなり省略されているが，モスクやダルガー，ヒンドゥー寺院といった宗教施設や，井戸の位置などが記されている（図2-49）．

　1850年頃および1867-1868年の地図に記された井戸のうち，現在も確認できるものは，ごくわずかしかない．1843年に英国が行なった水源調査において，大半の井戸が濁った水であったことから，1870年代以降，水道施設の整備が行なわれ（Jain (1994)），調査地区内にもガリ・サイエ・ダン Gali Saye Dan (No. 48) 内の高台に貯水タンクが設置されている．こうした水道の普及に伴い，公共の水場の設置場所が当時とかなり変わったと考えられる．しかし現在も井戸を使用している場所もある．またモスクには身を清めるための水場が内部に必ず設けら

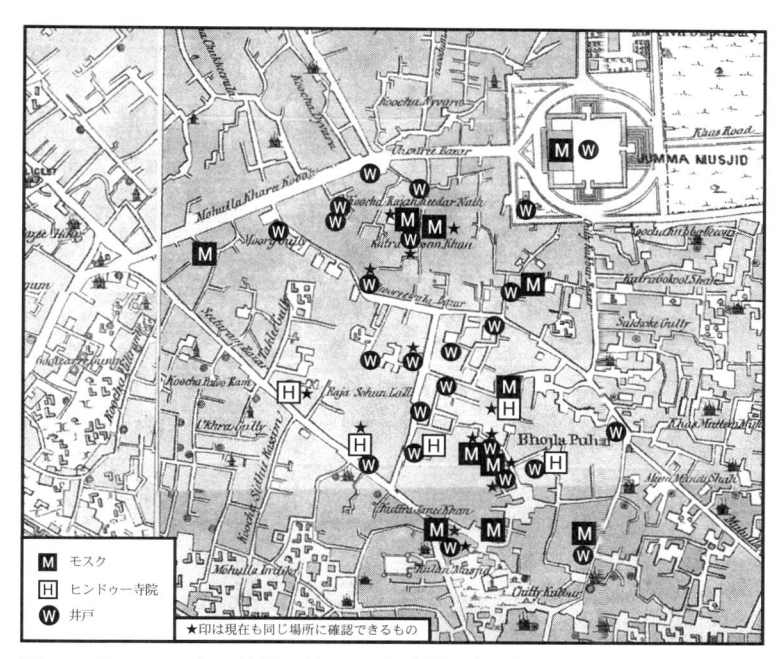

図 2-49 ● 1867-68 年の地図に記された調査地区内の宗教施設と井戸：作図　山根周

れ，外に公共の水場を設ける例も多く，水道の整備後にもモスク周辺には同じ場所に水場が設けられている例が多い．

## 4-4 | 宗教施設の分布

　宗教施設に着目すると，チュリワラン通りより北の地区内では，19 世紀半ば当時，ヒンドゥー寺院はなくモスクのみが見られる．ジャーミー・マスジッドに隣接する地区であり，当時からムスリム住民が支配的な地区であったことが分かる．またチュリワラン通りより南の地域では，古くからのムスリムの居住地であった東側のパハリ・ボージュラ地区にはモスクが集中しているが，それより西側ではモスクとヒンドゥー寺院の双方が近接して見られ，通りや路地によって支配的な住民層はあったとしても，ヒンドゥーとムスリムが近接する形で混住して

いたと考えられる．

　しかし現在では，前述のように（図2-44），チュリワラン通りより北ではダータ・シャール・ガリ Data Shal Gali (No. 22) 以西にはモスクはなく，代わりにヒンドゥー寺院が見られる．またチュリワラン通りより南では，19世紀半ばの地図にはプレムナラヤン通りより西にもモスクの存在が記されていたが，現在はチュリワラン通り沿いの一つを除いてなくなっており，逆に東のパハリ・ボージュラ地区に一つだけ存在していたヒンドゥー寺院も現在はない．

　これは19世紀半ばから現在に至るまでに，この地区の特に西側で，ムスリムからヒンドゥー教徒へと住民の入れ替わりが起こり，しかも両者の住み分けが形成されるような大きな住民構成の変化があったことを意味する．前述したように (Ehlers & Krafft (1993))，1947年の分離独立に伴うムスリムの流出と，パキスタンからのヒンドゥー難民の流入が，その大きな契機となっていると考えられる．

# 5
## ムガル都市・デリー

## 5-1 デリーの都市構成と街区空間

　デリーの地は，交通の要衝に位置し防衛上の利点を備えていることから，古代より多くの王朝の都が築かれてきた（表2-4）．それら歴代の都市のうち，現在のデリーの基礎となっているのは，ムガル朝シャー・ジャハーン帝によって建設されたシャージャーハーナーバードである．20世紀になり英国植民地下に新たな首都としてニューデリーが建設されると，シャージャーハーナーバードはオールド・デリーと呼ばれるようになった．

　ムガル朝の帝都として築かれたシャージャーハーナーバードでは，宮城，市壁や市門，チャンドニー・チョウクとファイズ・バーザールという2本の大通り，ジャーミー・マスジッドをはじめとする主要なモスク，庭園，水路システムなどが計画的に建設され，それらを都市の骨格として市街地が形成されていった．

　18世紀には，宮城を除く市街地は，上流階級の宮殿や邸宅，庭園が集まるチャンドニー・チョウクの北側，大多数の都市住民の居住区となっていたチャンドニー・チョウクの南側，キリスト教宣教師やヨーロッパ商人たちの居住地となっていたダリアガンジュ地区という，主として三つの区域に分かれていた．

　市街地には，幹線街路（＝バーザール）＞通過街路＞路地＞袋小路というランクに分類できる入り組んだ街路体系が広がり，その中にシャージャーハーナーバード建設以前から存在したいくつかの居住区を含みながら，宗教やカースト，職業，民族など様々なコミュニティが居住する街区が形成された．街区空間の単位としては，路地を意味するクーチャやガリ，中庭状広場を囲む住居，店舗などの複合

第Ⅱ章
デリー

表 2-4 ●デリーの歴代都市：作成　山根周

| | 都市名 | 建設者 | 王朝名 | 建設年代 |
|---|---|---|---|---|
| 1 | ラール・コート<br>Lal Kot | アーナング・パール<br>Anang Pal | トマール・ラージプート<br>Tomar Rajput | 1052 頃 |
| 2 | キラー・ラーイー・ピタウラー<br>Qila Rai Pithora | プリトゥヴィラージ<br>Prithviraj（在位 1170-92 頃） | チョウハーン・ラージプート<br>Chauhan Rajput | 1180 頃 |
| 3 | シーリー<br>Siri | アラーウッディーン・ハルジー<br>Ala al-Din Khalji<br>（在位 1296-1316） | ハルジー朝（1290-1321）<br>Khalji Turks | 1303 頃 |
| 4 | トゥグルカーバード<br>Tughlaqabad | ギヤースッディーン・トゥグルク<br>Ghiyas al-Din Tughluq<br>（在位 1321-25） | トゥグルク朝（1321-1414）<br>Tughluq Turks | 1321 頃 |
| 5 | ジャハーンパナー<br>Jahanpanah | ムハンマド・ビン・トゥグルク<br>Muhammad bin Tughluq<br>（在位 1325-51） | トゥグルク朝（1321-1414）<br>Tughluq Turks | 1325 頃 |
| 6 | フィーローザーバード<br>Firuzabad | フィーローズ・シャー・トゥグルク<br>Firuz Shah Tughluq<br>（在位 1351-88） | トゥグルク朝（1321-1414）<br>Tughluq Turks | 1354 頃 |
| 7 | プラーナ・キラ<br>（ディン・パナー）<br>Purana Qila (Din Panah) | フマユーン<br>Humayun（在位 1530-55） | ムガル朝（1526-1739）<br>Mughals | 1533 頃 |
| 8 | シェール・ガル<br>Sher Garh | シェール・シャー<br>Sher Shah（在位 1540-55） | スール朝（1540-55）<br>Sur Afgans | 1540 頃 |
| 9 | シャージャハーナーバード<br>Shajahanabad | シャー・ジャハーン<br>Shahjahan（在位 1628-58） | ムガル朝（1526-1739）<br>Mughals | 1639 |
| 10 | ニューデリー<br>New Delhi | インド総督ハーディング卿<br>Lord Hardinge<br>（在位 1910-16） | 大英帝国（1803-1947）<br>The British Empire | 1911-31 |

居住区であるカトラ，門を意味するパタク，屋根つきの通りを意味するチャッタ，村を意味するプラなどがあり，それらをいくつか含む，ある程度の規模を持った街区としてのモハッラがあった．モハッラは都市の社会経済的な単位であり，各モハッラにはモハッラダールと呼ばれる地区長が置かれた．シャージャーハーナーバード全体としてはターナー thana と呼ばれる区が行政的な単位となり，ムガル朝のシステムを引き継いだ英国統治時代には，市街地は 12 のターナーに分かれていた．それぞれのターナーにはターナーダール thanadar と呼ばれる区長が置かれ，町の治安を保ち，バーザールを見回り，税を徴収し，さらにチャンドニー・

チョウクに置かれたコートワーリー kotwali（市場監督官）が，それらを統轄するというシステムであった（Ehlers & Krafft (1993)）.

　街区の形成には，主として，貴族や軍人，官僚，豪商によって建てられた宮殿や邸宅（ハヴェリ）などを核として居住区が形成された場合や，カーストや同業者等のコミュニティによる集住によって住区が形成された場合などのパターンがあった．前者は，当初は王族や貴族たちが臣下とともに居住した，壁で囲まれた宮殿や邸宅であったものが，次第に細分化され，クーチャやガリなどへと転化していった場合で，元あったハヴェリの居住者の名が街区の名前になることが多かった．後者の場合は，カースト名や職業名が街区，住区の呼び名となることが多かった．

　19世紀半ばまでには，シャージャーハーナーバードに，ほぼ現在と変わらない街路体系や街区空間が形成されていた．1850年頃に作製された地図は，その様子をよく表わしている．

　現地調査に基づいた，現在のオールド・デリーの街区構成の特徴としては以下の点が挙げられる．

①街路構成

　市門や主要なモスクなどを結ぶ市街地の最も主要な幹線街路がバーザールを形成し，バーザールから分岐する街路が，地域内の通過交通路となっている．これらのバーザールや通過街路で囲まれたブロックの内部に，路地が分岐し，その内部でさらに袋小路が分岐する．街路体系には現在も明らかに，幹線街路（＝バーザール）＞通過街路＞路地＞袋小路という階層構造が生き続けている．

②街区構成

　路地にはその多くに固有の名前があり，それぞれが一つの街区を形成している．クーチャやガリは，バーザールから分岐し奥に延びる主路地があり，内部で袋小路が分岐するというのが一般的である．広場的なオープンスペースもところどころに見られる．これらの路地は，バーザールから少し入ると，折れ曲がったり斜めに方向を変えたりして，内部が見通せないような構成になっている．また，内部で分岐する袋小路は，住戸プランが正方形あるいは長方形を基本としている

ため，多くの場合，路地の主街路に対してほぼ直角に分岐している．カトラは，現在では路地的な構成をとっているものが多いが，中庭状広場を囲むようなもともとの形態を維持しているものもある．

　各街区の規模はまちまちで一定の傾向は見られないが，カトラはガリやクーチャに比べて小規模である．もともとが中庭的な構成であったことによるものと考えられる．

　住戸密度も住区によって差がある．バーザールに面した街区では，内部に商店や工場が多く立地し，住戸が少ない傾向がある．また，街区内の広場的な空間に小規模な住居が密集するような，局所的に住戸密度が極めて高い場所も存在する．かつてハヴェリであった場所に多くの世帯が流入し，細分化された住戸群が，ハヴェリの中庭を囲むように形成されたためと考えられる．

　シャージャーハーナーバードの建設以前から存在する古い居住区では，現在もそのまとまりが維持されている地区があり，いくつかのクーチャやガリを含むモハッラが構成されている．

③施設分布

　街区内には様々な施設や要素が見られ，路地の分岐点には，街区の入口となる門が設けられている場合が多い．住区としての性格が強い街区には現在も街路門が設置されているのに対し，商業施設の進出が進む街区では，街路門がなくなっている場合が多い．

　宗教施設としては，ムスリムのためのモスクやダルガー（聖者廟）とヒンドゥー教徒のための寺院や祠がある．路地内に生えている樹木もヒンドゥー教徒の信仰対象となっている．モスクの分布とヒンドゥー寺院の分布は，街区ごとではなく，ある程度大きな地域的まとまりで明確に分かれており，ムスリムとヒンドゥー教徒が地域的規模で住み分けていることが明らかになった．

　商店の分布を見ると，基本的にバーザールに沿って建ち並び，主要な街路で区切られるブロックを取り囲むように分布する．人の往来が集中する大きなバーザールにおいては，街路沿いだけでなく，街区の内部にまで商店が立地する．基本的には建物の1階部分が商店となっていて，2階以上は住居となっている場合がほとんどである．住居と商店とは連続しておらず，間口の一画に商店の入口と

は別に設けられた階段が住居への入口となっているのが基本的構成である.一方,工場や工房は主要街路沿いではなく住区の内部に立地している場合が多い.商店や工場に関して,特定の業種が集中して立地するバザールや街区も見られる.

## 5-2 街区空間の変容

オールド・デリーの街区は,シャージャーハーナーバード建設以前からの居住区に由来するものや,シャージャーハーナーバード市街地の形成過程で貴族や軍人,官僚,豪商らによって建設された宮殿や邸宅が居住区へと転化していったもの,カーストや同業者による集住によるものなど,その形成にいくつかのパターンがあった.それらの街区の名称や空間構成が,時代や社会状況により変化することは,ムガル朝時代からしばしばあったという.

本章では,19世紀半ばに製作された地図と,現在の街区構成を比較することで,オールド・デリーの街区構成の変遷を明らかにした.

街路体系は,街区空間のレヴェルでも当時とほぼ変わらない構成が現在まで維持されており,街区空間の基本的構造に関しては大きな変容はなかったといえる.規模の大きなハヴェリがあった場所では,小規模な住居へと細分化され,新たな路地が形成されたところもある.

路地の入口や内部に設けられた街路門については,当時と同じ場所に今も確認できるもの,当時はあったが現在はないもの,当時はなかった場所に現在設置されているものとがある.現在では,商業空間が街区内部にまで進出している地区もあり,そうした路地では街路門がなくなっているが,基本的には街区の入口となる路地の分岐点には,街路門が設置されている.

19世紀半ばと大きく変わったのが,水場の位置である.当時は通りや街区の内部に多くの井戸が設けられていた.その数は1847年の時点で,市街地全域で687もあったとされるが (Ehlers & Krafft (1993)),1870年代以降に行なわれた水道の整備により,多くの井戸が使われなくなった.水場の位置にもかなりの変化があったが,宗教上の理由で水場を設けるモスクの周辺には,当時と同じ場所に変わらず水場が設けられている例が多い.

また,宗教施設に関しても,19世紀半ばと現在で,その立地にかなりの変化

表 2-5 ● 19世紀のシャージャハーナーバードの人口推移：出典　Blake (1991) p.174 を基に作成：山根周

| | 城市内人口 | 郊外人口 | 計 | 宗教別割合 | |
| --- | --- | --- | --- | --- | --- |
| | | | | ヒンドゥー | ムスリム |
| 1833 | 120,000 | — | — | — | — |
| 1842 | 131,000 | — | — | — | — |
| 1845–46 | 138,000 | 22,000 | 160,000 | 54% | 45% |
| 1853–54 | 152,000 | — | — | — | — |
| 1864 | — | — | 142,000 | 60% | 39% |
| 1881 | — | — | 173,000 | 57% | 42% |
| 1901 | — | — | 208,000 | 55% | 42% |

（—：不明）

が見られる地区があることが明らかになった．モスクとヒンドゥー寺院の分布の変化からは，ムスリムからヒンドゥーへと住民の入れ替わりが起こり，しかも両者の住み分けが形成されるような大きな住民構成の変化があったことが読み取れるのである．

　1857年の大反乱の鎮圧とムガル朝の消滅の後，シャージャハーナーバード／オールド・デリーの発展においては，三つの画期があった．一つはインド大反乱後の英国による都市空間の大規模な再編であり，二つ目はニューデリーの建設，そして三つ目が1947年の独立とその後の国家の分離である．そのうち，街区空間の構成に大きな変化を与えたのが，三つ目のインド，パキスタンの分離独立であった．

　宗教間の流血の衝突，多くのムスリムの流出とパンジャーブ地方からの大量の移民の流入，それに続くデリーの急激な人口増加により，既存の住民構成は大きく変化した．シャージャハーナーバードでは，20世紀初頭までヒンドゥー，ムスリム両コミュニティの人口にあまり大きな差はなかった（表2-5）．分離独立に伴い，旧市街の多くの地区で大きな住民の入れ替えが起こり，政治的経済的にはムスリムの地位が総体的に低下した．そうした中で，宗教施設の分布に大きな変化があったことが明らかになった．分離独立を契機としてヒンドゥーとムスリムのより明確な住み分けが進行したと考えられる．しかしながら，空間的また機能的構造において，オールド・デリーは今日もなお，シャージャハーナーバード以来の街区構成を継承，保存しているのである．

# 第 III 章

## ラーホール

1　ムガル朝の首都：アーグラー，ファテープル・シークリー
　　　1-1　アーグラー
　　　1-2　ファテープル・シークリー

2　ラーホールの都市形成

3　ラーホール旧市街の街区構成とその変容
　　　3-1　ムガル朝時代の街区
　　　3-2　街路体系と街区構成
　　　3-3　街区の境界
　　　3-4　街路形態と街区の規模
　　　3-5　街区内の施設分布
　　　3-6　街区の名称
　　　3-7　街区コミュニティの変容

4　ラーホールの都市住居
　　　4-1　住居形式と類型
　　　4-2　住居の空間要素と装飾要素
　　　4-3　ハヴェリ
　　　4-4　都市住居の集合形態

5　ムガル都市・ラーホール
　　　5-1　街区空間および都市住居の特質
　　　5-2　街区構成における重層性

# 1
## ムガル朝の首都：
## アーグラー，ファテープル・シークリー

　ムガル朝を興したバーブルは，インド支配の拠点としてアーグラーの地を選ぶ．その後ムガル朝の首都はファテープル・シークリー，ラーホールと移り，シャー・ジャハーンによるシャージャーハーナーバード建設によって，最終的にデリーが帝都となるのであるが，アーグラー，ファテープル・シークリー，ラーホールの三都市はその後もムガル朝の中枢都市としての座を維持する．

　本章ではラーホールに焦点を当て，都市構成とその変容を詳細に見ていくが，ラーホール，シャージャーハーナーバードへと連なる首都の系譜として，まずはアーグラーとファテープル・シークリーについて，その都市構成を概観してみたい．

## 1-1 | アーグラー

　アーグラーはインド北西部，デリーの南約 200km に位置する古都で，タージ・マハルの所在地として名高い（口絵 5）．都市としての起源ははっきりしていないが[225]，今日に繋がるアーグラーは 16 世紀の初め，ローディー朝のシカンダルによって建設された．当時の都市は南北に流れるヤムナー河が西に大きく湾曲する地点の東岸に城砦が築かれ，城砦とは別にやや離れたところに都市が発達した．主要な道はすべてヤムナー河に向かっており，ヤムナー河の水の利用を中心に発

---

[225] アーグラー城周辺からは，マウリヤ朝の煉瓦など古代に遡る様々な考古学的遺構が発掘されている．しかし，ローディー朝以前のアーグラーが計画的に建設されたという形跡は残されていない．

ムガル朝の首都

達してきたと考えられている．シカンダルのもとでアーグラーは栄え，その名は今日までアーグラー近郊の地名として残されている．

　1526年パーニーパットの戦いでローディー朝を滅亡させたバーブルはムガル朝を興し，この地を首都とする．パーニーパットの戦いで勝利を収めると，バーブルはすぐさまフマーユーンをアーグラーに送ってアーグラー城を押さえている．バーブル自身も続いて入城し，ローディー朝の宮殿を占拠した．『バーブル・ナーマ』は，まずバーオリー（階段井戸）を建設したと記録する．そして小宮殿と現在ラーム・バーグとして残る庭園をヤムナー河東岸に建設している．バーブルが死んだのはアーグラー城であり，フマーユーンが王位についたのもアーグラー城である．

　アーグラーが真に首都として変貌を遂げたのは，ムガル朝3代アクバル帝の時代である．アクバルは，1565年に，ヤムナー河の西岸にローディー朝時代から残るバダルガルBadalgarh砦を解体し，高さ約20mの赤砂岩の城壁で囲まれたアーグラー城と城下町の建設を開始する．都市は「アクバルの都市」を意味する「アクバラーバード」と名づけられた．以降，都市の中心はヤムナー河西岸に移り，今日のアーグラーの骨格ができあがる．一方，アクバルは1569年にファテープル・シークリーの建設を始め，1574–1584年にはそこを首都とする．さらにその後1598年までラーホールに首都を移している．しかしこの間，アーグラーは実質的にムガル朝の首都の地位を保ち続けた．

　1648年，5代シャー・ジャハーン帝は新都シャージャーハーナーバードへ遷都し，アーグラーは首都の座を譲ることとなる．その後ムガル朝の衰退とともに18世紀後半にはジャート族，マラータ軍などの侵攻，掠奪に遭い，19世紀の初頭にはイギリス東インド会社領に編入された．当時アーグラーは衰退の極みにあり，人口は3万人ほどであったと言われる．しかしその後イギリスによってアーグラー城の南方にカントンメント（兵営地区）が，北西方には行政機関，病院などを核とする新市街が形成され，アーグラーは新旧の両市街からなる都市へと発展していった．

　アーグラーは「アクバラーバード」の名が示すとおり，アクバルによってその都市形成の基礎が築かれた．アクバル時代の都市域は，アーグラー城の内部とその外に大きく分けられ，ヤムナー河の南北の流れに沿って，城を中心とする半径

# 第 III 章

ラーホール

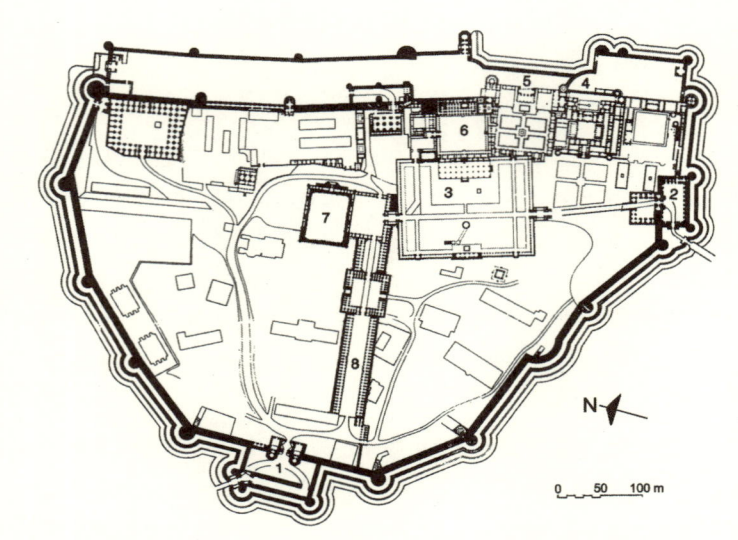

1 デリー門（ハティ・ポール：象の門）　2 アマル・シン門とアクバリー門　3 公謁殿　4 ジャハーンギール殿　5 寝殿　6 内閣殿　7 真珠モスク　8 バーザール街

図 3-1 ●アーグラー城平面図：出典　Koch (1991)

約 2km のほぼ半円形の範囲であった．シャージャーハーナーバード同様，ラール・キラ（「赤い城」）と呼ばれるアーグラー城には，城下町を見渡す位置に王宮が建設されている．城下町は大きな計画的理念がないままに形成されていったと考えられるが，ジャーミー・マスジッド，アクバリー・マスジッド，タージ・マハルなどいくつかの核となる施設が建設された．

冒頭（序章1節）で述べたように，アーグラー城（図 3-1）はそのプランや敷地の選定に，インド古代の建築書であるシルパシャーストラ，『マーナサーラ』における「カールムカ」のモデルが採用されたという説がある．例えば，ベグデ Begde (1978) は，インド古代においては円または半円形のプランは吉兆な形態とされ，アーグラー城は「カールムカ」の中でも最高のレイアウトとされた「カールムカ・ハドガ Karmuka-khadga」というタイプであるとしている（図 3-2）．アーグラー城はヤムナー河の右岸に位置しているが，川の右岸という敷地もインド古代の都市計画家によっては好運をもたらすと考えられていた，という説もある．

アーグラー城は，上述のように，赤砂岩で覆われた姿からシャージャーハーナー

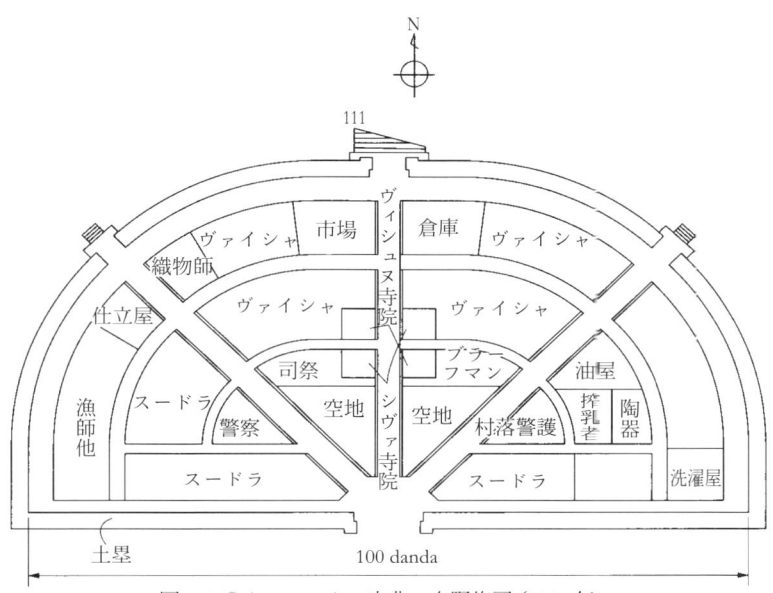

図 3-2 ●カールムカ：出典　布野修司（2006 年）

バードと同じくラール・キラ（「赤い城」）の異名を持つ．城壁には，ハティ・ポール（「象の門」）とも呼ばれる西側のデリー門と，南端のアマル・シン門という二つの城門がある．アクバルからアウラングゼーブまで 4 代の皇帝により整備された城内には，ディワーニ・アーム（「公謁殿」），ディワーニ・カース（「内謁殿」）といった宮廷施設や後宮，モーティー・マスジッド（「真珠モスク」）と呼ばれる王室専用モスクの他，バーザールまで設けられた．中でもアクバルによるジャハーンギール殿（1560–1570 年代築）は，ムガル朝の出自である中央アジア，ティムール建築の要素と，インドの伝統である石造柱梁構造との融合が見られ興味深い．諸民族の融和を積極的に図ったアクバルの思想が建築にも表現されている．

ムガル朝時代のアーグラーの都市構成については，17 世紀中頃アーグラーに滞在したフランス人医師ベルニエが，以下のように記している．

　　アーグラーはその大きさ，オムラー Omrha（貴族）やラージャの住む住居の多さにおいてはデリーをしのぐ……（中略）……しかしながら，市壁はなく，他の帝都に比べるとい

くつかの点で劣っている．というのも確固たるデザインなしにこの街は建設されたのであり，デリーを際だたせているような一つの大きな通りが欲しいものだ．商店の建ち並ぶ4，5本の通りは長く，家々も立派であるが，他の通りはほとんど短く，狭く，不規則で曲がりくねっている．(Bernier (1969))

　これはシャージャーハーナーバードが建設された後のアーグラーの様子を記したものである．それによるとフォートの外に大きな市街地が広がり，多くの貴族の邸宅が存在し，いくつかの大きなバーザール，狭く曲がりくねった通りからなる住宅地などにより城下が構成されていたことがわかる．
　また，18世紀のアーグラーを描いた地図が存在する (Gole (1989)（口絵6))．この地図は測量に基づく正確なものではない．また当時のアーグラーに存在しなかったものも描かれている．例えば市街地全域をぐるりと囲む市壁はアーグラーには築かれていない．それは将来的には市壁を建設するという計画のもとに描かれたものであり，この地図はそのような計画的な意図をも含んだ性格をもっている．しかしアーグラーの都市空間の構成を把握するには大変分かりやすく描かれており，市街地の大まかな様子をこの地図から知ることができる．
　この地図からわかるのは，ヤムナー河の岸に半円状に建設されたアーグラー城を中心として市街地が広がっているということである．そして河沿いには一群の建築物が列をなしている．その一つ一つは広い敷地を囲い込み，中には樹木の植えられた庭と大きな建築物が描かれている．これらはベルニエが，その数ではシャージャーハーナーバードをしのぐと記した，貴族や諸侯のハヴェリである．
　さらに市街地に目を移してみるとアーグラー城の左上すなわち北西に，八角形の大きな広場があり，ここを基点として市街地に通りが伸びている．西側城壁の外は大バーザールがおかれたところであり，この地図上で見る限り，アーグラー市街の主要道路が集まるこの広場が大きなバーザールとなっていたことが考えられる．そして広場から伸びる数本の通りには，両側に建物が建ち並ぶ部分がみられ，それがベルニエの言う商店の建ち並ぶ通りであると考えられる．その中でも広場から上方へ，つまり北へ伸びる一本の大きく湾曲する通りがとりわけ強調して描かれている．そしてこの通りが広場と交わる少し手前に大きなモスクの図が描かれており，これがアーグラーのジャーミー・マスジッド (1648) である（図3-

図3-3 ● ジャーミー・マスジッド（アーグラー）：写真　山根周

3). また通りをさらに北へ行くともう一つモスクが描かれている．アクバリー・マスジッドである．このように主要な宗教施設が配されていることからも，この通りがアーグラーの最も重要な通りであったと考えられる．そして通り沿いに多くの商店が建ち並び，キャラバンサライなどが配された大バーザールとなっていた．

　地図の右下に描かれている大きな建築物はタージ・マハルである（図3-4）．その周囲にも通り沿いに建物の建ち並んでいる様子が描かれてありこの地域にも市街地の形成がみられる．

　以上のことからムガル朝時代のアーグラーの都市構成は以下のようであったと考えられる．

1) 都市全体を囲む市壁は存在せず，アーグラー城を中心として都市が形成され，シャー・ジャハーン時代の壮麗なモニュメントであるタージ・マハルがアーグラーのもう一つの核となっていた．
2) ヤムナー河に沿って貴族や諸侯のハヴェリが多数建設され，ヤムナー河岸が一つの高級住宅地を形成していた．

## 第 III 章
ラーホール

図 3-4 ● タージ・マハル：写真　山根周

3) アーグラー城の西側に広場状の大バーザールがあり，そこは市街地の主要な道路が集まっている場所であった．そしてそこから伸びる通りのいくつかはバーザールとなっていた．
4) 広場から北へ伸びる 1 本の通りがアーグラー市街地の中心の通りとなっており，ジャーミー・マスジッドやアクバリー・マスジッドなど主要な宗教施設がその通り沿いに配された．
5) バーザールとなっている主要な通りから細い路地が伸び，それらは狭く，不規則に曲がりくねりながら迷路状の街路ネットワークとなり，居住地区を形成していた．

地図（口絵 6）は，前述のように，アーグラー城を中心とするが，市壁が描かれ，タージ・マハルをも含んで都市全域を囲むように描かれている．市壁は実際に存在していたものではないが，建設が計画されていたものであった．市壁が建設されていれば，アーグラーもシャージャーハーナーバードやラーホール同様，城壁に囲まれた王宮と，王宮の外側に広がりさらに市壁によって囲まれる市街地という 2 重の城壁をもった都市になっていた．しかし市壁は建設されず，確固たる境

1

ムガル朝の首都

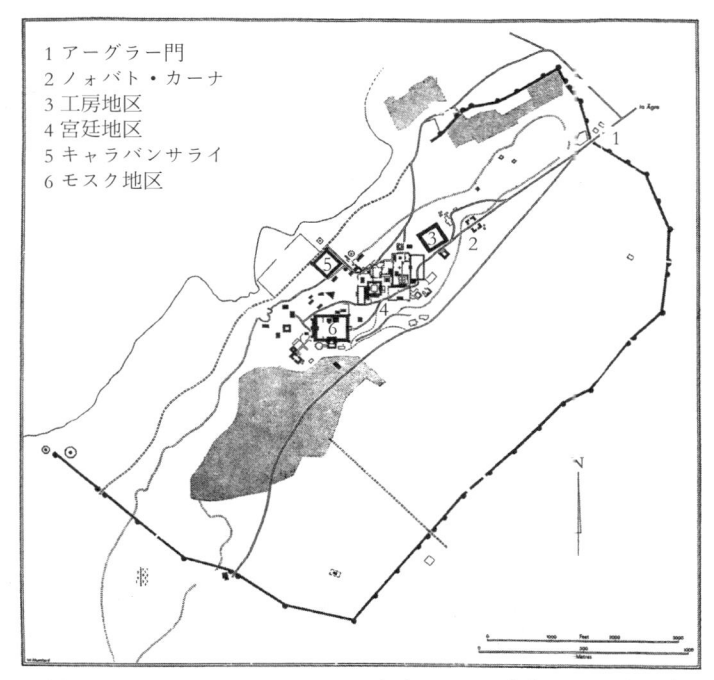

```
1 アーグラー門
2 ノゥバト・カーナ
3 工房地区
4 宮廷地区
5 キャラバンサライ
6 モスク地区
```

図3-5 ●ファテープル・シークリー都市プラン：出典　I-rand (1987)

界をもった都市にはならなかった．そしてアーグラー城外の都市空間はその後ムガル朝の衰退とともに衰退し，イギリスによる新市街の形成が行なわれていったのである．

## 1-2 ファテープル・シークリー

　1569年，アクバルは，アーグラーの西約37kmに位置するシークリーの村に帝国の新首都の建設を開始する．ファテープル・シークリーと呼ばれることになるこの新都は，軍事的要塞としてよりも行政センターとしての性格を持った都市として構想された（図3-5）．夏暑く，水も充分得られない不利な条件をおしてこの地が新都に選ばれた理由として，次のような物語が残されている．

　　　建設以前シークリーの村は石工の村であったが，石切り跡の洞窟にムスリム聖者サリー

263

ム・チシュティーが住み，崇拝されていた．男児に恵まれないアクバルが聖者を訪れ祝福を求めたとき，聖者は自分の男子乳児の命を捧げ，その魂が第2妃の胎内に宿って王子懐妊となった．アクバルは誕生した王子を聖者と同じくサリームと名づけ，聖者の洞窟近くに新都の建設を決意した．

　王宮の大部分は1571年までに建設されたが，都市全体の建設は14-5年間続いた．初めこの帝都はグジャラート地方の征服を記念してファタバード Fathabad（『勝利の都』）と名づけられたが，その後正式な呼び名としてファテプルと変えられた．しかしファテプル・シークリーは，大量の水を必要とする王宮の諸施設のため，水の需要と供給のバランスがとれず水不足をきたし，1585年には王宮が放棄され，都市機能も停止してしまった．その後ファテプル・シークリーは都市として発展することなく現在に至っている．

　ファテプル・シークリーはアクバルの計画のもと，二人のムスリム建築家ワハーブッディーン Wahabuddin とムハンマド・ヤクブ Mohammad Ya'qub によって設計された．

　敷地として，平坦で河川や湖のない岩石大地が選ばれ，この岩石台地上に王宮を始めとする都市の主要な施設が配置された．都市域はこの岩石台地を中心とする周囲約11kmのほぼ長方形をした土地であり，三方を城壁で囲み，北側に貯水池として人工湖が作られた．ファテプル・シークリーの主要な構成要素としては，他のムガル朝の首都同様，王宮，ジャーミー・マスジッドなどの宗教施設，バーザール・キャラバンサライといった商業施設等が挙げられるが，河川の沿岸に立地していないため，水利施設が重要な都市施設となった．また都市の空間構成においても，王宮に城壁を設けていないなど，ユニークな点が見られる．また丘陵地区をムスリムの居住地，丘下をヒンドゥー地区とし，シャイタンプラ Shaitanpura と呼ばれる娼婦の居住地区が設けられるなど大まかなゾーニングがなされていた．

　ファテプル・シークリーの王宮は，極めて整然と計画されている（図3-7）．すでに見たように，シャージャーハーナーバードのラール・キラもまた整然と計画されるが，ムガル朝における計画理念を窺う一つの手掛かりである．ベグデは『マーナサーラ』における「ダンダカ」モデル（図3-6）に基づいているという

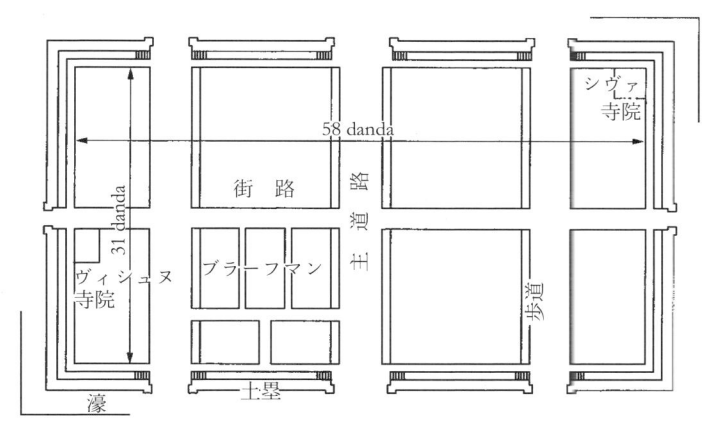

図3-6 ●ダンダカ：出典　布野修司（2006年）

(Begde (1978))．ヒンドゥー教徒を妻の一人としたアクバルがヒンドゥーの都市理念に通じていたとしても不思議ではないが，「ダンダカ」というには，王宮のみで市街の広がりがないからなんとも言えない．プランの基本は，ペルシア風のバーグの伝統である．ムスリム建築家が，ペルシアのチャハル・バーグの構成に詳しく，幾何学に堪能であったことも当然である．

　市街地の形成は，先述したように，ファテープル・シークリーはその着工から放棄までがわずか15年あまりであり，都市に住民が十分定着しないうちに都市としての歴史を閉じることとなるのである．その後も市街地空間の形成とその発展はファテープル・シークリーにおいては見られない．現在も人口1万人余りの農村である．

　ファテープル・シークリーの主要な建築物について以下に見よう．

### 王宮

　王宮施設は岩石からなる丘陵地に建設され，その配置は丘陵の地形から決定されたため，結果的に非対称の配置パターンとなり，ムガル朝の他の城塞とは様相を異にしている（図3-7）．また王宮施設には城壁が巡らされていない．王宮地区は市壁のアーグラー門から南西に伸びる「王者の道」を軸線とし，それが岩石台地の平坦面に登りきる手前，王宮への登城口にノバト・カーナ（奏楽門）を置

# 第III章
ラーホール

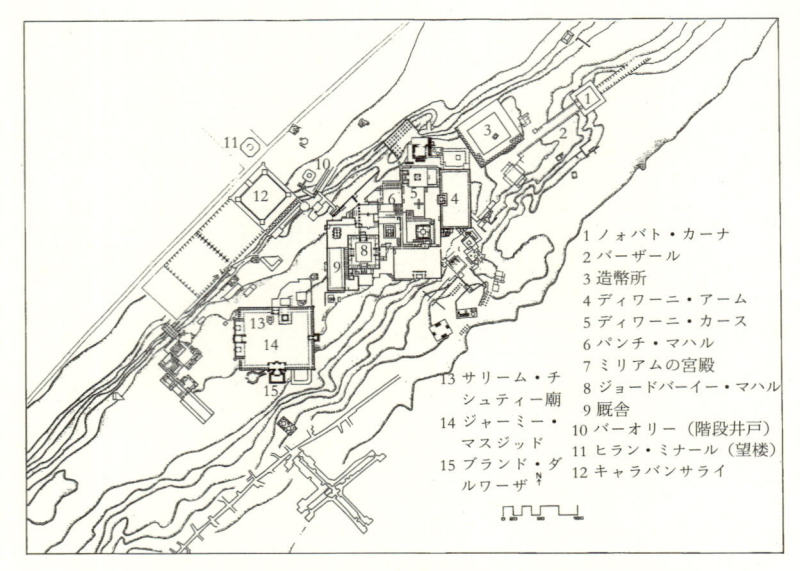

図 3-7 ●ファテープル・シークリー王宮地区プラン：出典　Brand (1987)

1 ノォバト・カーナ
2 バーザール
3 造幣所
4 ディワーニ・アーム
5 ディワーニ・カース
6 パンチ・マハル
7 ミリアムの宮殿
8 ジョードバーイー・マハル
9 厩舎
10 バーオリー（階段井戸）
11 ヒラン・ミナール（望楼）
12 キャラバンサライ
13 サリーム・チシュティー廟
14 ジャーミー・マスジッド
15 ブランド・ダルワーザ

き，そこから造幣所，官庫を経て宮殿に達する．宮殿にはディワーニ・アーム，その背後の中庭を取り囲んで柱上に玉座を戴くディワーニ・カース，ハーブガー（寝殿），第2妃ミリアムの宮殿，ダフタル・ハーナ（王室官房），5層の楼閣宮殿パンチ・マハル（口絵7）があり，さらにその奥に第1妃のためのジョードバーイー・マハルと広大な厩舎がある．建築群の配置は地理的条件によって決定されたが，その方位は東西南北の方位がとられている．ヒンドゥーの方位観が建築群の構成に影響を及ぼしたとも言われている（飯塚キヨ（1971））．

## 城壁・城門および主要幹線道

　ファテープル・シークリーの市壁は周囲約11kmの長方形で，九つの門がある．北から時計回りにデリー門，ラール門，アーグラー門，ビルポール門，チャンドラポール門，グワリオール門，テヘラ門，チョール門，アジュミール門である．都市内の主要幹線街路は，アーグラー門とアジュミール門とを結び王宮施設を抜けて通る道と，アーグラー門とテヘラ Tehra 門とを結ぶ道路の二つの通りである．アーグラー門からノォバト・カーナへ至るまでの道が「王者の道」と呼ばれた．

ムガル朝の首都

図 3-8 ●ジャーミー・マスジッド（ファテープル・シークリー）：写真　山根周

### 宗教施設

　ジャーミー・マスジッドは丘陵の上，王宮施設の西側に位置し，それはちょうど都市全体の中心部にあたる（図3-8）．ジャーミー・マスジッドはファテープル・シークリーの最も大きな建造物で1571年に建設された．ブランド・ダルワーザ Buland Darwaza（荘麗門）と呼ばれるその門はアクバルのデカン地方の征服を記念して後に付け加えられたものである（図3-9）．その他ファテープル・シークリー建設以前にアクバルによって建てられた石工のモスクがジャーミー・マスジッドの西にある．

### 商業施設

　王者の通りの両側，ジャーミー・マスジッドの南西側のチョウク，幹線道路の中央部の両側，サライのある通りが計画されたバーザールであった．またアジメール門から王宮へ至る幹線道路沿いには一辺100m余りの大キャラバンサライが建設された（図3-10）．ムガル朝のキャラバンサライは都市の主要バーザールの役割をも兼ね備えるもので，卸商人用の商品展示場，倉庫，事務所を持ち，2階が宿泊所であった．キャラバンサライは国営の隊商宿であり，大都市であることを

## 第Ⅲ章
ラーホール

図3-9 ●ブランド・ダルワーザ（ファテープル・シークリー）：写真　山根周

図3-10 ●キャラバンサライ（ファテープル・シークリー）：写真　山根周

示す一つの指標であった.

### 水利施設

　ファテープル・シークリーにおいて特徴的な都市施設は水利施設である.他のムガル朝の帝都と異なり川の沿岸に立地せず,水の確保は都市の死活問題であった.水源は地下水または雨水で,それを確保し,利用するためにバーオリーや深堀井戸,あるいはタンクやビルカ birka[226]といった施設が作られた.それらの水利施設はファテープル・シークリー建設の基本理念を示すものであった.王宮の給水源はバーオリーと井戸であり,その位置は王宮の北西の丘下,南東の丘下,そして沐浴池の北東の3ヶ所であった.また都市の主要施設がある岩石台地は水を通さない岩盤なので雨水の地下貯水が可能である.この地下貯水池をビルカといい,王宮の正方形の貯水池の下,ジャーミー・マスジッド中庭の地下,ランガル・カーナ(食物施与所のことで,ジャーミー・マスジッドの外側の南東に位置する)の地下に設けられた.さらにキャラバンサライの北西にも井戸が設置されている.

　ファテープル・シークリーの都市構成の特質を挙げると以下のようになる.

1) 岩石台地を中心軸とするほぼ長方形の範囲を都市の領域として市壁で囲み,その岩石丘上に都市の主要施設を配した.また丘陵地区をムスリムの居住地とし,丘下をヒンドゥーの居住地とするなど,都市空間の大まかなゾーニングが行なわれた.

2) 王宮を城壁で囲む城砦化をせず,他の宗教的・商業的施設と一体的に計画された.軍事都市としてよりも行政機能を重視した都市であった.

3) 都市内に主要幹線道路を計画的に敷設し,市街地空間の形成,発展に一つの秩序を与えようとする意図がみられる.

---

226) 雨水を集めてためておく,建物地下の貯水タンク.

# 2
## ラーホールの都市形成

　ラーホールはデリーの北西約 400km の地，インダス河の支流ラーヴィー河の南岸に位置し，現在はパキスタン，パンジャーブ州の州都である（口絵 8）．
　ラーホールの歴史は古く，その起源は 1-2 世紀に遡ると言われるが，史料がなく正確なことは明らかでない．ラーホールという名前の由来については，『ラーマーヤナ』に登場する伝説の英雄，ラム・チャンドラ Ram Chandra の息子，ラウ Lav（ロー Loh とも呼ばれる）に深い繋がりがあるとする説が有力である．ラーホールという都市はここだけでなく，アフガニスタン（ラージプートの植民都市があった），ペシャーワル地方，北インド，ラージャスターン地方にも存在し，ラージプートの年代記には「ローの城」を意味するロー・コット Loh-kot という名のもとに言及されている．また，ムスリムの著作には Lahor, Lohar, Loher, Lahawar, Lehawar などの記述で登場するが，中でも，ガズナ朝ムハンマドと同時代のアブ・リハーン・アル・バルーニ Abu Rihan al Baruni による，ローハワル Lohawar という記述が最も古く，正確であると考えられている．語尾のアワル awar は「城」や「囲い」を意味するサンスクリット語のアワラナ awarana が変化したもので，ペシャーワル，ソナワル Sonawar などのように，多くのラージプートの都市名の末尾に見られる．したがって Lohawar も「ローの城」という意味になり，ロー・コットと同じ意味を表わすことになる[227]．つまりローハワル（あるいはラウハワル）が転じてラーホールになったというのである．
　1021 年にムスリム勢力のガズナ朝（977-1186）によって占領されるまで，ラー

---

[227] "Gazetteer of the Lahore District 1883-84", reprinted by Sang-e-Meel publications, Lahore, 1989, pp. 145-6.

ホールはヒンドゥー・ラージプートの支配下にあったが，この時期の記録や建築的遺跡は残されていない．この地方では石材がとれないため，建築物は木造あるいは日乾し煉瓦により作られたものであったと考えられること，イスラーム勢力の度重なる侵略によってかつての町が徹底的に破壊されてしまったことなどが理由である．またヒンドゥーの聖都に建てられる大きな寺院の遺構が残されていないところから，宗教的に重要な都市ではなかったと考えられる．

一説によると，現在の旧市街の南約5kmのイチラ Ichhra 地区周辺が当時のラーホールの中心地であったという (Mushtaq (1977))．それを示唆するのが旧市街のロハーリ門の名前である．門にはその先にある都市や地方の名前がつけられることが多い．例えばデリー門はその先にデリーのあることを，カシュミール門はその先がカシュミール地方であることを示す．ロハーリ Lohari 門はその先にロハール（＝ローハワル），すなわちラーホールがあることを示している．つまりムスリムの占領後に，現在の旧市街の場所が新たな都市の敷地として選ばれ，その際ヒンドゥー統治時代のもともとのラーホールがあった方向に位置する門に，ラーホールの名を冠したのではないかというのである．

ラーホールが最初に史料に現われるのは，ガズナ朝によって占領された1021年であり，スルタン・マフムード Mahmud（在位 998-1030）の家臣，マリク・アッヤーズ Malik Ayyaz によって城砦が築かれ，マフムードプル Mahmudpur と呼ばれた．

ガズナ朝は最終的にラーホールで滅ぼされ（1186），その後ゴール朝のスルタン・ムハンマド・ゴーリー（在位 1203-1206）がラーホールを支配する．後継者のクトゥブ・アッディーン・アイバク（在位 1206-1210）は首都をデリーへ移し，ラーホールは再び地方の一都市となり，さほど繁栄をみなかったとされる．この時期，町はデリーから，あるいは他の王朝からの侵入を受け，しばしば大きな破壊に見舞われた．13世紀終わりのハルジー朝の時代，多数のモンゴル人が町の外に住みつき，その地域はモガルプラ Moghalpura と呼ばれていたという．

現在のラーホール旧市街が築かれたのは，アクバル（在位 1556-1605）の時代であり，1566年までには城砦が建設されていたとされる．その後，ジャハーンギール（在位 1605-1627），シャー・ジャハーン（在位 1628-1658）によって城砦が整備され，その西に，アウラングゼーブ（在位 1658-1707）によって，インド亜大陸随一

# 第 III 章
ラーホール

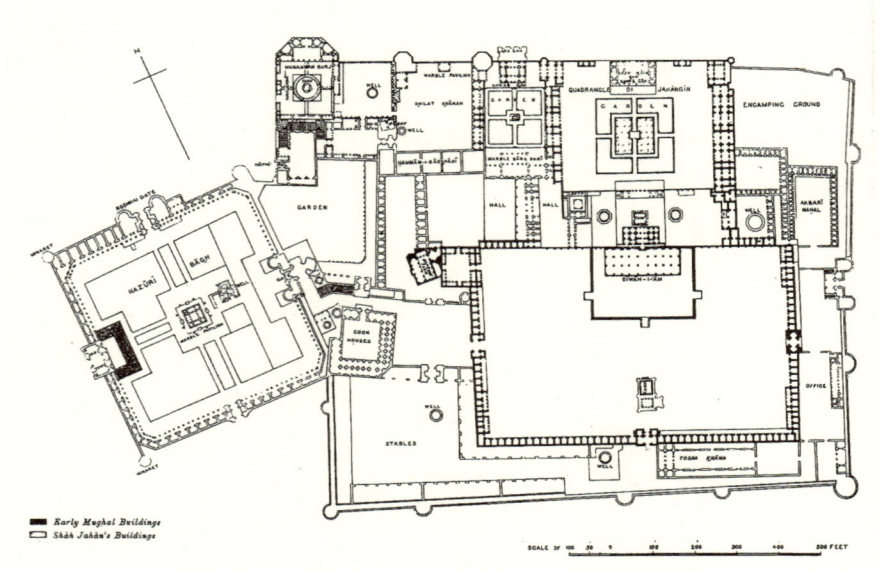

図 3-11 ● ラーホール・フォート平面図：出典　Mumtaz (1985)

の規模を誇るバードシャーヒー・モスク Badshahi Mosque (1674) が建設され (口絵 9)，城砦地区の完成を見る (図 3-11, 12, 13)．市壁はアクバル帝時代に建設され，その周囲は約 4.8km, 12 の市門を備える[228] (図 3-14)．その後，シク教徒のランジート・シン Ranjit Singh による王国時代 (1804-1849) に，その外側にもう一重の市壁が巡らされたが，イギリス統治下の 1884 年までに，市壁はすべて取り壊されている．また，植民地時代には，旧市街の南にシヴィル・ラインと呼ばれる行政地区が，南東の郊外にカントンメント (兵営) が建設され，新市街が南へと大きく拡大するが (図 3-15)，市壁で囲まれていた旧市街地の形態そのものは，現在に至るまで，アクバルの建設した当時から大きな変化はない (図 3-15)．

　旧市街は，北西に城砦地区が位置し，東のデリー門から城砦の南を通り西のタクサリー Taxali 門へと通じる街路，および北，南の各市門からその通りへと通じる街路を主要な幹線道とする (図 3-16)．都市計画に関する記録は残っていないが，イギリスによって 1848 年に作製された地図には，現在の位置とほとんど変

---

[228] 城砦地区にも一つ門が設けられたので，旧市街全体では門の数は 13 である．

図 3-12 ●ラーホール・フォート北壁：写真　山根周

わらない主要街路が描かれており[229]（図 3-17），市街地の構成はその当時までにほぼ完成していたと考えられる．

　1839 年のランジート・シンの死後，ラーホールは一時無政府状態となり混乱したが，イギリスとシク教徒による二次にわたるシク戦争（1845-1846, 1848-1849）を経て，1848 年，東インド会社によってラーホールが統治され，1849 年，イギリスによりすべてのシク教徒の領地の併合が宣言されるに及び，ラーホールのイギリス統治時代が始まる．当時のラーホール市域は，基本的に市壁の内部に限定され，周囲にはモザング Mozang，ナワン・コット Nawan Kot，キーラ・グジャール・シン Qila Gujar Singh，ガリ・シャーフ Ghar Shahu，バグバンプラ Baghbanpura などの村々が点在するのみであったが，1858 年以降，イギリスによって旧市街の南および南東に新市街が形成されていくことになる．

　イギリス統治の行政地区として，シヴィル・ラインと呼ばれる道路網および鉄道が整備され，役所，住宅，商店等イギリス人のための総合的な生活環境が整えられていった．モール・ロード Mall Road と呼ばれる道が道路網の中枢となり，

---

[229] Plan of the City of Lahore, (Signed) G. B. Tremenheere, Capt. Sup of Engineer Punjab Circle, Lahore 2nd Oct 1848

第Ⅲ章
ラーホール

図3-13 ●シーシュ・マハル（鏡の宮殿）：写真　山根周

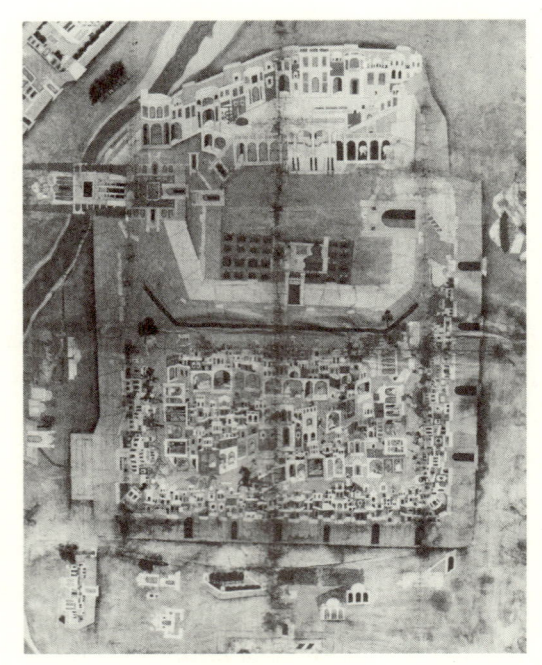

図3-14 ●ラーホール絵図（1825）：出典　Aijazuddin（1991）

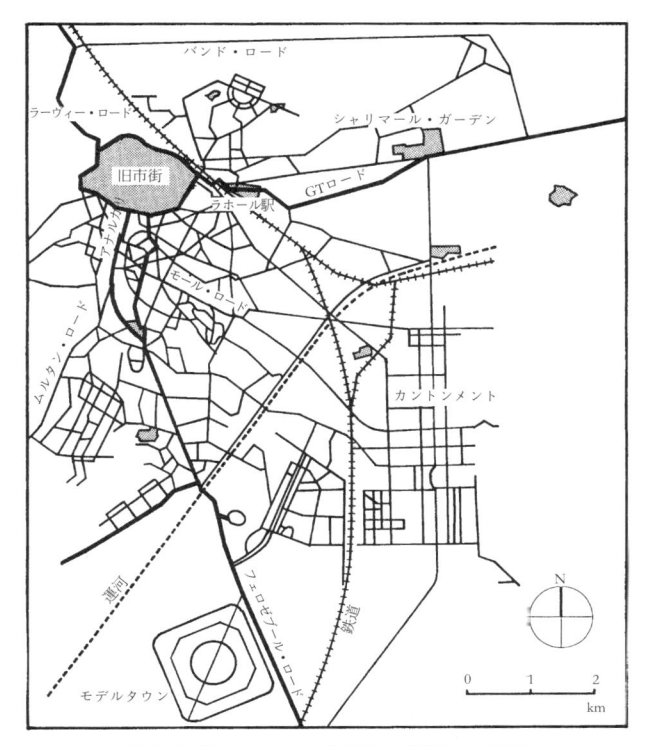

図3-15 ●ラーホール市街地：作図　山根周

モール・ロード沿いに重要な機関がインド・サラセン様式によって建設された．総督官邸（1849），高等裁判所（1889）（図3-18），電信局（1880），大学（1876），郵便局（1912）などである．現在もイギリスにより建設されたこれらの地区が，ラーホールの中心地区となっている．

また軍隊のためのカントンメントがさらに南東郊外に建設され，ラーホールは旧市街，シヴィル・ライン，カントンメントという三つの地域から構成されるようになった（図3-15）．

1947年のインド，パキスタンの分離独立により，パンジャーブ州は分割され，ラーホールはパキスタンのパンジャーブ州都となる．独立後，ラーホールは近代都市への道を歩み始める．道路網が再整備され，水道施設などが整えられた．ラーホール改善トラスト Lahore Improvement Trust（LIT）が設置され，都市計画

第Ⅲ章
ラーホール

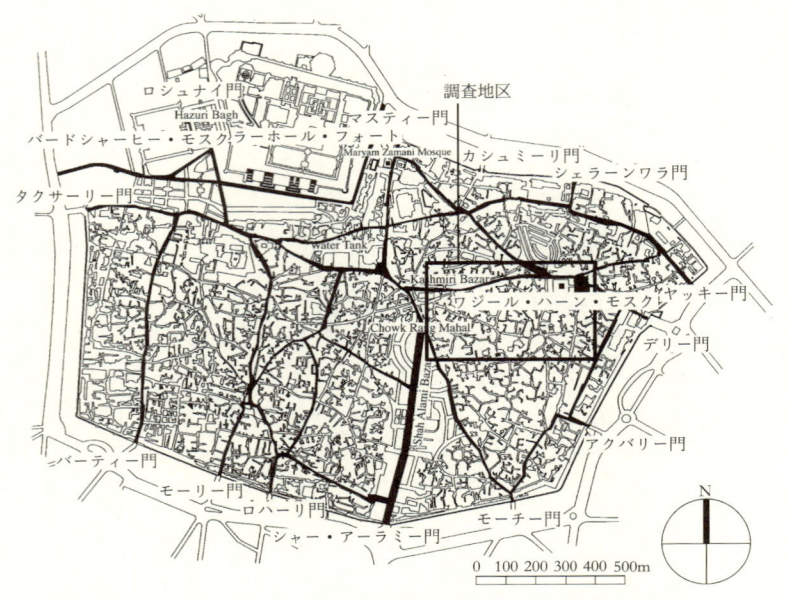

図3-16 ●ラーホール旧市街（主要街路と調査地区）：出典　Gilmore Hankey Kirke LTD. (GHK) Architects, Engineering and Planning Consultants & Pakistan Environmental Planning and Architectural Consultants LTD. (PEPAC), "Walled City Lahore Conservation and Upgrading", 4 sheets, (1991)に加筆：山根周

にあたった．LITはラーホールの郊外地域の開発を進め，市域の拡大を促した．市南部および南東部にサマナバード Samanabad とグルバーグ Gulberg の開発を行ない，都市の発展の方向を決定づけた．市の北部にもシャードバーグの建設を行なったが南部のような発展を見なかった．

　独立後，ラーホールに居住していた多くのヒンドゥー教徒，シク教徒が（当時ラーホールの人口の40％を占めていた）インドへと移住し，代わりにインドから大量のムスリムがラーホールへと流入した．またその後の都市発展に伴ってラーホールの人口は大きく増加した．現在の人口は514万人（1998）である．近代化の進展と急激な人口増加により，ラーホールでも都市問題が顕在化している．特に周辺農村から貧民層が流入し，大量のスクォッター集落を生み出している．これらはカッチー・アーバーディー Katchi Abadis と呼ばれ，放置された

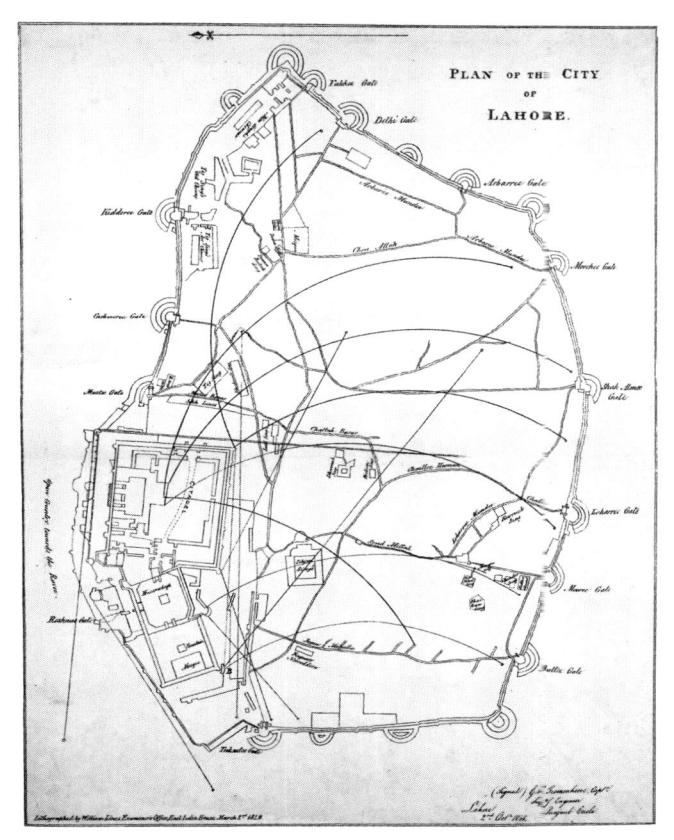

図 3-17 ● G. B. Tremenheere 作製によるラーホールの地図（1848）：出典　Quraeshi（1988）

土地や河沿い，鉄道沿いに広がっている．ラーホール開発局 Lahore Development Authority（L. D. A）によってその対策が進められているが，現在では彼らの存在を不可避なものと認め，これらのカッチー・アーバーディーに飲料水や排水設備を供与し，彼らの環境への適応を援助するという解決がはかられている．

第Ⅲ章
ラーホール

図3-18 ●ラーホール高等裁判所:写真　山根周

# 3
# ラーホール旧市街の街区構成とその変容

## 3-1 ムガル朝時代の街区

　ムガル朝時代には，ラーホールは市壁内9，市壁外27の36の街区に分かれていたことが知られている（図3-19）．街区はグザルと呼ばれ，グザルはいくつかのモハッラやクーチャを含んでいた（Baqir (1984), Din (1943)）．

　グザルとは，ペルシア語起源のウルドゥー語で，もともと「通行」や「通り」を意味するが，前述のとおり，中央アジアの都市においても街区の呼称として用いられており，ムガル朝がもともと中央アジアからインドへと進出してきた勢力であることを考えると，都市構成についても中央アジア地域との関連を指摘できる．モハッラは，前述のように，アラビア語のマハッラが変化したもので「居住区，街区」という意味である．また，クーチャはペルシア語起源の「細い路地，小路」という意味であるが，クーチェが変化したものであり，これも街区を意味する言葉と考えることができる（注261参照）．このように，ムガル朝時代のラーホールの街区構成には，西方のイスラーム世界の都市構成との強い繋がりを指摘することができる．

## 3-2 街路体系と街区構成

　ラーホール旧市街の街区構成を明らかにするために臨地調査を行なった[230]．調査の視点は街路体系，街区構成，施設配置，住み分けのパターンおよび居住空間，伝統的都市住居の構成である．ラーホール開発局 Lahore Development

## 第Ⅲ章
ラーホール

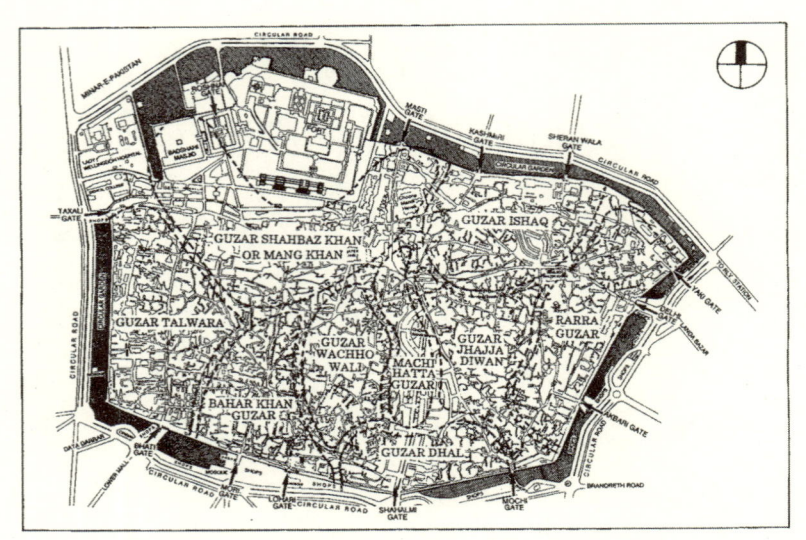

図 3-19 ●ムガル朝時代のグザル：出典　L. D. A（1993）

Authority（L. D. A）より入手できた，敷地割りまで描き込まれた縮尺 1/1000 の旧市街の詳細な地図をベースマップとした[231]．調査対象とした地域は，ワジール・ハーン・モスク Wazir Khan Mosque 周辺から，スネリ・モスク Sunehri Mosque 周辺までの，カシュミール・バーザール沿いの南の地区である（図 3-16）．デリー門から西へ延びる幹線街路であるカシュミール・バーザールは，旧市街で最も主要なバーザールの一つである．中でも，当初ラーホールの集会モスクであった，由緒あるワジール・ハーン・モスク（1634 年建設）や，パキスタン最大の布地の卸売市場であるアザム・クロス・マーケット Azam Cloth Market などが位置するこの一画は，旧市街でも最もにぎわいを見せ，商店，住居，宗教施設など，多様な要素が混在する地区である．宗教施設の種類や規模と街区構成との関係，バーザールの規模と商店業種の配置の関係など，街区空間の構成に関して様々な側面からの考察が可能である．

[230) 調査期間およびメンバーは，1994 年 2 月 24 日-3 月 19 日（山根周，荒仁），1996 年 10 月 15 日-11 月 11 日（山根周，沼田典久，長村英俊），1997 年 10 月 7 日-11 月 18 日（山根周）である．
[231) Gilmore Hankey Kirke LTD（GHK）Architects, Engineering and Planning Consultants & Pakistan Environmental Planning and Architectural Consultants LTD（PEPAC），"Walled City Lahore Conservation and Upgrading", 4 sheets, 1991

図3-20 ●デリー・ゲート・バーザール：写真　山根周

　現在旧市街で用いられる街路の呼称としては，バーザール，クーチャ，ガリ，カトラという四つがある．クーチャは前述の通り「細い路地」という意味であり，ガリも同様に「細い路地」という意味であるが，こちらはヒンディー語起源の言葉である．また，カトラには「囲われて中に人が住んでいる一片の土地」，「城砦に付属する市場街」あるいは単に「市場」という意味があり，これらヒンディー語起源である．

　街路ネットワークは複雑であるが，三つのランクに分けて考えることができる．第1は，市壁上の各市門から旧市街内部に延びる主要街路であり（図3-16，20），第2は，それらから分岐し主要街路同士を結ぶ，いわば2次的な街路である．これら第1，第2ランクの街路によって，市街地はブロックへと細分化される．呼称的には，これらはともにバーザールと呼ばれ，両側には商店が並ぶ．そして第3ランクの街路として，ブロックの内部へと分岐する路地がある（図3-21）．クーチャ，ガリ，カトラと呼ばれるのは，これらの路地であり，袋小路になっているものも多い．

　調査においては，街区の名称とその範囲を明確にする作業を行なった．その過程で明らかになったことは，バーザールから分岐するクーチャ，ガリ，カトラに

# 第Ⅲ章
ラーホール

図 3-21 ●居住地内の路地：写真　山根周

はそれぞれ名前があり，それらの路地自体が一つの街区を形成しているということである．そして，クーチャやガリをいくつか含む，より大きな範囲で，モハッラと呼ばれる街区が形成されていることも明らかになった．

それを端的に示す一例は住所の表記である．旧市街のすべての住戸には，固定資産税や公共料金等の徴収のために，F/2412 や H/1073 のような住戸番号（House No.）が付されており，その区分（Property Sector）は A〜K までの 11 存在する[232]．しかし，住所としては，

---

[232] ワード（選挙区）による行政区分もあり，ラーホール市（Lahore Municipal Corpolation 管轄下）の 130 のワードのうち，旧市街は No. 111-121 の 11 のワードに区分されている．

H/675, Kucha Hussain Shah, I/S (inside) Delhi Gate
F/589, Katra Rehman Shah, Bazar Sirianwala, I/S Rang Mahal
H/607, Kucha Pir Ramzan Shah, Mohalla Kakazaian, I/S Delhi Gate

といったように，住戸番号に加えて，住戸が面している路地の名前，次に路地が分岐するバーザール名，あるいは路地が含まれるモハッラ名が示され，最後に市門や辻広場などの名前が記される．これは，ランドマークとなる場所からの線的な連続性によって住所を示す形式であり，その最小の単位としてクーチャ，ガリ，カトラ名が表記される．また，ヒアリングにおいては，「街区」を意味するモハッラという言葉を用いて「ここのモハッラ名は何か」という質問をすると，「このモハッラはクーチャ○○（またはガリ○○，カトラ○○）である」という答えが多く，これらの路地に面した，いわば両側町的な地区が，基本的な街区の単位となっていることが明らかになった．つまり，クーチャ，ガリ，カトラとは街路の呼称であると同時に，街区の呼称でもある．そして，路地には固有の名前がなくモハッラ名だけが表記される例や，路地名に加えてモハッラ名を持つ例もあり，モハッラは，いくつかの路地を含む，より広い範囲から構成されることも明らかになった．

　これらの調査結果に基づき街区の構成を表わしたのが図3-22である．調査地区内に，三つのモハッラ（No. I～III），13のクーチャ（No. 1, 4, 7, 15, 16, 17, 18, 20, 21, 23, 26, 27, 29），10のガリ（No. 9, 10, 11, 12, 13, 14, 22, 24, 25, 28），六つのカトラ（No. 2, 3, 5, 6, 8, 19）が確認された．

　クーチャ，ガリ，カトラは，路地を媒介にして街区が形成されているという意味で，路地街区と呼ぶことができる．路地街区とモハッラとの関係を見ると，モハッラに含まれる路地街区（No. 10～18, No. 20～22, No. 26）と，そうではなく単独で形成されている路地街区（No. 1～9, No. 19, No. 23～25, No. 27～29）とがある．カトラは，調査地区においてはすべて独立した街区であった．

## 3-3 街区の境界

　一つのクーチャ，ガリ，カトラは，バーザールからの分岐点に始まり，他の分

第Ⅲ章

ラーホール

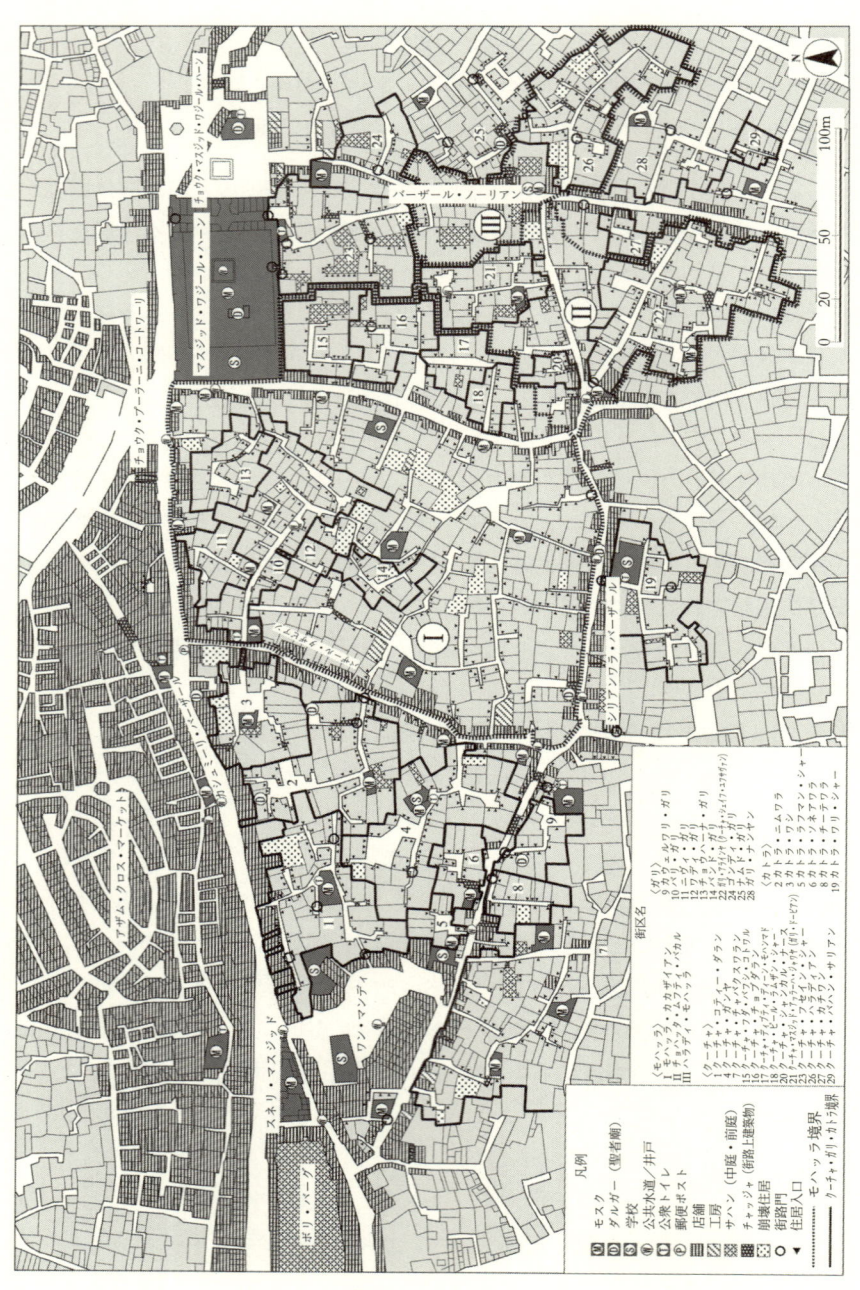

図3-22 ● ラーホール旧市街の街区構成と施設分布：作図 山根周

岐点や，またはブロック内での別な街路との接点で終わる．中には袋小路で終わるものもある．街区は，路地に面して出入口を持つ住居から構成されるので，その境界は住居の一番奥にひかれることになる．住居は壁を共有しながら連続して建てられているので，クーチャ，ガリ，カトラの境界は，具体的には建物の壁ということになる．

　一方，モハッラの範囲はもっと広く，内部にはいくつかのクーチャやガリが含まれ，バーザールが含まれる場合もある．その境界は，モハッラに含まれるクーチャやガリの境界と重なる部分もあり，また，バーザールがモハッラの境界となっている部分もある．

## 3-4 街路形態と街区の規模

　表3-1は，各街区における街路幅と街路長，および街区内部での分岐数などをまとめたものである[233]．街路の種類別にも集計した．平均すると，街路幅はクーチャとガリはほぼ同じで約2m，カトラはそれよりやや広く約2.6mであるが，バーザールになると平均3m以上の幅になり，違いが見られる．バーザールでも，カシュミーリ・バーザールのような主要街路では平均5m以上の幅があるのに対し，その他の2次的なバーザールでは3m前後になる．街路のランクによるヒエラルキーが明らかに見られる．また，一本の街路でも，幅にはかなりの違いが見られ，最大，最小の街路幅を見ると，クーチャ，ガリ，カトラにおいては，一人がやっと通れるほどの狭い部分がある一方で，バーザールよりも広い部分もある．これは，街区内は細い路地ばかりではなく，ところどころにチョウク（広場）が設けられるためである．またカトラは，その言葉の意味にも表われているように，もともと街路というよりも広場的な空間であったと考えられ，チョウクのある割合も高い．クーチャやガリより平均街路幅が若干広いのもそのためであると考えられる．街区全体が袋小路になっている割合も，クーチャ，ガリではほぼ半分であるのに対し，カトラは，ほとんどが袋小路である．

　街路長さは，街区によってかなりの差が見られ，街路の種類によっても相当の

---

[233] バーザールの範囲は，必ずしも街区の範囲と一致しないので，ここでのバーザールの街路長さは，その街区に含まれる部分の長さである．

# 第Ⅲ章
ラーホール

表 3-1 ●街区内の街路幅と長さおよび内部における路地の分岐数：作成　山根周

| No. | 街路・街区名 | 最大街路幅 (m) | 最小街路幅 (m) | 平均街路幅 (m) | 街路長さ (m) | 袋小路 | 袋小路部分の長さ | 分岐街路数 | 分岐街路中の袋小路数 | チョウク |
|---|---|---|---|---|---|---|---|---|---|---|
| 1 | クーチャ・コティー・ダラン | 3.80 | 0.88 | 1.73 | 222.48 | | 137.48 | 9 | 8 | |
| 2 | カトラ・ニムワラ | 15.90 | 0.80 | 2.73 | 166.87 | ○ | 166.87 | 4 | 4 | ○ |
| 3 | カトラ・ワシ | 15.50 | 0.96 | 4.24 | 73.84 | | 18.30 | 2 | 2 | ○ |
| 4 | クーチャ・ガンヤ | 18.00 | 0.93 | 3.68 | 144.40 | | 53.70 | 2 | 2 | ○ |
| 5 | カトラ・ラフマン・シャー | 11.00 | 1.08 | 3.92 | 20.60 | ○ | 20.60 | 0 | 0 | ○ |
| 6 | カトラ・ソネアワラ | 3.15 | 0.75 | 2.17 | 35.54 | ○ | 35.54 | 1 | 1 | |
| 7 | クーチャ・チャパクスワラン | − | − | − | − | | − | − | − | |
| 8 | カトラ・チーテワラ | 2.33 | 1.24 | 1.75 | 38.72 | ○ | 38.72 | 0 | 0 | |
| 9 | カウェルワリ・ガリ | 5.65 | 1.38 | 2.77 | 47.33 | ○ | 47.33 | 0 | 0 | ○ |
| Ⅰ | モハッラ・カカザイアン | 10.20 | 0.45 | 2.36 | 2156.89 | | − | − | − | − |
| | メイン・ストリート（バーザール） | 4.90 | 2.13 | 3.42 | 183.68 | | 0.00 | 11 | 6 | |
| | カシュミーリ・バーザール | 6.09 | 4.21 | 5.05 | 118.40 | | 0.00 | 7 | 2 | |
| | シリアンワラ・バーザール | 3.53 | 2.13 | 2.87 | 158.40 | | 0.00 | 9 | 3 | |
| | バーザール・タザビアン | 3.26 | 2.08 | 2.60 | 171.65 | | 0.00 | 8 | 1 | |
| 10 | パリ・ガリ | 5.89 | 0.89 | 1.95 | 226.14 | | 81.29 | 10 | 8 | |
| 11 | ニヴィ・ガリ | 2.08 | 0.91 | 1.63 | 45.25 | ○ | 45.25 | 0 | 0 | |
| 12 | ワディ・ガリ | 2.56 | 1.58 | 1.72 | 23.17 | ○ | 23.17 | 0 | 0 | |
| 13 | チョウハーナ・ガリ | 6.20 | 0.99 | 2.20 | 56.16 | ○ | 56.16 | 1 | 1 | |
| 14 | バンド・ガリ | 3.04 | 0.45 | 1.40 | 68.75 | | 68.75 | 0 | 0 | |
| 15 | クーチャ・フダ・バフシ・コトワル | 2.37 | 1.07 | 2.04 | 43.52 | ○ | 43.52 | 0 | 0 | |
| 16 | クーチャ・チョブダラン | 2.41 | 1.31 | 1.77 | 66.39 | | 34.27 | 2 | 2 | |
| 17 | クーチャ・ディプティ・ディーン・モハンマド | 4.01 | 1.83 | 3.02 | 31.37 | | 0.00 | 0 | 0 | |
| 18 | クーチャ・ビール・ラムザン・シャー | 2.36 | 1.38 | 1.72 | 32.63 | | 0.00 | 0 | 0 | |
| | その他街路 | 10.20 | 0.45 | 1.97 | 931.38 | | − | − | − | ○ |
| 19 | カトラ・ワリ・シャー | 3.03 | 0.89 | 1.80 | 135.46 | ○ | 135.46 | 4 | 4 | |
| Ⅱ | チョハッタ・ムフティ・バカル（モハッラ） | 8.15 | 0.78 | 2.10 | 603.59 | | − | − | − | |
| | メイン・ストリート（バーザール） | 3.71 | 1.51 | 2.32 | 113.26 | | 0.00 | 6 | 5 | |
| 20 | クーチャ・シャンカル・ナース | 6.82 | 1.22 | 3.11 | 14.02 | | 14.02 | 0 | 0 | ○ |
| 21 | クーチャ・マスジッド・アッラーハ・ジャワヤ（ガリ・ドービアン） | 8.15 | 0.78 | 1.86 | 114.98 | | 114.98 | 4 | 4 | |
| 22 | ガリ・アラインヤ（クーチャ・シェイフ・ユフサヴァン） | 6.43 | 0.80 | 2.20 | 287.38 | | 130.75 | 11 | 10 | |
| | その他街路 | 4.36 | 1.03 | 1.51 | 73.95 | ○ | − | − | − | |
| 23 | クーチャ・フセイン・シャー | 5.78 | 0.68 | 1.35 | 154.27 | | 73.84 | 4 | 4 | |
| 24 | ゴンディ・ガリ | 4.26 | 1.94 | 2.27 | 70.96 | | 27.54 | 1 | 1 | |
| 25 | ナムド・ガリ | − | − | − | − | | − | − | − | |
| Ⅲ | ハラディ・モハッラ | 5.96 | 0.72 | 1.85 | 297.91 | | − | − | − | |
| | ノーリアン・バーザール | 4.33 | 1.75 | 2.70 | 70.50 | | 0.00 | 4 | 3 | |
| 26 | クーチャ・ハラディアン | 5.96 | 0.72 | 1.51 | 198.58 | ○ | 198.58 | 7 | 7 | |
| | その他街路 | 3.76 | 1.29 | 2.08 | 28.83 | | − | − | − | |
| 27 | クーチャ・カチワン | 3.85 | 1.42 | 2.45 | 19.43 | ○ | 19.43 | 0 | 0 | |
| 28 | ガリ・ナンヤン | − | − | − | − | | − | − | − | |
| 29 | クーチャ・バハン・サリアン | 2.1 | 0.86 | 1.28 | 19.87 | ○ | 19.87 | 0 | 0 | |

街路種別による集計

| 街路・街区の種類 | 最大街路幅 (m) | 最小街路幅 (m) | 平均街路幅 (m) | 平均街路長 (m) | 袋小路である割合 | 袋小路部平均長さ (m) | 平均分岐数 | 分岐街路中の袋小路の割合 | チョウクのある街区 |
|---|---|---|---|---|---|---|---|---|---|
| バーザール | 6.09 | 1.51 | 3.16 | 135.98 | 0% | 0.00 | 7.5 | 61% | 0/6 |
| クーチャ | 18.00 | 0.68 | 1.99 | 88.50 | 46% | 59.14 | 2.3 | 96% | 3/13 |
| ガリ | 6.43 | 0.45 | 2.06 | 103.14 | 50% | 60.03 | 2.9 | 83% | 1/10 |
| カトラ | 15.90 | 0.75 | 2.63 | 78.51 | 83% | 69.25 | 1.8 | 100% | 3/6 |

※バーザールの街路長さは、モハッラに含まれる部分の長さである

ばらつきがある．平均すると，長い方から，ガリ，クーチャ，カトラの順になる．街路長さに占める袋小路の長さの割合を調べると，クーチャ：66.8％，ガリ：58.2％，カトラ：88.2％となり，クーチャとガリが6割前後で近い値を示し，カトラでは9割近くの部分が袋小路になっているのが特徴的である．

　路地街区内での街路の分岐について見ると，一街区につき平均2-3本の街路が内部で分岐している．バーザールも含めて分岐点間の距離の平均を取ると，バーザール：16.2m，クーチャ：16.1m，ガリ：19.9m，カトラ：21.1mとなり，街路の種類によっては，分岐点間の距離にそれほど大きな違いは見られない．街路のランクと，その分岐点間の距離には直接の関係はなく，街路の分岐形態は，街路の種類にかかわらずほぼ一様であると考えられる．住居配置との関連で見ると，部分的には，2本の分岐街路の間に，住居が背割りで配される傾向が見られる．また，分岐街路のほとんどは袋小路となっていて，これは，クーチャ，ガリ，カトラが全体としては袋小路でない場合でも，街区への出入口はほとんど両端の2ヶ所しかないことを意味している．

　調査地区における各街区の住戸数と住戸密度（街路100mあたりの住戸数），および街区内の施設について表3-2にまとめた．住戸数について見ると，クーチャでは11戸-65戸の幅があり，平均すると一街区あたり34戸になる．ガリでは6戸-111戸で平均戸数は34戸，カトラでは8戸-65戸で平均25戸である．また，三つのモハッラは，それぞれ108戸，226戸，535戸であり，平均は290戸である．住戸数に関する限り，街区ごとに相当のばらつきがあり，街区の規模に一定の傾向を見い出すことはできない．しかし，街路100m当たりの住戸密度を街区種類別に平均すると，クーチャ，ガリ，カトラともほぼ32-33戸/100mという同程度の密度となっている．これは，街区の規模は街路の総延長で決まることを示している．また，クーチャ，ガリ，カトラ間で住居規模に大きな違いが見られないということでもある．特に，クーチャとガリに関しては，前述してきた内容から，街区形態の特質は，ほぼ同じであると言える．

## 3-5 街区内の施設分布

　街区内には，モスク，ダルガー（聖者廟），学校，水道または井戸，公衆トイレ，

といった公共施設，商店や工場，およびサハン sahn と呼ばれる中庭や前庭，チャッジャ Chhajja と呼ばれる街路上建築[234]，門などの建築要素が確認できた（図 3-22, 表 3-2）.

まず，商店と住居の配置を見ると，バーザールに沿って，きれいに一列に商店が並び，バーザールに囲まれた内部が居住区になっていることがよく分かる．住戸密度を見ても，バーザールでは約 13 戸 /100m とかなり低く，ブロックの周囲は商業空間，内部は居住空間という分離がはっきりと見られる．

モスクは，調査地区において，23 棟確認できた．ワジール・ハーン・マスジッド（図 3-23）やスネリ・マスジッドのように，主要なバーザールに建つ規模の大きなものと，街区内に建つ小規模なものとがある（図 3-24）．その配置を見ると，基本的には，路地街区あるいはモハッラ内に，少なくとも一つのモスクを建設する理念があると考えられる．特に路地街区が単独で形成されている調査地区の西部では，それが顕著に見られる．規模の小さな路地街区，あるいはモハッラ内の路地街区では，内部にモスクがない例も見られるが，街区に近接してモスクがあることが多い．モハッラ・カカザイアン Mohalla Kakazaian（街区 No. I）では，11 のモスクが分散的に配置されている．モスクには，礼拝前に手足を洗い，体を清めるための水場が，内部に必ず設けられる．同時にトイレが併設されている場合も多い．バーザールに面して建つ場合，モスクの外に水道を設置してあるものもいくつか確認できる．また，児童の学校として使用されている例が多数見られ，礼拝室は仮眠をとったり自由に休息したりできるスペースでもある．つまり，礼拝の場としての機能以外にも，給水，衛生，教育，休息などの機能を兼ねた施設であり，その配置からすると，街区内の総合的な公共施設として設けられていると言える．

ダルガーも，モスク同様宗教施設であるが，個人崇拝や現世利益祈願などと結びついた，比較的私的性格の強いものである（図 3-25）．それらは，聖者にゆかりのある場所に設けられることが多く，その配置に特定のパターンは見いだせないが，中にはムガル時代以前から存在し，ラーホールの都市形成に少なからず影響を与えたものも存在する[235]．バーザールやチョウクに面しているダルガーに

---

234) もともと庇や回廊，バルコニーなど上部が張り出した空間のことを意味する．

表 3-2 ● 各街区の住戸数と住戸密度および施設分布：作成　山根周

| No. | 街区名 | 住戸数 | 住戸密度（戸／100m） | 門 | チャジャ | モスク | ダルガー | 学校 | 水道井戸 | 公衆トイレ |
|---|---|---|---|---|---|---|---|---|---|---|
| 1 | クーチャ・コティー・ダラン | 65 | 29.2 | 4 | 2 | 1 | | | | 1 |
| 2 | カトラ・ニムワラ | 65 | 39.0 | 2 | 2 | 1 | 2 | | | |
| 3 | カトラ・ワシ | 19 | 25.7 | | 2 | 1 | | | | |
| 4 | クーチャ・ガンヤ | 61 | 42.2 | 1 | 1 | 1 | | 1 | | 1 |
| 5 | カトラ・ラフマン・シャー | 8 | 38.8 | | | 1 | | | | |
| 6 | カトラ・ソネアワラ | 13 | 36.6 | | 1 | 1 | | | | |
| 7 | クーチャ・チャパクスワラン | − | − | − | − | − | − | − | − | − |
| 8 | カトラ・チーテワラ | 12 | 31.0 | 1 | | | | | | |
| 9 | カウェルワリ・ガリ | 11 | 23.2 | 1 | | | | 1 | | |
| I | モハッラ・カカザイアン | 535 | 24.8 | 2 | 11 | 11 | 2 | 1 | 6 | 5 |
|  | メイン・ストリート（バーザール） | 32 | 17.4 | | 2 | 3 | | | 1 | |
|  | カシュミーリ・バーザール | 9 | 7.6 | | | 2 | | | 1 | |
|  | シリアンワラ・バーザール | 13 | 8.2 | 1 | 1 | | 2 | | 2 | |
|  | バーザール・タザビアン | 20 | 11.7 | | | 1 | | | | |
| 10 | バリ・ガリ | 72 | 31.8 | | 1 | 2 | | | 1 | 1 |
| 11 | ニヴィ・ガリ | 14 | 30.9 | | | 1 | | | | |
| 12 | ワディ・ガリ | 6 | 25.9 | | 1 | | | | | |
| 13 | チョウハーナ・ガリ | 26 | 46.3 | | 1 | | | | | |
| 14 | バンド・ガリ | 12 | 17.5 | | | | | | | |
| 15 | クーチャ・フダ・バフシ・コトワル | 22 | 50.6 | | | | | | | |
| 16 | クーチャ・チョブダラン | 23 | 34.6 | 1 | | | | | | |
| 17 | クーチャ・ディプティ・ディーン・モハンマド | 16 | 51.0 | | | | | | | |
| 18 | クーチャ・ピール・ラムザン・シャー | 12 | 36.8 | | | | | | | |
|  | その他街路 | 258 | 27.7 | | 4 | 3 | | 1 | | |
| 19 | カトラ・ワリ・シャー | 33 | 24.4 | 2 | 2 | | | | 1 | 1 |
| II | チョハッタ・ムフティ・バカル（モハッラ） | 226 | 37.4 | 1 | 6 | 4 | | | 4 | 1 |
|  | メイン・ストリート（バーザール） | 25 | 22.1 | | 1 | 1 | | | 1 | |
| 20 | クーチャ・シャンカル・ナース | 11 | 78.5 | | 1 | | | | | |
| 21 | クーチャ・マスジッド・アッラーハ・ジャワヤ（ガリ・ドービアン） | 46 | 40.0 | | 1 | 1 | | | 1 | |
| 22 | ガリ・アラインヤ（クーチャ・シェイフ・ユフサヴァン） | 111 | 38.6 | 1 | 3 | 2 | | | 2 | 1 |
|  | その他街路 | 33 | 44.6 | | | | | | | |
| 23 | クーチャ・フセイン・シャー | 60 | 38.9 | 5 | 4 | | | | | 1 |
| 24 | ゴンディ・ガリ | 21 | 29.6 | 1 | | 1 | | | | |
| 25 | ハラディ・モハッラ | − | − | − | − | − | − | − | − | − |
| III | ハラディ・モハッラ | 108 | 36.3 | 1 | 3 | 1 | | | | 1 |
|  | ノーリアン・バーザール | 8 | 11.3 | | 1 | 1 | | 1 | | |
| 26 | クーチャ・ハラディアン | 75 | 37.8 | 1 | 2 | | | | | |
|  | その他街路 | 25 | 86.7 | | | | | | | |
| 27 | クーチャ・カチワン | 9 | 46.3 | | | | | | | |
| 28 | ガリ・ナンヤン | − | − | − | − | − | − | − | − | − |
| 29 | クーチャ・バハン・サリアン | 11 | 55.4 | | | | | | | |

街区の種類ごとの平均

| 街区の種類 | 平均住戸数 | 住戸密度（戸／100m） | 門 | チャジャ | モスク | ダルガー | 学校 | 水道井戸 | 公衆トイレ |
|---|---|---|---|---|---|---|---|---|---|
| モハッラ | 290 | 28.4 | 1.3 | 6.7 | 5.3 | 0.7 | 0.3 | 3.3 | 1.0 |
| クーチャ | 34 | 31.6 | 1.0 | 0.9 | 0.3 | 0.0 | 0.1 | 0.1 | 0.3 |
| ガリ | 34 | 33.1 | 0.4 | 0.8 | 0.8 | 0.1 | 0.0 | 0.4 | 0.3 |
| カトラ | 25 | 31.8 | 0.8 | 1.2 | 0.7 | 0.3 | 0.2 | 0.0 | 0.2 |
| バーザール | 18 | 13.1 | 0.2 | 1.0 | 1.2 | 0.3 | 0.2 | 1.0 | 0.2 |

図 3-23 ●ワジール・ハーン・マスジッド：写真　山根周

図 3-24 ●街区内のモスク（モハッラ・カカザイアン）：写真　山根周

---

235）ワジール・ハーン・マスジッドは，もともとサイード・ムハンマド・イシャーク Said Muhammad Ishaq の廟のあった場所に建てられ，中庭の地下にダルガーが設けられている．

図 3-25 ●ダルガー：写真　山根周

は，モスク同様，水道やトイレが設けられているものもある．

　街路に設置されている公共の水道，井戸は，上記のようにモスクやダルガーに付随するものがほとんどである．その多くはバーザールに設けられている．また，公衆トイレは，すべてモスクかダルガーに付属するものである．

　学校は，モスク内において，初歩的な読み書きと，コーランなどイスラームの教えについての教育が行なわれている．それ以外のものもいくつか見られるが，ほとんどが私立である．

　門やチャッジャは，街区構成において，境界を形成する建築要素として重要な意味があると考えられる（図3-26）．門の配置を見ると，モハッラ内の路地に比べて，モハッラに含まれない独立した路地街区において，その数が圧倒的に多い．

## 第 III 章

ラーホール

図 3-26 ●街路門：写真　山根周

門の位置は，バーザールからの分岐点や，街区内の袋小路の分岐点に設けられる場合がほとんどである．チャッジャの位置も，ほとんどがバーザールなどの主要街路と繋がる街区の出入口，街区と街区の境界，袋小路への分岐点であり，トンネル状になるその空間が，機能的には門としての役割を果たしていることが分かる．ワジール・ハーン・マスジッドに隣接する，クーチャ・フセイン・シャー Kucha Hussain Shah（街区 No. 23）では，門およびチャッジャが他の街区に比べて多く，袋小路の入口にはすべて門かチャッジャが（あるいはその両方が）設けられている．規模の大きな主要なモスクに繋がるクーチャであり，街区内にはモスクに付設された公衆トイレも位置するなど，部外者が往来しやすい環境にあるため，奥への立ち入りをできるだけ妨げようとする工夫が窺える．また，街区内に門や

チャッジャが設けられていることは，いわばサブ街区とも呼べる，袋小路単位での分節化が行なわれていることを意味している．

## 3-6 街区の名称

S. クラエシ Quraeshi (1988) によれば，モハッラは，その創設者や支配者，街区内の著名な住人や，時には悪名高い住人にちなんで名づけられたという．モハッラ・カカザイアンの住人によると，かつて，カカザイ家という有力な一族が住み，その名がモハッラの名前になったといい，上記の説を裏づける．同様に人名に由来していると思われる街区名が，街区 No. 5, 17, 18, 19, 20, 22（クーチャ名），23 に確認できた．しかし，それ以外の街区名も多数確認できる．クーチャ・マスジッド・アッラーハ・ジャワヤ Kucha Masjid Allaha Jawaya (No. 21) は，アッラーハ・ジャワヤという名のモスクがあるクーチャという意味で，街区内のモスク名が街区名となっている例である．また，バンド・ガリ Band Gali (No. 14) のバンドとは「閉じている」という意味で，要するに「袋小路」という意味である．実はこのガリは，奥に行くにつれてだんだんと細くなり通れなくなるのだが，その行き止まりがはっきりと見えないため，袋小路であることを強調するために，このような名前が付けられたと考えられる．ここでは街路の形態が街区名となっている．同様に，カトラ・ワシ Katra Wasi (No. 3) のワシとは「広い」という意味で，街区名は「広いカトラ」を意味する．また，チョウハナ・ガリ Chaukhana Gali (No. 13) のチョウ chau とは「四つの」という意味，ハナ khana は「住居あるいは部屋」という意味で，このガリが当初 4 軒の住居から構成されていたことを物語る．

このように，街区名には様々な由来が確認できるが[236]，注目されるのは，カーストに由来する街区名が存在することである．前記のクーチャ・マスジッド・

---

[236] その他，クーチャ・フダ・バフシ・コトワル Kucha Khuda Bakhshi Kotwal（街区 No. 15）の khuda とは神，首長などを意味し，bakhshi は長官，将軍などの意味，kotwal に警察署長のことである．すぐ近くの辻広場がチョウク・プラーニー・コトワリ Chowk (辻広場) Purani (古い) Kotwali（警察署）という名で，かつて警察署が位置していた場所であることを考えると，このクーチャは警察署長の官邸があったところではないかと推察できる．またその南のクーチャ・チョブダラン Kucha Chobdaran (No. 16) のチョブダール chobdar とは門衛という意味であり，これも警察に関係する住人が居住していたクーチャではなかったかと考えられる．

アッラーハ・ジャワヤは，別名ガリ・ドービアン Gali Dhobian という名前を持つが，ドービー Dhobi とは洗濯屋を意味するカーストの呼称である．同様にガリ・アラインヤ Gali Arainya (No. 22) のアライン arain もカースト名である[237]．さらに，ハラディ・モハッラ Kharadi Mohalla (No. III) のハラディは，ろくろ工あるいは旋盤工という意味のカースト名である．これらはそれぞれ，ドービーの住むガリ，アラインの住むガリ，ハラディの住むモハッラを意味し，カースト別の住み分けが行なわれ，それぞれのカーストごとに街区が形成されていたことを物語る．すなわち，カーストという極めてヒンドゥー的な要素が街区形成の一つの原理となっていたことを示す．さらに，ピール（ムスリム聖者の意味）・ラムザン・シャー Pir Ramzan Shah やフセイン・シャーなど，イスラーム系の街区名が多く見られる中で，シャンカル・ナース Shankar Nath (No. 20) という，明らかにヒンドゥー系の名前を持つ街区が確認できることは，ヒンドゥーとムスリムの住み分けが行なわれていた可能性を示唆する．街区規模が小さいので断言できないが，このクーチャにはモスクがないことも，その証左となる．

　一つの路地街区に，二つの名前があることも興味深い．前記のクーチャ・マスジッド・アラハ・ジャワヤ以外にも，ガリ・アラインヤ (No. 22) には，クーチャ・シェイフ・ユフサヴァン Kucha Sheikh Yfsavan という別名がある[238]．理由は必ずしもはっきりとしないが，一つの街区がクーチャともガリとも呼ばれることは，二つの言葉が同じ意味あいをもっていることを示し，前述したようにそれらが形態的にも同じパターンであることと符合する．

## 3-7 街区コミュニティの変容

　上述のように，カーストによって街区が名づけられ，住み分けられていたこと

---

[237] 1881年のセンサスの，Lahore District におけるカースト別の人口統計によると，総人口92万4106のうち，Arain は全体で9万4964 (10.3%) で，その男性人口5万392のうち，ムスリムが4万9515 (98.3%)，ヒンドゥーが448 (0.9%)，シク教徒が429 (0.8%) となっている．Dhobi は全体で1万5596 (1.7%) で，男性人口8549のうちムスリムが6293 (73.6%)，ヒンドゥーが948 (11.1%)，シク教徒が1308 (15.3%) となっており，どちらもムスリムがマジョリティを占めるカーストである（"Gazetteer of the Lahore District 1883–84", reprinted by Sang-e-Meel Publications, Lahore, 1989, Statistical Table, p. vii）．

は，街区がカーストという一つの社会組織のコミュニティ空間であったことを示す．しかしヒアリングによると，現在，各モハッラ，クーチャ，ガリ，カトラには区長は存在せず，税金や公共料金等の徴収も，集金人が一軒一軒回るなど個別に行なわれ，街路の清掃も専門の業者が行なっている[239]．街区内の住人の転入出も頻繁で，特定の集団が一つの街区に集住しているわけではなく，街区が一つの社会組織の単位としては機能していない．

その大きな要因としては，1947年の印パ分離独立の際に，住民の大規模な移動があったことが挙げられる．それまで居住していたヒンドゥーやシクのほとんどがインドへと移住，逆にインドから多くのムスリムが移り住み，住民構成に大きな変化が生じたために，伝統的なコミュニティが大きく変質したと考えられる[240]．

---

238) シェイフとは長という意味であり，アラブ圏では街区長を意味する言葉である．また，著名なスーフィー（ムスリム神秘主義者）を指す言葉としても用いられる．したがって，ユフサヴァンという街区長か，あるいはスーフィーがいる街区という意味となる．

239) 住居前の街路と住居内の玄関や階段，室内を含めて清掃し，その家の住人から代金を受け取るシステムになっている．

240) 1881年のセンサスによると，Lahore Tahsil（徴税支区．Districtの一つ下の単位）の人口は37万796であり，そのうちムスリムは23万4500（63.2％），ヒンドゥーが9万1379（24.6％），シク教徒が4万0144（10.8％），その他（ジャイナ教徒，キリスト教徒，ゾロアスター教徒など）が4773（1.3％）となっている（"Gazetteer of the Lahore District 1883-84", Statistical Table, p. vi）．また，分離独立前の1945年におけるラーホール市（Lahore Corpolation）の人口は91万0017で，そのうちムスリムは49万0177（53.9％），ヒンドゥーは30万9118（34.0％），シクが9万1571（10.1％），その他が1万9151（2.0％）となっており（The Partition of the Punjab 1947, A Compilation of Official Documents", 4 vols., Sang-e-Meel Publications, Lahore, 1993, vol. 1, p. 388），分離独立前はヒンドゥー，シク教徒がかなり居住していたことを示している．現在では，1981年のセンサスにおいて，ラーホール都市部の人口（Lahore Tehsil/Urban Population）は298万8486で，そのうちムスリムは283万8087（95.0％），キリスト教徒14万4563（4.8％），ヒンドゥー225，シク教徒42，その他5569（これらの合計で0.2％）と，ほとんどをムスリムが占める（"1981 District Census Report of Lahore", Population Census Organisation Statistics Division, Govt. of Pakistan, Islamabad, 1984, p. 19）．

# 4
## ラーホールの都市住居

## 4-1 住居形式と類型

　ラーホール旧市街の居住空間を構成する都市住居について詳しく見ていこう．実測調査および文献から確認できた 18 棟の住居を主な考察の対象とした．注目するのは，中庭空間の形態，特徴的な空間要素と装飾要素，ハヴェリと呼ばれる邸宅の空間構成，および住居の集合形態である．
　集合形態の考察においては，
　①街区の違いによる敷地規模の差異
　②住居と街路との関係，特に通過可能街路と袋小路における住戸入口の分布の差異
　③タラー tarra と呼ばれる街路へ張り出したプラットフォームの分布
に焦点を当て分析を行なった．
　ラーホールでは，複雑に入り組んだ街路に沿って，隣棟と壁を共有しながら住居が建ち並ぶ．構造は煉瓦造で[241]，壁厚は 60-70cm と厚く，夏場には 40 度以上にもなる外気の熱が室内に伝わるのを防ぐ役割を果たしている．床は，各室の短辺方向に掛け渡された木材の梁の上に板を敷きつめ，その上に土を載せ煉瓦を敷いて作られる．伝統的に煉瓦の固定に用いられてきたモルタルは，チュナ chuna（石灰の意）と呼ばれ，石灰に豆をつぶしたものなどを混ぜた独特のものである．

---

241) イギリス統治が始まる（1849）以前と以後では煉瓦のサイズが異なり，建物の建設年代を知る一つの指標となる．イギリスにより，煉瓦の規格は 3×4.5×9 インチに統一されたが，それ以前は 1.5〜2×4-4.5×7〜8 インチと一回り小さく，サイズにもばらつきがあった．

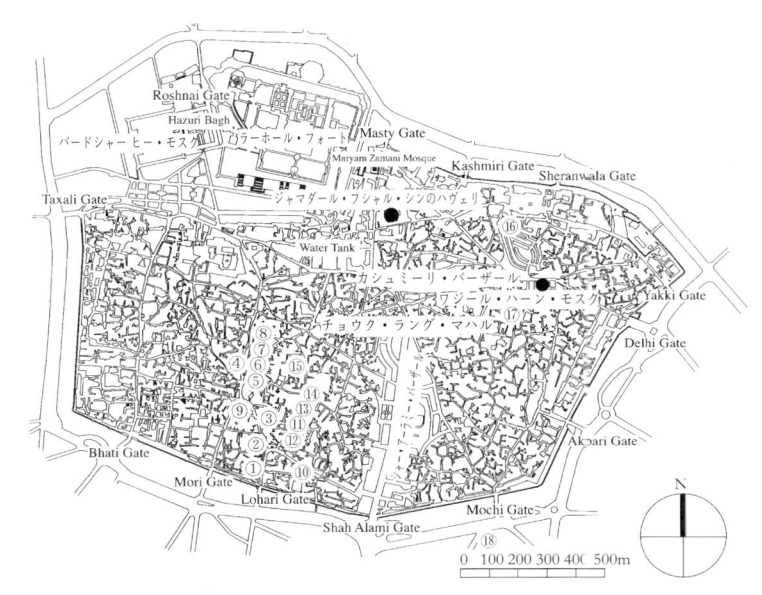

図 3-27 ●調査住居の分布：作図　山根周

開口部には煉瓦によるアーチや木のまぐさが使用される．また，現存する住居は，多くが 19 世紀以降に建設されたものである（図 3-27，表 3-3）．

　敷地の形状は不整形なものが多く，住居は敷地いっぱいに建てられるため，その平面形式は多様である．しかし，サハンと呼ばれる中庭の形態に着目すると，単純に（A）：1 階に中庭を設けた中庭式住居，（B）：上階に中庭テラスを持つ住居，（C）：中庭状の空間を持たない住居，という三つの基本的なタイプに分類できる．それぞれの典型例を実測事例および文献から示すと図 3-28 のようになる．
　（A）のタイプは，

a　階数は 2-3 階建てである．
b　中庭に面して各室が配され，中庭から各室および上階へアプローチする．
c　中庭に面した 1 階には，ダランと呼ばれる前面に柱廊を持つ広間が設けられる．
d　デウリ dewrhi と呼ばれるエントランス空間が設けられ，入口から直接中庭

表 3-3 ●分析対象住居の概要：作成　山根周

| No. | 階数 | 敷地面積(㎡) | 住居タイプ | 用途 | 地区 | 建設年代 |
|---|---|---|---|---|---|---|
| ① | 3 | 106.2 | C | 店舗, 住居 | クーチャ・カバビアン(ロハーリ・ゲート・バーザール) | 19c. 後半 |
| ② | 3 | 211.7 | A | 店舗, 住居 | クーチャ・ハッラク・シン(ロハーリ・ゲート・バーザール) | 不明 |
| ③ | 3 | 644.4 | A | 店舗, 住居（旧ヒンドゥー寺院） | モハッラ・ハラシアン(ロハーリ・マンディ・バーザール) | 1876-77 |
| ④ | 3 | 29.6 | C | 店舗, 住居 | クーチャ・モハッレイ・グラン(ロハーリ・マンディ・バーザール) | 19c. 初頭 |
| ⑤ | 4 | 154.8 | B | 店舗, 住居 | ロハーリ・マンディ・バーザール | 19c. 後半〜20C. 前半 |
| ⑥ | 3 | 180.4 | B | 店舗, 住居 | ロハーリ・マンディ・バーザール | 19c. 後半 |
| ⑦ | 3 | 31 | C | 店舗, 住居 | ロハーリ・マンディ・バーザール | 19c. 後半〜20C. 前半 |
| ⑧ | 4 | 90.4 | C | 店舗, 住居 | ロハーリ・マンディ・バーザール | 不明 |
| ⑨ | 3 | 42.5 | C | 店舗, 住居 | チョウク・ジャンダ | 19c. 中頃 |
| ⑩ | 5 | 156.7 | B | 店舗, 住居 | チョウク・マティ(ペーパル・マンディ・バーザール) | 1901 |
| ⑪ | 4 | 174.2 | B | 店舗, 住居 | クーチャ・マーン・シン(スータール・マンディ・バーザール) | 19c. 初頭 |
| ⑫ | 4 | 62.4 | C | 店舗, 住居 | クーチャ・マーン・シン(スータール・マンディ・バーザール) | 19c. 中頃 |
| ⑬ | 3 | 64.2 | C | 店舗, 住居, カトラへのゲート | カトラ・バルカト・アリ(スータール・マンディ・バーザール) | 19c. 中頃 |
| ⑭ | 3 | 66.2 | C | 店舗, 住居 | チョウク・スータール・マンディ(スータール・マンディ・バーザール) | 19c. 中頃 |
| ⑮ | 3 | 129.1 | B | 店舗（旧ダルマサラ［ヒンドゥーの集会施設］） | モハッラ・ピール・ボホラ(スータール・マンディ・バーザール) | 19c. 中頃 |
| ⑯ | 3 | 419.8 | A | 住居 | ハズリ・ストリート | 1851 |
| ⑰ | 4 | 117.2 | B | 住居 | モハッラ・カカザイアン | 不明 |
| ⑱ | 3 | 184.7 | C | 店舗, 住居 | チェンバレン・ロード | 1840年代 |

　　　　が見えない.
　e　中庭には原則として池や噴水など水場が設けられる.
　f　中庭に面した広間の地下に，夏の避暑用の地下室が設けられる．

という特徴がある．

　(B) のタイプの特徴としては，

　a　3-4階建てが多く，中には5階建て以上のものもある．

図 3-28 ●ラーホール旧市街における都市住居の典型例：作図　山根周

b　各階とも，中央のホールを諸室が囲むという共通したプランをとり，ホール部分の最上階が中庭テラスとなる．

c　中庭テラスとホールは，ムグ mug と呼ばれる吹き抜け（床面の開口部）で垂直に結ばれ，採光と換気がはかられる．

d　端部に階段室が設けられる．

といった点が挙げられる．

（C）のタイプの特徴は次のようである．

a　階数は 3-4 階建てが一般的である．

b　街路に面した側と奥側に各 1 列ずつ部屋を配置した，2 列構成のプランが多い．

c　端部に階段室が設けられる．

また，すべての住居に共通する特徴としては，

a　屋根は陸屋根で，屋上はテラスとなること，
　b　バーザールに面した住居では，1階部分が店舗用に間口2-3mに分割された店舗併用住居となっていること，

が挙げられる．
　これら三つのタイプは，敷地の規模に関係する．大きなものから(A)＞(B)＞(C)となる．特に(A)の中庭式住居は，貴族や富裕層によって建てられたハヴェリと呼ばれる大規模な邸宅であることが多い．中庭は，水場が設けられたり樹木が植えられたりするなど，潤いにあふれた空間になっている．そのような中庭式のハヴェリを理想としながら，小さな敷地の中で居住面積を確保するために，中央のホールを囲む平面型を積層させ，最上階を中庭状のテラスとし，下階のホールとムグで繋ぐ(B)のような形式が創り出されたと考えられる．

## 4-2 住居の空間要素と装飾要素

　住居を構成する空間要素としては，様々なものが確認できる(表3-4)．中庭に面して柱廊を付属させた広間であるダラン，経路を屈曲させるなど，住居内のプライバシーを保つために工夫された入口空間であるデウリ，屋上テラスに設けられる半戸外の部屋であるバルサティ barsati，ムグ(図3-29)などが特徴的である．各住居は，立地や敷地の規模，形状に応じて，これらの空間要素を組み合わせることで，多様なプランを創り出している．
　また，ファサードのデザインには共通の装飾要素が見られ，住居ごとにバリエーションを持たせながら統一感のある町なみを創り出している(図3-30)．特徴的な例としては，ジャロカ jharoka[242](図3-31)，ブハルチ bukharchi[243](図3-32)，シャー・ナシン shah nashin[244]，ピンジュラ pinjura[245]，バスタ basta[246]などが挙げられる．花弁アーチ，蓮の花をモチーフにした半ドームや楕円ドーム，ムガル様

---

242) アーチやドームなどで装飾された張り出し窓．
243) 木製の張り出し連続バルコニー．
244) 玉座の意．屋上のパラペットと一体となったアルコーブ状の椅子．
245) 通風のための六角形の孔が多数開けられた壁面用煉瓦ブロック．
246) ジャロカやブハルチに用いられる，木製のすり上げ式雨戸．

表 3-4 ●都市住居の空間要素：作成　山根周

| | |
|---|---|
| イーワーン iwan | 半ドーム型のニッチ．モスクや他のモニュメンタルな建物の中央の入口門．三方が壁で囲われ残りの一方向が直接外に開かれている列柱ホール． |
| グーラム・ガルディーシュ | 中庭を囲む柱廊． |
| コタ kotha | 屋上テラス．屋根，あるいは屋根の架かった小さな建物． |
| コトリ kothry | 収蔵室．倉庫． |
| サハン sahn | オープンな中庭．中庭状のテラス．（原義は平らな土地，床を指す．） |
| サルド・ハーナ sard khana | 夏季の生活空間として用いられる避暑用の地下室． |
| ジル・ハーナ jilu khana | 動物や乗り物などを降りたりつなぎ止めておくための前庭． |
| タハラット・ハーナ taharat khana | 身体を洗い清めるための囲われたスペースあるいは部屋． |
| タラー tharra | 店舗あるいはその他の建物の前面にのびる木製あるいは石造の壇（プラットフォーム）． |
| ダラン dalan | 中庭に面した広間．前面が列柱となって中庭に面して開かれている． |
| デウリ dewrhi | 建物の出入口，玄関．階段室を含むこともある．外から直接内部がうかがえないように経路を屈曲させるなどの工夫をしている． |
| ニシスト・ガー nishist gah | バザールを見おろす上階の商談用の部屋 |
| バイターク baithak | 伝統的住居における主要なパブリックルーム．座敷．マルダーナ・フジュラ mardana hujra ともいう． |
| バウェルチ・ハーナ bawarchi khana | 台所 |
| ハウズ hauz | 中庭に設けられた人工池．タンク．プール． |
| バルサティ barsati | 屋上につくられた，雨をしのげるようにした部屋，柱廊． |
| ハンマーム hammam | 浴室．蒸し風呂． |
| ムグ mug | 中庭状のテラスや部屋の床の中央にある開口．光井．上階の中庭や屋上へと通じる． |

式風の付け柱など華麗なデザインを施したものが多い．

# 4-3 ハヴェリ

　前述のように，規模の大きな住居，邸宅はハヴェリと呼ばれる（口絵10）．ほとんどが中庭式住居である．ムガル朝やその後のシク王国期の貴族によって建てられたハヴェリは特に壮麗である．現在，旧市街には，そのようなハヴェリが22棟現存している（Lahore Development Authority (L. D. A) (1980))．

　その中で，シク王国の統治者ランジート・シン（在位1804-1849）の有力な家臣であったジャマダール・フシャル・シン Jama'dar Khush'hal Singh のハヴェリに，中庭式ハヴェリの典型的な空間構成を見ることができる[24)]（図3-33, 34）．

第Ⅲ章
ラーホール

図3-29 ●ムグを設けた中庭状テラス：写真　山根周

　敷地面積は約7750m$^2$，その内中庭の面積が約3000m$^2$という広大な邸宅である．南北にやや長い長方形の中庭をはさんで，東側に入口であるデウリ，西側に広間（ダラン）が配置される．デウリの内部には，大きな壁が築かれ，入口の門から真っ直ぐ中庭に入れないように，経路が屈曲している．西側のダランは，中庭に面した広間の奥にもう一つ広間を設ける2重ダランとなっている．その地下には地下室（サルド・ハーナ）が作られる．地下室の天井高は中庭のレヴェルより高く，天井近くには採光と通風をはかる窓が設けられる．中庭の南北両側にもそれぞれ2重ダランが築かれ[348]，デウリと正面のダランを結ぶ東西の軸線と，南北のダラ

---

247) 1817年の建設とされる．現在は修復されて女子校として使われている．

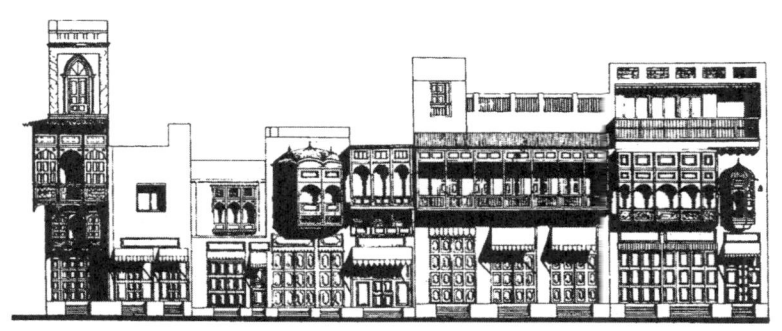

図 3-30 ●ラーホールの町なみ（デリー・ゲート・バーザール）：出典　L. D. A（1993）

図 3-31 ●ジャロカ：写真　山根周

ンを結ぶ軸線が中庭中央で直交する構成をとる．

　デウリの北の小さな中庭状の空間は，マルダーナ・フジュラ mardana hujra と呼ばれる男性専用の接客空間である．中には井戸が設けられている．デウリの南側には多くの部屋が配置され，主要な居住空間となっていた．

---

248) 南側の2重ダランは，イギリス統治以後，広間を南北に二分していた列柱が取り払われ，中庭に面した列柱間は煉瓦で塞がれるなどの改変を受けた．

図 3-32 ●ブハルチ：写真　山根周

図 3-33 ●ジャマダール・フシャル・シンのハヴェリ（中庭からデウリを見る）：
写真　山根周

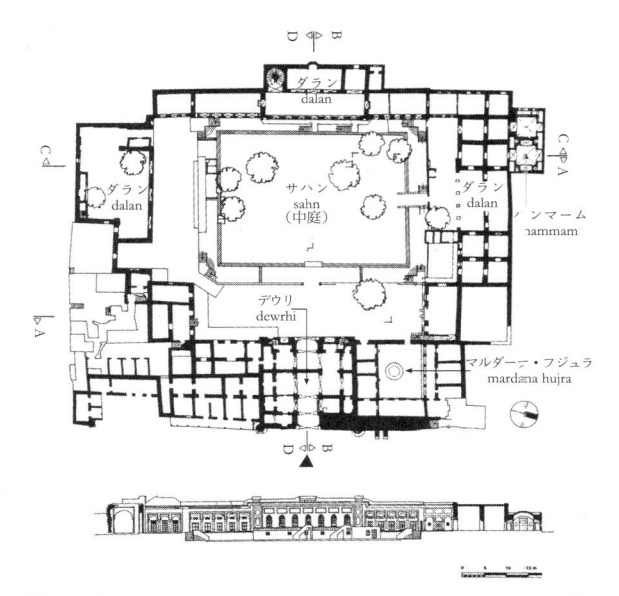

図 3-34 ●ジャマダール・フシャル・シンのハヴェリ平・断面図：出典 L. D. A (1993) に加筆：山根周

　ラーホールの中庭式住居には，このハヴェリによく似た構成をとっているものが多く，広大な敷地に特徴的な空間要素を整然と配置したこのような貴族のハヴェリが，ラーホールの都市住居のモデルとなっていたと考えられる．

## 4-4 │ 都市住居の集合形態

### (1)　敷地規模

　迷路的街路パターンを持つラーホールの市街地は，モハッラ，クーチャ，ガリ，カトラと呼ばれる街区を単位として構成されている．基本的にはバーザールから分岐する路地を共有する，路地街区の形態をとる．各街区の規模は路地の長さによって決まるが，街区ごとに多様であり，一定の傾向は見られない．

　住居の敷地面積を見ると，調査地区において $25m^2$ 未満のものが 22.4%，$25m^2$–$50m^2$ までが 38.8%，$50m^2$–$100m^2$ が 28.9% であり，平均すると $52.3m^2$ となる．9 割が $100m^2$ 以下であり，小規模な敷地が集合していることが分かる．

# 第Ⅲ章
ラーホール

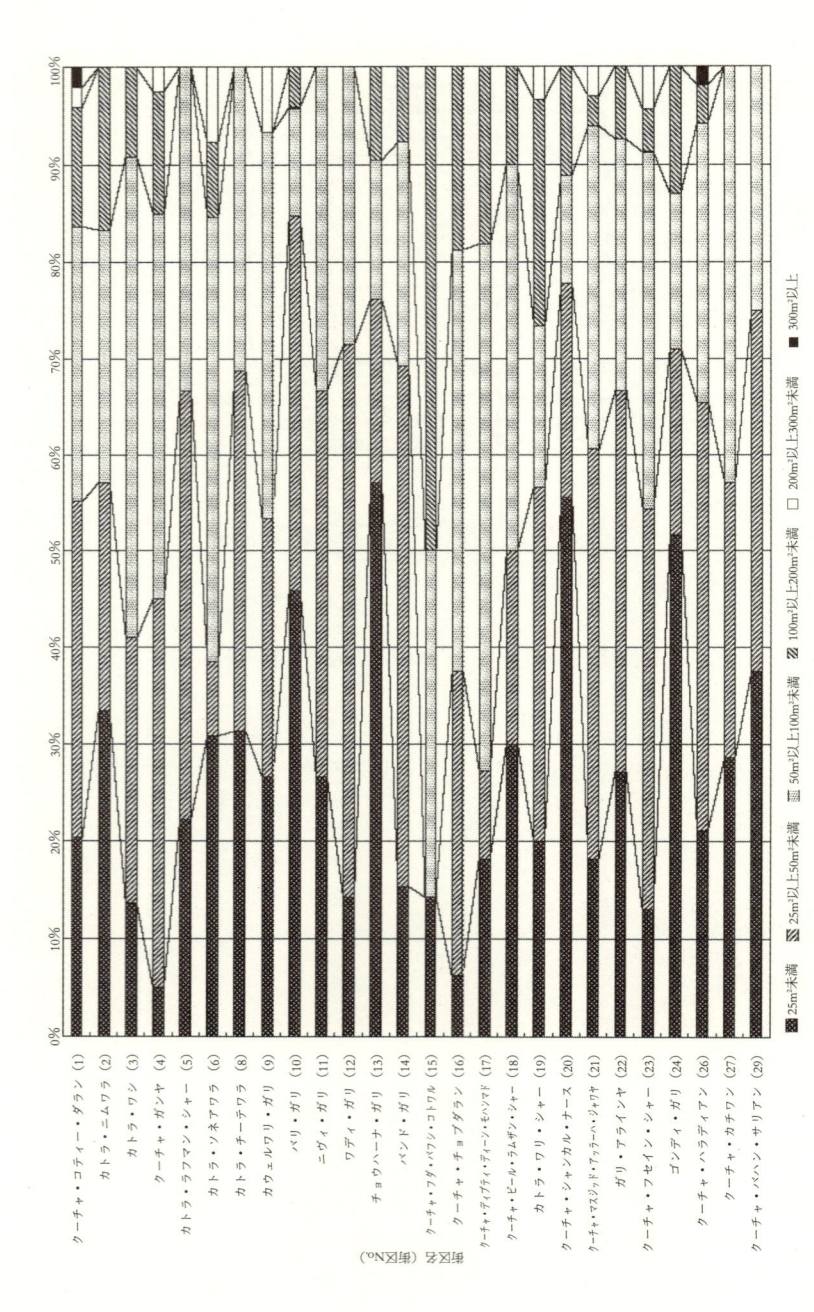

図3-35 ●各街区における住居敷地規模の割合 作図：山根周

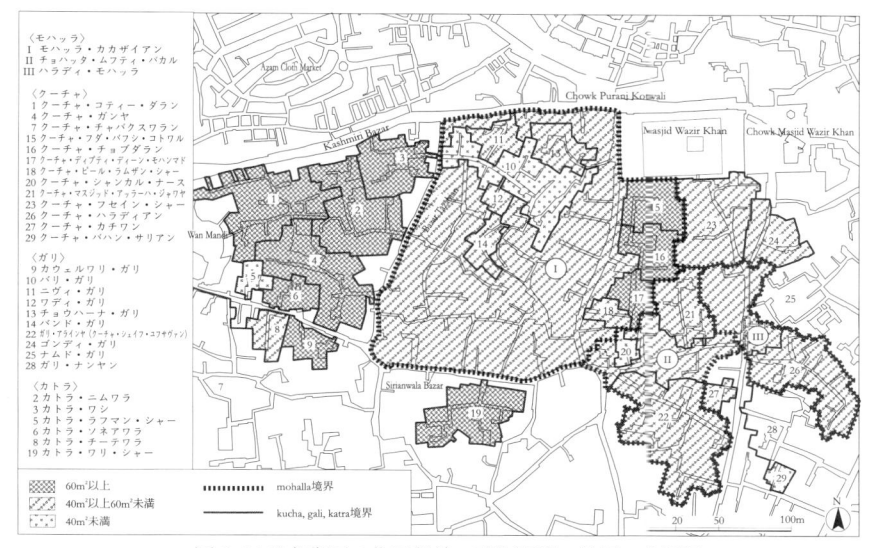

図 3-36 ●各街区の住居敷地の平均面積：作図　山根周

　路地街区ごとに住居の平均敷地面積を見ると，街区によって差が見られる（図3-35）．同程度の敷地規模の街区が，一定の地域に集まる傾向があり（図3-36），地域ごとの階層の違いを示唆する．しかし，街区規模と敷地面積との間には特に関連性は見られない．

　住居以外の施設も含め，用途別に平均敷地面積を比較すると，明確な違いが見られる（図3-37）．商店およびダルガーは小さく，平均で$14m^2$である．バーザール沿いの住居の1階部分をいくつかに分割したものが一つの店舗となるが，多くが間口2-3m，奥行き6-7mの小さな空間である．公衆トイレが次に小さく，平均$22.3m^2$．一方，学校は平均$127.7m^2$と大きい．住居とモスクは，$50m^2$前後で同じような平均値を示している．

## （2）住居入口と街路

　住戸入口の分布と街路との関係を，袋小路に着目してまとめたものが（表3-5）である．住戸入口が，通過可能街路および袋小路にどのように分布しているのかを見ると，全体の63.5%は袋小路に面し，袋小路に，より多くの住戸入口が集中

第III章
ラーホール

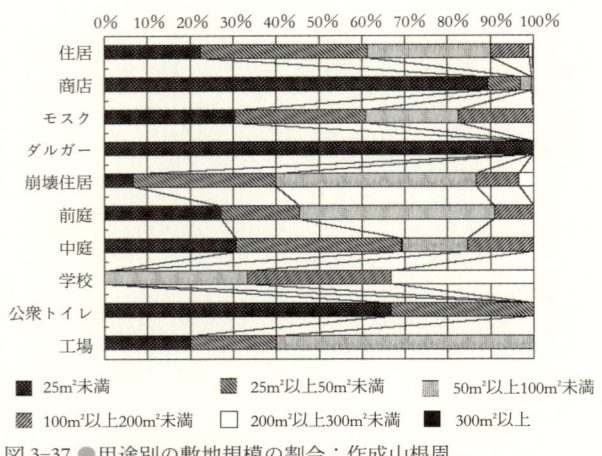

```
              0%  10% 20% 30% 40% 50% 60% 70% 80% 90% 100%
    住居
    商店
    モスク
    ダルガー
    崩壊住居
    前庭
    中庭
    学校
    公衆トイレ
    工場
```

■ 25m²未満　　　　　　▨ 25m²以上50m²未満　　　▦ 50m²以上100m²未満
▧ 100m²以上200m²未満　□ 200m²以上300m²未満　　■ 300m²以上

図 3-37 ●用途別の敷地規模の割合：作成山根周

している．

　バーザールを除いた路地街区に限ると，袋小路に面する住居入口は全体の69.4%となるが，これは路地街区での街路総延長における袋小路の割合68.1%に近い値である．

　クーチャ，ガリ，カトラという街路種別で見ると，袋小路に面する住居入口の割合はそれぞれ73.0%，58.6%，92.7%であり，総街路長に対する袋小路長さの割合は66.8%，58.2%，88.2%であるので，これもそれぞれ近い値で対応している．

　すなわち，袋小路とそれ以外の街路では，住戸入口の分布に大きな違いは見られないが，袋小路を長くとることで，外部から進入しにくい，プライバシーの保たれた居住環境が形成されていることが分かる．

### (3) タラー

　タラーは，店舗あるいは住居壁面から街路に，約60-70cm水平に張り出して設けられる，プラットフォーム状の壇のことである[249]．石板を張り出してあるものが一般的であるが，まれに木の板の場合もある．1階の床レヴェルと同じ高さに設けられ，街路からの高さは約30-80cmと幅がある．一部は階段となって

---

249) ウルドゥー語ではチャブートラ chabutra という．ヒンディー語起源でテラス，涼み台という意味．

表 3-5 ● 各街区における住戸入口の分布：作成　山根周

| No. | 街区名 | 住戸数 | 通過可能街路にある住戸入口 | 袋小路にある住戸入口 | 袋小路に面する住居の割合 |
|---|---|---|---|---|---|
| 1 | クーチャ・コティー・ダラン | 65 | 18 | 47 | 72.3% |
| 2 | カトラ・ニムワラ | 65 | 0 | 65 | 100.0% |
| 3 | カトラ・ワシ | 19 | 11 | 8 | 42.1% |
| 4 | クーチャ・ガンヤ | 61 | 36 | 25 | 41.0% |
| 5 | カトラ・ラフマン・シャー | 8 | 0 | 8 | 100.0% |
| 6 | カトラ・ソネアワラ | 13 | 0 | 13 | 100.0% |
| 7 | クーチャ・チャバクスワラン | – | – | – | – |
| 8 | カトラ・チーテワラ | 12 | 0 | 12 | 100.0% |
| 9 | カウェルワリ・ガリ | 11 | 0 | 11 | 100.0% |
| I | モハッラ・カカザイアン | 535 | 269 | 266 | 49.7% |
|  | メイン・ストリート（バーザール） | 32 | 32 | 0 | 0% |
|  | カシュミーリ・バーザール | 9 | 9 | 0 | 0% |
|  | シリアンワラ・バーザール | 13 | 13 | 0 | 0% |
|  | バーザール・タザビアン | 20 | 20 | 0 | 0% |
| 10 | バリ・ガリ | 72 | 42 | 30 | 41.7% |
| 11 | ニヴィ・ガリ | 14 | 0 | 14 | 100.0% |
| 12 | ワディ・ガリ | 6 | 0 | 6 | 100.0% |
| 13 | チョウハーナ・ガリ | 26 | 0 | 26 | 100.0% |
| 14 | バンド・ガリ | 12 | 0 | 12 | 100.0% |
| 15 | クーチャ・フダ・バフシ・コトワル | 22 | 0 | 22 | 100.0% |
| 16 | クーチャ・チョブダラン | 23 | 8 | 15 | 65.2% |
| 17 | クーチャ・ディプティ・ディーン・モハンマド | 16 | 16 | 0 | 0% |
| 18 | クーチャ・ピール・ラムザン・シャー | 12 | 12 | 0 | 0% |
|  | その他街路 | 258 | 117 | 141 | 54.7% |
| 19 | カトラ・ワリ・シャー | 33 | 0 | 33 | 100.0% |
| II | チョハッタ・ムフティ・バカル（モハッラ） | 226 | 87 | 139 | 61.5% |
|  | メイン・ストリートョ（バーザール） | 25 | 25 | 0 | 0% |
| 20 | クーチャ・シャンカル・ナース | 11 | 0 | 11 | 100.0% |
| 21 | クーチャ・マスジッド・アッラーハ・ジャワヤ（ガリ・ドービアン） | 46 | 0 | 46 | 100.0% |
| 22 | ガリ・アラインヤ（クーチャ・シェイフ・ユフサヴァン） | 111 | 62 | 49 | 44.1% |
|  | その他街路 | 33 | 0 | 33 | 100.0% |
| 23 | クーチャ・フセイン・シャー | 60 | 21 | 39 | 65.0% |
| 24 | ゴンディ・ガリ | 21 | 9 | 12 | 57.1% |
| 25 | ナムド・ガリ | – | – | – | – |
| III | ハラディ・モハッラ | 108 | 8 | 100 | 92.6% |
|  | ノーリアン・バーザール | 8 | 8 | 0 | 0.0% |
| 26 | クーチャ・ハラディアン | 75 | 0 | 75 | 100.0% |
|  | その他街路 | 25 | 0 | 25 | 100.0% |
| 27 | クーチャ・カチワン | 9 | 0 | 9 | 100.0% |
| 28 | ガリ・ナンヤン | – | – | – | – |
| 29 | クーチャ・バハン・サリアン | 11 | 0 | 11 | 100.0% |
|  | Total | 1,257 | 459 | 798 | 63.5% |
|  | 路地街区 Total（バーザールを除く） | 1,150 | 352 | 798 | 69.4% |

街区の種類ごとの平均

| 街区の種類 | 平均住戸数 | 通過可能街路にある平均住戸入口数 | 袋小路にある平均住戸入口数 | 袋小路に面する住居の割合 |
|---|---|---|---|---|
| モハッラ | 290 | 121 | 168 | 58.1% |
| クーチャ | 34 | 9 | 25 | 73.0% |
| ガリ | 34 | 14 | 20 | 58.6% |
| カトラ | 25 | 2 | 23 | 92.7% |
| バーザール | 18 | 18 | 0 | 0.0% |

いる．タラーの下は街路の端であり，下水用の側溝が設けられている．

タラーの分布を見ると，住居に比べ店舗の前に設けられるものが圧倒的に多く，バーザールに沿って連続して設置される（図3-38，39）．タラーの部分まで店舗が拡張しているところもある．一方，住居から張り出すタラーは，1階の床レヴェルまで上がるステップの延長として，入口付近に設けられているものが多い．間口全体に延びているものもあるが少数である．多くは各戸ごとに設置され，他の住戸とは連続しないものがほとんどである．

住人の所有権が及ぶのは建物の壁面までで，街路は市当局が管理する公共空間である（図3-40）．タラーは街路上に設けられているが，年間50-60ルピー（約125-150円）という格安の使用税を払うことで，実質的には住居あるいは店舗の一部として使用することが認められている．店舗の場合，タラーは商品を陳列するのに適当な露台となる．住居の場合，住民が談話，休憩できる軒先的な空間となる．出窓なども，タラー上部の空間に張り出している．タラーは街路と住居や店舗との間を繋ぐ，セミパブリックな空間として位置づけられる．

### (4) 下水の流れと微地形

タラーの設けられる街路の端部には，下水を流す側溝が設置されている．図3-41は調査地区における下水の流れを示したものである．路地街区内の袋小路の下水は，分岐元の街路へと流れ，さらにその分岐元のバーザールへと流れ込んでいる．下水は街路のシステムと対応していることが分かる．最終的には旧市街内の主要なバーザールへと集約され，市外へ排水される．主要なバーザール，2次的なバーザール，路地街区内の通過可能な街路，袋小路の順に，敷地レヴェルが高くなる．高低差は大きくないが，微地形における高低に従って街区空間が形成されていると考えることができる．

### (5) 商店業種の分布

表3-6および図3-42は調査地区内の各バーザールにおける商品の構成と，関連業種ごとの割合を示したものである．調査地区を東西に走るカシュミール・バーザールは旧市街で最も主要なバーザールの一つであるが，調査地区においては布地，既成服，靴，アクセサリーなど衣料，繊維，装身具関連の商品を扱う店

4
ラーホールの都市住居

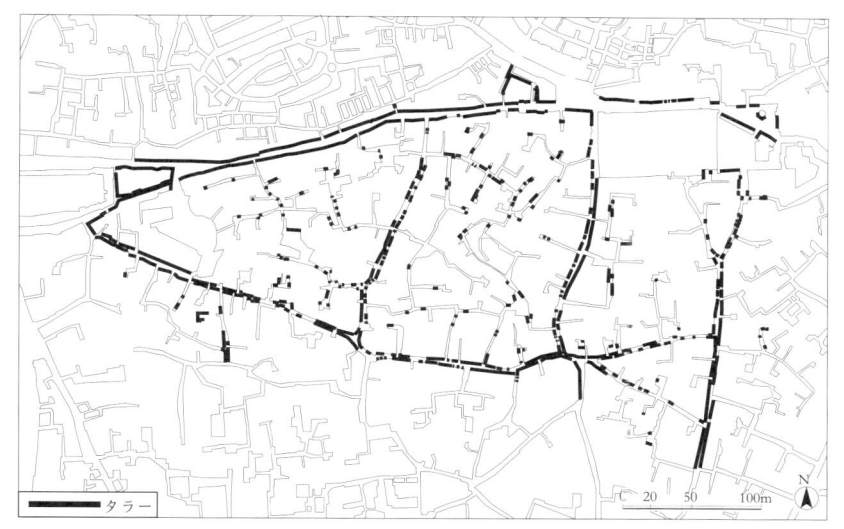

図 3-38 ●タラーの分布：作図　山根周

図 3-39 ●バーザール沿いに連続するタラー：写真　山根周

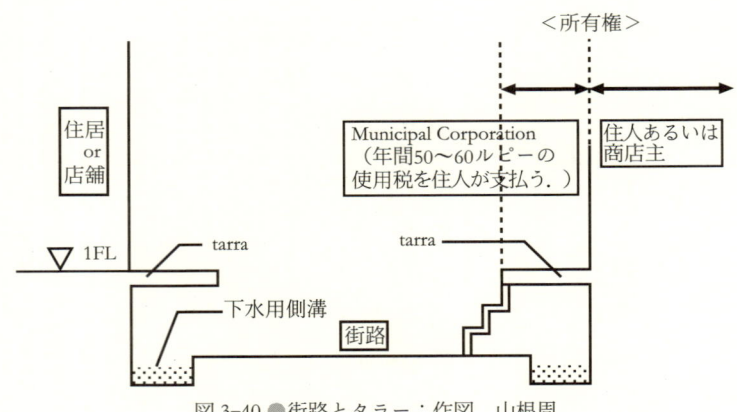

図 3-40 ●街路とタラー：作図　山根周

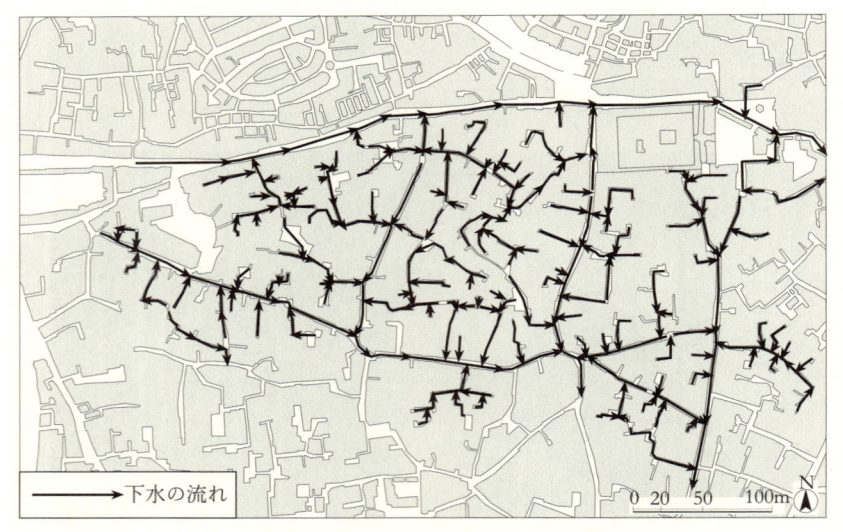

図 3-41 ●下水の流れ：作図　山根周

舗が集中して軒を連ねている．一方，このバーザールから分岐する他の2次的なバーザールには，食肉，野菜，小麦粉，菓子といった食料品や床屋，電気修理屋，服仕立て，クリーニングなどの日常的なサーヴィス業を中心としながら，日用品に至るまで多様な業種が分布している．日々の生活に必要な商品やサーヴィスは，街区内あるいは街区近辺の商店で揃うような業種配置になっていることが

表 3-6 ● バーザールにおける商品構成：作成 山根周

| | 食料品関連 | | | | | | | | | | | | | 衣料品・繊維関連 | | | | | | 装身具関連 | | | 日用品関連 | | | | | | | サービス関連業種 | | | | | | | | | | その他 | | |
|---|---|---|---|---|---|---|---|---|---|---|---|---|---|---|---|---|---|---|---|---|---|---|---|---|---|---|---|---|---|---|---|---|---|---|---|---|---|---|---|---|---|
| | 食肉 | チキン | 野菜 | 果物 | 惣菜(薬・スナック・焼きもの) | 小麦粉 | 卵 | ミルク・ヨーグルト | チャイ | ナッツ類 | ペイスト | 食料品雑貨 | 食堂 | 布地 | 糸 | 靴下 | 帽子 | 既製服 | 着物仕立て | プリント生地 | 貴金属セット | 時計メガネ | 食器・台所用品 | 化粧品 | 文房具 | カーペット | 木・家具 | 電気製品 | ロープ・鉄製品 | おもちゃ | 木工製品 | 日用雑貨 | カセットテープ | 服仕立て | クリーニング | 床屋・美容室 | レストラン | 技術オフィス | 靴修理 | 遊戯場 | 電気修理 | 自転車修理 | 印刷業 | 事務所・診療所 | 食糧倉庫 | 染織・染料 | その他 |
| カシュミーリ・バーザール | 3 | 2 | 1 | 1 | 2 | 2 | 1 | | | | | | 4 | 42 | 1 | 41 | 8 | 30 | 5 | 5 | 28 | | | 1 | 4 | 17 | 1 | 11 | 8 | 3 | 1 | 3 | 2 | 4 | 3 | 1 | 3 | 1 | 11 | 1 | 4 | 2 | 3 | | 1 | | 1 | 5 | 2 | 13 |
| バーザール・ノーリアン | 2 | 4 | 3 | 3 | 4 | 1 | 3 | 2 | 3 | | 1 | 3 | 5 | 1 | 4 | 1 | | | 2 | 3 | | | | 1 | 1 | 1 | 11 | | | 1 | | | 2 | 1 | | 3 | | 2 | 2 | 1 | | | | | 1 | 15 | 2 |
| チョハッタ・ムムラティ(パパルマンディの)バーザール | 2 | 1 | 1 | 1 | 4 | 1 | 1 | 4 | | 2 | 1 | | 1 | | 1 | | | | | 1 | | | | | | | | | | 1 | | 2 | | 1 | 3 | | 1 | | 5 | 1 | 5 | 2 | 1 | 3 | | | | 2 |
| モハッラ・カカザイアン内のバーザール | 8 | 3 | 2 | 3 | | 6 | 2 | 1 | 1 | 1 | 4 | | 2 | 1 | 2 | | 2 | | | | 3 | | | 1 | | 1 | | 1 | 2 | 1 | | 1 | 3 | 1 | 5 | 2 | 5 | | 4 | 4 | 3 | 1 | | 3 | 10 | 3 | | 1 | 1 | 6 |
| バーザール・タザビアン | 3 | 2 | 5 | 1 | 3 | 4 | 4 | 2 | 3 | 3 | 2 | 1 | 3 | 3 | | 2 | | | | | 3 | | | 2 | | | 1 | | | 2 | 1 | | 1 | | | 1 | 2 | 4 | 4 | 3 | 1 | 2 | | 3 | | 3 | | 1 | 7 |
| シリアンワラ・バーザール | 7 | 2 | 3 | 1 | 5 | 1 | 9 | 1 | | 2 | 4 | 5 | 6 | 2 | 3 | | | | 1 | 8 | | | | 4 | 1 | | 2 | 1 | 4 | 2 | 2 | 3 | 3 | 1 | 7 | | 4 | 1 | 1 | 1 | 3 | | | 3 | | 2 | 1 | 1 | 8 | 6 |

第 III 章
ラーホール

図 3-42 ● バーザールにおける業種分布の割合：作図　山根周

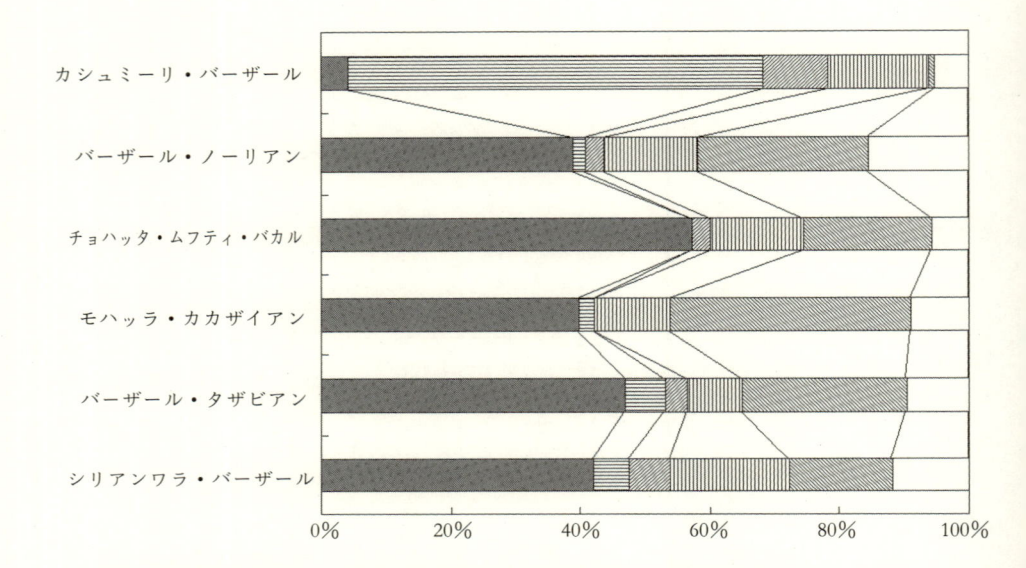

■ 食料品関連業種　■ 衣料品・繊維関連業種　■ 装身具関連業種　■ 日用品関連業種　■ サービス関連業種　□ その他

（縦軸：カシュミーリ・バーザール、バーザール・ノーリアン、チョハッタ・ムフティ・バカル、モハッラ・カカザイアン、バーザール・タザビアン、シリアンワラ・バーザール）

分かる.

# 5
## ムガル都市・ラーホール

## 5-1 街区空間および都市住居の特質

ラーホール旧市街の街区空間の特質をまとめると以下のようである．

①街区の単位としては，モハッラ，クーチャ，ガリ，カトラという種類があり，このうちクーチャ，ガリ，カトラは，バーザールから分岐する居住区内の路地であり，この路地に面した住居が一街区を構成する．一方，モハッラは，クーチャやガリをいくつか含む，より大きな範囲から構成される．街区の境界は，路地街区では路地に面した住居の一番奥，具体的には建物の壁となり，モハッラにおいては，そこに含まれる路地街区の境界やバーザールが，街区の境界となる．

　路地街区への出入口は，1ヶ所か（この場合袋小路となる），多くても両端の2ヶ所しかないものがほとんどである．特にカトラは袋小路化の度合いが高い路地街区である．

②街路には主要バーザール，2次的なバーザール，路地の三つのランクがあり，その街路幅にはヒエラルキーが見られる．路地街区にはチョウクが設けられることもあり，場所によってはバーザールよりも大きな街路幅を持つ．

③各街区の規模には相当のばらつきがあり，一定の傾向は見いだせない．しかし，住戸密度は，路地街区ではほぼ一定しており，街区ごとの違いは見られない．また，クーチャとガリは，街区形態のパターンとしては，ほぼ同じものである．

④街区では，モスクが総合的な公共施設として機能し，多くの街区で，少なくも一つはモスクが建設されている．モスクのない街区でも，そのすぐ外に接してモスクがある場合が多い．また，水道や公衆トイレは，モスクやダルガーといった宗教施設に付随して設けられる．境界を形成する建築要素として，門やチャッジャが，街区の出入口，街区内の袋小路の分岐点などに設けられる．

⑤街区名は，人名に由来するもの，モスクの名に由来するもの，街路形態に由来するもの，カーストに由来するものなどがある．また，一つの街区が，クーチャともガリとも呼ばれる場合がある．

⑥街区の居住パターンの一つとして，カーストによる住み分けが行なわれていた．またヒンドゥーとムスリムの住み分けも行なわれていたと考えられ，ヒンドゥーが相当数居住していた分離独立前には，それが広範囲に行なわれていたと考えられる．

また，ラーホールの伝統的都市住居の空間構成および集住形態に関しては，以下のような特徴がある．

①都市住居の基本的形式は，（A）中庭式住居，（B）上階に中庭テラスを持つ住居，（C）中庭空間のない住居の3タイプである．

②各住居は，立地や敷地の規模，形状に応じて，固有の名称を持った様々な空間要素を組み合わせることで，多様なプランが創り出される．また，ファサードのデザインには共通の装飾的要素が見られ，住居ごとにバリエーションを持たせながら統一感のある町なみを創り出している

③広大な敷地に整然とした配置構成をとる貴族のハヴェリが，都市住居のモデルとなったと考えられる．

④住居規模に関しては，敷地の9割以上が100$m^2$以下と小規模なものである．街区ごとに住居規模（敷地面積）には差が見られ，その分布を見ることで，地区ごとの階層の違いを窺うことができる．

⑤袋小路とそれ以外の街路では，住戸入口の分布に大きな違いは見られないが，袋小路を長くとることで，外部から進入しにくい，プライバシーの保たれた居住環境が形成されている．

⑥住居壁面から街路に張り出したタラーが，街路と住居，店舗を繋ぐセミパブリックな空間として機能する．

⑦主要なバーザールから2次的なバーザール，路地街区内の通過可能な街路，袋小路へと分岐するにつれて敷地レヴェルが高くなる．微地形と街路システムとを対応させた街区空間が形成されている．

⑧主要なバーザールでは特定の業種の集中が見られる．一方それから分岐する2次的なバーザールには，生活必需品を中心とした日常生活を支える多様な業種が分布する．

## 5-2 街区構成における重層性

街区を表わす言葉として，アラビア，ペルシア語系の用語と，ヒンディー語系の用語が混在している事実は注目される．ガリやカトラが，ヒンディー語に由来しているということは，インドの伝統的な都市街区の型が，ラーホールの街区構成に織り込まれていることを示している．次章で詳述するが，ラーホールより150年以上前に建設されているアフマダーバード（1411年建設）では，ポル pol，カドゥキ khadki[250]，ワド wado と呼ばれる路地街区が存在し，また，ヒンドゥー理念による都市計画が行なわれたとされるジャイプル（1727年着工）においても，ラスタ rasta，マルグ marg，ガリ，ゲル gher と呼ばれる，両側町的な路地街区が存在するなど（布野修司（2006）），インドにおいて路地街区の伝統があることは明らかである．したがって，ラーホールの都市街区の構成は，インドの路地街区の伝統と，同じく路地街区の伝統を持つイスラーム世界の街区パターンとが重層したものだと言うことができる．クーチャとガリが，形態的には同じパターンを持ち，一つの街区がクーチャともガリとも呼ばれることは，その証左である．また，その居住パターンにおいて，カーストによる住み分けが行なわれていたことも極めて興味深く，イスラーム世界にありながら，ヒンドゥー的な基層文化が，街区形成に大きく影響していたのである．

---

250) カドゥキという語は，グジャラート語で，前面に作られた部屋，複数の家と結合している公共スペースで，門を持つ場所，門などを意味する．分岐点に門が設けられる場合がある．

# 第 IV 章

## アフマダーバード

1　アフマダーバードの都市形成
　　1-1　都市形成の歴史
　　1-2　旧市街の形態
　　1-3　旧市街のコミュニティ

2　アフマダーバード旧市街の街区構成
　　2-1　ガンディー・ロード周辺の街路体系と街区名称
　　2-2　マネク・チョウク地区の街区構成
　　2-3　カディア地区の街区構成
　　2-4　カマサ地区の街区構成

3　マネク・チョウク地区の住区構成
　　3-1　街区構成
　　3-2　宗教施設の分布
　　3-3　商店業種の分布

4　都市住居の構成
　　4-1　住居の構成要素
　　4-2　住居類型
　　4-3　住居類型の分布と集住形態
　　4-4　農村住居と都市住居の構成

5　ムガル都市・アフマダーバード
　　5-1　街区構成の特質
　　5-2　都市住居の空間構成と集住形態

# 1
## アフマダーバードの都市形成

### 1-1 都市形成の歴史

アフマダーバード[251]は，キャンベイ湾に注ぐサバルマティー河の河口から100km程内陸に位置する．1411年にスルタン・アフマド・シャー1世によって建設された．都市名はその名に由来する．以降，その歴史は，グジャラート王朝期（1408-1573），ムガル朝統治期（1573-1753），マラータ統治期（1753-1817），イギリス統治期（1817-1947），独立後（1947-）に分けられる．主として Soundara (1980)，Michell, G. and Shah, S. (ed.) (1988)，Rajyagor, S. B. (1984) など[252]によりながら，都市形成の過程を概観すると以下のようである．

① 1411年当初は，バドラ Bhadra・フォート地区周辺のみの建設であった．1412年にジャーミー・マスジッドが建てられ，マフムード・ベガダ

---

251) アフマダーバード市の人口は，2001年度のセンサス・データによると352万85（Ahmedabad M Corp.）であり，2007年時点での人口は約381万9500と推計されている（World Gazetteer による）．

252) アフマダーバードの一般的な都市形成史については，他に，Maganlal (1851)，Majumdar, R. C. (1965) があるが，都市研究としては，Gillion, Kenneth L. (1968) がベースになる．Jain, K. and Jain, M. (1994) は，それを踏まえて，ジャイサルメル Jaisalmer，ジョードプル Jodhpur，ウダイプル Udaipur，ジャイプル，アフマダーバードを比較している．この間，アフマダーバードの環境計画工科大学建築学部（School of Architecture, Center for Environmental Planning and Technology）では持続的にデザイン・サーヴェイが行なわれている．そのうち，主要なものが，Nanda (1990)，Kapoor (1992)，Balsavar (1992)，Kadam (1990) である．またマネク・チョウクの構成によく似た街区構成をとるパタンに関するものに，Bhatt (1992)，Vasavada (1982) がある．ドキュメントとしての1次資料を含んでおり貴重であるが，いずれも調査が主で，断片的な考察に留まっている．調査地区については，マネク・チョウク地区が Nanda (1990) と一部重なっている．

アフマダーバードの都市形成

Mahmud Begada 時代の 1486-1487 年に市壁が建設された．また，居住区としてプラが作られた[253]．当初から，ムスリム，ヒンドゥー教徒，ジャイナ教徒が混住した．

② ムガル朝第 3 代皇帝アクバルのグジャラート遠征によって，1573 年にムガル朝に組み込まれ，城外にも多数のプラが形成された．18 世紀に入ると，ムスリムによる支配は弱まり，ジャイナ教やヒンドゥー教の寺院が建設された．

③ ムガル朝第 6 代皇帝アウラングゼーブ統治の後半，マラータによる統治が始まる．マラータは，ヒンドゥー教徒とともにムスリムも保護したと言われている．ただ，マラータは大商業都市を管理する能力に欠け，政治的混乱と経済活動の停滞のうちに，その統治時代は終了する．

④ 1817 年にアフマダーバードは東インド会社の支配下に置かれる．まず城壁の改修が進められ，1842 年に完成する．1817 年に 3 万人だった人口は，1851 年に 9 万 7000 人に膨らんでいる．主としてヒンドゥー教徒，ジャイナ教徒の人口が増加し，ムスリムの貧困層は，ジャイナ教徒などが住む裕福な地区を出て，周辺に移動している．イギリス人は人口密度の低い北と西の地区に住み，その近辺にバンガローを建てて住むインド人もいた．

⑤ 1861 年に綿紡績工場が設立され工業化が始まる．1864 年に鉄道が開通し，アフマダーバード駅が旧市街の東部外縁部に建設された．以降，綿工場の東部外縁部への建設が進む．1883 年に自治体が設置され，インフラストラクチャーの整備（上水道 (1891)，下水道 (1902)）が行なわれた．また，ジョーダン Jordan・ロード，オリファント Oliphant・ロード，リチェ Richie・ロード，ガンディー Gandhi・ロードなどの道路整備が行なわれた．

⑥ アフマダーバードの北方，サバルマティー河東岸に設置されていたカントンメントが発展し，20 世紀初頭までに東部と北部の外縁部が合併される．サバルマティー河の東岸部と西岸部を結ぶエリス橋が 1392 年に建設された．以降，西岸部が発展していく．

---

[253] プラは，町，村といった意味のサンスクリット語のプル pur を語源としている．古代インド都市に関する文献には，都市を意味する語として，他にナガラ（都市），ドゥルガ（城塞都市），ニガマ（市場都市）などの語がある．

⑦ 20世紀前半には，電話，電気（1915），バス（1920年代）が導入され，道路整備など近代化が進められていく．密集市街地解消のため様々な計画が立てられる．旧市街内の交通渋滞の解消策として，ガンディー・ロードと平行するティラック Tilak・ロードが敷設されたことは大きな変化である．

⑧独立とともにボンベイ州に組みこまれ，1950年に市自治体（Ahmedabad Municipal Corporation）が設立された．1956年の言語別州再編成を経て，1960年にボンベイ州が分割され，グジャラート州の州都となる．綿業は衰退するが，多様な産業の勃興によって周辺地域が発展する．1970年に，北方25kmに建設された新行政都市ガンディーナガル Gandhinagar に州都の役割を譲りわたしている．

## 1-2 旧市街の形態

アフマダーバードはイスラーム勢力によって建設されるが，以上の歴史が示すように，当初からヒンドゥー教徒，ジャイナ教徒との関係も深い．その都市構成について興味深いのが，序章で冒頭に触れた，アフマダーバード北方150km に位置するパタンとの形態的類似である．かつてアナヒルヴァダと呼ばれたパタンは，8世紀半ばに建国されたラージプートーグジャール王国の首都であった．その王国のもとでジャイナ教が厚く庇護され，今日でもグジャラートはジャイナ教徒の多い地域として知られる．王国は初期イスラーム期（14世紀）[254]まで存続する．そして，パタンを遷都する形で建設されたのがアフマダーバードである．カプール Kapoor（1992）は，ともに河川に沿って半円形をしており，中央東西に幹線道路が通ることなど，『マーナサーラ』に記された「カールムカ」のレイアウトに似ているという．古代のヒンドゥー理念に基づいて建設されたかどうかはこれまでのところ確たる資料はないが，バドラ・フォートやティン・ダルワジャ Tin Darwaja[255] など同じ名称の要素も多く，メインバーザールであるマネク・チョウク Manek Chowk は，ガンディー・バーザールに相当すると考えられるなど，

---

[254] すでに記した通り1298年にデリーのスルタン，アラーウッディン・ハルジーの軍に破れ，グジャラートはムスリムの支配下に入る．そしてデリー・サルタナットの衰退とともに勃興したのが，マフムード・シャーのグジャラート王朝である．

アフマダーバードの都市形成

パタンとの比較は興味深い.

アフマダーバード建設当初は市壁はなく市の境界を示す門のみ建設された(Trivedi (1961)). 市壁が建設された1486-1487年当時, 12の市門があり, 12の幹線街路が市街に延びていた (Nanda (1990)). マラータ統治期に市壁は撤去されたが, イギリス統治期に修復された. 市門が二つ追加され 現在全部で14ある[256]. 現在, 市壁のほとんどは壊されたが, 旧市街の範囲を示す門は残されている.

現在旧市壁に沿って周回道路が巡り, デリー門から旧市街内へ伸びるドクター・タンカリア・ロード Dr. Tankaria Road, パンチクワ門 Panchkuva Darwajaから伸びるガンディー・ロードとその北側を平行に走るタリク・ロード, アストディア門から伸びるサルダール・パテル Sardar Patel・ロード, ジャマルプル門から伸びるジャマルプル Jamalpur・ロードの5本が市街地の主要幹線街路となっている. それらは旧城塞地区から放射状に伸びる構成となっている.「カールムカ」がモデルになったという説の一つの根拠である. 中でも市街地の中央を東西に走るガンディー・ロードには, マイダンと呼ばれる王宮前広場 (図4-1) や, もとは王宮地区の東の門であった三つの入口を持つティン・ダルワジャが設けられ, 通りに面してジャーミー・マスジッド (図4-2) とアフマト・シャーの後継者の王室墓地が隣接して建設されるなど, モスク・コンプレックスと呼ばれる, 市街地における最も主要な街路となっている.

## 1-3 旧市街のコミュニティ

1872年以降のセンサス・データを見ると, アフマダーバードの人口は, 11万9672人 (1872), 12万7621人 (1881), 14万8412人 (1891), 27万4007人 (1921), 31万人 (1931) と1920年代までは緩やかに増加を続ける. その後, 59万1267人 (1941), 83万7163人 (1951) 114万9918 (1961) と1940年代以降急激に増加し, 1991年には287万6710人の大都市となる.

---

255) 中央のアーチは5.49mあり, 全体の幅は13.72mで3重のアーチがあり, 支柱は高さ11.28mで幅2.44mである. 二つの支柱の上に彫刻の施された扶壁には, 五つの窪みがあり, アフマド・シャー時代の一般的な建築様式である.
256) プレマバイ門 Premabhai Darwaja が1864年に, パンチクワ門 Panchkuva Darwaja が1871年に建設された.

# 第Ⅳ章
アフマダーバード

図4-1 ●バドラ・フォート城門とマイダン：写真　山根周

図4-2 ●ジャーミー・マスジッド：写真　山根周

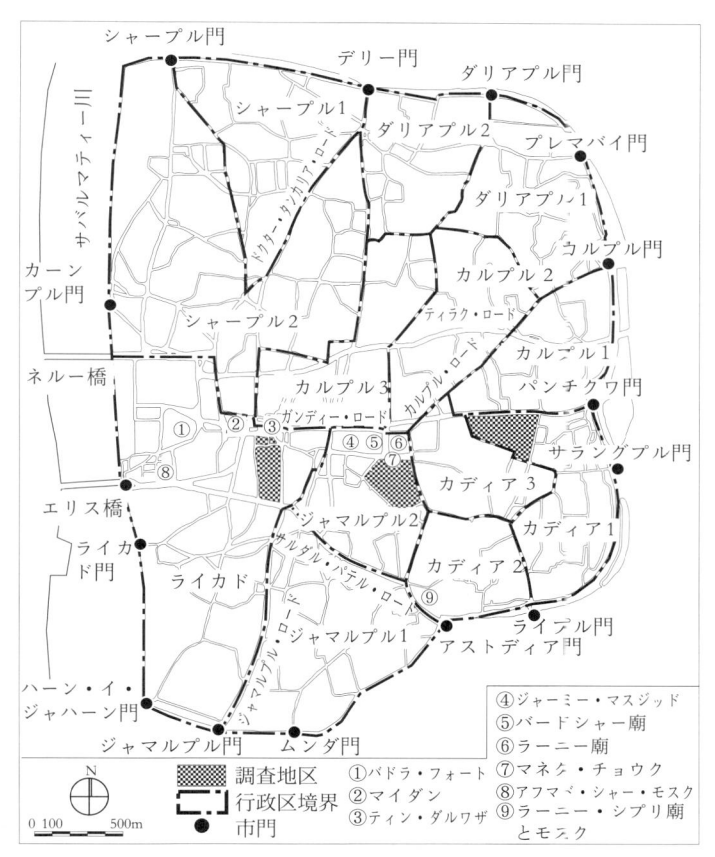

図 4-3 ● アフマダーバード旧市街の行政区と主要施設および調査地区：
作図　山根周

　旧市街は 13 のワード Ward（地区）からなる（図 4-3）．1961 年と 91 年のセンサスを見ると，ワード番号と名前は，61 年と 91 年で異なっているが，地区の範囲に変化はない[257]．ワードの面積，人口，人口増加率，人口密度，住戸数，1 戸当たり人口，住戸密度，指定カースト人口，人口増加率などから，ワードの特徴がある程度わかる．

---

257) 91 年の Ward2 と 6 の名前は不明．しかし，旧市街の範囲は明確であるので，わかっているワードの範囲を除いていくと，ワード 2 と 6 の範囲も推定できる．61 年の Khadia-2 と 3 は，91 年には統合されて一つとなっている．

第 IV 章
アフマダーバード

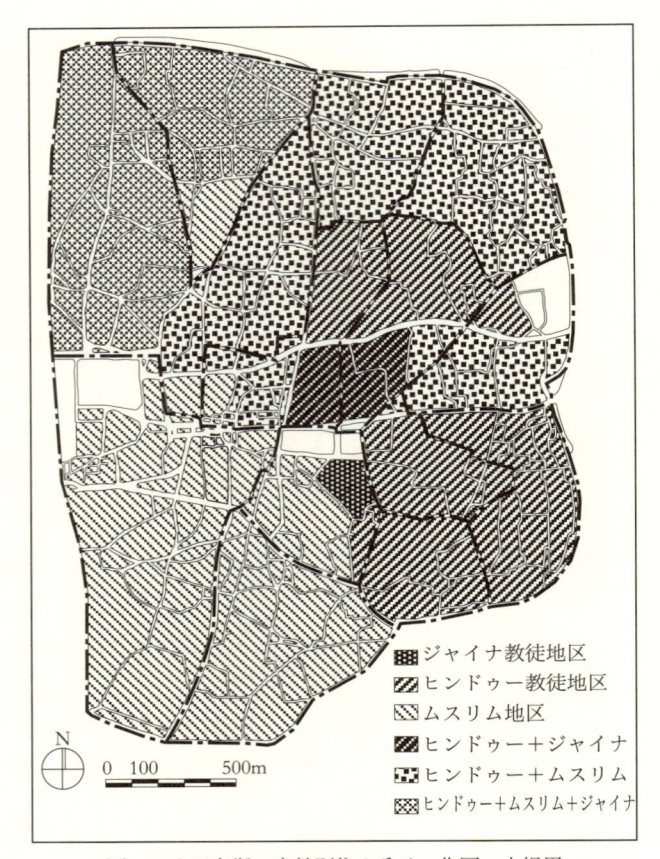

図 4-4 ●旧市街の宗教別住み分け：作図　山根周

凡例：
- ジャイナ教徒地区
- ヒンドゥー教徒地区
- ムスリム地区
- ヒンドゥー＋ジャイナ
- ヒンドゥー＋ムスリム
- ヒンドゥー＋ムスリム＋ジャイナ

　旧市街の東側は人口減少率が大きく，西側に人口が増加している地区が多い．1戸当たりの人数は，5.05-6.65人とあまり差はないが，人口密度は，東側が比較的大きく，西側が小さい．また住戸密度も，西側より東側の方が高い．指定カースト人口率は，東より西の方が大きい．すなわち，かつては，旧市街東部が稠密な市街地を形成しており，近年，西部に流入人口が増えているのである．
　宗教別の住み分けは比較的はっきりしている．基本的に，宝石商などのヒンドゥー教徒やジャイナ教徒が旧市街の中心に居住し，ムスリムが周辺部に居住するパターンがある．そのパターンはいくつかの変形を受けて今日に至ってい

る[258]．

　現在の旧市街における宗教別人口構成比は，ムスリムが約50％，ヒンドゥー教徒が約30％，ジャイナ教徒が約20％である[259]．ヒアリングを基に，住民の宗教によって旧市街を大まかに区分けしたものが図4-4である．旧城塞周辺から旧市街南部にかけてはムスリム居住地区，南東部ガンディー・ロード以南のカディア地区およびヒンドゥー教の大寺院スワミナラヤン・マンディルの周辺がヒンドゥーの居住地区となり，ガンディー・ロード以北はほとんどがヒンドゥーとムスリムあるいはヒンドゥー，ムスリム，ジャイナ教徒の混在する地区となっている．また旧市街の商業の中心地であるマネク・チョウクがジャイナ教徒の居住地区になっているのは，歴史的な住み分けの構造が根強いことを示している．

---

258) 今世紀のヒンドゥー教徒，ムスリム間の衝突，暴動によりその住み分けは変化したといわれている．さらにインド，パキスタンの分離独立（1947），バングラデシュ独立（1971），アフガニスタン紛争（1979-1988）などによる難民の都市流入がある．
259) 宗教別の統計はなく，市役所および調査地区におけるヒアリングに基づいた割合である．

# 2
## アフマダーバード旧市街の街区構成

　アフマダーバード旧市街には，ムスリム，ヒンドゥー教徒，ジャイナ教徒が混住している．地区ごとに支配的な住民層があり，住み分けはある程度はっきりしている．本章ではまず，アフマダーバード旧市街の全体構成と住み分けの状況を概観した上で，マネク・チョウク，カディア Khadia，カマサ Khamasa という三つの地区を取り上げる．それぞれ，ジャイナ教徒，ヒンドゥー教徒，ムスリムの居住区として代表的な地区であり，調査地区に選定した．街区構成の単位として，モハッラ，ポル，カンチョー Khancho，カドゥキ，ガリなど様々な名称が用いられる[260]．

## 2-1 ガンディー・ロード周辺の街路体系と街区名称

　ガンディー・ロード周辺の地図[261]を基に，三つの調査地区を含む地区の街路形態を示すと図4-5のようになる．
　街路体系は複雑に見えるが，基本的には三つのランクに分けて考えることがで

---

260) 具体的な記述は，3次にわたる調査を基にしている．第1次調査は1996年9月24-10月14日，調査メンバーは山根周，布野修司，黄蘭翔，山本直彦，黒川賢一，長村英俊，沼田典久の7名である．既往の研究およびヒアリングを基に，ムスリム地区，ジャイナ教徒地区，ヒンドゥー教徒地区から典型的と思われる地区を選定し，各地区について，アフマダーバード市役所で得られた，各建物の敷地割りまで描き込まれた縮尺1/480の旧市街の詳細地図をベースマップとし，施設配置，街路幅，建物階数，住居入口，街区境界，商業施設の分布などについて調査を行なった．第2次調査は，1998年7月25-8月22日，第3次調査は同年9月11日-10月14日（いずれも根上英志）である．第1次調査で得られた資料に基づき，住居の実測および住まい方調査を行なった．

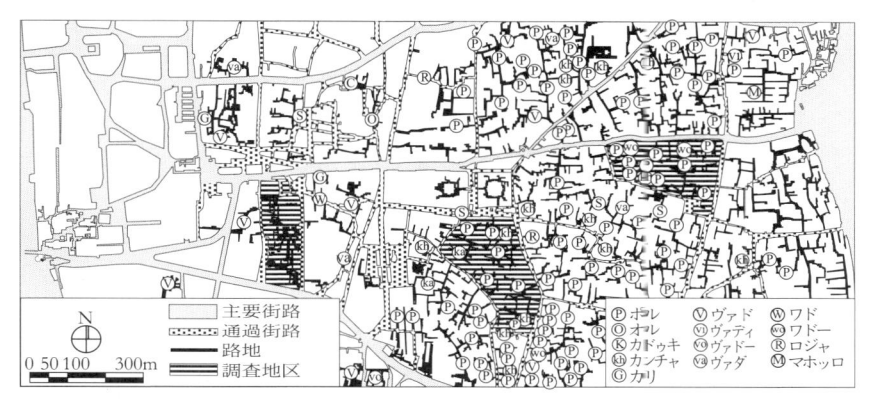

図4-5 ●ガンディー・ロード周辺地区の街路体系と街区の分布:作図　山根周

きる.第1は各市門から延びる主要街路,第2はそこから分岐し主要街路同士を結ぶ街路で,これらの街路によって,市街地は街区へと細分化される.さらに第3は,街区の内部に分岐する道である.街路の階層分化は,第1ランクの街路,第2ランクの街路,第3ランクの街路の順となり,この順で規模は小さくなっていく.

地図に記載された街路名をみると,ポル,オルol,カドゥキ,カンチョー,ガリ,ワド,ヴァドvad,ヴァディvadi,ヴァダvada,ヴァドーvadho,ロジャroja,マホッロmahollo[262]などがある.名称にはそれぞれ起源があり,重層的な都市形成を反映していると考えられる.

今日では用いられないが,街区組織の単位として歴史的に用いられてきたのは先に述べたプラである.旧市街には19のプラがあり,1)が西側に9が東側にあったと言われる(Kapoor(1992)).プラは,後に徴税の単位となり1575年には12あったというから,ほぼ今日のワードの規模と考えられる.

プラの下位単位として使われてきた名称がポルである.ポルは,サンスクリットのプラトリpratoliを語源とし,閉じられた場所の入口や門,あるいは門その

---

[261] Municipal Corporationには,旧市街の各建物の敷地割まで描き込まれた縮尺1/480の詳細な地図がある.旧市街は,No. 11～68とNo. 71～95の83枚に分けられ,そこには街路の名前,主な公共施設の配置が記載されている.そうのうちのNo. 11, 12, 23～26, 37～40, 58～68, 73, 74のガンディー・ロード沿いの街区の地図23枚を入手した.

[262] モハッラの転訛と思われる.

ものを意味する．ポルには普通同じカーストや職業の人々が居住し，ポルの名前は，その創設者が属するカースト，ポル内の重要な木，寺院，井戸などによって付けられている．オルはポルが訛ったものである．

カドゥキもまた門を意味する．北グジャラートの農村では門で区切られた一つの集合をカドゥキという．このカドゥキの住民は同じカーストに属し，血縁関係もある (Pramar (1989))．このカドゥキの形式が都市に持ち込まれ，複数集合する形が一般的にポルと呼ばれるようになったと考えられる．

ポルとともに最も一般的に使われる街区単位がモハッラである．繰り返し述べてきているように，モハッラはもともとイスラーム圏に広く見られる街区単位で，アラブ圏ではマハッラあるいはハーラと呼ばれる[263]．マホッロはムスリム地区の街区単位として用いられている．

ポルの下位単位がカンチョーである．カンチョーの複数形をカンチャ kancha という．ポルには袋小路があり，小さな広場が作られることがある．この広場がカンチョーである．このカンチョーには小さな門が付くこともある．

アフマダーバードでは，カドゥキがカンチョーの下位単位となる場合が多い．カドゥキとともに最小の街区単位として用いられるのがガリである．ガリとはヒンディー語で「路地，小路，小規模な地区」を意味し，ラーホール，ジャイプルなど他都市でも一般的に使われる．袋小路となる場合が多い．

ワド以下ヴァドーまでは，場所，居住地区といった意味のヒンディー語のワダ wada を語源とすると考えられる．ワドは，アフマダーバードでは一般的ではないが，パタンではポル同様下位単位を持つ街区である (Vasavada (1982))．特定の宗教集団が住む地区という意味合いが強く，プラマー Pramar (1989) によると，もともと南アラビアから移住してきた集団の居住区を指すという．しかし，異説もある．バルサバール Balsavar (1992) は，ヴァドは移民集団の街区で，例えばチパ・ヴァド Chipa Vad 地区には，ラージャスターンのマルヴァド Marvad から

---

[263] マハッラやハーラ以外にも，ハイイ，スムン thumn，サーイフ sayih，バッワーベ bawwabe といった言葉が用いられ，時代によって，また日常生活の単位としての街区か，行政，政治上の単位としての街区かといった違いなどによって，その用語や規模に様々な例が見られる．また，イランでは，街区を表わすのにマハッラ mahalle，クーイ，クーチェ kuche といった言葉が，中央アジアでは，マハッラ，クー ku，グザル，コチャなどの言葉が用いられる．地域によって街区の名称には様々な差異がある．

の移民達が住んでいると述べる．いずれにせよ，ポルやカドゥキとは別の脈略を
もった名称である．

　ロジャは，ボーラ族の宗教コミュニティ施設をいう．ボーラ族は，グジャラー
トのムスリム商人の一族で，もともとはヒンドゥー教徒であったという．ロジャ
は，ムスリム商人の街区単位と考えていい．ペルシア語起源のロザ roza は，ラ
マダンの月の断食を意味する．

　図4-5をみると，東半分にポルが多く分布している．その中にカドゥキ，カン
チャ，ガリなどが点在している．またムスリムと混在しているところにマホッロ
がある．また西半分には，ヴァド，ヴァダをみることができる．ロジャのある
ジャーミー・マスジッド北部は，ヒンドゥー教徒とジャイテ教徒が多い地区であ
る．もともとヒンドゥー教徒であったが改宗してムスリムになったグジャラート
商人も，旧市街の中心に住み着いていたことが推測できる．

　以上のように，街路，街区の名も，地区の歴史と住み分けの状況を示している
ことがわかる．

## 2-2 | マネク・チョウク地区の街区構成

　以上の考察を踏まえ，ジャイナ地区，ヒンドゥー地区，ムスリム地区から，そ
れぞれ一地区ずつ，周囲を街路で囲まれた範囲を単位として調査地区を選定した
（図4-3，4-5）．

　マネク・チョウク地区はモスク・コンプレックスの南に位置し，旧市街の中で
も古い歴史を持つ地区である．ジャイナ教徒が数多く住むことで知られる[264]（図
4-6）．地区名のマネク・チョウクはモスク・コンプレックス南側の辻広場のこ
とである．

　チョウクに面して証券取引所があり，貴金属取引の商店が建ち並ぶなど，旧市
街の経済の中心地である．バーザールに沿って商店がきれいに一列に並ぶ．また，
地区の周囲に商店が多く分布する．街区内には商店，工場，倉庫も存在するが，
大多数は住居である[265]．街区の周囲は商業空間，内部は居住空間という明快な

---

[264) 住人へのヒアリングによると，この地区では90％以上がジャイナ教徒であるという．

# 第 IV 章
アフマダーバード

図4-6 ●マネク・チョウク街区：写真　山根周

構成がある．また，業種ごとの住み分けの傾向も指摘できる[266]．この地区の約半分[267]は3階建てで，全体平均も約2.9階である．

基本的な街区単位はポル Pol である．ポルの下位単位としてカンチョー，カドゥキ，ガリがある．図4-7にその構成を示す．ポルの門内にある街路は基本的

---

265) バーザール沿いに155件，街区内に72件，合計は227件で，約68％がバーザール沿いにある．また街区の周辺には建物が174件あり，そのうちの約89％が商店である．540件の建物があり，そのうちの約13％が商店である．また，工場・倉庫は，バーザール沿いに3件，街区内に17件，合計20件で，85％の工場・倉庫が街区内にある．

266) この地区の商店の約39％（89件/227件）が宝石貴金属の商店，約34％（78件/227件）が金物屋で，それぞれ同じ業種が集まって分布している．また街区内に関しても同じ業種が集まる傾向が見られる．

267) 275件/509件．平屋18件，2階111件，4階97件，5階以上8件．

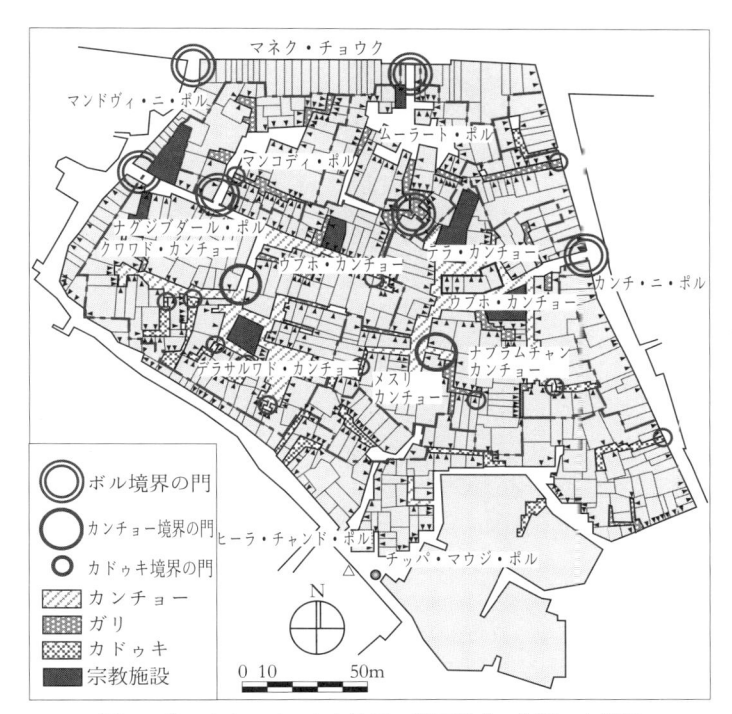

図4-7 ●マネク・チョウク地区の街区構成：作図　山根周

に閉じており，その街路に面して入口を持つ住居群がポルを構成する．調査地区は，ナグジブダール Nagjibhudar・ポル，マンコディ Mankodi・ポル，ムーラート Mhurat・ポル，ガンチ・ニ Ganchi ni ポルという四つのポルからなるが，マンコディ・ポルはナグジブダール・ポルに含まれており，大きくは三つのポルから構成される．大規模なポルの中には，その中にポルを含むものもあるのである[268]．

その他，調査地区の東側のマダン・ゴーパル・ニ Madan Gopal ni・ハヴェリ・ロードに面して，独立した三つのカドゥキ，ガリがあり，西側のマンドヴィ・ニ Mandvi ni・ポルに面して独立した二つのカドゥキがある（図4-8）．

一つのポルは基本的にバーザールからの分岐点に始まり，内部にカンチョー，

---

[268] 調査地区のナグジブダール・ポルを含む，マネク・チョウクから南に伸びるマンドヴィ・ニ・ポルは，その中に20以上ものポルを含むアフマダーバードで最大のポルである．

# 第 IV 章
アフマダーバード

図 4-8 ●カドゥキの内部：写真　山根周

　カドゥキ，ガリを持ち，街区内で閉じている．街区は，街路に面して出入口を持つ住居から構成されるので，その境界は住居の一番奥にひかれることになる．住居は基本的に壁を共有して建てられており，ポルの境界は具体的には建物の壁になる．ほとんどの住居は一つのポルに属するのだが，まれに二つのポルに出入口を持つ例外的な住居がある[269]．ポルの門は，外部からの攻撃を防ぐために設けられたものだが，その門が破られて内部に敵が入ってくると，逃げることができない．そこで，ある住居に他のポルへの抜け道的出入口を作ることによって，非常時の逃げ道を作ったと考えられる．ポルは基本的には内部で閉じる構成であるが，ナグジブダール・ポルとムーラート・ポルとは奥のガリで繋がっている．そ

---

269) Gillion（1968）によると「ポルは（秘密のものを別として）一つ，あるいはせいぜい二つの入口」である．

図 4-9 ●ナグジブダール・ポル内のチョウク：写真　山根周

こには二つのポルを境界づける鉄のゲートが設けられており，二つのポルは明確に区切られている．

　ポルやカンチョーには一つ一つに固有の名前があり，街区を構成する一つの近隣単位として認識されている．カドゥキやガリは固有の名前を持つものもあるが，少数である．一般的には，ポル，カンチョーの下位単位と考えていい．

　街路幅は，実測値を平均するとカドゥキとガリがほぼ同じ街路幅で約2m，カンチョーは約4.6m，ポルは約5.1mと違いがみられる．また幹線街路についても，サンクディ・シェリ Sankdi Sheri が 18.96m，マダン・ゴーパル・ニ・ハヴェリ・ロードが 9.96m で，街路のランクによるヒエラルキーが明らかにみられる．また一本の街路でも，内部の街路幅は場所によってかなりの違いが見られる．例えばデラサルワド・カンチョー Derasarwado Kancho は，最大幅 13.94m で，最小幅 3.32m である．このようにかなりの違いのあるものは，中にチョウクを持っているものである（図 4-9）．

　ポルの住戸数は 59-234 戸，カンチョーは 12-60 戸と幅があり，平均すると 29 戸となる．カドゥキは 2-11 戸で平均 5.8 戸，ガリは 3-18 戸で平均 7 戸となる（図 4-10）．

## 第Ⅳ章
アフマダーバード

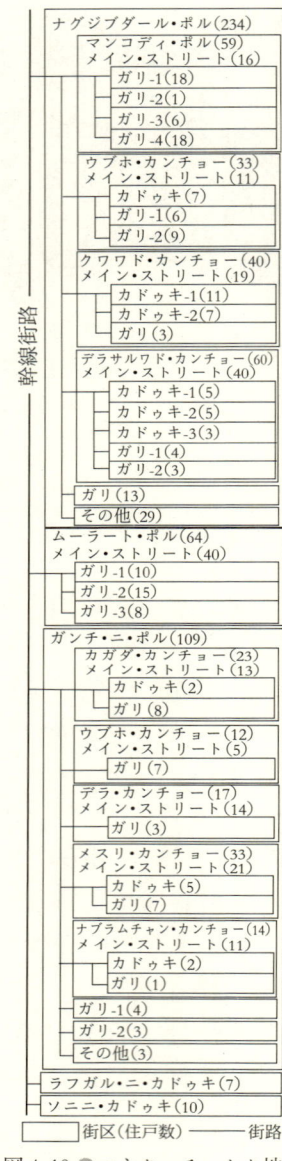

```
幹線街路 ─┬─ ナグジブダール・ポル(234)
         │    ├─ マンコディ・ポル(59)
         │    │    メイン・ストリート(16)
         │    │    ├─ ガリ-1(18)
         │    │    ├─ ガリ-2(1)
         │    │    ├─ ガリ-3(6)
         │    │    └─ ガリ-4(18)
         │    ├─ ウブホ・カンチョー(33)
         │    │    メイン・ストリート(11)
         │    │    ├─ カドゥキ(7)
         │    │    ├─ ガリ-1(6)
         │    │    └─ ガリ-2(9)
         │    ├─ クワワド・カンチョー(40)
         │    │    メイン・ストリート(19)
         │    │    ├─ カドゥキ-1(11)
         │    │    ├─ カドゥキ-2(7)
         │    │    └─ ガリ(3)
         │    ├─ デラサルワド・カンチョー(60)
         │    │    メイン・ストリート(40)
         │    │    ├─ カドゥキ-1(5)
         │    │    ├─ カドゥキ-2(5)
         │    │    ├─ カドゥキ-3(3)
         │    │    ├─ ガリ-1(4)
         │    │    └─ ガリ-2(3)
         │    ├─ ガリ(13)
         │    └─ その他(29)
         ├─ ムーラート・ポル(64)
         │    メイン・ストリート(40)
         │    ├─ ガリ-1(10)
         │    ├─ ガリ-2(15)
         │    └─ ガリ-3(8)
         ├─ ガンチ・ニ・ポル(109)
         │    ├─ カガダ・カンチョー(23)
         │    │    メイン・ストリート(13)
         │    │    ├─ カドゥキ(2)
         │    │    └─ ガリ(8)
         │    ├─ ウブホ・カンチョー(12)
         │    │    メイン・ストリート(5)
         │    │    └─ ガリ(7)
         │    ├─ デラ・カンチョー(17)
         │    │    メイン・ストリート(14)
         │    │    └─ ガリ(3)
         │    ├─ メスリ・カンチョー(33)
         │    │    メイン・ストリート(21)
         │    │    ├─ カドゥキ(5)
         │    │    └─ ガリ(7)
         │    ├─ ナブラムチャン・カンチョー(14)
         │    │    メイン・ストリート(11)
         │    │    ├─ カドゥキ(2)
         │    │    └─ ガリ(1)
         │    ├─ ガリ-1(4)
         │    ├─ ガリ-2(5)
         │    └─ その他(3)
         ├─ ラフガル・ニ・カドゥキ(7)
         └─ ソニニ・カドゥキ(10)

         □ 街区(住戸数) ─── 街路
```

図 4-10 ● マネク・チョウク地区の街区構成模式図と住戸数：作図　山根周

図4-11 ●ガンチ・ニ・ポルのデラサル（ジャイナ教寺院）：写真　山根周

　街区内の公共施設としては，デラサル Dherasar（ジャイナ教寺院）（図4-11），パトシャラ Patshala やウパシュラヤ Upashraya（注281参照）と呼ばれるジャイナ教の集会，宿泊施設，マンディル Mandir（ヒンドゥー寺院）やヒンドゥーの祠（図4-12）がある．ウパシュラヤは主に巡礼者や出家信者のための宿舎で，男性用のものと女性用のものとがある．

　その他，チャブートラ chabutra あるいはパラバディ Parabadi と呼ばれる塔状の鳥の餌台がナグジブダール・ポルのデラサルの前にあるが，これはジャイナ教の動物愛護の精神を表わすと同時に，ポルにおける中心的な公共スペースを示すものである（図4-13）．

## 2-3 ｜ カディア地区の街区構成

　カディア地区の位置する，マネク・チョウク以東，パンチクワ門からアストディア門までの旧市街南東部の大部分の地域，旧ワードでいえばカディア KhadiaII 〜 III にあたる地区は，主としてヒンドゥー教徒が居住する地域である[270]．

　バーザール沿いには商店が一列に並び，街区内にも少数が点在している．街区の周囲は商業空間，内部は居住空間という構成はマネク・チョウク地区と同様で

第 IV 章

アフマダーバード

図 4-12 ●ヒンドゥー教の祠：写真　山根周

ある[271]．またこの地区の商店の約 37％は電化製品を扱う店で，主にガンディー・ロード沿いに集中している．この地区の東側には，自転車修理の店が集まっている．建物の階数は，3 階建てが全体の約 54％，2 階建てが約 26％，4 階建てが約 16％，1 階，5 階建てがそれぞれ約 2％である．平均すると約 2.9 階である[272]．

---

270) ヒアリングによると住民の 80％以上はヒンドゥー教徒であるという．また，調査対象地区にはヒンドゥー教徒が約 90％，ジャイナ教徒が約 10％居住しているという．
271) バーザール沿いに 152 件，街区内に 71 件，合計 223 件で，約 68％がバーザール沿いにある．また街区の周辺には 193 件の建物があり，そのうちの約 79％が商店で，街区内には 609 件の建物があり，そのうちの約 12％が商店である．また工場はバーザール沿いに 6 件，街区内に 3 件あり，合計 9 件ある．これらはすべて小さな工場である．マネク・チョウクでは，街区内にほとんどの工場・倉庫があったのだが，この地区ではそのような傾向は見られない．また，二つの地区の建物の数はほとんど同じであるが，工場の数はマネク・チョウクで 20 件あったにもかかわらず，この地区では 9 件しかなく，工場の数自体が少ない．

図 4-13 ●チャブートラ：写真　山根周

　カディア地区でも，基本的な街区単位はジャイナ教徒居住区であるマネク・チョウク地区と同様ポルである．バーザールや幹線街路から居住区内に分岐する街路によってポルが構成され，さらにカンチョーやカドゥキ，ガリといったより小さな街区単位が形成される（図4-14）．その他，この地区にはワドが見られた．ワドには下位の街区単位は見られなかった[273]．

　調査地区は，周囲の幹線街路から分岐する 10 のポル，二つのワド，一つのカドゥキから構成されている．このうちジェタバイズ・ポル Jhetabhai's Pol とアメ

---

272）調査地区内 617 件中，平屋 12 件，2 階 160 件，3 階 335 件，4 階 99 件，5 階以上 11 件である．
273）ここで見られたワドは，規模的にはパタンのワドより小さい．ヒアリングによるとワドとは空間的にはカドゥキに近いが，中にチョウクがあるようなある程度の規模を持ったもので，その形成においてほとんどが個人の私財によって開発されたため，その個人名を冠して○○ワドと呼ばれることが多い．

# 第 IV 章
アフマダーバード

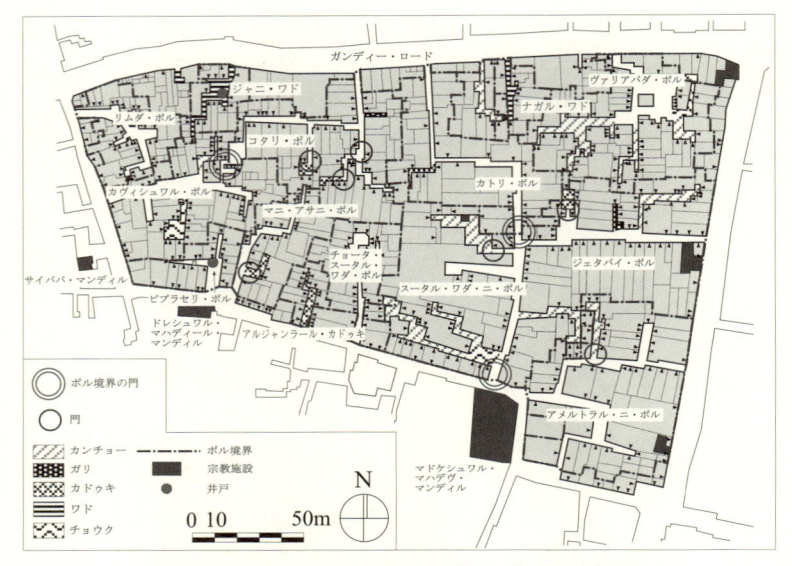

図 4-14 ●カディア地区の街区構成：作図　山根周

　ルトラル・ポル Amerutlal ni Pol は二つの通りに入口を持ち，またジェタバイズ・ポルとカトリス・ポル Khatori's Pol，コタリ・ポル Khotari Pol とカヴィシュウェル・ポル Kavishwer Pol とは奥で繋がり，二つの街区を境界づける門が設けられている（図 4-15）．また，ここでもマネク・チョウク地区と同様，二つのポルに出入口を持つ住居がある．

　街路の幅の平均は，ガリが約 1.3m，カンチョーが 2.9m，ワドが約 3.2m，カドゥキが 3.6m，ポルが 4.1m である．また幹線街路は約 12m と 6m の 2 種類がある．マネク・チョウクの街路と比較すると，ガリとポルがそれぞれ約 1m 狭く，カンチョーは約 1.7m 狭くなっている．一方，カドゥキの幅は約 1.4m 広くなっている．ワドは，カンチョーとカドゥキの間にはいる．街路の平均長さは，ガリが約 11m，カドゥキが約 14m，カンチョーが 32m，ポルが 99m で，街路のランクによってヒエラルキーがあることは明らかである．

　ポルの住戸数は 23-125 戸までの幅がある．カンチョーは 4-35 戸までの幅があり平均すると 13 戸である．カドゥキは 2-22 戸までで平均 6.6 戸，ガリは調査地区に 2 本しかなくそれぞれ 2 戸と 3 戸，また二つのワドは 11 戸と 17 戸である（図

図4-15 ●ポルの境界の門：写真　山根周

4-16)．

　街区構成の特徴としてまず，幹線街路からポル内部への入口に，門がほとんど見られないことが挙げられる．門があるのはジェタバイズ・ポルの南側の入口のみである．ポル内の構成はジャイナ地区のようなポル＞カンチョー＞ガリといったヒエラルキーがあまり明確でなく，街区はあまり細分化されていない．カンチョーの規模もマネク・チョウク地区と比較すると小さく，固有の名前を持たないカンチョーもある．またいくつかのカンチョーがカンチャ（カンチョーの複数形）と呼ばれて一つの名前を持つケースが見られる．カドゥキは，マネク・チョウク地区のそれより中庭的な構成になっている．また街区内にガリは極めて少ない．

　街区内に四つあるマンディルはすべて小さな祠で，デラサルは二つとも幹線街

## 第Ⅳ章

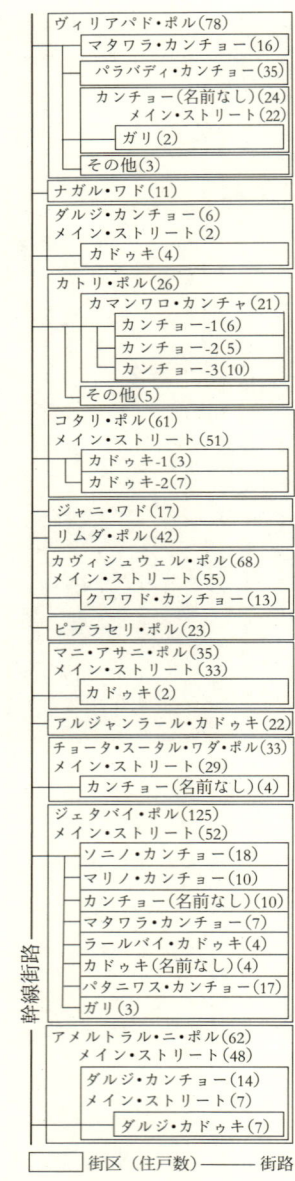

アフマダーバード

```
幹線街路
├─ ヴィリアパド・ポル(78)
│   ├─ マタワラ・カンチョー(16)
│   ├─ パラパディ・カンチョー(35)
│   ├─ カンチョー(名前なし)(24)
│   │  メイン・ストリート(22)
│   ├─ ガリ(2)
│   └─ その他(3)
├─ ナガル・ワド(11)
├─ ダルジ・カンチョー(6)
│  メイン・ストリート(2)
│   └─ カドゥキ(4)
├─ カトリ・ポル(26)
│   ├─ カマンワロ・カンチャ(21)
│   │   ├─ カンチョー-1(6)
│   │   ├─ カンチョー-2(5)
│   │   └─ カンチョー-3(10)
│   └─ その他(5)
├─ コタリ・ポル(61)
│  メイン・ストリート(51)
│   ├─ カドゥキ-1(3)
│   └─ カドゥキ-2(7)
├─ ジャニ・ワド(17)
├─ リムダ・ポル(42)
├─ カヴィシュウェル・ポル(68)
│  メイン・ストリート(55)
│   └─ クワワド・カンチョー(13)
├─ ピプラセリ・ポル(23)
├─ マニ・アサニ・ポル(35)
│  メイン・ストリート(33)
│   └─ カドゥキ(2)
├─ アルジャンラール・カドゥキ(22)
├─ チョータ・スータル・ワダ・ポル(33)
│  メイン・ストリート(29)
│   └─ カンチョー(名前なし)(4)
├─ ジェタバイ・ポル(125)
│  メイン・ストリート(52)
│   ├─ ソニノ・カンチョー(18)
│   ├─ マリノ・カンチョー(10)
│   ├─ カンチョー(名前なし)(10)
│   ├─ マタワラ・カンチョー(7)
│   ├─ ラールバイ・カドゥキ(4)
│   ├─ カドゥキ(名前なし)(4)
│   ├─ パタニワス・カンチョー(17)
│   └─ ガリ(3)
└─ アメルトラル・ニ・ポル(62)
   メイン・ストリート(48)
    ├─ ダルジ・カンチョー(14)
    │  メイン・ストリート(7)
    │   └─ ダルジ・カドゥキ(7)
```

□ 街区（住戸数）──── 街路

図4-16 ● カディア地区の街区構成模式図と住戸数：作図　山根周

路沿いにある．ヴァリアパダ・ポル Variapada Pol に二つ祠があり，東の祠がヴァライマタ・マンディル Varaimata Mandir，西の祠がシヴァ神とマハーデーヴァを祀ったカームナース・マハデヴ・マンディル Kamnath Mahadev Mandir である．

その他，ジェタバイズ・ポルにはアンナティ Annathi と呼ばれる小学校が，コタリ・ポルには中学校が，ヴァリアパダ・ポルには裁縫の専門学校があるなど，ポル内にいくつかの教育施設がある．

他の公共的な施設としては井戸が挙げられる．現在は水道が引かれているためほとんどの井戸は機能していないが，調査地区内に七つの井戸が確認された．それらはすべてポル内に一つずつ掘られたもので，ポルの共同の水源となっていたことが分かる．

## 2-4 カマサ地区の街区構成

カマサ地区のある，ジャマルプル地区とライカド地区をあわせたガンディー・ロード以南の旧市街の広い範囲はムスリムの居住地域として知られる．カマサ地区は，旧王宮前広場であるマイダンの南，サルダール・パテル・ロードとジャマルプル・ロードの交差点であるカマサ・チャクラの周辺地区をいう．調査地区の北はガンディー・ロードに面し，カース Khas・バザールの一画をなしている．その一部はフール Phool・ガリと呼ばれる，マンディルやダルガーへの献花用の花の市場であり，その南が居住区となっている[274]．

この地区の商店は，ほとんどが北のカース・バザールに集中し，その他の場所では点在している[275]．地区内の建物は 2 階建てが最も多く，全体の約 46％を占めている．

街区単位はモハッラで，居住区の北半分がバブラオス Baburao's・モハッラ，

---

274) 調査したブロックでは，人口の 80％以上をムスリムが占め，残りの 20％弱はヒンドゥー教徒，マラーティー（マハラシュトラ地方出身の住民），ネパール人，ユダヤ教徒から構成されている．
275) カース・バザールには，88 件の商店があり，この地区全体 125 件の商店のうち 70％がこのバザールに集中している．そして全体の 56％が衣料品店である．ここはマイダンの南に位置し，綿業で発達したことが影響している．またカース・バザールに，街路の両端に商店が並び，人が通れるスペースだけを確保してそれ以外のスペースには，台に乗せられた商品が並べられている．そしてその上にひもを渡して，布を掛け，テントのようにしている．また衣服製作の工場が 8 件あり，ほとんどが家内工業で，そのうちの 7 件が街区内に存在する．

第 IV 章
アフマダーバード

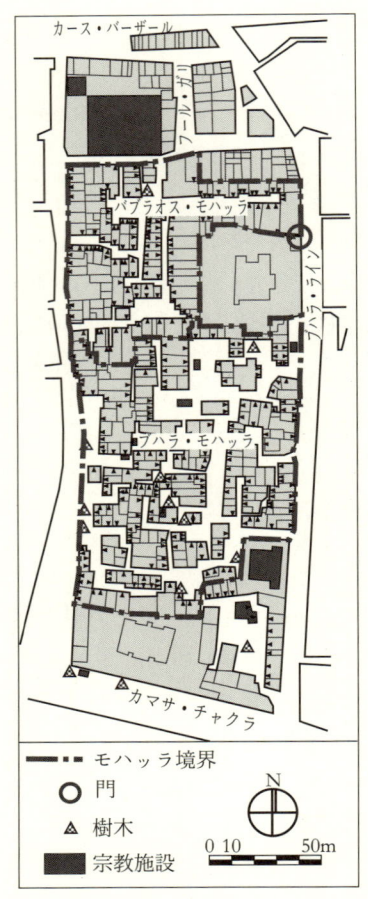

図 4-17 ●カマサ地区の街区構成：作図　山根周

南半分がブハラ Bukhara・モハッラである（図 4-17）．各モハッラの住戸数は，バブラオス・モハッラが 128 戸，ブハラ・モハッラが 214 戸である（図 4-18）．ポルよりやや規模が大きいが，モハッラ内部をさらに細分化する，より小さな街区単位は見られないのが特徴である．また幹線街路やバザールに対して，バブラオス・モハッラは 3 か所，ブハラ・モハッラは 4 か所の入口を持ち，各入口には門などは設けられていない．街路形態も袋小路状に分岐するのではなく，内部で連鎖する構成をとっている[276]．北半分のバブラオス・モハッラには二つのチョ

344

```
┌─ バブラオス・モハッラ（128）
─┤
幹  └─ ブハラ・モハッラ（214）
線
街        ┌──────┐
路        │      │ 街区（住戸数）
          └──────┘
          ─────── 街路
```

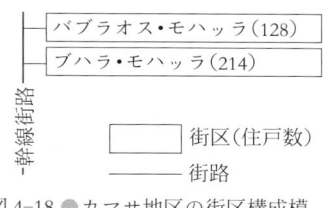

図 4-18 ● カマサ地区の街区構成模式図と住戸数：作図　山根周

ウクがあり，南半分のブハラ・モハッラには五つのチョウクがある．宗教施設としては調査地区の北端，カース・バーザールの裏にモスクがある他，街区内にはバブラオス・モハッラに二つ，ブハラ・モハッラには四つのダルガー（ゲブンサバーバ Gebunsabhaba・ダルガー，ソクルッラ Sokhululla・ダルガー，カーシピール Khasipir・ダルガー，ムハンマド・サイード Muhammad Said・ダルガー）がある．その他マンディルが二つ，ユダヤ教のシナゴーグが一つある．

---

276）門に関しては，調査地区以外のムスリム居住区において街区の入口に確認された例もある．

# 3
## マネク・チョウク地区の住区構成

　マネク・チョウク地区は，旧市街の中心部にあるジャーミー・マスジッド[277]の南に位置し，旧市街でも古い歴史を持つ地区である．1411年にアフマダーバードが建設されたとき，居住区としてマネク・チョウク地区のムーラート・ポルが作られた．地区名になっているマネク・チョウクとはジャーミー・マスジッドの南側の通りとバドシャーヒー・カ・ハジラ Badshah ka Hajira とラーニー・カ・ハジラ Rani ka Hajira の間の通りの交わる辻広場のことである．この広場を中心にそこから伸びる幹線街路に商店が建ち並び，旧市街最大のバザールを形成している．住民の90%以上はジャイナ教徒である[278]．

### 3-1 街区構成

　前述のように，基本的な街区単位はポルである．ポルの門の内側にある街路は基本的に街区内で閉じており，その街路に面して入口を持つ住居群が一つのポル

---

[277] 1424年，アフマド・シャーによって建設されたアフマダーバード最大の金曜モスク．旧市街の中心東西街路の中心に位置する．バドシャーカ・ハジラ Badshah-ka-Hajira などアフマド・シャーの後継者の王や王妃達の墓が隣接して建てられている．
[278] 宗教別の統計はなく，市役所および調査地区におけるヒアリングに基づいた割合である．現在の旧市街における宗教別人口構成比は，ムスリムが約50%，ヒンドゥー教徒が約30%，ジャイナ教徒が約20%である．旧城塞周辺から旧市街南部にかけてはムスリム居住地区，南東部ガンディー・ロード以南のカディア地区およびヒンドゥー教の大寺院スワミナラヤン・マンディルの周辺がヒンドゥーの居住地区となり，ガンディー・ロード以北はほとんどがヒンドゥーとムスリムあるいはヒンドゥー，ムスリム，ジャイナ教徒の混在する地区となっている．また旧市街の商業の中心地であるマネク・チョウクがジャイナ教徒の居住地区になっているのは，歴史的な住み分けの構造が根強いことを示している．

マネク・チョウク地区の住区構成

図4-19 ●マネク・チョウク地区の施設分布と住居入口の分布：作図 根上英志

を構成している．またポルの中にさらに別の小さなポルがあるという事例もみられる．調査地区のナグジブダール・ポルを含む，マネク・チョウクから南に伸びるマンドヴィ・ニ・ポルは，20以上ものポルを含むアフマダーバードで最大のポルである．

この地区のポル，カンチョー，カドゥキ，ガリ[279]の構成および門[280]などの配置を示したのが図4-19である．大きくは，ナグジブダール・ポル，マンコディ・ポル，ムーラート・ポル，ガンチ・ニ・ポルという四つのポルから構成されている．マンコディ・ポルはナグジブダール・ポルに属するポルである．また東側のマダン・ゴーパル・ニ・ハヴェリ・ロードに面して三つのカドゥキ，ガリがあ

---

[279] ヒンディー語で路地，小路，小規模な地区を意味する．袋小路となる場合が多い．
[280] 門は基本的に，ポル，カンチョー，カドゥキの入口部分に設置されるが，現在では必ずしも残っていない場合もある．また，基本的にガリは門を持たない．

り，西側のマンドヴィ・ニ・ポルに面して二つのカドゥキがある．街区は基本的に，幹線街路から分岐していく街路システムと対応しており，両側町的なまとまりとして形成されている．

## 3-2 宗教施設の分布

　街区内の宗教施設としては，マンディル（ヒンドゥー教寺院および祠）の他，デラサル（ジャイナ教寺院），パトシャラ，ウパシュラヤ[281]と呼ばれるジャイナ教の集会・宿泊施設がある（図4-20）．

　ナグジブダール・ポルにはデラサル，パトシャラ，男性用と女性用のウパシュラヤがそれぞれ一つずつと，ラクシュミー神を祀ったキシュン・カネヤ・マンディル Kishen Kaneya Mandir，ヴィシュヌ神を祀ったティッカム・マンディル Tikkam Mandir という二つのマンディルがある．ムーラート・ポルにはデラサルが一つとサンカル神を祀ったスリ・ドレシュウェル・マンディル Sri Dholeshwer Mandir があり，ガンチ・ニ・ポルにはデラサルと女性用のウパシュラヤが一つずつ設けられている．またチュサ・パレク・ニ・ポルには，デラサルと，女性用のウパシュラヤがあり，イーラ・カーディ・ポルにはマンディルがある．また西側のマンドヴィ・ニ・ポル沿いで，この地区と反対側には，ラムナル・マンディル Lamnal Mandir があり，ここにはシヴァ神が祀られている．各ポルに一つずつデラサルが建てられ，場合によってウパシュラヤなどの施設が設けられるというのがジャイナ教徒居住区の基本的な構成であると考えられる．デラサルではそれぞれの地区の住人が集まりプージャー puja と呼ばれる宗教儀式が行なわれるなど，街区のコミュニティ設として機能している．またマンディルにはそれぞれ名前が付けられているが，デラサルやウパシュラヤには固有の名称はない．

## 3-3 商店業種の分布

　住居など建物の階数を示したのが図4-21である．この地区では，約半数が3

---

[281] 主に巡礼者や修行者のための宿舎で，男性用のものと女性用のものがある．

図4-20 ●マネク・チョウク地区の商店業種分布：作図　根上英志

階建てで最も多く，2階建て，4階建てがそれぞれ2割ほどを占める．全体平均は約2.9階である．

　商店はバザールに沿ってきれいに一列に並び，街区内にも点在している．バザール沿いに155軒，街区内に72軒，計227軒で，約68％がバザール沿いにある（図4-20）．また街区周囲には建物が174軒あり，そのうちの約89％が商店である．街区内には540軒の建物があり，そのうちの約13％が商店である．街区の周辺は商業空間，内部は居住空間という分離がはっきりと見られる．

　工場，倉庫は，バザール沿いに3軒，街区内に17軒　計20軒ある．この地区の工場は，家内工業がほとんどで，住居の一部に工房が設けられ作業スペースになっている．また，この地区の商店の約39％が宝石，貴金属の商店，約34％が金物屋で，それぞれ同じ業種が集まって分布している（表4-1）．また街区内でも同じ業種が集まる傾向が見られる．マネク・チョウクに面して証券取引所があり，貴金属取引の店舗が建ち並ぶなど，旧市街の経済の中心地となっている．

# 第 IV 章
アフマダーバード

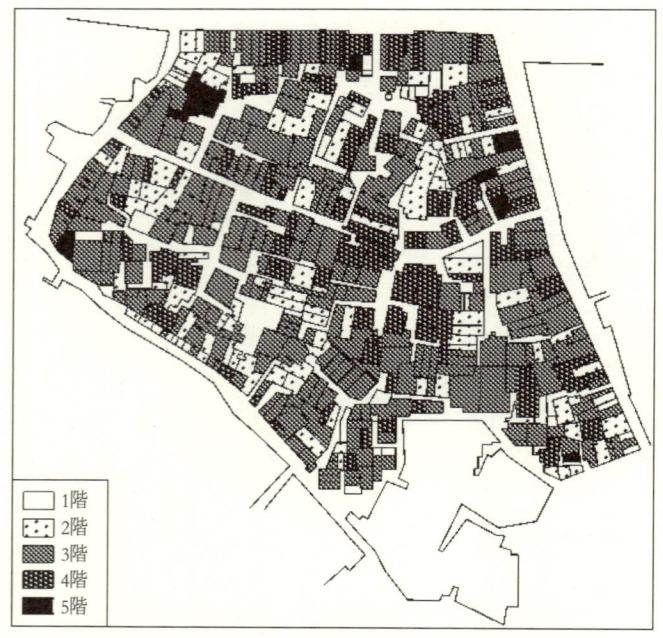

凡例:
- 1階
- 2階
- 3階
- 4階
- 5階

図 4-21 ●マネク・チョウク地区の建物階数：作図　根上英志

表 4-1 ●マネク・チョウク地区の商店業種内訳：作成　根上英志

| 業種 | 件数 | 割合（％） |
| --- | --- | --- |
| 宝石・貴金属 | 89 | 39.21 |
| 金物屋 | 78 | 34.36 |
| 雑貨 | 14 | 6.17 |
| 衣服 | 11 | 4.85 |
| 駄菓子・タバコ | 10 | 4.41 |
| 食料 | 3 | 1.32 |
| 食堂 | 3 | 1.32 |
| 電話スタンド | 3 | 1.32 |
| 銀行 | 2 | 0.88 |
| 建具屋 | 2 | 0.88 |
| その他 | 12 | 5.29 |
| 計 | 227 | |

屋台は，幹線街路であるサンクディ・シェリと第2ランクの街路であるマダン・ゴーパル・ニ・ハヴェリ・ロード沿いに多く見られた．出店は人通りの多い街路沿いに多く，街区内にある屋台はチョウクに集まっている．屋台の業種は，多い順に，果物，野菜，駄菓子，タバコ，サモサ（揚げ物の軽食），チャイ（紅茶）で，ほとんどが飲食関係である．地区の外部空間に溢れ出していた物としては，壺，バケツ，食器，物干しひも，アイロン台，ベンチ，建材などが見られた（図4-20）．外部空間も生活空間として様々に使われていることがわかる．土地の所有形態を見てみると，住戸の敷地は，後述する入口前のオトゥロ otlo までで，街路は市の所有である．街路には，皿洗いや洗濯物などをするためのチョウクディ chowkdi（水場）が設けられており，住民は市に使月料を払うことによって使用している．

# 4
# 都市住居の構成

## 4-1 | 住居の構成要素

　調査地区において 31 の住居について実測調査を行ない，家族構成，建築年等についてヒアリングを行なった．文献および調査結果によると，住居を構成する基本的な要素には以下のようなものがある．調査対象住居を図 4-22，表 4-2 に示す．

### オトゥロ（オトゥラ otla）

　住居の入口前に設けられる基壇．中央の階段を挟んで左右にあり，腰掛けの機能を持つ．夕方には涼み台として使われ，近隣の人とのコミュニケーションの場となる．オトゥロは住居の構成要素であるが，同時に街路の構成要素にもなっている．

### カドゥキ

　オトゥロに面した，住居入口の玄関的な部屋をカドゥキと呼ぶ．これは訪問者を立ち止まらせる障壁としての機能を持ち，街区のカドゥキ門と似た役割を果たしている．カドゥキは，街区単位，住居の部屋両方の意味で，訪問者をいったんそこで迎えて，立ち止まらせ，住居の内部空間と距離を置くという機能を持っている．カドゥキは，客を迎える場所となり，また，店舗や，作業場として利用されることもある．

### チョウク

　中庭のことである．公的性格を持つカドゥキと，パルサル parsal，オルドなどの私的領域を区切る緩衝空間としての役割を持つ．訪問者は一般にはチョウクを

図 4-22 ●調査対象住居：作図　根上英志

越えて奥のパルサル，オルドまで入ることはできない．集会や祭祀が行なわれる際は主要な空間となり，親しい友人が来たときには私的な接客空間として利用される．採光や通風のための空間としても機能する．チョウクの床下にはたいていボーヤンル bhoyanru とよばれる地下空間があり，オトゥロに設けられた換気口を通じてチョウクと外部の空気の循環をはかっている．また，かつては水槽が設けられ，気化熱によって空気を冷やし，住居内の温度を下げる機能をもっていた．

### レヴェシ reveshi

チョウクに接する半屋外のオープンテラス．チョウクとパルサルを繋ぐ空間である．

### パルサル

ホール，前室という意味である．語源は，「前の部屋」を意味するサンスクリット語のプラティシャラ pratishala と言われる．パルサルはオルドの前に設けられ，複数のオルドと連結される場合が多い．チョウクの床よりわずかに高い床高と

第 IV 章
アフマダーバード

表 4-2 ● マネク・チョウク地区の調査住居リスト：作成　根上英志

| 番号 | 類型 | 1階 | 2階 | 3階 | 4階 | 築年数 | 一階床面積（m²） | 間口幅（m） | 奥行（m） |
|---|---|---|---|---|---|---|---|---|---|
| 1 | A | | | | | 70〜80 | 22.79 | 2.78 | 8.19 |
| 2 | A | | | | | 100 | 19.17 | 2.44 | 7.86 |
| 3 | B | | | | | 100 | 14.61 | 1.90 | 7.68 |
| 4 | B | | | | | 50 | 29.51 | 4.08 | 7.24 |
| 5 | E | | | | | 60〜65 | 53.52 | 2.00 | 13.20 |
| 6 | D | | | | | — | 52.51 | 3.70 | 13.30 |
| 7 | E | | | | | 200 | 119.80 | 2.64 | 21.00 |
| 8 | E | | | | | 200 | 163.12 | 9.00 | 15.50 |
| 9 | C | | | | | 90 | 49.16 | 3.68 | 9.75 |
| 10 | D | | | | | 80 | 70.15 | 3.96 | 10.22 |
| 11 | A | | | | | 80〜90 | 24.00 | 3.19 | 7.91 |
| 12 | B | | | | | 50 | 28.08 | 3.90 | 7.21 |
| 13 | A | | | | | 100 | 20.45 | 3.07 | 6.55 |
| 14 | B | | | | | 70〜80 | 18.43 | 2.41 | 7.65 |
| 15 | B | | | | | 100 | 29.02 | 3.92 | 7.35 |
| 16 | A | | | | | — | 19.15 | 3.71 | 5.16 |
| 17 | B | | | | | 100 | 20.70 | 6.27 | 3.30 |
| 18 | B | | | | | 100 | 24.15 | 3.78 | 6.39 |
| 19 | B | | | | | 50 | 20.86 | 3.14 | 6.65 |
| 20 | B | | | | | 50 | 24.35 | 3.72 | 6.54 |
| 21 | E | | | | | 100 | 40.16 | 4.74 | 9.15 |
| 22 | B | | | | | 80 | 143.38 | 4.67 | 22.19 |
| 23 | E | | | | | 100 | 56.38 | 5.49 | 8.41 |
| 24 | D | | | | | — | 79.25 | 3.50 | 11.50 |
| 25 | E | | | | | 65〜80 | 159.46 | 8.16 | 17.02 |
| 26 | D | | | | | — | 34.28 | 3.80 | 9.30 |
| 27 | D | | | | | — | 57.30 | 5.00 | 13.30 |
| 28 | D | | | | | — | 24.64 | 2.20 | 11.20 |
| 29 | E | | | | | — | 144.55 | 2.00 | 11.50 |
| 30 | E | | | | | 75 | 137.44 | 6.42 | 21.41 |
| 31 | E | | | | | 160 | 77.99 | 7.78 | 10.03 |

なっている.

**オルド ordo**

寝室のことである．住居内の一番奥に設けられ，最も私的な性格が強い．もともとは穀物や貴重品の倉庫としての機能をもっていたとされる．

以上のような基本的要素の他に，ラソル rasoru（台所）やパニヤロ paniyaro（飲料水の貯水場所），プージャーのための部屋などが付加される．

## 4-2 住居類型

実測調査した31の住居は，1階平面に着目すると，以下の基本的な構成要素の配列によって，次の五つの型に分けられる（図4-23）．まず，チョウクを持たないもの（A，B，C）と持つもの（D，E）が区別でき，さらに，間口に対して部屋が1列に並ぶもの（A，B，D）と2列以上のもの（C，E）が区別される．2列以上のものは複数のオルドを備えている．2階以上は，基本的に1階と同形の平面形式を持つものが多く，急な階段で上下階が繋がる．住居は敷地いっぱいに建てられ，隣棟とは壁を共有する．

後述するDのタイプが都市住居の基本型であり，Eタイプがその発展型である．Eタイプは一般にハヴェリと呼ばれている．

A　オトゥロとオルドのみで構成される一室型．オトッコがないものもある．

B　オトゥロ，パルサル，オルドからなる（図4-24　例：調査住戸 No. 17, 18）．

C　オトゥロ，パルサル，二つ以上のオルドからなる．パルサルの周辺に複数のオルドが連結され，多様な平面構成をとる．チョウクを持たない．

D　オトゥロ，カドゥキ，チョウク，レヴェシ，パルサル，オルドが順に1列に並ぶ．軸線は，基本的に直線であるが，L字型に曲がる場合もある（図4-24　例：調査住戸 No. 10）．

E　オトゥロ，カドゥキ，チョウク，レヴェシ，パルサル，オルドの構成に，さらにいくつかの部屋が加わったもの．部屋の連繋は，レヴェシ―複数のパルサル―オルドの場合とレヴェシ―パルサル―複数のオルドの場合とあり，多様な平面構成をとる．

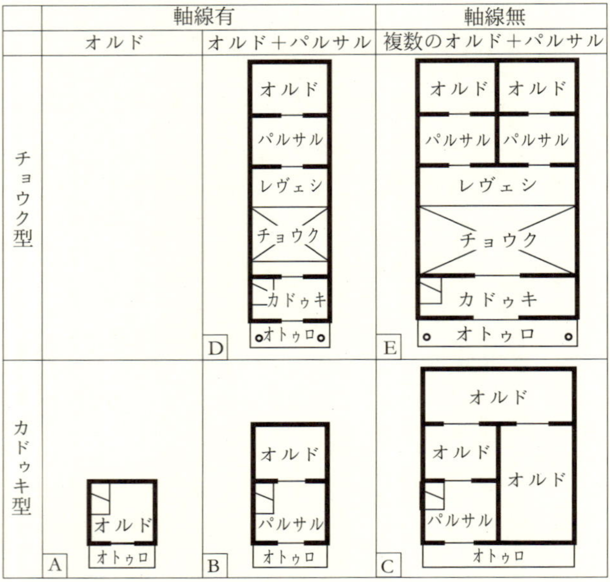

# 第 IV 章
アフマダーバード

|  | 軸線有 |  | 軸線無 |
|---|---|---|---|
|  | オルド | オルド＋パルサル | 複数のオルド＋パルサル |
| チョウク型 |  | D（オルド／パルサル／レヴェシ／チョウク／カドゥキ／オトゥロ） | E（オルド・オルド／パルサル・パルサル／レヴェシ／チョウク／カドゥキ／オトゥロ） |
| カドゥキ型 | A（オルド／オトゥロ） | B（オルド／パルサル／オトゥロ） | C（オルド・オルド／パルサル／オトゥロ） |

図 4-23 ●アフマダーバード旧市街の住居類型：作図　根上英志

　31 件の内訳は，A が 5 件，B が 10 件，C が 1 件，D が 6 件，E が 9 件である．それぞれのタイプの面積，間口，奥行きの平均は，表 4-3 のようである．ヒアリングによれば，築年数は最低でも 50 年以上で，歴史的に高密度な居住環境が形成されてきたことがわかる．

　1 戸当たりの居住者の平均は 5.7 人で，2 世帯の親族で住む場合も多い．また，血縁関係のない世帯同士が共同で住む例もみられる．E タイプのような大型の住居では，9 件のうち 5 件で複数世帯が居住しており，その場合，オトゥロ―カドゥキ―チョウクを共有空間とし，それより奥のオルドや上階をそれぞれの世帯の専有空間として使用している．

## 4-3 住居類型の分布と集住形態

　調査地区のうち，マンコディ・ポル，ウブホ・カンチョー，ムーラート・ポル，ガンチ・ニ・ポルについて，住居類型ごとの分布状況を示すと図 4-25 のように

4
都市住居の構成

| Bタイプの典型例 | Dタイプの典型例 |
| --- | --- |
| （調査住居 no.17，18） | （調査住居 no.10） |

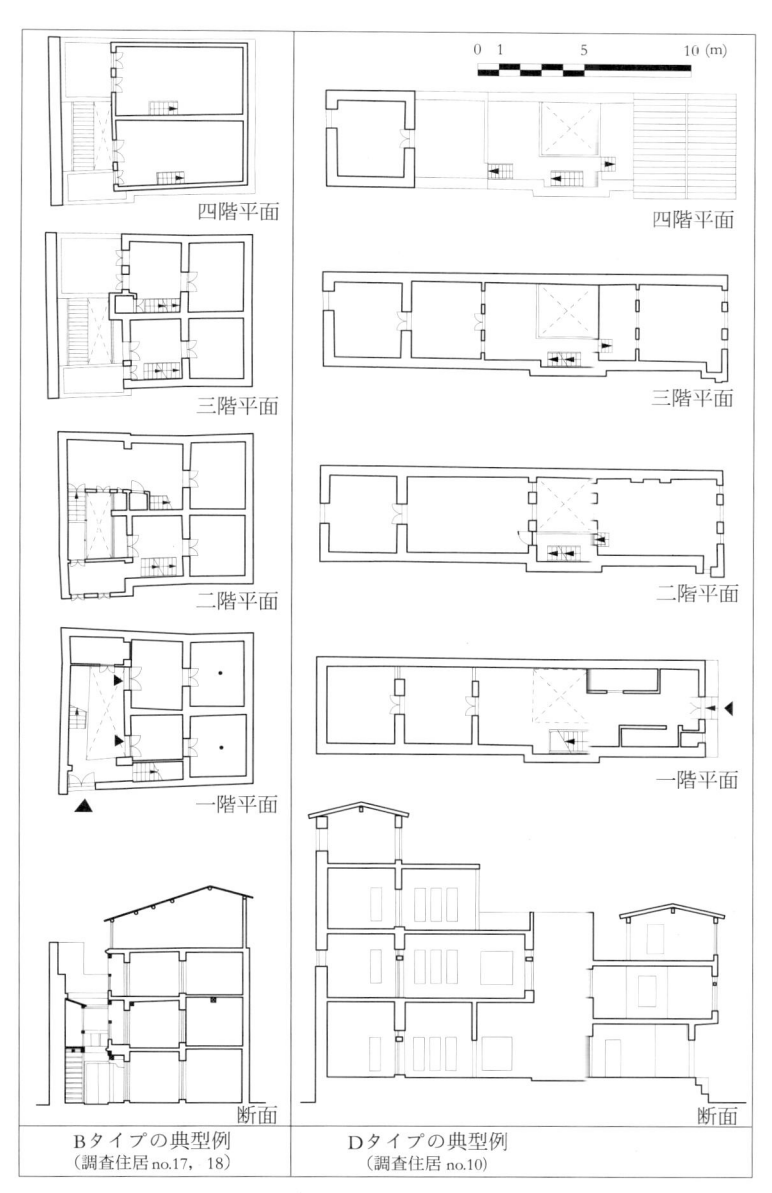

図 4-24 ● B タイプおよび D タイプの典型例：作図　根上英志

# 第 IV 章

アフマダーバード

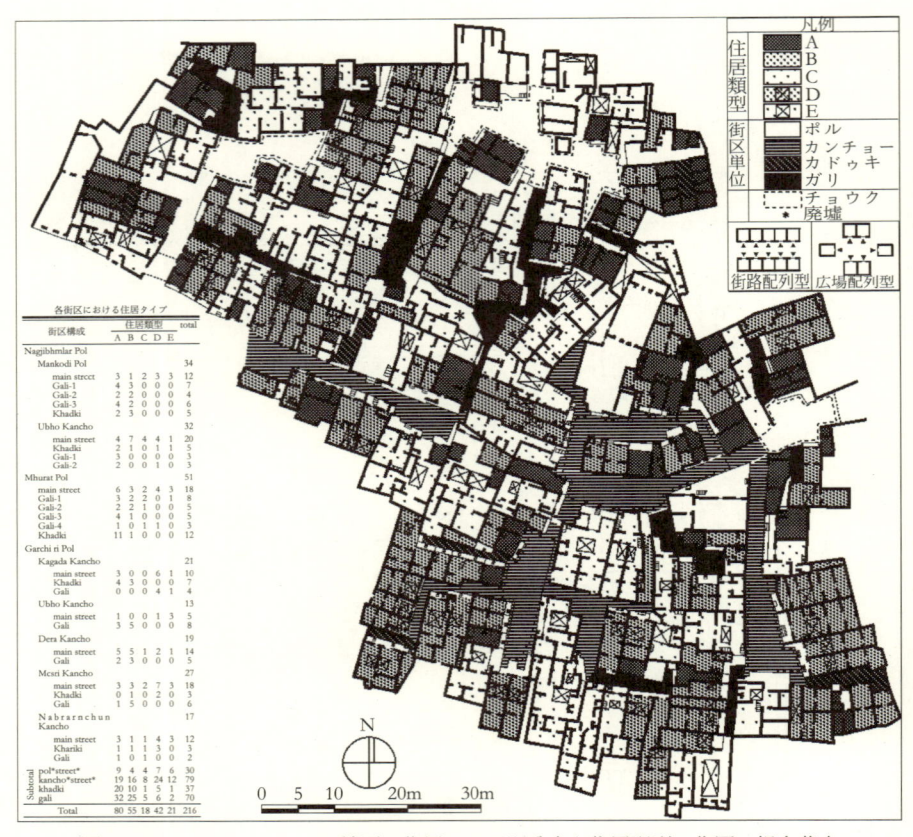

図 4-25 ●マネク・チョウク地区の住居タイプ別分布と住居配列：作図　根上英志

なる[282]．住居数 216 件のうち，A が 80 件，B が 55 件，C が 18 件，D が 42 件，E が 21 件である．A, B タイプの小規模な住居が過半数以上ある．

　ポルおよびカンチョーには，五つの住居類型がほぼまんべんなく分布しており，カドゥキおよびガリには A, B が集中している．C, D, E のタイプが立地することは極めて少ない．A, B の小規模な住居が集合して，カドゥキやガリなど最小の街区単位を構成していることがわかる．すなわち，カドゥキ（街区）―

---

282) アフマダーバードの環境計画工科大学による近年のマネク・チョウク地区実測図面（Vivek Nanda, 1990）を基に 1 階平面のみのチェックを行なった．

表4-3 ●住居タイプ別規模：作成　根上英志

| 住居タイプ | A | B | C | D | E |
|---|---|---|---|---|---|
| 平均面積（㎡） | 21.11 | 35.31 | 49.20 | 53.02 | 105.80 |
| 平均間口幅（m） | 3.04 | 3.78 | 3.68 | 3.69 | 5.360 |
| 平均奥行き（m） | 7.14 | 8.22 | 9.75 | 11.50 | 14.10 |

オトゥロ―パルサル―オルドという，袋小路を囲む構成が一つの街区単位となっている．このような構成をカドゥキ型構成と呼ぶことにする．

ポルやカンチョーの中には，チョウク（広場）を含む場合があり，その有無に着目すると，街区構成と住居配列の関係は，大きくは広場型配列，街路型配列の2種類に分けられる（図4-25）．広場型配列は，住居および宗教施設がチョウクを中心にして配される．チョウクを祭礼空間として利用することもある．

## 4-4 | 農村住居と都市住居の構成

プラマーによると，以上のような都市型住居および街区の構成は，グジャラート地方の農村部の伝統的住居形式から発展したという（Pramar (1989)）[283]．彼の説を援用しながら，住居の集合形態という視点から，農村住居と都市住居の関係について考察したい．

北グジャラートの集落では，隣家と境界壁を共有する住居群が向かい合わせに建ち，その間に，カドゥキと呼ばれる，門を備えた広場を持つ構成が基本型である．プライバシーと安全の確保のために，広場の後方に壁，前方に門が設けられる．このような住居の集合形態をプラマーはカドゥキ型と呼ぶ（図4-26）．前述

---

283）プラマーによれば，グジャラートには，北グジャラート地方，サウラシュトラ地方，南グジャラート地方の居住パターンと，ムスリムの居住パターンの4タイプがある．北グジャラートの農村部における伝統的住居の発展過程は以下のようである．原型としての一室空間に，燃料などを保管するためのロフト（マラ mala）が設けられる．それにより，空間が後方の2層の部分と，中央の吹き抜けの部分とに分割される．その分割線に壁が設けられ，後方部分は閉じられた部屋オルドとなる．中央部分のホールはパルサルと呼ばれ，その前方にオトゥロが配される．煙を排気するため，炉はオルドの後方に設けられる．この空間の3分割オトゥロ―パルサル―オルドは，北グジャラートの伝統的な住居形式である．その後ロフトがパルサルとオトゥロの上まで延長され2階ができる．2階の平面構成はヴェランダがないことをのぞけば，1階とほぼ同じである．また，カドゥキの居住者は同じカーストに所属しているだけでなく，血縁関係もあるとされる（Pramar (1989)）．

第 IV 章
アフマダーバード

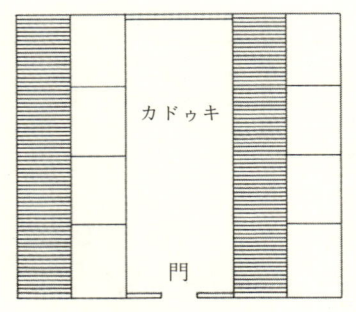

図 4-26 ●農村集落のカドゥキ型構成：出典　Pramar（1989）

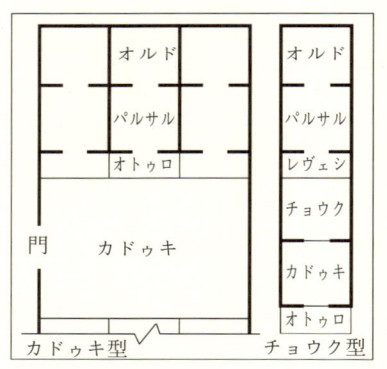

図 4-27 ●カドゥキ型とチョウク型の基本構成：作図　根上英志

のように街区構成についてもカドゥキ型を区別したのは，基本的に農村集落と同じ構成をとるからである．農村におけるカドゥキ型構成が，そのまま都市に持ち込まれたと考えられるのである．
　カドゥキ型住居とは異なるチョウク型の構成では，農村部における伝統的住居の基本型オトゥロ—パルサル—オルドに加え，中庭（チョウク）を挟んで玄関（カドゥキ）とヴェランダ（オトゥロ）からなるユニットが設けられ，六つの部分（オトゥロ—カドゥキ—チョウク—レヴェシ—パルサル—オルド）から住居平面が構成される（図 4-27）．これが都市住居の基本型（住居類型 D）である．グジャラートの農村部ではチョウク型（中庭式）は必ずしも伝統的でなく，都市的集住におけ

る必要性から生じたと考えられる．チョウク型住居類型 D は農村住居のカドゥキ（門と広場）―オトゥロという構成を住居内に取り込み，私有化したものと考えられる．この都市住居の基本型から，中庭式ハヴェリが発展したと考えられる[284]．

都市ではチョウク型住居のみで街区が構成されているわけではない．調査対象のマネク・チョウク地区には，カドゥキ型住居もみられる これらの類型が混在して集合することで，広場型配列と街路型配列といった都市住居の集合形態のバリエーションを構成していると考えられる．

---

[284] まず，オルドが二つあるいはそれ以上に増え，それに伴いパルサル，チョウクが広がり，住居全体が巨大化する．台所，貯水槽に加え，プージャー（祈り）のための部屋が出現する．カドゥキも二つの部分に分かれる場合もあり，一方は接客ロビー，一方に倉庫として利用される．こうして大規模になった都市住居がハヴェリである．

# 5
# ムガル都市・アフマダーバード

## 5-1 | 街区構成の特質

　調査対象としたマネク・チョウク，カディア，カマサの三地区の街区構成の違いは次のようである．すなわち，街区の閉鎖性が最も高く，階層構成がはっきりしているのがマネク・チョウクで，基本的にポル＞カンチョー＞カドゥキ・ガリという3段階の構造をとる．カディアでは，ポル＞カンチョー・カドゥキ・ガリという2段階の構成となる．外に対してより開かれた構成をとっていることは門の数が少なくなっていることが示している．カマサになると，モハッラの下位単位はほとんどない．

　アフマダーバードのジャイナ教徒地区，ヒンドゥー地区，ムスリム地区を見る限り，その街区構成の違いは明快である．ジャイナ教の勢力が強いパタンを見ると，基本的にはマネク・チョウクの構成と同じである．ヒンドゥー街区の場合，ジャイプルを見ても，3段階の構成はとらない．3段階以上の入れ子状の構成はジャイナ教徒の街区の特性と考えられる．ムスリム街区は，地域によっては重層的な構成をとるが，一般的には街区は並列的である．

　アフマダーバード旧市街の街区構成の特質をまとめると以下のようになる．

①アフマダーバードには，ジャイナ教徒，ヒンドゥー教徒，ムスリムが建設当初から混住してきたが，それぞれに居住地を住み分け，地区ごとに特徴ある街区形成が行なわれてきた．

②現在もその住み分けは比較的はっきりしており，旧市街中央にジャイナ教徒

地区もしくはヒンドゥー・ジャイナ混住地区，東部地区にヒンドゥー地区，西南部にムスリム地区が集中している．
③街区は，モハッラ，ポル，カンチョー，カドゥキ，ガリ，ワドなど様々な名称で呼ばれ，重層的な都市形成の歴史を示している．
④基本的な街区単位となるのはポルおよびモハッラである．いずれも固有名を持つ．モハッラは，ムスリム地区で用いられる．ポルの下位単位はカンチョーである．カンチョーも固有名を持つ．カンチョーの下位単位がカドゥキとガリである．カドゥキとガリは必ずしも固有名を持たない．調査地区における，それぞれの住戸数，街路幅は本文に示す通りである．
⑤ジャイナ教徒地区は，ポル＞カンチョー＞カドゥキ・ガリ，ヒンドゥー地区は，ポル＞カンチョー・カドゥキ・ガリ，ムスリム地区はモハッラ（＞ガリ）という構成が一般的である．

## 5-2 都市住居の空間構成と集住形態

マネク・チョウク地区の調査に基づき，都市住居の空間構成，街路体系と集住形態との関係，都市住居と農村住居の関係について明らかになった点は以下のようになる．

①マネク・チョウク地区は，街区周囲は商業空間，街区内部は居住空間という明快な構成をとっている．各ポルには，基本的に一つのデラサル（ジャイナ教寺院）が建てられる．
②住居は，オトゥロ―パルサル―オルドという中庭を持たない形式と，オトゥロ―カドゥキ―チョウク―レヴェシ―パルサル―オルドといった中庭を持つ形式に大きく分類でき，さらに基本的空間要素の違いによって，五つの基本的タイプに類型化できる．
③チョウクを持たないものは，北グジャラート地方の農村の伝統的住居が原型となっている．農村部のカドゥキ（門のある広場）を囲む集合形式が基になって，都市の最小街区単位カドゥキ，ガリが構成される．カドゥキ型の集住形式は伝統的なものと考えられる．

④チョウク型（中庭式）住居は，都市的集住の必要性から発展したものと考えられ，伝統的住居の基本型にチョウクを挟んでカドゥキとオトゥロを付加した形式をとる．チョウク型住居は，農村部におけるカドゥキ―オトゥロという構成を住居内に取り込み，私有化することで，住居が1戸ずつ独立したものであると考えられる．

⑤街路との関係で見た都市住居の配列には，広場型配列と街路型配列の2種類がある．

# 結 章

1　「オアシス都市」と楽園

2　歴史の中の「ムガル都市」

3　「カールムカ」と幾何学

4　「ムガル都市」の計画原理

5　街路体系と街区組織

6　ハヴェリ

結　語
ディテールから：しなやかな「イスラーム都市」の原理

## 結章

　本書は，デリー，ラーホール，アフマダーバードという三つの都市について，それぞれ都市形成を論じたうえで，選定した街区の空間構成とその変容の様相を明らかにすることを具体的な内容としている．いずれも，都市組織，街区構成，都市型住居といったレヴェルのミクロな視点からのアプローチであるが，少なくとも，現況を明らかにし，当初の形態を復元し，その変容過程を明らかにすることは果たしえたのではないかと思う．

　中央ユーラシア世界の都市の興亡を見ると，跡形もなく砂に埋もれてしまったというケースが少なくない．また，同じ場所に幾層も都市が積み重なっているケースが少なくない．しかし，本書で扱った三都市については，一定の連続性は想定できる．地形（じがた）——敷地の形状——は，戦災や余程の洪水や地震などの自然災害を受けなければそう大きく変わるものではない．また，建物は建て替わるけれど，その型は想像以上に持続性を持っている．土地建物を巡る権利関係と地形，建物類型は密接に結びついているのである．多くの文献に寄らなくても，都市形成とその変容の過程を明らかにすることができる．建築類型学（ティポロジア）の手法である．

　序章で述べたように，「インド都市論」として，ヒンドゥー都市の理念型として捉えることの出来る都市の系譜（「曼荼羅都市」）とは異なった都市の系譜を明らかにするというのが本書の第1の目的であった．チェンナイ，コルカタ，ムンバイといったヨーロッパによって「植えつけられた都市」を別にすると，「インド・イスラーム都市」の系譜が浮かび上がる．その代表がこの「三都」であり，アーグラー，ファテープル・シークリーなど，ムガル朝で大きな役割を担った都市で

ある．

　ムガル朝の都市を対象とすることにおいて，「イスラーム都市」との比較が当然テーマとなる．その視点，位置づけについては，序章で議論した通りである．本書の「イスラーム都市」論としての出発点にあるのはB.S.ハキームの言う「アラブ・イスラーム都市」の空間原理である．

　ハキームは，イスラーム史の最初の3世紀の間に，「イスラーム都市」の原型，基本原理ができあがったと考える．イスラーム世界の急速な拡大に伴い，精力的に展開された建築・都市建設活動は様々な問題・軋轢を各地で引き起こしたが，種々の問題を規制し，裁定するためにガイドラインと法的枠組みが必要となるのは当然であった．そして，イスラームによって作り出された統一的な法的ガイドラインおよび同一性を持つ社会・文化的な枠組みは，イスラーム世界の多くの地域に共通する気候と建築技術と合わさって，都市建築過程に対する非常に類似したアプローチを生み出したのである．そのアプローチの基本的構えは「伝統的なアラブ・イスラーム都市を形成する主要要素の概念モデル」（第Ⅰ章2-2）に示されている．

　本書で仮に「インド・イスラーム都市」あるいは意図的に「ムガル都市」と名づけた都市群と，「アラブ・イスラーム都市」を結びつけるために，より大きな見取り図が必要となる．そこで，本書が視座を置いたのがマー・ワラー・アンナフルである．

　イスラームの中央ユーラシア世界への拡大の鍵を握ったのがマー・ワラー・アンナフルであり，テュルク系イスラーム王朝がインドへ侵入してきたのもこの地を通じてだからである．そもそも黒海からカスピ海にかけての地域を原郷とし，中央アジアで遊牧生活を行なっていたインド・アーリヤ民族が南下するのはマー・ワラー・アンナフルを通じてである．そして，ティムール朝が本拠を置いたのがマー・ワラー・アンナフルであり，ここを追われる形で，バーブルが，言ってみれば「第2ティムール朝」として建てたのがムガル朝である．インドの歴史を考える上で，この地域は実に重要である．また，中央ユーラシアの歴史の鍵を握るのがこのマー・ワラー・アンナフルである．

　中央ユーラシア世界は，大きく分けると，遊牧と農耕という二つの生活生業体系を基本とする草原（ステップ）とオアシスという二つの世界からなる．農耕と

遊牧という二つの生活生業体系が交錯する「農業＝遊牧境界地帯」を点々と繋いで成立したのが「オアシス都市」である．この点，詳細な比較は必要であるが，「アラブ・イスラーム都市」論が適用できるであろう．イスラームは，メッカ，メディナという「オアシス都市」に生まれたのである．そして「オアシス都市」を点々と繋いでイスラーム世界は広がっていくのである．中央ユーラシアにおいても同様である．

　チグリス・ユーフラテス両川やインダス河，黄河といった大河川の流域に成立した「オアシス都市」の連合が大都市文明を開化させた後，都市的世界は一旦後退する．しかし，「オアシス都市」のネットワーク世界は，その後も維持し続けられた．ムガル朝の始祖となるバーブルが知っていたのは，サマルカンドのような「オアシス都市」である．本書では，「インド・イスラーム都市」＝「ムガル都市」の成立を，「オアシス都市」から大河川流域の農耕定着型の生産基盤を背景とする都市への転換過程と捉えた．また，遊牧国家の移動するオルド（宮廷）が定着していく過程として捉えた．さらに，内陸の交易ネットワークから海のネットワークへの転換過程として捉えた．バーブルがマー・ワラー・アンナフルを追われて，カーブルを拠点としている頃，インドの東海岸にはポルトガル人たちが現われ活動を開始していたのである．

　以上のように整理した上で本書の議論を振り返ってみたい．

# 1
## 「オアシス都市」と楽園

　本書では，まず，乾燥沙漠地帯の「オアシス都市」を「イスラーム都市」の原型と見立てた．

　イスラームと乾燥沙漠気候とは，もちろん，環境決定論的に結び付くものではない．湿潤熱帯にあるインドネシアが，今日世界最大のムスリム人口を誇ることを想起するまでもなく，それは自明である．地域の環境生態学的条件を越えるのが世界宗教である．しかし，具体的な都市の形態は，地域の生態学的条件に強く拘束される．イスラームが成立したのは，メッカ，メディナというアラビア半島のヒジャーズ地域の「オアシス都市」であった．

　最古の都市文明を育んだのは，ナイル河，チグリス・ユーフラテス河流域，インダス河，黄河という大河川の流域である．いずれも，灌漑によって文明の基礎が築かれている．イスラームが誕生してまもなくイスラーム世界の中心に位置することになるメソポタミア（両河の間）は，北部のほとんどが平原，南部が大沖積平野である[285]．そして，メソポタミアの大部分は，すこぶる高温であり，しかも降雨量は少ない．天水麦作農業には少なくとも200mmの年降水量が必要で，バグダード周辺で年降水量は150mmである．それ故，メソポタミアの低地地方では早くから人工灌漑による農業が行なわれてきた[286]．高度な都市文明を支えたのは，灌漑による飛躍的な生産力の増大である．

---

285）メソポタミアは，狭義にはバグダード以北の両河地域（アッシリア）を指し，以南のバビロニアと区別されていた．アラブは狭義のメソポタミアをジャジーラ a‑Jazīra と呼んだ．後世，メソポタミアはザグロス山脈以西，アラビア台地以東，トロス（タウルス）山脈よりペルシア湾岸に至るまでの両河流域を指すようになる．トルコの両河源流地方はメソポタミアには含まれない．

結章

　大文明を産んだ大規模灌漑による農耕システムと「オアシス都市」と遊牧民のネットワーク・システムは、システムの規模と質を異にしている。大文明を繋いだのが「オアシス都市」と遊牧民のネットワークである。

　「オアシス都市」は、それ自体で自立するわけではない。遊牧と農業、定住と移動（交易）の相互関係において、「オアシス都市」は成立する。そうした意味では、「オアシス都市」は、都市成立の原初に遡る一形態であるといってもいい。イスラームの成立は、定住と移動、都市と農村の根元的関わりの原点に関わっている。

　「オアシス都市」は、第Ⅰ章で述べたように、その立地と水の存在形状から、A 泉、湧水によるオアシス、B 山間河谷および山麓扇状地のオアシス、C 井戸や掘抜井戸、あるいはカナートなどによる人工オアシス、D 外来河川沿いのオアシス、に分けられる。A、B については、立地は自然生態学的条件によって限定される。また、規模も利用可能な水源によって自ずと限定される。自然生態学的条件を克服して人為的に集落や都市を作り出すという意味で注目すべきは、C のカナートなど人工灌漑による「オアシス都市」である。カナート灌漑の歴史は古く、その広がりもユーラシア全体からマグリブまでに及ぶ。

　イスラーム世界の拡大は、この「オアシス都市」のネットワークを基礎にしている。具体的にイスラーム拡大の拠点として建設されたのは、軍営都市ミスルである。ミスルは、まったく処女地に建設された場合もあるが、既存の集落や都市、ギリシア・ローマの植民都市コロニアを基礎とした場合が少なくない。共通するのは、交易の拠点であることである。という意味では、海のネットワークももちろん重要である。インドへイスラームが伝わるのは、アラビア海沿岸を繋ぐ交易ネットワークによる方が遙かに早い。中国へイスラームが伝わったのは、いわゆるシルクロードを通じたもののみではない。広州の懐聖寺、泉州の清浄寺などは宋・元時代の創建である。この海の交易ネットワークを通じて形成されたイスラーム世界の都市については、別の系列を考える必要がある。

　「オアシス都市」を「イスラーム都市」の原型と見立てたのは、もちろん、「ム

---

286) チグリス、ユーフラテス両河の水位が、穀類の播種を行なう秋に最も低く、春の収穫期に高くなることから、両河および諸支流からの通年式灌漑システムが開発された。同様に乾燥地域にあり灌漑農業を発達させたエジプトの場合は主要作物である麦類の休閑期に増水することから、水路によって堤防で囲った耕地に増水を導き、約1か月間冠水したままの状態に保つというエジプト独特の貯溜式灌漑が案出された。

ガル都市」を念頭においてのことである．海のネットワークによってイスラーム が伝わった東南アジアのような湿潤熱帯の都市については，「オアシス都市」が 原型と言えないことは明らかであろう．

「オアシス都市」を「ムガル都市」の原型とするのは，オアシスのミニアチュア としての庭園が極めて大きな意味を持っているからである．

イスラーム世界の核心域となる西アジア，マグリブ地域のほとんどは乾燥地帯 に位置し，オアシス集落や都市を取り巻くのは砂漠か荒野である．この苛酷な自 然を克服することによって生まれたのが「オアシス都市」であり，その中でも重 視されるのが庭園である．イスラーム世界ではペルシア語に由来するブスター ン bustān（「かぐわしい所」の意）が庭園を指す用語として広く使われてきたが，こ の語は同時に菜園，果樹園を指す．また，楽園をも意味するバーグも広く用い られる．他に，ジャンナ janna，フィルダウス firdaus，ラウダ raufa，ハディーカ hadīqa など，庭園を指す言葉は少なくない．イスラーム世界において，庭園は「地 上の楽園」にも見立てられるのである．英語のパラダイス paradise という言葉の 語源は，パラディース Paradies（ドイツ語），パラディ paradis（フランス語），パラディ ゾ paradiso（イタリア語）などヨーロッパ諸言語もまったく同様であるが，古代ペ ルシア語パイリダエーザ pairidaēza である．パイリ pairi（周囲）をダエーザ daēza （囲われた）という意味で，もともとは，王侯貴族が特に獲物の多い土地を狩猟の ために，また鳥獣の飼育のために囲い込んだ猟園を意味した．イスラーム文化の 基盤にはサーサーン朝ペルシア文化の伝統があるが，この庭園の伝統もサーサー ン朝ペルシアに遡る．そしてまた，このパラダイスという概念は，旧約聖書にい う「エデンの園」に繋がる，ユダヤ教やキリスト教における楽園概念の長い伝統 とも関係している．

クルアーン（コーラン）（47，55，76章など）によると，楽園には涼やかな木蔭と よどみなく流れる川や泉があり，さらに蜜と乳と美酒の川が流れ，あらゆる種類 の果物が実り，そして美しい乙女たちが住む天幕が張られている．

イスラームの庭園で最も重要な要素は，以上のように水であり，樹木であり， 果物[287]であり，パビリオン（四阿，天幕）である．イスラーム世界における庭園 の歴史は，各地にのこる考古学的資料や文献によって8世紀前半にまで遡ること ができる．おもな庭園址としては，サーマッラーのカリフの宮殿，邸宅ジャウサ

## 結章

ク・アルハーカーニーの庭園址，コルドバ近郊の夏の宮殿メディーナ・アサハーラの庭園址，セヴィージャ（セヴィーリャ）のアルカサルのカスル・アルムバーラクの庭園址，グラナダのアルハンブラ宮殿のミルテのパティオ，夏の離宮ヘネラリーフェの庭園などがおもな例である．一方，アケメネス朝以来の造園芸術の伝統があるイランでは，イスファハーンのチェヘル・ソトゥーン宮殿の庭園，アシュラフのチェヘル・ストゥーン，テヘランのゴレスターン宮殿の庭園，シーラーズのバーグ・エ・タフト，バーグ・エ・エラーム，カーシャーンのバーグ・エ・フィンなどを挙げることができる．

「ムガル都市」には，この庭園＝楽園の伝統がはっきりと引き継がれている．ラール・キラの庭園のみならず，フマーユーン廟，ラーホールのシャーヒー・キラーの庭園，シャリマール・バーグ，ジャハーンギール廟，アーグラーのタージ・マハルなど，「ムガル都市」に庭園は欠かせない．庭園は，基本的にペルシア由来のチャハル・バーグである．

シャージャーハーナーバード／オールド・デリーは，インド・イスラーム世界の「地上の楽園（パラダイス）」として建設された．詰まるところ，「ムガル都市」の完成形態は，シャージャーハーナーバードを骨格とするオールド・デリーである．

---

287）庭園と言っても果樹園に類するものが多く，オレンジ，ザクロ，イチジクをはじめ，ピスタシオ，クルミ，アーモンドなどの堅果類も好まれた．地域によって乾燥に強いタマリスク，サンザシなどが選ばれる他，マツ，スギ，ナツメヤシ，プラタナス，ポプラ，ヤナギ，クワ，テンニンカなどの常緑樹，落葉樹が植えられた．草花はジャスミン，バラ，ケシ，イチハツ，ラベンダーなど多種多様である．

# 2
## 歴史の中の「ムガル都市」

　本書では,「インド・イスラーム都市」＝「ムガル都市」の成立を,遊牧国家の移動するオルド（宮廷）の大河川（インダス河,ガンジス河）支流域への定着,「オアシス都市」から農耕定着型の生産基盤を背景とする都市への転換と捉えた．また,その過程は,内陸の交易ネットワークから海のネットワークへの転換でもあった．遊牧社会から農耕定住社会への移行を体現しているのがバーブルで,アクバルの時代にムガル都市の基礎はできあがる．そして,シャージャーハーナーバードにその完成を見る．

　ユーラシアを大きく移動し,雄大な世界を構築してきたテュルク・モンゴル系の遊牧民たちがインドに定着して築いたのがデリーである．それはちょうど,東方において,およそ1世紀半先立って,大元ウルスが大都を建設したのと並行する過程と見ることができるだろう．すなわち,遊牧国家から農耕定住社会への転換であり,海のネットワーク世界が優位となる展開でもある．遊牧民の世界は歴史の表舞台から後退し,世界を制し始めたのはヨーロッパ諸国であった．

　デリーは,シャージャーハーナーバード以降,ムガル朝の首都であり続ける．シャージャーハーナーバードは,シャー・アッバースの建設したイスファハーンの新都を参照したとされるが,16世紀―18世紀にかけてのイスラーム世界を代表する,イスファハーン,イスタンブルに並ぶ都市となった．この三都の比較も大きなテーマとなる．

　そして,インド帝国の首都ニューデリーが建設されるのもデリーの地である．ニューデリーは,英国植民都市の完成形であり,独立新生インドへの最大の贈り物になった．デリーの地,「デリー三角地」と呼ばれる．ヤムナー河とアラヴェ

373

## 結章

　リ山地の北端に位置するデリー丘陵で囲われたその地は，インドにイスラームが侵入して建てられた奴隷王朝とそれに続く最初期の諸王朝，デリー・サルタナットと呼ばれるデリー諸王朝が拠点としたのも，デリーの地である．そうした意味でも，「インド・イスラーム都市」と言えば，デリーの地ということになる．本書がデリーを調査研究の大きな対象としたのは必然である．

　ムガル朝の初代皇帝となるバーブルは，マー・ワラー・アンナフルでの活動の場を完全に断たれると，カーブルを本拠として，デリー，アーグラーを占領，インド支配の基礎を築くが，インド世界にはなじめず，新都市を拠点として築くことはない．1530年にアーグラーで病没したが，その墓廟は，遺言に従ってカーブルにある．

　第2代フマーユーンが，デリーの地に新都ディン・パナー（プラーナ・キラ）を建設するが，ベンガルのチャウサで大敗し，シェール・シャー・スーリーに支配権を奪われている．フマーユーンはデリーを追われ，シンド，マールワール地方を点々とし，ムガル朝は一時中絶した．その後，サファヴィー朝のタフマースブ1世の援助を受け，45年カーブルを占領．さらにスール朝の勢力を破って，55年デリーに戻ったが，56年に没し，その子アクバルが帝位を継いだ．

　アクバルは，バーブル，フマーユーン以来の，マー・ワラー・アンナフル出身の部族の伝統を継ぐ軍事体制を改革して，ラージプート軍団を主力にとり入れた強力な軍事・官僚体制（マンサブダーリー制）を作りあげ，ムガル王国の基礎を築き，新都ファテープル・シークリーをアーグラー近郊に建設するが，短期の居城に終わっている．アクバルは，基本的にアーグラーを拠点とし，墓廟はアーグラー近郊シカンドラにある．ジャハーンギールは，どちらかと言えば，ラーホールを居城とし，その墓廟も，シャー・ジャハーンの妻となるムムターズ・マハルの父アシフ・ハーンやジャハーンギールの妻ヌール・ジャハーンと同じラーホールの地にある．そして，ラーホール，アーグラーを拠点としながら，デリーの地にその名を冠した新都を建設したのがシャー・ジャハーンである．ラーホール―アーグラー―デリーがムガル都市の中核である．

# 3
## 「カールムカ」と幾何学

　アーグラー，ラーホール，オールド・デリー，そしてアフマダーバードの全体形状はよく似ている．いずれも，弓形あるいは半円形をしている．本書では，これをインド古来のヴァーストゥ・シャーストラ（『マーナサーラ』）のいう「カールムカ」の形態と見た．しかし，この点については留保が必要である．河川沿いに集落や都市が形成される場合，弓形あるいは半円形の形状をとることはごく自然だからである．

　しかし，自然であるが故にそれが一つのモデルとなる，と考えるのも自然である．実際，多くのヴァーストゥ・シャーストラが一つのモデルとして挙げているのである．アフマダーバードそしてパタンのように理念型に近いと思われるものもある．理念型と考えられるものが少ないのは，冒頭（序章1節）で触れたように，他のモデルと同様，理念は理念であって，実際建設するとなると，立地する土地の形状や地形など様々な条件のためにそのまま実現されるとは限らない，また，理念通りに実現したとしても，時代を経るに従って，すなわち，人々に生きられることによってその形状も様々に変化していく，と考えることができる．河川に近接することにおいて，その流路がその形状に影響を与えるのは当然である．

　イスラームが何故ヒンドゥーの都市モデルである「カールムカ」を採用するのか．これについては，決して奇異なことではなく，むしろ，土着の伝統に柔軟に対応するイスラームの特性であると考える．

　アーグラー，ラーホール，オールド・デリーの中核に置かれる宮廷はいずれも明快な幾何学的秩序に基づいて，すなわち，グリッド・パターン（直行座標軸）に基づいて設計されている．シャージャーハーナーバードの設計に当たって，チャ

ンドニー・チョウクとファイズ・バーザールという東西南北の軸線が第1に考慮されていることは第Ⅱ章で見た通りである．「イスラーム都市」は一般に迷路状の街路網を特徴とすると考えられているが，幾何学的秩序もイスラームとは無縁ではない．この点でもイスラームは融通無碍である．

　「カールムカ」を考える上で想起しておくべきはバグダードである．水量によって限界づけられることによって，一般に「オアシス都市」は小規模であるが，外来河川，すなわち地域を越えて流れる大河川に繋がる「オアシス都市」の場合，歴史，文化，社会，経済の生態学的複合条件によって，巨大化しうる．アッバース朝の首都としてイスラーム世界を支配した，チグリス河の西岸に位置するバグダードがその例である．人口100万人を数えたというこの巨大な都市は，通常「イスラーム都市」として理念化されてきた都市のイメージとはまったく異なる，明確な幾何学に基づく都市である．バグダードは，ホラーサーン地方の円形集落，円城都市の伝統を引き継ぐともされる．しかし，この整然とした幾何学に基づく計画性も「イスラーム都市」の特性と見た方がいい．バーブルは，ヒンドゥスターンに幾何学的秩序がないことを嘆いている．ラール・キラのみならずアクバルのファテープル・シークリーやアッバースのイスファハーンの幾何学はその末裔である．「ムガル都市」もその伝統を引き継いでいるのである．

　イスラームが精緻な幾何学を設計原理とすることは，そのモスクや宮廷，墓廟などの建築，そして庭園をみれば明らかである．イスラームの庭園がきわめて人工的（幾何学的）な構成をとるのは，一つには範とすべき美しい自然が現実には存在しないからである[288]．また，パラダイスの原義に遡って，囲うことは，そもそも人工的である．一般に庭園の周囲には高い塀が巡らされる．それは，吹きつける砂塵や草木を食い荒らす家畜の侵入を防ぎ，街の喧騒を遮断する機能をもっている．

　イスラーム建築は，ドーム，イーワーン，そしてペンデンティブ，スキンチ・アーチなど基本的な建築言語の精緻化をめざして展開してきた．このイスラームの幾何学とインド古来とされる「カールムカ」の伝統が結びついたのが「ムガル都市」である．コスモロジカルな秩序を重視するインド的世界観に基づく「曼荼

---

[288] いわゆる借景という発想が生まれる素地はなく，まして水や緑を欠く枯山水などはイスラームの庭園の範疇には入らない．

羅都市」と異なり、「ムガル都市」の場合、都市全体について幾何学的秩序が維持されることはない．精緻な幾何学が展開されるのは、宮殿、モスク、庭園の周辺のみである．むしろ、幾何学性と非幾何学性（迷路と袋小路）の併存が「ムガル都市」の特性である．

# 4
## 「ムガル都市」の計画原理

　「イスラームは，基本的に都市全体の具体的な形態については関心を持たない」というテーゼ（序章5節のK）は，「アラブ・イスラーム都市」と「ムガル都市」を比較することにおいて確認できる．ちょうど，モスクの形態が土着の建築形態を借用するように，都市についても土着の伝統を借用するのがイスラームである．
　一方，都市の全体構成について，ハキームが「アラブ・イスラーム都市」の典型とするチュニスと同様の手法を確認することができる．
　「ムガル都市」，すなわち河川沿いに立地した首都あるいは大都市の場合，以上に述べたように，極めて自然な形態として「カールムカ」の形態が共通に採用されている．その建設過程，形成過程は，既存の都市をベースとし，改変することで建設されたシャージャーハーナーバードがわかりやすい．
　シャージャーハーナーバードの場合，まず，ラール・キラが極めて整然と幾何学的に，東西南北を座標軸として設計されている．そして，東西大通りのチャンドニー・チョウクと南北大通りのファイズ・バーザールが軸線として設定されている．また，ジャーミー・マスジッドが建設されるが，自然の丘を利用する過程で軸線がややずれる．ファイズ・バーザールはその軸線に合わされて，同様に南北軸からやや西にずれる．以上が明確に計画された部分である．そして続いて，あるいは同時に，カシュミール門，カーブル門，アジュメール門，……など各方面への方向ごとに放射状に門の位置が定められ，各門を繋ぐ形に城壁が巡らされる．これは，単純に機械的に計画されるのではなく，それぞれ地形を読んで計画されている．
　以上のマスタープラン以外は，ディテールのルールに委ねられる．まず，中心

の宮殿，モスクから，各門に向かって，すなわち，各都市へ向かって，道が作られる．また，モスク，マドラサ，ハンマームなど街区を越える公共施設が配される．さらに，有力貴族や富裕な商人の居宅は，あらかじめ，優先的に割り当てられるのが一般的である．作られるというより形成されると言った方がいいだろう．通りや街路，住宅の配置は，相隣関係を決定するルール，すなわち，シャリーアや判例によって規定されるのである．

　チュニスの場合（第Ⅰ章2節），ローマ時代の都市基盤であるカルド（南北大通り）とデクマヌス（東西大通り）が残されており，それが都市建設の基準とされた．まず，ザイトゥーナ・モスクが建設されるが，キブラの方向が30度ずれているのはその影響である．このジャーミー・マスジッドの位置と方向が定められると，主な通りがそれぞれ城外へ向かう門へ向けて作られる．城門と望楼の位置が戦略的に決められ，それが主要な通りの方向を決めている．また，主要な通りに沿ってスークが形成された．さらに，西の高台に建設されたカスバ（城塞）と地形によって，内メディナ（市街地）の形が規定されている．

　まずジャーミー・マスジッドが中心に置かれ，高台に城塞（カスバ）が設けられている点は，カスバ，宮廷（ラール・キラ）の位置がまず決められ，高台にジャーミー・マスジッドが配されたシャージャーハーナーバードの場合と大きく異なっており，王権のあり方の違いを示すが，モスク，スークといった主要な施設を配置し，その後に住区が形成される手法は同じである．すなわち，イスラームには全体をあらかじめ細部まで決定するマスター・プランの伝統はないのである．

# 5
## 街路体系と街区組織

　イスラームが，都市のあり方について専ら関心を集中するのは，身近な居住地，街区のあり方である（序章 5 節の K, H）．オールド・デリー（第 II 章），ラーホール（第 III 章），アフマダーバード（第 III 章）について，その街路体系，街区構成をそれぞれ各章末にまとめたが，さらに振り返って確認しておきたい．

　「ムガル都市」において，人々の生活の場となる居住区あるいは街区は，様々な名称で呼ばれる．オールド・デリーでは，クーチャ，カトラ，ガリ，モハッラ，チャッタ，プラ，パタク，サライなど，ラーホールでは，グザル，モハッラ，クーチャなど，アフマダーバードでは，モハッラ，ポル，カンチョー，カドゥキ，ガリ，ワドなど，である．

　一般に，街路，通りを意味する言葉が街区，住区の名称として用いられることが多い．クーチャとはペルシア語で「路地」「小路」を意味する．ガリも同様に「狭い路地」を意味するが，ヒンディー語起源の言葉である．グザルも，ペルシア語起源のウルドゥー語で，もともと「通行」や「通り」を意味する．チャッタとは屋根付きの通りを意味し，シャージャーハーナーバードでは，特定の工芸に従事する職人の居住区がチャッタと呼ばれたという．

　もちろん，一定の領域を示す言葉もある．モハッラとはアラビア語起源の言葉で，都市における「地区」を意味し，イスラーム圏で広く用いられる．カトラとは，牛の囲い場に由来し，中庭状広場を囲むように住居，店舗が複合した居住区を意味する．ヒンディー語起源で，市場街あるいは単に市場という意味がある．プラとはサンスクリット語起源の言葉で「町」や「村」を意味し，シャージャーハーナーバード建設以前からの集落や，市街地がまだ建て詰まっていない時期に

形成された，集落的な地区を示すものであったと考えられる．ポルは，サンスクリットのプラトリを語源とし，閉じられた場所の入口や門，あるいは門そのものを意味する．パタクは，もともと「門」という意味があり，門扉で区切られた住区のことである．カドゥキは，グジャラート語で，前面に作られた部屋，あるいは門を意味する．

以下省略するが，こうした名称の起源，由来を明らかにすることによって，また，名称間の関係を明らかにすることによって，それぞれの都市の，そして，それぞれの街区の重層的な空間構成について，ある程度明らかにすることができる．

「三都」すなわち「ムガル都市」に共通するのは，いずれも街路を中心として街区組織が構成されていることである．街区名称に一般に通りの名が用いられていることがその特性を示している．そして，街路も狭小な街路，「路地」「小路」を挟んで構成される街区を基本とするのが特徴である．

様々な名称で呼ばれ，一見複雑に入り組んでいるように見える街路体系であるが，街路は，大きく三つないし四つのレヴェル，ランクに分けることができる．オールド・デリーの場合，チャンドニー・チョウクとファイズ・バーザールという2本のバーザールに代表される幹線街路，幹線街路から分岐し街区を通過する街路，街区を分ける路地，そして街区内部に至る袋小路の四つがある．ラーホールの場合，街区の単位としては，モハッラ，クーチャ，ガリ，カトラという種類，名称があるが，このうちクーチャ，ガリ，カトラは，バーザールから分岐する居住区内の路地に面した街区を構成する．モハッラは，クーチャやガリをいくつか含む．そして，街路には主要バーザール，2次的なバーザール，路地の三つのレヴェルがある．ラーホールの場合，路地網の密度がオールド・デリーより高く，袋小路は少ない．

一般に，「大路」「小路」「路地」あるいは「袋地」という三つあるいは四つのレヴェルからなる街路体系は珍しいというわけではない．インドネシアのカンポンでは，ジャラン jalan（大通り），ガン gang（小路），ブントゥ bentu（袋小路）の三つが一般的に区別される．チュニスの場合（第I章2節），すべての主要な市門と大モスクやスークのあるメディナの中心部を結びつける大通り（a級），街区（モハッラ）内の主要な道（b級），街区内の小路（c級），そして，私的な「袋小路」の四つのレヴェルの街路によって街区は構成されている．「袋小路」の存在は，イスラー

381

結章

　ムのプライバシーの概念に結び付けて説明されるが，必ずしも，街路の階層性はイスラームに特有とは言えない．その点で興味深いのがアフマダーバードで，各地区で街区構成が異なっていて，ムスリム地区は基本的にモハッラ（＞ガリ）からなるのに対して，ヒンドゥー地区は，ポル＞カンチョー・カドゥキ・ガリという下位単位を持つ2重の組織構成をとる．そして，ジャイナ教徒地区は，ポル＞カンチョー＞カドゥキ・ガリという3重の入れ子の組織構成をとる．街路体系と街区構成については，各都市について，また，各地区についても，多様でありうるのである．

　ただ，一般に「小路」「路地」「袋小路」といった狭小な街路を中心とした街区を単位とすることは，「三都」に共通している．そして街区ごとにモスク，水場，トイレといった公共施設が設けられるのも共通である．

　「三都」のみを事例として，「ムガル都市」の共通特性を断ずることはできないが，ハキームが理念化する「アラブ・イスラーム都市」と比較すると，およそ以下のような特性が指摘できる．

① バーザールに沿って線状に店舗が並ぶのはアラブ，そしてペルシアの特性であるが，「ムガル都市」の場合，さらに下位レヴェルの細街路に沿って，網目状にバーザールが形成される．また，屋根付きバーザールが一般的である西アジアに対して，「ムガル都市」のバーザールは屋根を持たない．シャージャーハーナーバードのラール・キラのバーザールはおそらく唯一の例外である．

② 街区は，モハッラ（ハーラ）を単位とするが，その名は各地の言語によって様々である．また，下位単位を2重，3重に持つ場合が少なくない．

③ 街区を構成する基本単位としての住居は，一般的にハヴェリと呼ばれる．地域によって木造のものもあり，当初は平屋か2層が一般的であったと考えられるが，地区によっては数層に及ぶ．高層のハヴェリがびっしりと高密度に細街路を埋め尽くすのが「ムガル都市」の特徴である．

④ 都市の構成要素としての諸施設は「インド・イスラーム」に特徴的な建築様式をとる．例えば，オールド・デリーのジャーミー・マスジッドは，三つのドームを並べる礼拝空間の前面に広大な広場を設けるインド型モスクの典型

である．アウラングゼーブがラーホールに建設したバードシャーヒー・モスクは，ミナレットを広場の四隅に置くなど，2本だけドームの両脇に建てるデリーのジャーミー・マスジッドとは異なるが，基本的な空間形式は同じである．ラーホール，シャージャーハーナーバードの両宮廷のモーティー・マスジッドも外部空間のスケールは小さいもののドームを三つ連ねる形式としての共通性を持つ．

# 6
## ハヴェリ

　街区を構成する基本単位としての住居は，上述のように，一般的にハヴェリと呼ばれる中庭式住居である．北西インドに一般的に見られる形式であるが，この中庭式住宅は，ムガル朝の形成期に成立したと考えられる．すなわち，「ムガル都市」を特徴づける住居形式がハヴェリである．
　ラーホールでは，ダランと呼ばれる広間が中庭を囲む中庭式住居や，ムグと呼ばれる採光通風用の吹き抜けを持ったホールを中央に配した中層の積層住居が住居形式の基本となっている．ハヴェリや中庭型の都市住居に見られる，ダラン（柱廊あるいは柱廊を持つホール），サハン（中庭），ハウズ（中庭に設けられた水槽）といった要素や，ヴェランダを有する広間が中庭に面し，階下に避暑用の地下室が設けられるといった構成は，イランの伝統的都市住居との共通性が指摘でき，ペルシアに由来する中庭式都市住居の伝統が採りいれられたことが考えられる．
　アフマダーバードでは，細長い敷地に中庭（チョウク）を備え，入口から奥に行くに従ってより私的性格の強い部屋を配置する，日本の町家にも似た構成を持つ住居や，カドゥキと呼ばれる広場を囲む集住形式が生活空間のパターンを決定づけていることが明らかになった．それらは，農村住居を原型とする形式が都市住居として発展したとされ，グジャラート地方のヴァナキュラーな住居形式との密接な関係が指摘できる．
　デリーについては，本書では必ずしも詳細な検討ができなかったが，正方形に近い矩形の敷地を持ち，通りに面した2階部分に水平に連続する木製バルコニーを備えた中庭型住居が，一般的な住居形式となっている．
　いずれも，プライバシーを保ちながら高度に密集した集住を可能にする住居形

式であり，街路に面してプラットフォーム状の基壇が連続し，プライベートな領域とパブリックな領域を繋ぐセミパブリックな空間が確保されるという構成も共通する．しかし構造部材や装飾要素などに，それぞれ地域固有の要素が見られ，ヴァナキュラーな要素を組合せながら，広く共通性を持つ形式が作り出されるという構成を見ることができる．

## 結　語
## ディテールから
──しなやかな「イスラーム都市」の原理──

　歴史的な都市としての「ムガル都市」については，本書によって，具体的に示すことが出来たと思う．今日のオールド・デリー，ラーホール，アフマダーバードを歩き回ることによって，その空間を体験することができる．もちろん，その体験は歴史的都市空間そのものの体験ではありえない．この2世紀程の間の，われわれを取巻く生活環境の変化にはとてつもないものがある．しかし，上述したように，地形（じがた）は，戦災や余程の洪水や地震などの自然災害を受けなければそう大きく変わるものではない．本書で明らかにしたように，オールド・デリーの19世紀中葉の地図（口絵2）と現況を比べてみると，ほとんどの地区が特定できるように，連続性も認めることが出来る．グーグル・アースの画像（口絵1）と重ね合わせるとぴったり重なり合うのである．ラーホールにしても，アフマダーバードにして，同じである．はるかに上空から歴史の流れを俯瞰すると，地上の無数の人々の営みも大きな変化をもたらさないように思えてしまう．建物は建て替わるけれど，土地建物を巡る権利関係と地形，建物類型は密接に結びついており，その型は想像以上に持続性を持っているのである．
　つくづく思うのは，イスラームの都市計画のしなやかさである．イスラームは，基本的に都市全体の具体的な形態については関心を持たない．具体的な形態についての理念を持たない．それぞれの地域で，それぞれの都市の伝統を受け入れ，柔軟に対応する．既存の都市や集落がある場合，ほとんどそのインフラストラクチャーをそのまま利用する．
　都市計画の起源と言えば，おそらく都市の起源を問うことになるが[289]，一般的に想起され，言及されるのは，ヒッポダモス Hippodamos であり，グリッド・

プランである[290]．前5世紀のミレトス出身のヒッポダモスが都市計画の祖とされ，グリッド・プランをヒッポダミック・プランと呼ぶのは，アリストテレスがそう言及した（『政治学』第二書）からであるが，もちろん，都市計画の起源はヒッポダモス以前に遡るし，グリッド・プランもヒッポダモス以前に遡る．それはそれとして，都市計画という場合，あらかじめ全体が「計画」決定されるのが前提である．あるいは，グリッド・プランのように全体と部分が統一的秩序のもとに決定されているのが前提である．

古今東西，グリッド・プランが用いられるのは，土地の分割システムとしてわかりやすいし，管理がしやすいからである．ギリシア・ローマの時代から近代に至るまで植民都市計画がグリッド・プランを採用してきたのは，それ故にである．

もちろん，物理的都市計画の手法はグリッド・プランによる土地分割手法につきるわけではない．プラトンの『法律』第五書が理想化する都市は，円形で放射

---

289) 都市が基本的に人工的な構築物であり，計画されるものであるとすれば，都市の発生と都市計画の発生は同時ということになる．都市は古代世界における基本的な「制度」の一つとして成立したのである．
　　都市計画に関わる制度とは，具体的には，個々の建築行為，土地所有などを規制する法である．そして，都市の形はその表現となる．もちろん，「都市計画」Town-Planning という概念，制度が成立するのははるかに後のことである．「都市計画」という言葉が最初に用いられたのは，オーストラリアに渡って活躍した英国生まれの建築家 J. サルマンの「都市の配置」（1890年）という論文である．また，英国で住宅都市計画等法 Housing and Town Planning etc Act が成立した 1909年頃から一般的に用いられ始める．さらに，計画という概念が一般に流布するのは，計画経済が導入され，5か年計画が行なわれ始めた 1920年代以降のことである．

290) 欧米中心の都市史，都市計画史には，非ヨーロッパ世界の諸都市，特にアジアの都市についての視野が欠落している．例えば，欧米における都市計画史の教科書と言っていい L. ベネヴォロ Benevolo の大著『都市の歴史』(Leonardo Benevolo (1975)．邦訳は，『図説・都市の世界史』Ⅰ〜Ⅳ，佐野敬彦・林寛治訳，相模書房，1983年）は，Ⅰ. 古代 [1　先史時代の人間環境と都市の起源，2．ギリシアの自由都市，3．ローマ，都市と世界帝国]，・中世 [4．中世的環境の形成，5．イスラームの都市，6．中世のヨーロッパ都市]，・近世 [7．ルネサンスの芸術文化，8．ルネサンスのイタリア都市，9．ヨーロッパの植民地になった世界]，Ⅳ 近代 [11．産業革命の環境，12．後期自由都市，13．近代都市，14．今日の状況] という構成をとっている．また，よく知られた J. R. コリンズ Collins の「計画と都市」と題するシリーズ（Collins (1969)．井上書店から翻訳が刊行されている．）は，テーマごとに「未開社会の集落」「古代オリエント都市——都市と計画の原型」「古代ギリシアとローマの都市」「コロンブス発見以前のアメリカ」「中世都市」「ルネサンス都市」「城壁にかこまれた都市」「近代都市——19世紀のプランニング」「パリ大改造」「工業都市の誕生——トニー・ガルニエとユートピア」「アメリカの都市と自然——オルムステッドによるアメリカの環境計画」「ル・コルビュジェの構想」「都市はどのようにつくられてきたか——発生からみた都市のタイポロジー」「システムとしての都市——都市分析の手法」を一冊ずつまとめている．

状の極座標系のパターンをしている[291]．プラトン，アリストテレス以降の理想都市論の様々な流れは，H・ロウズナウ (1979) が明らかにするところである．アッバース朝のバグダードの円城はその末裔である．

　都市計画の系譜として，直交座標（グリッド）系か，極座標（放射状）系か，というのは，極めて幾何学的なレヴェルの限定された関心であるが，ルネサンスの理想都市計画案の多くは幾何学に基づいた全体像として示される[292]．そして，アジアのコスモロジカルな秩序を都市の形態に反映させる都市計画の系譜も都市の全体像がアプリオリに問題である．「曼荼羅都市」の系譜がまさにそうであり，「ヴァーストゥ・シャーストラ」がパターンとして示すのも正方形，矩形，円形の分割パターンである．『周礼』考工記[293]が理念化する中国都城の系譜もまた同様である．もちろん，都市とコスモロジーとの明確な結びつきは，中国，インドに限定されるわけではない．J・リクワート (1991) は，ローマについてそのイデアを明らかにし，さらに様々な事例を挙げている．

---

[291] 都市は国家の中心に置かれ，アクロポリスは環状の壁で囲まれる．円形状の理想都市の全体は 12 の部分に分割され，さらに土地の良否が平等になるように 5040 の小区画が計画される．また，プラトンは，伝説上の「幸福の」島，アトランティスについても理念型を記述している．アトランティスでは矩形の土地がそれぞれ正方形の六万の区画に区切られている．理想都市の二つの幾何学的形態，円形放射状のパターンとグリッド・パターンが，プラトンのユートピアにおいてすでに提示されている．

[292] 完結的な幾何学形態への志向は，理想としての古典古代の発見，ギリシア・ローマ都市の理想の復興という精神の運動を基礎にしていたが，具体的にはヴィトルヴィウスの建築論，都市論の発見と読解がその基礎にある．この形式化への志向を突き詰めることにおいて，理想都市の計画は中世における宗教的，象徴的な解釈から解放されることになる．しかし，理想都市の計画は，幾何学的な操作の対象に矮小化されたといえる．ルネサンスの理想都市の提案の背景には，都市計画史上の一大転換がある．それ以前は，攻撃より防御に重点があったけれど，新たな火器，すなわち大砲の出現によって攻城法の飛躍的進歩が行なわれたのがルネサンスである．幾何学的形態は，稜堡を設けて死角を如何に無くすかをテーマとする理論に基づいて考案されるのである．この都市計画の技術化，すなわち幾何学化，形式化，その機能主義がもう一つの，第 4 の都市計画の伝統である．近代の都市計画も大きくはこの流れのうちにある

[293] 中国の都城の基本理念を記した書とされる．『周礼』（しゅらい）は，周代の官制，行政組織を記した書で，中国古代の礼書，三礼の一つとされる．古くは『周官』ともいった．天官，地官，春官，夏官，秋官，冬官天官大宰，地官大司徒，春官大宗伯，夏官大司馬，秋官大司寇（だいしこう），冬官大司空の 6 人の長官に統帥される役人たちの職務が規定されている．これら六つの官は，理念的にはそれぞれ 60 の官職から成り，合計 360 という職務は 1 年の日数に対応するのだとされる．6 官からなる政治体制は中国の官僚組織の根幹として後世にまで大きな影響を与えた．しかし，冬官は発見されず，『考工記』によってそれを補ったと言われる．周公旦の作とも言われるが内容的には疑問とされ，前漢末の劉歆の偽作だとする主張もある．．秦の始皇帝の焚書を経て，漢代（前 155–前 130 年）に編纂されたものが伝わる．

# 結語
ディテールから—しなやかな「イスラーム都市」の原理

　産業化以前の都市計画の伝統，その系譜を思い切っていくつかに類型化すると[294]，イスラームの都市計画原理は，以上のような，「ヒッポダミック・プラン—グリッド都市」，「ダイアグラムとしての都市—幾何学的都市」，「都市とコスモロジー—宇宙論的都市」といった系譜には属さない．敢えて言うと，「ペルガモン様式—記念碑都市」の系譜に属すと言えるかもしれない．「ペルガモン様式」とは，都市を壮麗化する手法であり，後世の「劇場都市—スキノグラフィック・デザイン」[295]の手法に繋がる．

　ギリシア都市の伝統は，グリッド・プランだけではない「ヒッポダモス様式」の都市とは別にもう一つ，ギリシア都市の伝統として自然な地形を活かす形の都市がある．アレクサンドロス大王の東征は東方ヘレニズム世界に多数のグリッド都市を生むが，一方で統治者の威信を誇示するために都市を壮麗化する動きが起こってくるのである．グリッド・パターンの都市の建設は大きなコストを要した．都市の立地によっては大規模な造成が必要となるからである．白紙の上にグリッドを描くのは簡単でも，現実には多くの困難を伴う．一方，自然の地形をそのまま用いる都市には壮大な景観を生み出す可能性があった．小アジアを中心に，支配者たちは，都市を自らの業績の，永遠の記念碑として残すために，大きな景観の中に都市を構想し始める．アリンダ，アッソス，ハリカルナッソスなどの都市が例として挙げられるが，こうした都市の記念碑化，壮麗化の頂点に立つのが小アジアの西海岸のペルガモン[296]である．町そのものが断崖の頂と南斜面に立地するペルガモンは，地形を逆にとって壮麗な景観を作り出すのに成功した．「ペルガモン様式」と「ヒッポダモス様式」は，古代ギリシア・ローマの都市計画の，二つの異なる起源であり，伝統となる．

　イスラームの王たちはモスクや宮殿，廟などをシンボリックな場所に建てるの

---

294) 布野修司「都市のかたち」(『都市とは何か』都市の再生を考える 1，岩波講座，2005)
295) 記念碑的な建築物へ向かう大通りの直線的ヴィスタなどが意識的に使われだすのは遠近法が建築家の自由自在なものとなってからである．この遠近法によるヴィスタの美学を徹底して追求したのが壮麗なるバロック都市である．ポアン・デ・ヴュ（ポイント・オブ・ビュー）と呼ばれる大通りの焦点に記念碑的建造物を置く手法は好んで用いられてきた．放射線状のなす何本かの街路の中心に凱旋門や記念塔などを置く手法も同様である．
296) 現在のトルコ，ベルガマ市．ヘレニズム時代に栄えたペルガモン王国の首都．発掘は 1878 年ドイツ人技師 C. フーマン Humann とベルリン博物館の A. コンツェ Conze によって始められ，その後 W. デルプフェルト Dorpfeld，T. ウィーガント Wiegand らの考古学者に受け継がれた．

が一般的であった．シャージャーハーナーバードのジャーミー・マスジッドも都市の中央の小高い丘の上に建てられているし，タージ・マハルなどヤムナー河畔の絶妙の位置に建てられている．しかし，イスラームの場合，都市を壮麗化する「ペルガモン様式」というより，極めて機能主義な手法というべきである．防御，利水，治水，上下水といった都市の機能が常に優先される．どんな都市であれ，こうした機能を無視しては成立しないが，イスラームの場合都市，全体のためにそれを犠牲にすることはないのである．

　都市計画の系譜として，われわれは，はっきり「イスラームの都市原理―有機的都市」を挙げるべきである．

　「イスラーム都市」の伝統は，明らかに幾何学や透視図法を用いた都市計画の流れとは異なる．「イスラーム都市」は，迷路のような細かい街路が特徴で直線的ヴィスタは基本的にない．まったく非幾何学的で，アモルフである．この有機的形態は，イスラーム以前に遡るからイスラームに固有とは言えないが，イスラームの都市計画原理はその形態に関係がある．

　全体が部分を律するのではなく，部分を積み重ねることによって全体が構成される，そんな原理が「イスラーム都市」にはあるのである．

　極めて単純化して言うと，「イスラーム都市」を律しているのはイスラーム法（シャリーア）である．また，様々な判例である．道路の幅や隣家同士の関係など細かいディテールに関する規則の集積である．全体の都市の骨格はモスクやバーザールなど公共施設の配置によって決められるが，あとは部分の規則によって決定されるという都市原理である．

　古来，理想的で完結的な都市が様々に構想され，建設されようとしてきたが，その理念がそのまま実現することは稀である．仮に実現したとしても，歴史の流れはその理念を大きく変容させるのが常である．そうした全体から部分へ至る都市計画の方法に対して，このイスラームの都市原理は，もう一つ異なる起源を示している．部分を律するルールが都市を作るのであって，あらかじめ都市の全体像は必ずしも必要ではないのである．

　近代都市計画の基本はマスタープラン主義である．白紙の上に描いた全体像を基に個々の建設を行なうのが基本原理である．現代の日本でもこのマスタープラン主義は踏襲され，各々の自治体には，都市マスタープランの作成が義務づけら

れている．しかし，絵に描いたマスタープランがそのまま実現することはまずない．この都市計画における本音と建前は日本の都市景観の「混沌」に示されていると言えるであろう．

　イスラームが専ら関心を集中するのは，身近な居住地，街区のあり方である．序章（5節）ですでに触れたが，身近な居住地，街区のあり方，ディテールから発想するまちづくりの手法は，今日の都市計画を考える上でも，大いに示唆的である．また，本書では詳細に展開できなかったが，モスク，バーザール，マドラサなどの公共施設を建設する場合に，ワクフ（寄進）制度を基本とする都市計画手法は，「世界都市計画史」という観点からも，また今日の都市計画手法の問題としても，注目すべきものである．すなわち，ディテール，相隣関係の細かいルールを基に都市の街区が形成される仕組み，ワクフ（寄進）財として公共的施設を建設する仕組みは，大いに学ぶべきものと考える．

# あとがき

　まず，本書成立経緯について簡単に触れたい．本文でもいくらか紹介したが，私たちの一連のアジア都市研究の中での本書の位置を知っておいていただきたいからである．同時に，都市研究における，各種の「出会い」の楽しさについて，特に若い学生たちに知っていただきたいからでもある．

　本書はもともと，山根周（2005）の学位請求論文『インドの歴史的市街地における街区空間の構成に関する研究——ラーホール，アフマダーバード，デリーを事例として』（京都大学）を基礎にしている．布野がこれをアジア都市研究全体の中に位置づけ，「インド・イスラーム都市」論を補足展開したのが本書である．

　出会いの一つは，かれこれ 15 年以上前に遡る．当時，京都大学工学部建築学科地域生活空間計画講座（西川幸治教授，京都大学名誉教授，前滋賀県立大学学長）の助教授として赴任した布野は，最初の大学院生の一人であった山根と出会い（1991），この間調査研究をともにしてきた．他の若い仲間とともに，この論文の基礎になったアフマダーバード，デリーの臨地調査を開始したのは 1994 年のことであるが，つい昨日のようである．山根は，西川研究室の主要テーマであったガンダーラのラニガト遺跡の発掘調査に加わってパキスタンを訪れ，ラーホールと出会った．そして，臨地調査を基に修士論文をまとめた（1993）．この出会いと山根の「ラーホールは面白い」という直感が本書の起点にある．

　一方，布野は，インドネシアのカンポンに関する研究（布野修司（1987，1991））の縁で参加してきた「比較の手法によるイスラームの都市性の総合的研究」（研究代表者板垣雄三，文部省科学研究費，重点領域研究 1988 — 91）で，班（C 班：景観）をともにした応地利明先生（京都大学名誉教授）とロンボク島へ向かい「チャクラ

393

# あとがき

ヌガラ」という都市を「発見」することになった（1991）．その後，ジャイプル，マドゥライへと調査を展開していく経緯は，『曼荼羅都市-ヒンドゥー都市の空間理念とその変容』（布野修司（2006））の「おわりに」に記した．

ロンボク島へ向かった大きな目的が，そもそも「イスラーム都市」と「ヒンドゥー都市」の比較であった（この大それたテーマを掲げて研究助成を頂いたのが，住宅総合研究財団 1991-1992) である）．そして，チャクラヌガラとまったく同時期（18 世紀前半）に建設されたジャイプルに眼を向けたときにも，インドにおける「イスラーム都市」と「ヒンドゥー都市」の比較がテーマであった．以降，「イスラーム都市」と「ヒンドゥー都市」の比較は，布野研究室の大きなテーマとなる．具体的には，まず，山根のフィールドとするラーホールとジャイプルの比較がテーマとなった．そして続いて，ラーホールの特性を明らかにすべく，ジャイプルと比較的近いということもあって，選んだのがアフマダーバードである．ジャイプル調査とアフマダーバード調査は，ラーホールの補足調査も含めて，まったく同時期に，ほぼ同じメンバーによって行なわれた．三都市比較（三角測量）という方法意識から，デリーが，あるいはマドゥライ，ヴァーラーナシーが次のターゲットとなったのはごく自然であった．すなわち，チャクラヌガラ―ジャイプル―マドゥライというセット（『曼荼羅都市』）と，デリー―ラーホール―アフマダーバードのセット（本書『ムガル都市』）である．

執筆の分担は，序章，第 I 章，結章が布野，第 II 章，第 III 章，第 IV 章が山根である．全体を通じて議論を行ない，その結果をそれぞれが反映させたのはいうまでもない．本書をまとめてみて，何故，この「三都」なのか，その研究的意義はますます強くはっきりと意識される．「ムガル都市」としてこの三都は欠くことができないのである．第 I 章で触れたけれど，当時インドを訪れたヨーロッパ人が書き記すように，「三都」は，当時世界でも最大級の都市と見なされていたのである．ムガル朝初期の首都アーグラーとファテープル・シークリーを加えた五都市は，「ムガル都市」の中心都市である．

本書をまとめるに当たって，2006 年 7 月，オールド・デリー，ラーホールを二人で訪ねる機会を得た．オールド・デリーのジャーミー・マスジッドの南に接する調査地区の印象はこの間そう変わらない．この喧騒は，この 10 年，この町がまったく同じように維持されてきたように思えた．ラーホールは，初めての布

あとがき

野には，オールド・デリーとよく似ていると思えた．思えたのではなく，肌で感じられた．山根によると，かなりの変化，建て替えによる高層化，があるという．

旅をしながらの議論は楽しい．この旅で発見した視点は，随所に盛り込んだ．現場で考えることの大事さをつくづく思う．

本書をほぼ書き終えたのは2006年10月であるが，二人でさらに議論を深めるために，2007年7月，マー・ワラー・アンナフルを訪れた．関西空港からタシケントへの直行便が予想もしなかった光景をわれわれに見せてくれた．大興安嶺を越え，ゴビ砂漠を抜け，さらにタクラマカン砂漠，パミール高原の上を飛んだのである．すなわち，「シルクロード」を遥か上空から俯瞰する僥倖を得たのである．飛行コースからすれば当然であるが，飛んだ時間と雲のない天候が幸運であったというべきか．頂に氷河を頂く崑崙山脈，天山山脈を左右に見ながら，眼下の集落，都市を追った．処々に氷河の水を溜め込んで流れ出す川を持たない湖が見えた．ひときわ大きいのがイシク・クル湖であった．山裾にわずかに線状の緑が島のようにあり，結晶のように住居群が並んだ集落が見える．オアシスとはこういうものか，と瞬時に理解できた．

しかしそれにしても，自然というものは過酷であり，厳しい．その厳しさは感動的ですらある．かつてシベリアのツンドラの上，あるいはアラスカの氷河の上を飛んだときのことを思い出した．それに対して，人間の作ったものは汚い．ウルムチだと思われた巨大な町は，実に不整形である．延々と敷かれた道路は，地球を引掻いた傷跡のように見える．

地球温暖化で，ユーラシアの氷河がどんどん溶けている．北極の氷河どころではない．知られるように，アム河，シル河が流れ込むアラル海は大半が埋まりつつある．人口が増え，さらに灌漑網を拡大してきたのであるから，水が不足するのは当然である．アラル海は，もともと水深は浅く，わずかの水量の減少もかなりの湖岸の後退も引き起こすのである．また，カスピ海に水を抜いている問題も大きい．また，灌漑水が地下水を上昇させ，塩害を引き起こしている，という状況がある．水を完璧に管理することによってなりたってきたマー・ワラー・アンナフルの「オアシス都市」群はいままったくの危機に瀕していると言わざるをえない．自然は一筋縄ではいかない．

マー・ワラー・アンナフルでは，タシケントからサマルカンド，シャフリサブ

395

## あとがき

ズ,カラシ,ブハラ,ウルゲンチ,ヒヴァと駆け抜けた.残念ながらバーブルの生まれ故郷フェルガナ,そして「オアシス都市」の遺構のあるペンジケント(タジキスタン)には行けなかった.そして,タシケントもサマルカンドも,そしてブハラも,ロシアの植民都市化によって,かつての形をほぼ失いつつあった.植民都市については,私たちは『近代世界システムと植民都市』(布野修司(2005))をまとめたが,以上のような現実を見れば,ユーラシア大陸の陸地を通じたロシアによる植民都市化が押さえられるべきだ.『アジア都市建築史』(布野修司+アジア都市建築研究会(2003))では,ウラジオストック,ハバロフスクなど極東の都市には多少触れたが,中央アジアにおける植民都市化も等しく大きなテーマである.

マー・ワラー・アンナフルには,各都市に世界文化遺産に登録されるティムール朝を中心とする建築遺構があり,「オアシス都市」のかつての姿を偲ぶ縁(よすが)は残されていた.この旅において,本書の原稿に節項の変更を含めて相当程度手を加えることになった.現場の地霊(ゲニウス・ロキ)が,文献を勝手に繋ぎ合わせたような文章をチェックさせてくれるのである.というより,文章の変更を強いられるのである.古文献・資料を基にした論文がしばしばおかしい,あるいは無味乾燥,と思えるのは,フィールドの感覚に合わないからである.

それにしても,延々と続くステップ(草原)はすごい.例えば,ブハラからヒヴァまで400km,ほとんどが見渡す限りの草と砂の世界である.草はらくだ草という棘があるもの,そしてやや背が高いのがサクサウルで,せいぜい1.5mほどの灌木であるが,30mも地下に根をはっているのだという.これが「シルクロード」なのか(なのだ)!? と改めて思った.

ウルゲンチ近くまで行って,ようやくアム河(アム・ダリア)を見た.500mもあろうか,想像以上に下流部の川幅は広い.砂漠とステップの民を育んできた大河は偉大である.

この生態学的に一定の循環系にあったマー・ワラー・アンナフルを大きく揺るがしたのがモンゴルである.モンゴル・ウルスは,内陸世界の東西を繋いで,「世界」を同時代のものとした.「世界史の誕生」,いわゆる「モンゴル・インパクト」である.時代を制したのは,騎馬による戦闘技術であり,遊牧国家のネットワーク技術であった.

中央ユーラシアを一つの世界としていた「オアシス都市」と遊牧国家のネットワークは，16世紀初頭以降，大きく変容していくことになる．海域世界の交易ネットワークを西欧列強が制し，まったく新たな枠組み「近代世界システム」を作りあげることになるのである．時代を制したのは，火器であり，航海術であり，造船技術であり，築城術であり，……すなわち，近代科学技術であった．

　「ムガル都市」とは，すなわち，内陸都市の交易ネットワークと海域世界のネットワークを結びつける役割を担った都市である．大元ウルスの大都がその原型である．元朝が崩壊し，明朝が海禁政策を採る中で，ムガル朝が成立することになる．その首都，あるいはその拠点都市，すなわち「ムガル都市」は，明らかに新たな都市の類型である．「ムガル都市」と平行して，沿海部には，西欧列強による都市が植えつけられていく．近代植民都市のグローバルな建設過程は，17世紀のオランダ植民都市を横断面として，『近代世界システムと植民都市』（布野修司（2005））で明らかにしたところである．

　本書を書き上げて，世界都市史を重層的に描き出すための次の作業が思い浮かぶ．中国都城の系譜を『大元都市』としてまとめる作業は星々として進まないが，「東アジアの都城に関する比較研究」という調査研究（滋賀県立大学）が新たに進行中である．また，「イリ・プロジェクト」（総合地球環境学研究所）にも参加したい．それにアジアの都市組織，街区組織，都市型住宅の調査研究（文科省科学研究費）も進めている．特に店屋（ショップハウス）と呼ばれる店舗併用住宅の系譜を追いかける作業が面白い．「イスラーム都市」におけるスーク（バーザール，チョルス）との違いとその圏域の境界がくっきりと浮かび上がってきそうである．

　この間，アジア都市論，世界都市史に関わる一連の著作の執筆を促し，誘導（煽動？）し続けているのは，京都大学学術出版会の鈴木哲也さんである．本書についても，最終段階において，強烈な指示を頂くことになった．その期待に添えたかどうかは読者の判断に委ねたいが，本書が1年前の段階に比べると見違えるようなものになったことは間違いない．『近代世界システムと植民都市』，『曼荼羅都市』，そして『曼荼羅都市』に深度を与えるカトマンドゥ盆地の都市を扱う『Stupa & Swastika』（Mohan Pant & Shuji Funo，（2007））に続いて，本書でも徹頭徹尾お世話になった．たて続けにこうした機会が与えられることは信じられないことであり，いくら感謝してもし過ぎることはない．「イスラーム都市」の融通無碍

あとがき

　に手をこまねく筆者らに「イスラームのしなやかさ」をもっと強調しろ，と示唆してくれたのは鈴木さんである．その厳しい指摘に耐えながら，さらに作業を進めて行きたいと思う．

　本書の基になった臨地調査には数多くの若き学徒の参加を得ている．また，図版の作成等に当たっては滋賀県立大学の学生諸君の協力を得た．一々名前を挙げることはしないが，多くの協力がなければ本書は成立しなかったことを記しておきたい．また，本書の刊行に当たっては，（財）住宅総合研究財団の助成（出版助成番号0762）を受けた．本書の刊行意義を認めて頂いた審査委員の先生方に心より感謝したい．

　最初に述べたように，本書は山根の学位論文を基に，布野が補足展開したものであるが，本書を閉じるに当たって，直接関連する主な論文を以下に挙げる．本書で論じた内容を，より詳しく知る際の参考になれば幸いである．

- 山根周，布野修司，荒仁，沼田典久，長村英俊「モハッラ，クーチャ，ガリ，カトラの空間構成――ラホール旧市街の都市構成に関する研究　その1」日本建築学会計画系論文集，第513号，p227-234，1998年11月．
- 山根周，布野修司，荒仁，沼田典久，長村英俊「ラホールにおける伝統的都市住居の構成――ラホール旧市街の都市構成に関する研究　その2」日本建築学会計画系論文集，第521号，p219-226，1999年7月．
- 根上英志，山根周，沼田典久，布野修司「マネク・チョウク地区（アーメダバード，グジャラート，インド）における都市住居の空間構成と街区構成」日本建築学会計画系論文集，第535号，p75-82，2000年9月．
- 山根周，沼田典久，布野修司，根上英志「アーメダバード旧市街（グジャラート，インド）における街区空間の構成」日本建築学会計画系論文集，第538号，p141-148，2000年12月．
- Shu Yamane, Shuji Funo, Norihisa Numata, Eiji Negami: Space Formation of the Street Blocks within the Walled City of Ahmedabad (Gujarat, India), 3rd International Symposium on Architectural Interchange in Asia 'Challenges and Roles of Asian Architecture for the New Millennium, Cheju National University, Cheju Island, Korea, 23-25 Feb. 2000.
- Shu Yamane, Shuji Funo, Norihisa Numata, Eiji Negami: Group Form of

Urban Houses of Manek Chowk District (Ahmedabad, Gujarat, India), 3rd International Symposium on Architectural Interchange in Asia 'Challenges and Roles of Asian Architecture for the New Millennium, Cheju National University, Cheju Island, Korea, 23-25 Feb. 2000,'.

- Shu Yamane, Shuji Funo, Takashi Ikejiri: A Study on the Formation and the Transformation of British Colonial Cities in India-Town Planning and its Transformation after Independence in New Delhi, Proceedings 4th International Symposium on Architectural Interchange in Asia, "Resource Architecture and Modern Technology", September 17-19, 2002, Chongqing, China.
- Shu Yamane, Shuji Funo, Takeshi Ikejiri (2006) Space Formation and Transformation of the Urban Tissue of Old Delhi, India: Proceedings Volume I, pp. 549-544: The 6th International Symposium on Architrctual Interchange in Asia, "A+T: Neo-Value in Asian Architecture", October 25-28, 2006, Daegu Convention Center, Daegu, Korea.

布 野 修 司

# 主要参考文献

## A

Abu Fazal (1867) "Ain-e-Akbari" Vol I., by Blochmann (ed.), Calcutta.
Abu Fazal (1873) "Akbarnama" Vol II., Bib. Indica, Calcutta.
Abu Fazal (1939, 1973) "Akbarnama" Vol III., by Beveridge (tr.) reprint, Lahore.
Abu-Lughod J. L. (1980) "Rabat: Urban Apartheid in Morocco", Princeton.
Abu-Lughod J. L. (1987) "The Islamic City: Historic Myth, Islamic Essence, and Contemporary Relevance", IJMES, 19.
Abu-Lughod, J. L. (1989) "Before European Hegemony: The World System A. D. 1250-1350", Oxford University Press, ジャネット・L. アブー＝ルゴド (2001)『ヨーロッパ覇権以前—もうひとつの世界システム』佐藤次高・斯波義信・高山博・三浦徹一訳, 岩波書店．
Abun-Nasir, J. M. (1971) "A History of the Magrib", Cambridge.
アブー・ザイド・アッシーラーフィー (1976)『シナ・インド物語』藤本勝次訳註, 関西大学出版・広報部.
Acharya, P. K (1934) "Architecture of Manasara", Oxford University Press.
安達かおり (1997)『イスラム・スペインとモサラベ』彩流社.
Ahmad, Ali (1973) "Twilight in Delhi", New Delhi.
Ahmad, Moin-ud-Din (1924) "The Taj and Its Environments", Agra.
会田由・飯塚浩二・井沢実・泉靖一・岩生成一監修 (1966)『トメ・ピレス 東方諸国記』大航海時代叢書Ⅴ, 生田滋・池上岑夫・加藤栄一・長岡新治郎訳註解説, 岩波書店.
会田由・飯塚浩二・井沢実・泉靖一・岩生成一監修 (1970)『大航海時代 概説 年表 索引』大航海時代叢書別巻, 飯塚浩二・井沢実・泉靖一・岩生成一・増田義郎・箭内健次執筆, 岩波書店.
Aijazuddin, F. S. (1991) "Lahore Illustrated View of the 19th Century", Mapin Publishing.
Aijazuddin, F. S. (2000) "Rare Maps of Pakistan", Ferozsons (Pvt.) LTD., Lahore.
Aijazuddin, F. S. (2004) "Lahore Recollected: An Alubum", Sang-E-Meel Publications, Lahore.
赤堀雅幸・東長靖・堀川徹編 (2005)『イスラームの神秘主義と聖者信仰』イスラーム地域研究叢書7, 東京大学出版会.
赤木祥彦 (1990)『沙漠の自然と生活』地人書房.
秋田茂・水島司編 (2003)『世界システムとネットワーク 現代南アジア』東京大学出版会.
Akalank Publications (1998) "What will be Delhi in 2001, Delhi Master Plan, August. 1990 (Revised & Updated)", Delhi
Akhmedov, A. (ed.) (1999) "The Cities and Routes of the Great Silk Road (on Central Asia Documents) ", Sharg, Tashkent.
Alam, Muzaffar (1986) "The Crisis of Empire in Mughal North India", Delhi
Alam, Muzaffar & Subrahmanyam, Sanjay (ed.) (1989) "The Mughal State 1525-1750", Delhi.
Allen, T. (1983) "Timurid Herat", Wiesbaden.
Ali, Ahmad (1973) "Twilight in Delhi", New Delhi.

Ali, M. Athar (1985) "Apparatus of Empire: Awards of ranks, offices and titles to the Mughal nobility 1574–1685", Oxford University Press, Delhi.
Ali, M. Athar (1997) "The Mughal Nobility under Aurangzeb", Asia Publishing House, London.
Ali, M. Athar (2006) "Mughal India Studies in Polity, Ideas, Society, and Culture", Oxford University Press.
Allchin, Bridget & Raymond (1996, 2001, 1998) "The Rise of Civilization in India and Pakistan", Cambridge University Press, Foundation Books, reprint,. Oxford University Press.
天沼俊一 (1927)『埃及紀行』岩波書店.
天沼俊一 (1944)『印度乃建築』大雅堂.
余部福三 (1991)『イスラーム全史』勁草書房.
余部福三 (1992)『アラブとしてのスペイン』第三書館.
アミーナ・オカダ, M. C. ジョシ (1994)『タージ・マハル』中尾ハジメ訳, 岩波書店.
Anwar, F. (2001) "Nobility under Mughals (1628–1658)", New Delhi.
安藤武雄 (1955)『西ウイグル国史の研究』彙文堂書店.
青木健 (2006)『ゾロアスター教の興亡―サーサーン朝ペルシアからムガル帝国へ』刀水書房.
青柳かおる (2005)『イスラームの世界観　ガザーリーとラーズィー』明石書店.
アッリアノス, フラウィオス (2001)『アレクサンドロス大王東征記』上下, 大牟田章訳, 東海大学出版会, 1996年, 岩波文庫.
荒川正晴 (2003)『オアシス国家とキャラヴァン交易』世界史リブレット 62, 山川出版社.
荒松雄 (1977a)『ヒンドゥー教とイスラム教―南アジア史における宗教と社会』岩波新書.
荒松雄 (1977b)『インド史におけるイスラム聖廟―宗教権威と支配権力』東京大学出版会.
荒松雄 (1989)『中世インドの権力と宗教―ムスリム遺跡は物語る』岩波書店.
荒松雄 (1993)『多重都市デリー』中公新書.
荒松雄 (1997)『インド―イスラム遺跡研究―中世デリーの「壁モスク」群』未来社.
荒松雄 (2003)『中世インドのイスラム遺跡―探査の記録』岩波書店.
荒松雄 (2006)『インドの「奴隷王朝」: 中世イスラム王権の成立』未来社.
Archaeological Survey of India (1914) "Delhi Fort, A Guide to the Building and Gardens", Calcutta.
アフマド・Y・アルハサン & ドナルド・R・ヒル (1999)『イスラム技術の歴史』多田博一・原隆一・斉藤美津子訳, 平凡社.
Armstrong, Karen (1996) "Jerusalem One City, Three Faiths", Ballantine Books, New York.
浅見泰司編 (2003)『トルコ・イスラーム都市の空間文化』山川出版会.
Asher, Catherine B (1982) "The New Cambridge History of India: Architecture of Mughal India", Cambridge.
Ashraf, Husain Muhammad (1956) "Agra Fort-New Delhi", India Press.
Ashworth, W. (1954) "Genesis of Modern British Town Planning" London.
足利惇氏 (1977)『ペルシア帝国』世界の歴史 9, 講談社.
Aslanapa, O. (1971) Turkish Art and Architecture, Londres et New York.
Athar Ali, M. (1968) "The Mughal Nobility under Aurangzeb", Bombay.
Athar Ali, M. (1985) "The Apparatus of Empire, Awards of Ranks, Offices and Titles to the Mughal Nobility (1574–1658)", Delhi.
Athar Ali, M. (2006) "Mughal India Studies in Polity, Ideas, Society, and Culture", Oxford University Press.
Ayyar, C. P. Venkatarama (1916) "Town Planning in Ancient Dekkan", The Law Printing House, Madras.
Ayyar, C. P. Venkatarama (1987) "Town Planning in Early South India", Mittal Publications, Delhi, 1916, Reprint.
Aziz, Abdul (1972) "The Mansabdari System and the Mughal Army", Lahore, 1945, Idarah-i-Adabiyat-i-Delli, New Delhi.

## B

Babur, Zaheeruddin (1975) "Babarnama", Vol I., II, by Beveridge, Annette S., Sang-E-Meel Publications, Lahore.
Badawy, A. (1990) "History of Egyptian Architecture" I〜X , Histories & Mysteries of Man Ltd., London.
Bhatt, Mausami (1992) "A Study of the Process of Change, Doshi-No-Pado, Eatan", School of Architecture CEPT, Ahmedabad.
Bakshi, S. R. and Sharma S. K. (ed.) (1995) S. K., "Delhi through Ages", 5vols, New Delhi.
Bakshi, S. R. and Sharma S. K. (ed.) (1999) "Great Mughals", 8vols, New Delhi
Ballhatchet, K., and Harrison, J. (ed.) (1980) "The City in South Asia, Pre-Modern and Modern", London.
Balsavar, Durganand. U. (1992) "An Understanding of the City, A Human construct, as a Process in Time", School of Architecture CEPT, Ahmadabad.
Balthold, W. (1958) "Turkestan down to the Mongol Invasion", London.
Balto'ld, V. V. (1963) "Istoriya kul'turnoi zhizni Turkestana", Sochineniya, tom2, chast'1, Moskva.
Banerjee, J. M. (1967) "History of Firuz Shah Tughluq", Munshiram Manoharlal, Delhi.
Banga, Indu (Ed.) (1991) "The City in Indian History", New Delhi.
Baqir, M. (1984) "Lahore Past and Present", Lahore.
Barry, M. (1996) "Color and Symbolism in Islamic Architecture", Thames and Hudson.
Basham, A. L. (1953) "The Wonder that was India", Orient Longmans.
Basham, A. L. (ed.) (1975) "A Cultural History of India", Clarendon Press, Oxford.
Batley, C. (1934) "The Design Development of Indian Architecture", London
Begam, Gul-Baden (1902) "The History of Humāyūn Humāyūn-Nāmā", notes by Beveridge, Annette S., Royal Asiatic Society, London: Sang-e-Meel Publications, Lahore, 1973: Munshiram Manoharlal Publishers Pvt. Ltd., 2001.
Begde, P. V. (1978) "Ancient and Medieval Town Planning in India", Sagar Publications, New Delhi.
Bedge, P. V. (1982) "Forts and Palaces of India", Delhi.
Begley, Vimala and Daniel de Puma (Eds) (1991) "Rome and India: The Ancient Sea Trade", University of Wisconsin Press, Madison.
Begley, W. E. and Desai, Z. A. (1990) "Shah Jahan Nama of Inayat Khan", Delhi.
Benevolo, Leonardo (1975) "Storia della Citta", L. ベネヴォロ (1983)『都市の歴史』『図説・都市の世界史』(I)〜(IV), 佐野敬彦・林寛治訳, 相模書房.
Bernier, F. (1969) "Travels in the Mogul Empire, AD 1656-1668", tr. Constable, A., Delhi: ベルニエ (1993, 2001)『ムガル帝国誌』17・18世紀大旅行記叢書 5, 関美奈子・倉田信子訳, 岩波書店, 岩波文庫 (一)(二), 中川久定・二宮敬・増田義郎編 (1993)『ベルニエ　ムガル帝国誌』17・18世紀大旅行記叢書 5, 関美奈子・倉田信子・小名康之・赤木省三訳解説, 岩波書店.
Beveridge, Annette S. (2002) "Babur-Nama", Sang-E-Meel Publications.
Bhattacharya, B. (1979) "Urban Development in India", Shree Publishing House, Delhi, 1979, Dhawan Printing Works, New Delhi.
Binyon, L. (1932) "Akbar", London.
Bianca, Stephan (2000), Urban Form in the Arab World: Past and Present, Thams & Hudson
中川浩一編 (1996),「近代アジア・アフリカ都市地図集成」柏書房
Blake, Stephan P. (1991) "Shahjahanabad: The Sovereign City in Mughal India 1639-1739, Cambridge University Press, Cambridge.
ジョナサン・ブルーム & シーラ・ブレア (2001)『イスラーム美術』枡室友子訳, 岩波書店.
Bopegamage, A. (1957) "Delhi: A Study in Urban Sociology", Bombay.

Bosworth, C. E. (1977) "The Later Ghaznavids", Edinburgh University Press, Edinburgh.
Bouhdiba A. & Chevallier, D. (ed.) (1982), "La ville arabe dans l'Islam", Tunis & Paris.
Boyle, J. A. (ed.) (1968) "The Cambridge History of Iran", University Press.
Bregel, Yuri (1995) "Bibliography of Islamic Central Asia", 3 vols, Bloomington, Indiana University.
Bregel, Yuri (ed.) (2000) "Historical Maps of Central Asia: 9th–19th centuries A. D.", Bloomington, Indiana University.
Breton, J. F. (1988) "Arabia Felix from the Time of the Queen of Sheba: Eighth Century B. C. to First Century A. D.", University of Notre Dame Press.
ピエール・ブリアン (1991)『アレクサンダー大王』桜井万里子監修、創元社.
ピエール・ブリアン (1996)『ペルシア帝国』小川英雄訳、創元社.
Brice, W. C. (1957) "Historical Atlas of the Muslim Peoples", Amsterdam.
Brookes, John (1987) "Gardens of Paradise: The History and Design of the Great Islamic Gardens", Weidenfeld and Nicolson, London.
Brown, Percey (1965) "Indian Architecture (The Islamic Period)",, D. B. Taraporevala Sons & Co. Pvt. Ltd., Bombay, 1942, riprint.
Bulliet, R. W. (1972) "The Patricians of Nishapur A Study in Medieval Islamic Social History", Cambridge Mass.
Burdon, Audrey (1997) "The Bukharans: a Dynastic, Diplomatic and Commercial History 1550–1702", Curzon, Richmond.
ジョン・ブルックス (1989)『楽園のデザイン：イスラムの庭園文化』神谷武夫訳、鹿島出版会.
Bussagli, M. (1981) "Oriental Architecture 1/India, Indonesia, Indochina 2/China, Korea, Japan, Electa/Rizzoli.

## C

Catherine, B. Asher (1995) "Architecture of Mughal India", New Delhi.
Chakrabarti, D. K. (1997) "The Archaeology of Ancient Indian Cities", Oxford University Press, Delhi.
Chakrabarti, D. K. (1997) "The Archaeology of Ancient Indian Cities", Oxford University Press, Delhi.
Chakrabarti, Dilip K. (ed.) (2004) "Indus Civilization Sites in India New Discoveries", Marg Publications.
Chakrabarti, Ranabir. (ed.) (2001) "Trade in Early India", Oxford University Press.
Chandra, Jag Parvesh (1969) "Delhi: A Political Study", Delhi.
Chandra, P. (1975) "Studies in Indian Temple Architecture", Delhi.
Chandra, Satish (1972) "Letters of a King-Maker of the Eighteenth Century (Balmukund Nama)", Asia Publishing House.
Chandra, Satish (1979) "Parties and Politics at the Mughal Court, 1707–40", Aligarh Muslim University, Delhi.
Chandra, Satish (1987) "The Indian Ocean: Exploration in history, commerce and politics", Sage Publications, New Delhi.
Chandra, Satish (1973) "Medieval India: A history textbook for class XI", National, チャンドラ, S. (1999)『中世インドの歴史』小名康之・長島弘訳、山川出版社.
Chandra, Satish (1997a) "Essays in Medieval Indian Economic History", Munshiran Manoharlal, New Delhi.
Chandra, Satish (1997b) "Medieval India: From Sultanat to the Mughals: Delhi Sultanat (1206–1526)", Har-Anand Publications.
シャルダン, J (1993)., 中川久定・二宮敬・増田義郎編 (1993)『シャルダン　ペルシャ紀行』17・

18世紀大旅行記叢書6,佐々木康之・佐々木澄子・羽田正訳解説,岩波書店.
Chaudhuri, K. N. (1965) "The English East India Company: The study of an ealy joint-stock company 1600-1640", Frank Cass.
Chaudhuri, K. N. & Dewey, Clive J. (ed.) (1979) "Economy and Society: Essays in Indian economic and social history", Oxford University Press, Delhi.
Chaudhuri, K. N. (1978) "Trading World of Asia and the English East India Company, 1660-1760", Cambridge University Press.
Chaudhuri, K. N. (1985) "Trade and Civilization in the Indian Ocean: An Economic History from the Rise of Islam to 1750", Cambridge University Press.
Chaudhry, Nazir Ahmad (1999) "Lahore Fort: A Witness to History", Sang-E-Meel Publications.
Chenoy, Shama Mitra (1998) "Shahjahanabad A City of Delhi 1638-1857", Munshiram Manoharlal Publishers Pvt. Ltd..
張承志(1993)『回教から見た中国』中央公論社.
チョプラ,P. N. (1994)『インド史』三浦愛明, 鷲見東観訳, 法蔵館.
チョプラ,P. N. 編 (1988)『世界の文明と仏教』内田信也訳, 東洋堂.
Clavijo, Ruy González de (1967) "Vida y hazañas del Gran Tamorlán", 山田信夫,『チムール帝国紀行』桃源社.
アンドレ・クロー (2001)『ムガル帝国の興亡』イスラーム文化叢書3 岩永博監訳・杉村裕史訳, 法政大学出版局.
Cohen, A. (1973) "Palestine in the Eighteenth Century: Patterns of Government and Administration", Jerusalem.
コンラ,P. (2000)『レコンキスタの歴史』有田忠郎訳, 白水社.
Cooper, F. (1863) "Handbook for Delhi", London.
Cornish, Vaughan (1923) "The Great Capitals", London.
Collins, Gerge R. (1969) "Planning and Cities", George Braziller, Inc.
Coomaraswamy, A. K. (1975) "Early Indian Architecture: Palace", Delhi.
Cooper, I. & Dawson, B. (1998) "Traditional Building of India", Thames and Hudson.
クレンゲル,H. (1983)『古代オリエント商人の世界』江上波夫・五味亨訳, 山川出版社.
クレンゲル,H. (1991)『古代シリアの歴史と文化—東西文化のかけ橋』五味亨訳, 六興出版.
Creswell, K. A. C. (1958) "Early Muslim Architecture", Baltimore.
Crowe, S. and Haywood, Sh. (1972) "The Gardens of Mughal India, A History and Guide", London.
Cunningham, Alexander (1871) "Archaeological Survey of India vol. I: Four Reports Made During the Years 1862-63-64-65" Simla, Government Central Press.
Cunningham, Alexander (1874) "Archaeological Survey of India vol. IV: Report for the Year 1871-72 (Delhi and Agra)", Calcutta, Office of the Superintendent of Government Printing.
Curtin, Philip D. (1984) "Cross-Cultural Trade in World History", Cambridge University Press, フィリップ・カーティン (2002)『異文化間交易の世界史』田村愛理・中堂幸政・山影進訳, NTT 出版.

# D

Dagens, Bruno (1994): "MAYAMATAM Treatise of Housing, Architecture and Iconography" Vol. I-II, INDIRAGANDHINATIONALCENTER FOR THE ARTS, NEW DELHI.
ダルリンプル,W. H. (1996)『精霊の街 デリー』凱風社.
A. H. ダーニー (1995)『インド考古学の再発見』小西正捷・小磯学訳 雄山閣.

Das, R. K. (2001) "Temples of Tamilnad", Bhavan's Book University.
Day, U. N. (1970) "The Mughul Government AD 1556-1707", New Delhi.
Dayal, Maheshwar (1975) "Rediscovering Delhi, the Story of Shajahanabad", New Delhi.
ニールソン・C・デベボイス (1993)『パルティアの歴史』児玉新次郎・伊吹寛子訳, 山川出版社.
De Laet, Joanne (1928, 1974) "De Imperio Magni Mogolis (the Empire of the Great Mogol)", translated by Hoyland, J. S. and Banerjee, S. N., Bombay, 1928, 2nd edition, New Delhi.
Delhi Development Authority (1962) "Master Plan for Delhi", Delhi.
Dettman K. (1969) 'Zur inneren Differenzierung der islamisch-orientalischen Stadt: Ein Vergleich von Städten in der Levante und im Nordwesten des indischen Subkontinents', in Meckelein & Borcherdt (1969).
Dettman, K. (1970) 'Zur Variationsbreite der Stadt in der islamisch-orientalischen Welt', Geographische Zeitschrift, 58.
Deva, K. (1969) Temple of North India", Delhi.
Dhaky, M. A. and Meister, M. (1983) "Encyclopedia of Hindu Temple Architecture", Delhi.
ドーソン, C. (1968〜79)『モンゴル帝国史』全6巻, 佐口透訳注, 東洋文庫, 平凡社.
Din, M. Tajud (1943) "Halat e Zila e Lahore", Extracts published in "The Oriental College Magazine", November.
Donato, S (1990) "Iran La Ricostruzione della Aree Distrutte dalla Guerra", Gangemi Editore, Roma.
Dutt, B. B. (1925) Planning in Ancient India, Calcutta & Simla.

# E

江上波夫・松田壽男編 (1961)『北アジア・中央アジア』図説世界文化史体系 13, 角川書店.
江上波夫 (1965, 1967)『アジア文化研究』要説編, 論考編, 山川出版社.
江上波夫編 (1981)『シルクロードの世界』現代のエスプリ 167, 至文堂.
江上波夫編 (1986)『中央アジア史』世界各国史 16, 山川出版社.
Ehlers, E. (ed.) (1992) "Modelling the City-Cross-Cultural Perspectives", Colloquium Geographicum, 22, F. Dümmler.
Ehlers, Eckart (1993) 'Islamic Cities in India?- Theoretical Concepts and the case of Shâhjahânâbâd/Old Delhi', in Ehlers, Eckart & Krafft (1993).
Ehlers, Eckart & Krafft, Thomas (1993) "Shâhjahânâbâd/Old Delhi: Tradition and Colonial Change", Manohar.
Eickelman, D. E. (1981, 1989) "The Middle East: An Anthropological Approach", New Jersey (大塚和夫訳 (1988)『中東―人類学的考察』岩波書店).
Elliot, H. M. & Dowson, J. (1972) "The History of India as told by its own Historians", 8 vols, London, 1867-77, rep., Allahabad.
榎一雄 (1979)『シルクロードの歴史から』研文出版.
ジョン・L・エスポジト編 (2005)『イスラームの歴史』全3巻, 坂井定雄監修・小田切勝子訳, 共同通信社.
Ettinghausen, R. and Grabar, O. (1987) "The Art and Architecture of Islam (650-1250)", Harmondsworth.

# F

Fanshawe, C. (1902) "Delhi: Past and Present", London.
Faruqi, L. L. (1986) "The Cultural Atlas of Islam", Macmillan Publishing Company, New York.
Fass, V. (1986) "The Forts of India", London.
Fergusson, J. (1876) "History of India and Eastern Architecture", John Murray, London, 1876, revised.
Fergusson, J. and Burgess, J. (1880) "Cave temples of India", London.
Fitch, Raipf (1899) "England's Pioneer to India and Burma (1583-91)", Ryley, J. H., London.
Foltz, Richard, C (1988) "Mughal India and Central Asia", Oxford University Press Pakistan.
Forrest, G. W. (1999) "Cities of India Past & Present", Publishers and Distributers, Mumbai.
Foster, William (ed.) (1968) "Early Travels in India 1583-1619", London, 1921, reprint, New Delhi.
Frankfort, H. (1954) "The Art and Architecture of The Ancient Orient", Harmondsworth.
Frasor, Lovat (1903) "At Delhi", Bombay.
Frye, R. N. (1960) "Iran", London.
Frye, R. N. (1965) "Bukhara The Medieval Achievement", Norman, Oklahoma.
Frye, R. N. (1975) "The Golden Age of Persia, The Arabs in the East", London, Weidenfeld and Nicolson.
Frye, R. N. (1996) "The Heritage of Central Asia, from Antiquity to the Turkish Expansion", Princeton, Markus Wiener Publisher.
Frykenberg, R. E. (ed.) (1986) "Delhi through the Ages: Selected Essays in Urban History, Culture and Society", Oxford University Press.
藤井譲治・杉山正明・金田章裕編 (2007)『大地の肖像 絵図・地図が語る世界』京都大学学術出版会.
藤井純夫 (2001)『ムギとヒツジの考古学』同成社.
藤川繁彦 (1999)『中央ユーラシアの考古学』同成社.
藤岡通夫 (1992)『ネパール 建築逍遥』彰国社.
藤田豊八 (1974)『東西交渉史の研究』国書刊行会.
深田久弥 (1971)『中央アジア探検史』白水社.
深井晋司・田辺勝美 (1983)『ペルシア美術史』吉川弘文館.
深見奈緒子 (2003)『イスラーム建築の見方―聖なる意匠の歴史』東京堂出版.
深見奈緒子 (2005)『世界のイスラーム建築』講談社.
深沢宏 (1972)『インド社会経済史研究』東洋経済新報社.
福田仁志 (1973)『世界の灌漑―比較農業水利論』東京大学出版会.
布野修司 (1987)『インドネシアにおける居住環境の変容とその整備手法に関する研究―ハウジング計画論に関する方法論的考察』(学位請求論文, 東京大学), 私家版
布野修司 (1991)『カンポンの世界 ジャワの庶民住居誌』パルコ出版.
布野修司+アジア都市建築研究会 (2003)『アジア都市建築史』昭和堂.
布野修司編 (2005)『近代世界システムと植民都市』京都大学学術出版会.
布野修司 (2006)『曼荼羅都市―ヒンドゥー都市の空間理念とその変容』京都大学学術出版会.

# G

蒲生礼一 (1957)『イラン史』修道社.
Gangler, Anette, Gaube, Heinz, & Petruccioli, Attilio (2004) "Bukhara-The Eastern Dome of Islam", Edition Axel Menges, London.

玄奘（1971）『大唐西域記』中国古典文学大系 22, 水谷真成訳注, 平凡社.
Ghosh, A. (1974-1975) "Jaina Art and Architecture (3 vols)", Delhi.
Gibb, H. & Bowen, H. (1950-57) "Islamic Society and the West" 2vols, London.
Gibb, H. A. R. (1961) "Mohammedanism", London.
ギブ, H. A. R. (1967)『イスラム文明—その歴史的形成』加賀屋寛訳, 紀伊国屋書店.
Gibb, H. A. R. (1970) "The Arab Conquest in Central Asia", New York.
Gillion, Kenneth L. (1968) "Ahmedabad: A study in Indian urban history", Berkeley-Los Angeles.
ロマン・ギルシュマン（1970）『イランの古代文化』岡崎敬也訳, 平凡社.
Glenn, D. L. & Braind, M. (1985) "FatehpurSikri-A Sourcebook", Cambridge.
Glick, T. F. (1979) "Islamic and Christian Spain in the Early Middle Ages", Princeton.
Golden, P. B. (1992) "An Introduction to the History of Central Asia", Wiesbaden, Otto Harrassowitz.
Gole, Susan (1988) "Maps of Mughal India: Drawn by Colonel Jean-Baptiste-Joseph Gentil, agent for the French government to the court of Shuja-ud-daula at Faizabad, in 1770", New Delhi.
Gole, Susan (1989) "A Series of Earley Printed Maps of India in Facsimile", New Delhi.
Gole, Susan (1989) "Indian Maps and Plans From earliest times to the advent of European surveys", Manohar.
Golombek, Lisa and Wilber, Donald (1988) "The Timurid Architecture of Iran and Turan" Vol. I, II, Princeton University Press.
Goodwin, G. (1971) "A History of Ottoman Architecture", Thames and Hudson.
Gordon, Stewart (1993) "The Marathas 1600-1818", The New Cambridge History of India, Cambridge University Press.
後藤明（1980）『ムハンマドとアラブ』東京新聞出版局.
後藤明（1991）『メッカ：イスラームの都市社会』中央公論社.
後藤明（1993）『イスラーム世界の歴史』放送大学教育振興会.
後藤明編（1994）『文明としてのイスラーム』講座イスラーム世界 2, 栄光教育文化研究所.
後藤明（2001）『イスラーム歴史物語』講談社.
後藤富男（1968）『内陸アジア遊牧民社会の研究』吉川弘文館.
Goulding, Colonel H. R. (2000) "Old Lahore: Reminiscences of A Resident", Sang-E-Meel Publications, Lahore.
Grabar, O. (1964) Islamic Architecture and its Decoration A. D. 800-1500, Londres.
Grabar, O. (1973) "The Formation of Islamic Art", London.
Greathed, W. H. (1852) "Report on the Drainage of the City of Delhi and on the Means of Improving it", Agra.
Grover, S. (1980) "The Architecture of India, Buddhist and Hindu, Sahibabad".
Grunebaum, G. E. von (1955a) "Die Islamische Stadt", Saeculum, 6.
Grunebaum, G. E. von (1955b) "The Structure of the Muslim Town", Islam: Essayas in the Nature and Grouth of Cultural Tradition, Ann-Arbor.
R. グルッセ（1944）『アジア遊牧民族史』後藤十三雄訳, 三一書房.
Gupta, Ashin Das (1967) "Malabar in Asian Trade, 1740-1800", Cambridge University Press.
Gupta, Ashin Das (1979) "Indian Merchant and Decline of Surat c. 1700-1750", Franz Steiner, Wiesbaden.
Gupta, Ashin Das & Pearson, M. N. (1987) "India and Indian Ocean 1500-1800", Oxford University Press, Calcutta.
Gupta, Ashin Das (1994) "Merchants of Maritime India, 1500-1800", Variorum, Aldershot.
Gupta, I. P. (1986) "Urban Glimpses of Mughal India: Agra, the imperial capital (16th and 17th centuries)", Discovery Publishing, Delhi.

Gupta, Narayani (1981) "Delhi Between Two Empires 1803-1931: Society, Government and Urban Growth", Oxford University Press.

# H

Habib, Irfan (1982) "An Atlas of the Mughal Empire: Political and economic maps with detailed notes, bibliography and index", Oxford University Press, Delhi.
Habib, Irfan (1990) "The Agrarian System of Mughal India", London, 1968, $2^{\text{nd}}$ ed., Oxford University Press.
Habib, Irfan (ed.) (1992) "Medieval India I", Oxford University Press, New Delhi.
Habib, Irfan (ed.) (1997) "Akbar and his India", Oxford University Press, New Delhi.
Haidar, S. Z. (1991) "Islamic Arms and Armour of Muslim India", Lahore.
Hakim, B. S. (1986) "Arabic-Islamic Cities: Building and Planning Principles", London B. S. ハキーム (1990) 『イスラーム都市―アラブの町づくりの原理』佐藤次高監訳,第三書館.
Hambly, Gavin and Wim, Swan (1968) "Cities of Mughal India", London.
羽田明（1969）『西域』河出書房.
羽田正・三浦徹編（1991）『イスラム都市研究』東京大学出版会.
羽田正（1994）『モスクが語るイスラーム史―建築と政治権力』中公新書.
羽田正編（1996）『シャルダン『イスファハーン誌』研究：17世紀イスラム圏都市の肖像』東京大学出版会.
羽田正編（2000）『岩波講座　世界歴史14　イスラーム・環インド洋世界』岩波書店.
羽田正（2005）『イスラーム世界の創造』東京大学出版会.
羽田亨（1931）『西域文明史概論』弘文堂.
羽田亨（1957-58, 1975）『羽田博士史学論文集』上・下，東洋史研究会，復刻，同朋舎.
原隆一（1997）『イランの水と社会』古今書院.
Harle, J. C. (1986) The Art and Architecture of the Indian Subcontinent, London: Penguin Books.
ハッラーフ，アブドゥル＝ワッハーブ（1884）『イスラムの法―法源と理論』中村廣治郎訳，東京大学出版会.
Hasan, Shaikh Khurshid (2005) "Historical Forts in Pakistan", National Institute of Historical & Cultural Research, COE, Quaid-I-Azam University, Islamabad.
Havell, E. B. (1915) "The Ancient and Medieval Architecture of India", John Murray, London.
Havell, E. B. (1915) "The Ancient and Medieval Architecture of India: A study of Indo-Aryan Civilization", John Murray, London.
Hawting, G. R. (1986) "The First Dynasty of Islam: the Umayyad Caliphate A. D. 661-750.", London.
林佳代子（1997）『オスマン帝国の時代』世界史リブレット19，山川出版社.
林佳代子・枡屋友子編（2005）『記録と表象　史料が語るイスラーム世界』イスラーム地域研究叢書8，東京大学出版会.
林俊雄（2005）『ユーラシアの石人』雄山閣.
林俊雄（2007）『スキタイと匈奴　遊牧の文明』興亡の世界史02，講談社.
林良一（1962）『シルクロード』美術出版社.
Hearn, Gordon (1906, 1914) "The Seven Cities of Delhi, London", London, Calcutta.
ヘロドトス（1971-72）『歴史』上中下，松平千秋訳，岩波文庫.
日高健一郎，谷水潤（1990）『イスタンブール（建築巡礼；17）』丸善.
Hill, D. (1964) "Islamic Architecture and its Decoration", Chicago.
Hintze, Andrea (1997) "The Mughal Empire and its Decline: An Interpretation of the sources of social

power", Ashgate, Aidershot.
Hiro, Dilip (Ed.) (2006) "Babur Nama Journal of Emperor Babur", Translated from Chaghatai Turkish by Annette Susannah Beveridge, Penguin Books.
広田廣文 (1999)『エジプトの都市社会』早稲田大学出版部.
ヒッティ, P. K. (1982-83)『アラブの歴史』岩永博訳, 講談社.
ヒッティ, P. K. (1991)『シリア―東西文明の十字路』小玉新次郎訳, 中央公論社.
Hoag, J. D. (1963) "Western Islamic Architecture", London.
Hodgson, M. G. S. (1974) "The Venture of Islam" 3vols., The University of Chicago Press.
ジョン・D・ホーグ (2001)『イスラム建築 (図説世界建築史;6)』山田幸正訳, 本の友社.
Holden, Edward S. (2006) "The Mogul Emperors of Hindustan", Sang-E-Meel Publications.
Holt, P. M. (ed.) (1970) "The Cambridge History of Islam", Cambridge.
Holt, P. M. (ed.) (1986) "The Age of the Crusades: The Near East from the Eleventh Century to 1517", London & New York.
Home, Robert (1997) "Of Planting and Planning The making of British colonial cities", E & FN SPON, ロバート・ホーム (2001)『植えつけられた都市　英国植民都市の形成』布野修司・安藤正雄監訳＋アジア都市建築研究会訳, 京都大学学術出版会.
本田実信 (1985)『イスラム世界の発展』ビジュアル版世界の歴史 6, 講談社.
本田実信 (1991)『モンゴル時代史研究』東京大学出版会.
堀江聡江 (2004)『イスラーム法通史』山川出版社.
堀内勝 (1979)『砂漠の文化―アラブ遊牧民の世界』教育者.
堀内勝 (1986)『ラクダの文化誌―アラブ家畜文化考』リブロポート.
Hourani, A. (1988) "A History of the Arab Peoples", Cambridge University Press.
Humphreyes, R. S. (1995) "Islamic History", London, revised edition.
Huntington, Susan L., and Huntington, John C. (1985) The Art of Ancient India, New York and Tokyo: Weatherhill.
Husain, Afzal (1999) "The Nobility under Akbar and Jahāngīr: A study of family groups", Manohar, New Delhi.


# I

イブン・バットゥータ (1961)『三大陸周遊記』前嶋信次訳, 角川文庫.
イブン・バットゥータ (1996-2002)・イブン・ジュザイイ編,『大旅行記』1-8, 家島彦一訳, 東洋文庫, 平凡社.
イブン・ハルドゥーン (1999)『歴史序説』全 3 巻, 森本公誠訳, 岩波書店.
イブン・ザイヌッディーン (1985)『イスラーム法理論序説』村田幸子訳, 岩波書店.
飯塚キヨ (1971)『都市形態の研究―インドにおける文化変化と都市のかたち』鹿島出版会.
飯塚キヨ (1985)『植民都市の空間形成』大明堂.
飯塚キヨ監修 (1988)『インド建築の 5000 年―変容する神話空間』世田谷美術館.
池上岑夫他編. (1992)『スペイン・ポルトガルを知る辞典』平凡社.
池上忠治監修 (1993)『インド宮廷文化の華』肥塚隆編集・翻訳, ヴィクトリア＆アルバート美術館展, NHK きんきメディアプラン.
生田滋・越智武臣・高瀬弘一郎・長南実・中野好夫・二宮敬・増田義郎編集 (1984)『モンテセーラムガル帝国誌　パイス, ヌーネス　ヴィジャヤナガル王国誌』大航海時代叢書第 II 期 5, 池上岑夫・小谷汪之・重松伸司・清水廣一郎・浜口乃二雄訳註解説, 岩波書店.

Inalcik, H. (1973) "The Ottoman Empire: The Classical Age 1300-1600", London.
Inalcik, H. & Quataert, Donald (1994) "An Economic and Social History of the Ottoman Empire, 1300-1914", Cambridge University Press.
Irvine, W. (1903) "The Army of the Indian Mughals: its organization and administration", London.
Irvine, W. (1922) "The Later Mughals", London.
伊勢仙太郎 (1955)『中国西域経営史研究』厳南堂書店.
石田幹之助 (1973)『東亜文化史叢考』東洋文庫.
石田保昭 (1965)『ムガル帝国』ユーラシア文化史選書 8, 吉川弘文館.
石田保昭 (1984)『ムガル帝国とアクバル大帝』清水書院.
石黒寛編訳 (1981)『もうひとつのシルクロード 草原民族の興亡と遺産』東海大学出版会.
石井昭編 (1983)『世界の建築 3 ―イスラーム』学習研究社.
石元泰博写真；吉田光邦［ほか］文 (1980)『イスラム空間と文様』駸々堂出版.
板垣雄三・佐藤次高編 (1986)『概説イスラーム史』有斐閣.
板垣雄三編 (1986)『イスラーム・社会のシステム』講座イスラーム 4, 筑摩書房.
板垣雄三, 後藤明編 (1992)『事典 イスラームの都市性』亜紀書房.
板垣雄三 (1992)『歴史の現在と地域学―現代中東への視角』岩波書店.
板垣雄三 (1992)『新・中東ハンドブック』講談社.
板垣雄三監修 (1994-95)『講座イスラーム世界』1〜5, 栄光教育文化研究所.
伊東忠太・佐藤巧一・森口多里・濱岡周忠 (1924)『印度の文化と建築』共洋社.
伊東忠太, 伊東忠太建築文献編纂委員会編 (1936-1937)『東洋建築の研究（伊東忠太建築文献；3-4 巻）』龍吟社.
伊藤義教 (1974)『古代ペルシア―碑文と文学』岩波書店.
伊藤義教 (1979)『ゾロアスター研究』岩波書店.
伊藤義教 (1980)『ペルシア文化渡来考―シルクロードから飛鳥へ』岩波書店.
伊藤義教 (2001)『ゾロアスター教論集』平河出版社.
岩本裕 (1971)『インド史』世界歴史叢書, 修道社.
岩本裕 (1982)『インド史』山喜房仏書林.
岩村忍 (1961)『西域とイスラム』中央公論社.
岩村忍 (1991)『西アジアとインドの文明』講談社.
岩村忍 (2007)『文明の十字路＝中央アジアの歴史』(『世界の歴史 12 中央アジアの遊牧民族』講談社, 1977 年) 講談社.
岩武昭男 (2001)『西のモンゴル帝国―イルハン朝』関西学院大学出版会.
井筒俊彦 (1979, 2003)『イスラーム生誕』人文書院, 中公文庫.
井筒俊彦 (1975, 2005)『イスラーム思想史 ―神学・神秘主義・哲学』岩波書店, 中公文庫.
井筒俊彦 (1991)『イスラーム文化―その根底にあるもの』岩波文庫.

# J

Jain, A. K. (1994) "The City of Delhi", Management Publishing Co., Delhi.
Jain, K. and Jain, M. (1994) "Indian City in the Arid West", AADI Centre, India.
Jain, Shikha (2004) "Havelis A Living Tradition of Rajasthan", Shubhi Publications India.
Jaipur Development Authority (1994) "Vidyadhar Nagar", Jaipur.
Jansen, M, Malley, M. & Urban, G. (1987) "Forgotton Cities on the Indus", Verlag Philipp von Zabern.
Jairazbhoy, R. A. (1964) "Art and Cities of Islam", London.

Jehangir, Noor-uddin (1974) "Tuzuk-e-Jehangir", Vol. I (by Rodgers, Alexandar (tr.)), Vol. II (Beveridge, Henry (ed.)) Sange-e-Meel Publications, Lahore.
陣内秀信・新井勇治編（2002）『イスラーム世界の都市空間』法政大学出版局.
Johnson, G. (ed.) (1989) "The New Cambridge History of India Series", Cambridge University Press.
Jouveau-Dubreuil, G. (1917) "Dravidian Architecture", Madras.
Julien, Ch-A (1970) "History of North Africa", London.

# K

樺山紘一・川北稔・岸本美緒・斉藤修・杉山正明・鶴間和幸・福井憲彦・古田元夫・木村凌二・山内昌之編（1999）『イスラーム・環インド洋世界』岩波講座「世界歴史」14, 岩波書店.
Kadam, Rajiv (1990) "Vineet Chadha: Habitat Documentation Patan", School of Architecture CEPT, Ahmedabad.
カイサル, A. J. (1998)『インドの伝統技術と西欧文明』多田博一他訳, 平凡社.
上岡弘二他編（1984）『イスラム世界の人びと 1 ―総論』東洋経済新報社.
金七紀男（1996）『ポルトガル史』彩流社.
Kamil, Khan Mumtaz (1985) "Architecture in Pakistan", Singapore.
神谷武夫（1996a）『インド建築案内』TOTO 出版.
神谷武夫（1996b）『インドの建築』東方出版.
Kangle, R. P. (1986, 1988, 1992, 2004) "The Kautilia Artaśāstra" Part 1 Sanskrit Text with a Glossary, Part 2 An English Translation with Critical and Explanatory Notes, Part3 A Study, Bombay University, 1965. Reprint, Delhi, Motilal Banarsidass Publisher.
Kapoor, Ruchi (1992) "Transformation of a Typology-A Study of a Pol in Ahmedabad", School of Architecture CEPT, Ahmedabad.
辛島昇編（1976）『インド史における村落共同体の研究』東京大学出版会.
辛島昇（1977）『インド入門』東京大学出版会.
辛島昇・桑山正進・小西正捷・山崎元一（1980）『インダス文明―インド文明の源流をなすもの』日本放送出版協会.
辛島昇編（1985）『インド世界の歴史像』民族の世界史 7, 山川出版社.
辛島昇他監修（1992a）『南アジアを知る事典』平凡社.
辛島昇（1992b）『南アジア』地域からの世界史 5, 朝日新聞社.
辛島昇監修（1992c）『インド』読んで旅する世界の歴史と文化, 新潮社.
辛島昇編（1994）『ドラヴィダの世界』東京大学出版会.
辛島昇（1996）『南アジアの歴史と文化』放送大学教育振興会.
辛島昇・坂田貞治編（1999a）『北インド』世界歴史の旅, 山川出版社.
辛島昇・坂田貞治編（1999b）『南インド』世界歴史の旅, 山川出版社.
辛島昇編（2000a）『南アジア』新版世界各国史 7, 山川出版社.
辛島昇（2000b）『南アジアの文化を学ぶ』放送大学教育振興会.
辛島昇編（2004）『南アジア史』新版世界各国史 7, 山川出版社.
Karashima, Noboru (2001) "History and Society in South India The Cholas to Vijayanagar", Oxford University Press.
Kartodirdjo, Sartono (1993) "700 Tahun Majapahit Suatu Bunga Rampai", Surabaya.
Kasetsiri, Charnvit (1976) "The Rrise of Ayudhya A History of Siam in the Fourteenth and Fifteenth Centuries", Oxford University Press, Kuala Lumpur.

片倉もと子編（1987）『人々のイスラーム―その学際的研究』日本放送出版協会.
片倉もと子（1991）『イスラームの日常世界』岩波書店.
片倉もと子編（1994）『イスラーム教徒の社会と生活』講座イスラーム世界 1, 栄光教育文化研究所.
片倉もと子（1995）『「移動文化」考―イスラームの世界をたずねて』日本経済新聞社.
片倉もと子他編（2002）『イスラーム世界事典』明石書店.
片倉もと子・梅村坦・清水芳見編（2004）『イスラーム世界』岩波書店.
加藤博（1993）『私的土地所有権とエジプト社会』創文社.
加藤博（1995）『文明としてのイスラム』東京大学出版会.
加藤博（2002）『イスラム世界論―トリックスターとしての神』東京大学出版会.
加藤博編（2005）『イスラームの性と文化』イスラーム地域研究叢書 6, 東京大学出版会.
加藤博（2005）『イスラム世界の経済史』NTT 出版.
加藤和秀（1999）『ティムール朝成立史の研究』北海道大学図書刊行会.
加藤九祚（1997）『中央アジア北部の仏教遺跡の研究』シルクロード学研究センター.
カウティリヤ（1984）『実利論』上下, 上村勝彦訳, 岩波文庫.
Kaul, H. K. (ed.) (1999) "Historic Delhi, An Anthology", Delhi.
川又正智（1994）『ウマ駆ける古代アジア』講談社.
川又正智（2006）『漢代以前のシルクロード』雄山閣.
Khazanov, A. M. (1984) "Nomads and the Outside World", Cambridge University Press.
香山陽坪（1963）『砂漠と草原の遺宝―中央アジアの文化と歴史』角川書店.
香山陽坪（1971）『騎馬民族の遺産』沈黙の世界史 6, 新潮社.
Kennedy, Hugh (1986) "The Prophet and the Age of the Caliphate: The Islamic Near East from Sixth to the Eleventh Century", London & New York.
Kennedy, Hugh (2004) "When Bagdad Ruled the Muslim World: The Rise and Fall of Islam's Greatest Dynasty", Da Capo Press.
Kennedy, Hugh (2004) "The Court of The Calips: The rise and Fall of Islam's Greatest Dynasty", Wildenfeld & Nicolson, The Orion Publishing Group.
Kenoyer, Jonathan Mark (1998) "Ancient Cities of the Indus Valley Civilization", Oxford University Press, Karachi.
King, A. D. (1976) "Colonial Urban Development", London.
私市正年（1996）『イスラーム聖者』講談社.
私市正年・栗田禎子編（2004）『イスラーム地域の民衆運動と民主化』イスラーム地域研究叢書 3, 東京大学出版会.
木島安史（1990）『カイロの邸宅：アラビアンナイトの世界（建築巡礼；14）』丸善.
木村雅昭（1981）『インド史の社会構造―カーストをめぐる歴史社会学』創文社.
木村喜博（1987）『東アラブ国家形成の研究』アジア経済研究所.
King, Anthony D. (1976) "Colonial Urban Development, Culture, Social Power and Environment", London.
Kirk, K. (1978) 'Town and country planning in ancient India according to Kautilya's Arthasastra', Scottish Geographical Magazine 94.
Koch, E. (1991) "Mughal Architecture", Munich.
小寺武久（1997）『古代インド建築史紀行』彰国社.
肥塚隆・宮治昭編（1999-2000）『インド』1.2 世界美術大全集東洋編 13・14, 小学館.
小松久男編（2000）『中央ユーラシア史』新版世界各国史 4, 山川出版社.
小松久男・小杉泰編（2004）『現代イスラーム思想と政治運動』イスラーム地域研究叢書 2, 東京大学出版会.
小松久男他編（2005）『中央ユーラシアを知る事典』平凡社.

小長谷有紀（2002）『北アジアにおける人と動物のあいだ』東方書店．
小杉泰（1994）『イスラームとは何か』講談社現代新書．
小杉泰（1998）『イスラーム世界』21世紀の世界政治5，筑摩書房．
小杉泰（2002）『ムハンマド―イスラームの源流を訪ねて』山川出版社．
小杉泰（2006）『現代イスラーム世界論』名古屋大学出版会．
小杉泰・江川ひかり編（2006）『ワードマップ　イスラーム―社会生活・思想・歴史』新曜社．
小杉泰（2006）『イスラーム帝国のジハード』興亡の世界史6，講談社．
近藤英夫編（2000）『四大文明［インダス］』NHK出版．
近藤治（1977）『インドの歴史　多様の統一世界』新書東洋史6，講談社現代新書．
近藤治編（1984）『インド世界』世界思想社．
近藤治（1996）『インド史研究序説』世界思想社．
近藤治編（1997）『南アジア史』紛争地域現代史3，同朋社．
近藤治（1998）『現代南アジア史研究　インド・パキスタン関係の原形と展開』世界思想社．
近藤治（2003）『ムガル朝インド史の研究』京都大学学術出版会．
小西正捷編（1981）『多様のインド世界』人間の世界歴史8，三省堂．
小西正捷（1986）『インド民衆の文化誌』法政大学出版局．
小西正捷編（1997）『インド』暮らしがわかるアジア読本，河出書房新社．
D. D. コーサンビー（1966）『古代インド史』山崎利男訳，岩波書店．
小谷汪之（1989）『インドの中世社会―村・カースト・領主』岩波書店．
小谷汪之他編（1994-95）『叢書　カースト制度と被差別民』全5巻，明石書店．
小谷汪之（1996）『不可触民とカースト制度の歴史』明石書店．
小谷仲男（1996）『ガンダーラ美術とクシャン王朝』同朋社．
Kramrisch, S. (1946) "The Hindu Temple (2 vols)", Calcutta.
Krishna Deva (1995) "Temples of India Vol. I-II", Aryan Books International, New Delhi.
Kuhrt, Amelie (1995) "The Ancient Near East c. 3000-330BC", Vol. I, II, London.
Kulke, H. & Rothermund, D. (1986) "A History of India", Croom Helm, London.
Kulke, Hermann (1995) "The State in India 1000-1700", Oxford University Press.
Kumur, R. (1999) "Survey of Medieval India", 15vols, New Delhi.
栗田勇（1985）『イスラム・スペイン建築への旅：薄明の空間体験（朝日選書；273）』朝日新聞社．
黒田壽郎編（1983）『イスラーム辞典』東京堂出版．
桑山正進（1990）『カーピシー＝ガンダーラ史研究』京都大学人文科学研究所．

# L

Lahiri, Nayanjot (2005) "Finding Forgotten Cities: How the Indus cilivization was discovered", Permanent Books.
Lahore Development Authority (L. D. A) and World Bank (1980), "Lahore Urban Development and Traffic Study vol. 4 'Walled City Upgrading Study', Lahore.
Lahore Development. Authority (1993) "The Walled City of Lahore", PEPAC, Lahore.
Laroui, A. (1977) "The History of Magrib", Princeton.
Lal, K. S. (1997) "History of the Khaijis, A. D. 1290-1320", Asia Publishing House, New York.
Lapidus, Ira M. (1967) "Muslim Cities in the Later Middle Ages", Cambridges University Press.
Lapidus, Ira M. (1988) "A History of Islamic Societies", Cambridges University Press.
Lari, Yasmeen (2003) "Lahore: Illustrated City Guide", Heritage Foundation Pakistan, Karachi.

Leasor, James (1956) "Red Fort-An Account of the Siege of Delhi in 1857", London.
Leick, G. (1988) "A Dictionary of Ancient Near Eastern Architecture", Routledge, London and New York.
バーナード・ルイス（1967）『アラブの歴史』林武他訳，みすず書房．
Lyer, Priya (1993) "Shahjahanabad-The Dwelling Environment: Physical Manifestation and its Socio-Cultural Meanings", School of Architecture, C. E. P. T., Ahmedabad.
リンスホーテン（1968）『リンスホーテン　東方案内記』大航海時代叢書，会田由・飯塚浩二・井沢実・泉靖一・岩生成一監修，岩生成一・渋沢元則・中村孝志訳註解説，岩波書店．

# M

マアルーフ，A.（2001）『アラブからみた十字軍』牟田口義郎・新川雅子訳，筑摩書房．
Maclean, D. N. (1989) "Religion and Society in Arab Sind", E. J. Brill, Leiden.
前田耕作・山根聡（2002）『アフガニスタン史』河出書房新社．
前田徹（1996）『都市国家の誕生』山川出版社．
前田徹・川崎康司・山田雅道・小野哲・山田重郎・鵜木元尋（2000）『古代オリエント』歴史学の現在，山川出版社．
前川和也・尾形禎亮他（1998）『オリエント世界』岩波講座世界歴史2，岩波書店．
前嶋信次（1971）『東西文化交流の諸相』誠文堂新光社．
前嶋信次編（1972）『西アジア史（新版）』世界各国史11，山川出版社．
前嶋信次（1972）『シルクロードの秘密国・ブハラ』芙蓉書房．
前嶋信次（1975）『メッカ』芙蓉書房．
前嶋信次（1982）『東西文化交流の諸相』全4巻，誠文堂新光社．
前嶋信次（2000a）『千夜一夜物語と中東文化』前嶋信次著作集1，東洋文庫669．
前嶋信次（2000b）『イスラームとヨーロッパ』前嶋信次著作集2，東洋文庫673．
前嶋信次（1977, 2002）『イスラムの時代　マホメットから世界帝国へ』講談社，．
Maganlal, Wakhatchand (1851) "A History of Ahmedabad", Gujarat Vernacular Society.
Majumdar, R. C. (ed.) (1951 – 69) "The History and Culture of the Indian People" 11vols, Bharatiya Vidya Bhavan, Bombay.
Majumdar, R. C. (1965) "Cultural History of Gujarat", Popular Prakashan, Bombay.
Majumdar, R. C., Ray Chaudhuri, H. C., Dutta, K. (1970) "An Advanced History of India", Macmillan, St. Martin's Press, London.
牧野信也（1996）『イスラームの原点〈コーラン〉と〈ハディース〉』中央公論社．
Malik, Jamal (1993) 'Islamic Institutions and Infrastructure in Shâhjahânâbâc', in Ehlers, Eckart & Krafft, Thomas (1993).
護雅夫（1967～1997）『古代トルコ民族史研究I～III』山川出版社．
護雅夫（1967）『遊牧騎馬民族国家』講談社現代新書．
護雅夫他編（1967）『中世2　西アジア』岩波講座世界歴史8，岩波書店．
護雅夫（1970）『漢とローマ』東西文明の交流1，平凡社．
護雅夫・山田信夫・佐口透・榎一雄編（1975）『東西文明の交流』1～5，平凡社．
護雅夫（1976）『古代遊牧帝国』中公新書．
護雅夫・神田信夫（1981）『北アジア史』世界各国史12，人間の世界歴史7，三省堂．
護雅夫（1984）『草原とオアシスの人々』人間の世界歴史7，三省堂．
護雅夫・岡田英弘共編（1990）『中央ユーラシアの世界』民族の世界史4，山川出版社．
Man, John (2006) "Kublai Khan: The Mongol King Remade China", Bantam Press.

間野英二（1977）『中央アジアの歴史—草原とオアシスの世界』講談社現代新書.
間野英二（1992）『内陸アジア　地域からの世界史6』朝日新聞社.
間野英二（1995〜2001）『バーブル・ナーマの研究』全4巻，松香堂.
間野英二編（2000）『アジアの歴史と文化9　西アジア史』同朋舎.
間野英二編（2000）『アジアの歴史と文化8　中央アジア史』同朋舎.
間野英二・堀川徹編（2004）『中央アジアの歴史・社会・文化』㈶放送大学推興協会.
Mantz, B. F. (1989) "The Rize and Role of Tamerlane", Cambridge.
Marçais, W. (1928) "L'islamisme et la vie urbaine", L'académie des inscriptions et belles-lettres, Comptes rendus, Paris, janvier-mars.
Marr, David G. & Milner, A. C. (1986) "South East Asia in the 9th to 14th Centuries", Singapore.
Marshall, J. (ed.) (1951) "Taxila", Vol. I-III, University Press, Cambridge.
Marshall, J. (1931) "Mohenjodaro and Indus Civilization", Vol. I-III, Arther Probsthein, London.
Massignon, L. (1920) "Les corps de métiers et la cite islamique" Revue internationale de sociologie 28.
Massignon, L. (1924) "Enquete sur les corporations d'artisans et de commerçants au Maroc", RMM 58.
増田義郎監修（1992）『スペイン』世界の歴史と文化，新潮社.
松原正毅（1983）『遊牧の世界—トルコ系遊牧民ユルックの民族誌から』中央公論社.
松原正毅（1988）『トルコの人びと—語り継ぐ歴史の中で』日本放送出版協会.
松井透・山崎利男編（1969）『イギリス史における土地制度と権力構造』東京大学出版会.
松井透（1971a）『ムガル支配の農村社会』岩波書店.
松井透（1971b）『インド土地制度史研究』東京大学出版会.
松井透（1987）『イギリス支配とインド社会』東京大学出版会.
松井透（1991）『世界市場の形成』岩波書店.
松田壽男（1954）『中央アジア史』弘文堂.
松田壽男（1970）『古代天山の歴史地理学的研究』早稲田大学出版部，1956年，増補版.
松田壽男（1962）『東西文化の交流』至文堂.
松田壽男（1966）『砂漠の文化　中央アジアと東西交渉』中公新書.
松田壽男（1971a）『シルク・ロード紀行』毎日新聞社.
松田壽男（1971b）『アジアの歴史　東西交渉から見た前近代の世界像』日本放送出版協会.
松田壽男（1986-1987）『松田壽男著作集』(全六巻)，六興出版.
マッケイ，M.（1984）『インダス文明の謎』宮坂宥勝・佐藤任訳，山喜房佛書林.
McChesney, R. D. (1996) "Central Asia: Foundation of Change", Princeton.
Meckelein, W. & Borcherdt, Ch. (ed.) (1969) "Tagungsbericht und wissenschaftl.", Abhandlungen.
Melville, Charles (ed.) (1996) "Safavid Persia", I. B. Tauris, London & New York.
Meister, M. W. and Dhaky, M. A. (ed.) (1986), "Encyclopaedia of Indian Temple Architecture South India Upper Dravidadesa Early Phase, A. D. 550-1075", American Institute of Indian Studies, University of Pennsylvania Press.
Metcalf, B. D. & T. R. (2002) "A Concise History of India", Cambridge University Press.
Meyer, W. S. & Cotton, J. S. (1931) "The Imperial Gazetteer Atlas of India", Oxford at the Clarendon Press.
Meckelein, W. & Borcherdt, Ch. (ed.) (1969) "Tagungsbericht und wissenschaftl.", Abhandlungen.
Michell, G. (1977) "The Hindu Temple", London,（ジョージ・ミッチェル，『ヒンドゥ教の建築：ヒンドゥ寺院の意味と形態』神谷武夫訳，鹿島出版会，1993年）.
Michell, G. (1978) Architecture of the Islamic World Its History and Social Meaning, Londres.
Michell, G. and Shah, Snehal (ed.) (1988) "Ahmadabad", Marg Publications.
Michell, G. (1989) The Penguin Guide to the Monuments of India, Vol. 1: Buddhist, Jain, Hindu, London: Penguin Books.

Michell, G. (ed.) (1993) "Temple Towns of Tamil Nadu", Marg Publications.
Michell, G. (1994) "The Royal Palaces of India", Thames and Hudson.
三上次男・護雅夫・佐久間重男編（1974）『中国文明と内陸アジア』人類文化史 4, 講談社.
三木亘・山形孝夫編（1984）『イスラム世界の人びと 5 ――都市民』東洋経済新報社.
Mitra, A. (1970) "Delhi, Capital City", New Delhi.
三橋富治男（1962）『トルコの歴史』紀伊国屋新書.
三浦徹・東長靖・黒木英充編（1995）『イスラーム研究ハンドブック』栄光教育文化研究所.
三浦徹（1997）『イスラームの都市世界』山川出版社.
三浦徹・岸本美緒・関本照夫編（2004）『比較史のアジア―所有・契約・市場・公正』イスラーム地域研究叢書 4, 東京大学出版会.
宮治昭（1981）『インド美術史』吉川公文館.
宮崎正勝（1997）『鄭和の南海大遠征　永楽帝の世界秩序再編』中公新書.
宮崎正勝（1994）『イスラーム・ネットワーク』講談社選書.
Moreland, W. H. (1972) "From Akbar to Aurangzeb: a Study in Indian Economic History", Macmillan and Co. Limited, 1923, Oriental Books Reprint Corporations.
Mitra, D. (1971) "Buddhist Monuments", Calcutta.
Monod-Bruhl, O. (1952) "Indian Temples", Oxford.
アントニオ・モンセラーテ（1984）『ムガル帝国誌』大航海時代叢書第 期　清水廣一郎・池上岑夫訳, 岩波書店.
森口多里, 濱岡周忠共編（1924）『印度の文化と建築（建築文化叢書；第 7 編）』洪洋社.
森本哲郎編（1979）『インダス文明とガンジス文明（NHK 文化シリーズ・歴史と文明. 埋もれた古代都市／森本哲郎編；第 5 巻）』集英社.
森谷公俊（2000a）『王宮炎上　アレクサンドロス大王とペルセポリス』吉川弘文館.
森谷公俊（2000b）『アレクサンドロス大王―「世界征服者」の虚像と実像』講談社.
森谷公俊（2007）『アレクサンドロスの征服と神話』興亡の世界史 01, 講談社.
森安孝夫編（2004）『中央アジア出土文物論叢』朋友書店.
森安孝夫（2007）『シルクロードと唐帝国』興亡の世界史 05, 講談社.
Moosvi, Shireen (1987) "The Economy of the Mughal Empire, c. 1595, A Statistical Study", New Delhi.
Morgan, D. (1996) "Medieval Persia 1040-1797", I. B. Tauris, London & New York.
森俊偉（1992）『地中海のイスラム空間：アラブとベルベル集落への旅（建築探訪；14）』丸善.
Mujeeb, M. (1966) "Indian Muslims", London.
Mujeeb, M. (1972) "Islamic Influence on Indian Society", Delhi.
Mukhia, Harbans (1976) "Historians and Historiography during the Reugr of Akbar", Vikas Publishing House, New Delhi.
Mukhia, Harbans (1993) "Perspectives on Medieval History", Vikas Publishing House, New Delhi.
Mumutaz, K. K. (1985) "Architecture in Pakistan", Concept Media Pte Ltd., Singapore.
村田治郎（1972）『東洋建築史（建築学大系 4）』彰国社.
村上正二（1993）『モンゴル帝国史研究』風間書房.
Mushta q, M, (1977) Lahore: A Study in Space and Time, Pakistan Geographical Review, Vol. 32, No. 1.

# N

中村元編（1968）『インドの仏蹟とヒンドゥー寺院（世界の文化史蹟；5）』講談社.
中村元（1985）『インド古代史』春秋社.

中村元（1997-99）『インド史Ⅰ～Ⅲ』中村元選集8～10，春秋社．
中村廣治郎（1977）『イスラム―思想と歴史』東京大学出版会．
中村廣治郎（1998）『イスラーム教入門』岩波新書．
中村廣治郎（2002）『イスラームの宗教思想―ガザーリーとその周辺』岩波書店．
Nadiem, Ihasan H. (2004) "Forts of Pakistan", Al-Faisal Publications.
Nadiem, Ihasan H. (2005) "Gardens of Mughal Lahore", Sang-E-Meel Publications, Lahore.
長澤和俊（1962）『シルクロード』校倉書房．
長澤和俊（1979）『シルクロード史研究』国書刊行会．
永田雄三・羽田正（1998）『成熟のイスラーム社会』世界の歴史15，中央公論社．
永田雄三編（2002）『世界各国史9　西アジア史Ⅱ　イラン・トルコ』山川出版社．
内藤みどり（1988）『西突厥史の研究』早稲田大学出版部．
Najimi, A. M. (1988) "Herat the Islamic City, A Study in Urban Conservation", London.
Nanda, Vivek (1990) "Urban Morphology and the Concept of 'Type'-A Thematic and Comparative Study of the Urban Tissue", School of Architecture CEPT, Ahmedabad.
Naqvi, Hameeda Khatoon (1968) "Urban Centres and Industries in Upper India 1556-1803", Bombay.
Naqvi, Hameeda Khatoon (1971) "Urbanism and Urban Centres under the Great Mughals 1556-1707: Essay in Interpretation", Shimla.
Nath, R. (1979) "Monuments of Delhi", New Delhi.
Nath, R. (1982a) "Islamic Architecture and Culture in India", Delhi.
Nath, R. (1982b) "History of Mughal Architecture: Vol. I The Formative Period: Bābur and Humāyūn c. 1526-1570 A. D.", Abhinab Publications, New Delhi.
Nath, R. (1985) "History of Mughal Architecture: Vol. II The Age of Personality Architecture: Akbar 1556-1605 A. D.", Abhinab Publications, New Delhi.
Nath, R. (1994) "History of Mughal Architecture: Vol. III The Transitional Phase of Colour and Design, Jehāngīr, 1605-1627 A. D.", Abhinab Publications, New Delhi.
Nath, R. (2005) "History of Mughal Architecture: Vol. IV ― Part1: The Age of Architectural Aestheticism, Shāh Jehān, 1628-1658 A. D.", Abhinab Publications, New Delhi.
Naqvi, H. K. (1968) "Urban Centres and Industries in Upper India, 1556-1803", Bombay.
Nicolle, David (1993) "Mughul India 1504-1761" Osprey Publishing Limited, UK　デヴィッド・ニコル（2001）『インドのムガル帝国軍　1504-1761　火器と戦象の王朝史』新紀元社．
Nigam, N. K. (1957) "Delhi in 1857", Delhi.
日本イスラム協会監修（2002）『新イスラム事典』平凡社．
日本建築学会編（1995）『東洋建築史図集』彰国社．
日本工業大学（1985a）『ネパールの王宮建築』日本工業大学．
日本工業大学（1985b）『ネパールの王宮と仏教僧院』日本工業大学．
Nilakanta Sastri, K. A. (1955) "A History of South India from Prehistoric Times to the Fall of Vijayanagar", Oxford University Press, New Delhi.
Nilsson, Sten (1968) "European Architecture in India, 1750-1850", London.
Nizami, Khaliq Ahmad (1989) "Akbar and Religion", Idarah-i-Adabiyat-i-Delli, Delhi.
野町和嘉（2002）『メッカ』岩波新書．
Nomachi, Ali Kazuyoshi & Seyyed Hossein Nasr (2003) "Mecca Medina, The Holiest Cities of Islam", Tuttle Publishing.

## O

織田武雄(1973)『地図の歴史』講談社,(『地図の歴史―世界編』講談社現代新書,1974年).
織田武雄・応地利明・末尾至行(1967)『西南アジアの農業と農村』京都大学.
尾形禎亮・佐藤次高・永田雄三・加藤博(1993-94)『西アジア史』上下,地域からの世界史,朝日新聞社.
小川英雄(1984)『古代のオリエント』ビジュアル版世界の歴史2,講談社.
小川英雄・山本由美子(1997)『オリエント世界の発展』世界の歴史4,中央公論社.
小倉泰(1999)『インド世界の空間構造:ヒンドゥー寺院のシンボリズム(東京大学東洋文化研究所研究報告)』春秋社.
Ohji, T.(応地利明)(1990) "The "Ideal" Hindu City of Ancient India as Described in the Arthasastra and Urban Planning of Jaipur" East Asian Cultural Studies Vol. XXXI, Nos. 1-4.
応地利明(1996)『絵地図の世界像』岩波新書.
応地利明(2007)『世界地図の誕生』日本経済新聞出版社.
大貫良夫・前川和也・渡辺和子・尾形禎亮(1998)『人類の起源と古代オリエント』世界の歴史1,中央公論社.
大牟田章(1984)『アレクサンドロス大王―「世界」をめざした巨大な情念』清水新書.
大村幸弘(1981)『鉄を生みだした帝国』日本放送出版協会.
大野盛雄(1971a)『ペルシアの農村』東京大学出版会.
大野盛雄(1971b)『アフガニスタンの農村から』岩波新書.
大戸千之(1993)『ヘレニズムとオリエント』ミネルヴァ書房.
大塚和夫(1989)『異文化としてのイスラーム―社会人類学視点から』同文館.
大塚和夫他編(2002)『岩波イスラーム事典』岩波書店.
アミーナ・オカダ,ジョン,M. C.(1994)『タージ・マハル』中尾ハジメ,岩波書店.
岡田英弘(1992)『世界史の誕生』筑摩書房.
岡田保良(1993)「メソポタミアにおける建築空間の特性に関する史的研究」京都大学学位請求論文,私家版.
岡崎文彬(1988)『イスラムの造景文化』同朋舎出版.
岡崎敬(1973)『東西交渉の考古学』平凡社.
岡崎勝世(2003)『世界史とヨーロッパ』講談社現代新書.
岡崎正孝(1988)『カナート イランの地下水路』論創社.
尾本恵一・濱下武志・村井吉敬・家島彦一編(2000)『海のパラダイム』岩波書店.
小名康之(2003)『17世紀ムガル帝国の新首都デリー建設計画をめぐる社会的研究』科研研究(平成12〜14年度)成果報告書.
小谷汪之(1989)『インドの中世社会』岩波書店.

## P

Page, J. A. (1927) "A Guide to the Qutb", Calcutta.
Pande, B. M. (2006) "Qutb Minar and its Monument", Oxford University Press.
Pant, G. N. (1989) "Mughul Weapons in the Babur-Nama", Delhi.
Pant, G. N. (1970) "Studies in Indian Weapons and Warfare", New Delhi.
Pant, M. M. & Funo, S. (2007) "Stupa & Swastika", Kyoto University Press + Singapore National University Press.

主要参考文献

Pearson, M. N. (1977) "Merchants and Rulers in Gujarat: The response to the Portuguese in the sixteenth century", Berkley and Los Angeles, University of California Press, ピスアン, M. N. (1984)『ポルトガルとインド　中世グジャラートの商人と支配者』生田滋訳, 岩波現代選書.
Pearson, M. N. (1981) "Coastal Western India: Studies from the Portuguese records", Concept Publishing Company, New Delhi.
Pearson, M. N. (1987) "The Portuguese in India", The New Cambridge History of India I/3, Cambridge University Press, Cambridge.
Pearson, M. N. (ed.) (1996) "Spices in the Indian Ocean World", Variorum, Aldershot.
Pereira, J. (1994) "Islamic Sacred Architecture A Stylistic History", Books & Books, New Delhi.
Pershad, Madho (1921) "History of the Delhi Municipality, 1863–1921", Delhi.
Peterson, A. (1996) "Dictionary of Islamic Architecture", Routledge, London and New York.
Pieper, Jan (1977) "Die anglo-indische Station oder die Kolonialisierung des Götterberges: Hindustadtkulutur und Kolonialstadtwesen im 19. Jahrhundert als Konfrontation östlicher und westlicher Geisteswelten", Rudolf Habelt Verlag GmbH, Bonn.
Pitcher, D. M. (1972) "Historical Geography of the Ottoman Empire", J. E. Bril, Leiden.
マルコ・ポーロ (1970)『東方見聞録』1, 2, 愛宕松男訳, 平凡社東洋文庫.
トメ・ピレス (1966)『トメ・ピレス　東方諸国記』大航海時代叢書 V, 会田由・飯塚浩二・井沢実・泉靖一・岩生成一監修, 生田滋・池上岑夫・加藤栄一・長岡新治郎訳註解説, 岩波書店.
Prakash, Om (1984) "The Dutch Factories in India 1617–1623: A collection of Dutch East India Company documents pertaining to India", Munshiram Manoharlal, New Delhi.
Prakash, Om (1985) "The Dutch East India Company and the Economy of Bengal, 1630–1720", Princeton University Press.
Prakash, Om (1997) "European Commercial Expansion in Early Modern Asia", Variarum, Aldershot.
Prakash, Om (1998) "European Commercial Enterprise in Pre-Colonial India", Cambridge University Press.
Pramar, V. S. (1989) "Haveli: Wooden Houses and Mansions of Gujarat", Mapin Publishing Pvt. Ltd., Ahmedabad.
Prochazka, A. B. (1988) "Architecture of the Islamic Cultural Sphere" 1a, 1b, 1c, 2a, 2b, Marp, Zurich.

# Q

Qaisar, Ahsan Jan (1982) "The Indian Response to European Technology and Culture A. D. 1498–1707", Oxford University Press, 多田博一・篠田隆・片桐博次訳 (1998)『インドの伝統技術と西欧文明』平凡社.
Qaisar, Ahsan Jan (1988) "Building Construction in Mughal India: The Evidence from painting", Oxford University Press.
Qanungo, K. R. (1921) "Sher Shah", Calcutta.
Qanungo, K. R. (1965) "Sher Shah and His Times", Orient Longman, Bombay.
Quateart, Donald (2000) "The Ottoman Empire, 1700–1922", Cambridge University Press.
Quraeshi, S. (1988) "Lahore The City Within", Singapore.

# R

Rafeq, A. K. (1966) "The Province of Damascus 1723–1783", Beirut.

Rajyagor, S. B. (1984) "Gujarat State Gazatteer, Ahmedabad District", Ahmedabad.
Ramachandran, R. (1989) "Urbanization and Urban Systems in India", Delhi.
Rangarajan, L. N. (1992) "Kautilya The Arthashastra", Edited, Rearranged. Translated and Introduced, Penguin Books India.
Raz, B. R. (1834) "Essay on the Architecture of the Hindus", Royal Asiatic Society of Great Britain and Lreland, John William Parker, London.
Ray, A. (1964) "Villages, Towns and Secular Buildings in Ancient India", Calcutta.
Rehman, Abdul &Wescoat Jr., James L. (1993) "Pivot of the Punjab The Historical Geography of Medieval Gujrat", Dost Associates Publishers, Lahore.
Renton-Denning, J. (1911) "Delhi: The Imperial City", Bombay.
Richards, D. S. (ed.) (1970) "Islam and the Trade of Asia", Oxford.
Richard, J. F. (1975) "Mughal Administration in Golconda", Clarendon Press, Oxford.
Richard, J. F. (1993a) "The Mughal Empire", Cambridge.
Richard, J. F. (1993b) "Power, Administration and Finance in Mughal India", Variorum.
ジョゼフ・リクワート (1991)『〈まち〉のイデア―ローマと古代世界の都市の形の人間学』前川道郎, 小野育雄共訳, みすず書房.
Robb, Peter (2002) "A History of India", Palgrave, Hampshire, New York.
Robinson, F. (1974) "Separation among Indian Muslims: The Politics of the Muslims in U. P., 1860-1923", Cambridge University Press.
Robinson, F. (ed.) (1996) "The Cambridge Illustrated History of the Islamic World", Cambridge University Press.
ロダンソン, M. (1998)『イスラームと資本主義』山内昶訳, 岩波書店.
Rogers, Alexander (trans.) & Beveridge, Henry (Ed.) (2003) "The Tūzuki-I-Jahāngīrī or Memoirs of Jahangir", 1909-14, Munshiram Manoharlal Publishers Pvt. Ltd.
ローマックス, D. W. (1996)『レコンキスタ―中世スペインの国土回復運動』林邦夫訳, 刀水書房.
ヘレン・ロウズナウ (1979)『理想都市　その建築的展開』理想都市研究会訳, 鹿島出版会.
Rossa, W. (1997) "Cidades Indo-Portuguesas: Indo-Portuguese Cities", National Committee for the Commemoration of Portuguese Discoveries.
クルティウス・ルフス (2003)『アレクサンドロス大王伝』谷栄一郎・上村健二訳, 京都大学学術出版会.
Rychaudhuri, H. (1972) "Political History of Ancient India", 1923, University of Calcutta.


## S

定方晟 (1973)『須弥山と極楽』講談社.
定方晟 (1982)『アショーカ王伝』法蔵館.
定方晟 (1985)『インド宇宙誌』春秋社.
定方晟 (1998)『異端のインド』東海大学出版会.
佐口透 (1970)『モンゴル帝国と西洋』東西文明の交流 4, 平凡社.
酒井啓子・臼杵陽編 (2003)『イスラーム地域の国家とナショナリズム』イスラーム地域研究叢書 5, 東京大学出版会.
坂本勉・鈴木薫編 (1993)『新書イスラームの世界史③　イスラーム復興はなるか』講談社現代新書.
坂本勉 (2000)『イスラーム巡礼』岩波新書.
坂本勉・鈴木薫編 (2003)『イスラーム復興はなるか』講談社.

坂田貞二［ほか］編（1991）『都市の顔・インドの旅』春秋社．
Saksena, B. P. (1962) "History of Shahjahan of Dilhi", Central Book Depot, Allahabad.
真田芳憲（1985）『イスラーム法の精神』中央大学出版部．
Sarkar, Jadunath (1901) "India of Aurangzeb", Calcutta.
Sarkar, Jadunath (1925, reprint, 1973) "Nadir Shah in Delhi", Calcutta.
Sarkar, Jadunath (1991) "The Fall of the Mughal Empire", 4 vols, Calcutta.
Sarkar, Jadunath (1933) "Studies in Aurandzeb's Reign", Calcutta.
Sarkar, H. (1966) "Studies in Early Buddhist Architecture of India", Delhi.
Sasson, J. M. et al (ed.) (1995) "Civilizations of the Ancient Near East" 4vols, New York.
佐藤圭四郎（1981）『イスラーム商業史の研究』同朋舎．
佐藤圭四郎（1998）『東西アジア交流史の研究』同朋舎．
佐藤正哲（1982）『ムガル期インドの国家と社会』春秋社．
佐藤正哲・中里成章・水島司（1998）『ムガル帝国から英領インドへ』世界の歴史14，中央公論社．
佐藤雅彦（1996a）『南インドの建築入門―ラーメシュワーラムからエレファンタまで』彰国社．
佐藤雅彦（1996b）『北インドの建築入門―アムリッツアルからウダヤギリ，カンダギリまで』彰国社．
佐藤次高（1986a）『中世イスラム国家とアラブ社会―イクター制の研究』山川出版社．
佐藤次高編（1986b）『イスラム・社会のシステム』講座イスラム3，筑摩書房．
佐藤次高（1991）『マムルーク―異教の世界からきたイスラムの支配者たち』東京大学出版会．
佐藤次高・鈴木薫編（1993）『新書イスラムの世界史①　都市の文明イスラム』講談社現代新書．
佐藤次高（1996）『イスラームの英雄「サラディン」―十字軍と戦った男』講談社．
佐藤次高（1997）『イスラーム世界の興隆』世界の歴史8，中央公論社．
佐藤次高編（1999a）『岩波講座　世界歴史10　イスラーム世界の発展　7-16世紀』岩波書店．
佐藤次高（1999b）『イスラームの生活と技術』世界史リブレット17，山川出版社．
佐藤次高編（2002）『世界各国史8　西アジア史①　アラブ』山川出版社．
佐藤次高編（2003）『イスラーム地域研究の可能性』イスラーム地域研究叢書1，東京大学出版会．
佐藤次高（2004）『イスラームの国家と王権』岩波書店．
SD編集部編（1971）『都市形態の研究―インドにおける文化変化と都市のかたち』鹿島研究所出版会．
Sauvaget,, J. (1934) "Esquisse d'une histoire de la ville de Damas" vol. 8, R. E. I..
Sauvaget, J. (1965) "Introduction to the History of the Muslim East", University of the Muslim East, University of California Press.
沢田勲（1996）『匈奴』東方書店．
Saxena, B. P. (1962) "History of Shah Jahan of Delhi", Allahabad.
Schimmel, Annemarie (2004) "The Empire of The Great Mughals: History, and Culture", Sang-e-Meel Publishings.
Schwartzberg, J. E. (ed.) (1992) "A Historical Atlas of South Asia", Chicago, London, 1978, 2nd edition, New York.
Sen, Surendra Nathy (1948-54) "Delhi and Its Monuments", Calcutta.
妹尾達彦（2001）『長安の都市計画』講談社選書メチエ．
Seyyed Hossein Nasr & Nomachi, Ali Kazuyoshi (2003) "Mecca Medina, The Holiest Cities of Islam", Tuttle Publishing.
Shaban, M. A. (1971) "Islamic History A. D. 600-750: A New Interpretation", Cambridge.
Shama, Deo Prakash & Sharma, Madhuri (2006) "Early Harappans and Indus-Sarasvati Civilization", VolumeI, II, Kaveri Books, New Delhi.
Shamasastry, R. (1915) "Arthasastra of Kautilya", University of Mysore, Oriental Library Publications.

Shamasastry, R. (1966) "Arthasastra of Agrawala, V. S. (ed.)" Samaranganasutradhara of Maharajadhiraja Bhoja", Baroda.
Sharma, M. A. (1990) "Delhi and its Neighbourhood", Archaeological Survey of India, New Delhi.
Sharma, S. R. (1999) "Mughal Empire in India" 3vols, New Delhi.
シャルマ・ラム・シャラン (1985)『古代インドの歴史』山崎利男・山崎元一 訳，山川出版社．
Sharp, Henry (1921) "Delhi: Its Stories and Buildings", Bombay.
Siddiqi, Noman Ahmad (1970) "Land Revenue Administration under the Mughals (1700-1750)", Asia Publishing House, London.
Sidhwa, Bapsi (ed.) (2005) "Beloved City: Writings on Lahore", OxfordUniversity Press.
嶋田襄平 (1966)『預言者マホメット』角川書店．
嶋田襄平編 (1975a)『イスラーム帝国の遺産』東西文明の交流 3，平凡社．
嶋田襄平 (1975b)『マホメット　預言者の国づくり』清水書院．
嶋田襄平 (1977)『イスラムの国家と社会』岩波書店．
嶋田襄平 (1978)『イスラム教史』山川出版会．
嶋田襄平 (1996)『初期イスラーム国家の研究』中央大学出版部．
嶋田襄平・板垣雄三・佐藤次高編／日本イスラーム協会監修 (2002)『新イスラーム事典』平凡社．
清水和裕 (2005)『軍事奴隷・官僚・民衆　アッバース朝解体期のイラク社会』山川出版会．
清水宏祐編 (1991)『イスラム都市における街区の実態と民衆組織に関する比較研究』東京外国語大学．
志茂碩敏 (1995)『モンゴル帝国史研究序説―イル汗国の中核部隊』東京大学出版会．
Singh, Khushwant (2004) "City Improbable writings on Delhi", Penguin Books India.
Singh, M. P. (1985) "Town, Market, Mint and Port in the Mughal Empire 1556-1707: an Administrative-cum-Economic Study", New Delhi.
Singh, Upinder (2004) "The Discovery of Ancient India Early Archaeologists and the Beginnings of Archaeology", Permanent Black.
Sinor, D. (ed.) (1990) "The Cambridge History of Early Inner Asia", Cambridge University Press.
Siribbhadra, S. and Moore, E. (1992) "Palaces of the God Khmer Art and Architecture in Thailand", River Books, Bangkok.
Sirva, N. D. (1996) "Landscape Tradition of Sri Lanka", Deveco Designers & Publishers Ltd..
Smith, B. & Reynolds, H. B. (ed.) (1987) "The City as a Sacred Center -Essays on Six Asian Contexts", E. J. Brill.
Smith, Edmund W. (1985) "The Mughul Architecture of Fathpur-Sikri", Caxton Publications, 1894, reprint.
Smith, V. (1924) "The Early History of India, from 600B. C. to the Muhammadan Conquest", Clarendon Press, London.
Smith, Vincent A. (1917) "Akbar: The Great Mogol 1542-1605", Oxford Clarendon Press.
Smith, Vincent A. (1958) "The Oxford History of India", Clarendon Press, Oxford.
Sobhan, Rehman (2000) "Rediscovering The Souththern Silk Route: Integrating Asia's Transport Infrastructure", The University Press Limited.
曾野寿彦・西川幸治 (1970)『死者の丘・涅槃の塔』新潮社．
Soundara Rajan, K. V. (1972) "Indian Temple Styles", Delhi.
Soundara Rajan, K. V. (1980) "Ahmadabad, The Director General Archaeological Survey of India", New Delhi.
Soucek, Svat (2000) "A History of Inner Asia", Cambridge University Press
Sovani, N. V. (1966) "Urbanization and Urban India", Bombay.
Spear, Percival (1937, 1945) "Delhi: A Historical Sketch", Oxford University Press, Bombay.

Spear, Percival (1951) "Twilight of the Mughuls: Studies in Late Mughul Delhi", Cambridge University Press.
Spear, Percival (1951, 1995) "Delhi-Its Monuments and History", Cambridge University Press.
スピア，パーシヴァル (1971〜1972)『インド史』(1)(2)，辛島昇・小西正捷・山崎元一訳，みすず書房.
スピア，パーシヴァル (1973)『インド史』(3)，大内稔・李素玲・笠原立晃訳，みすず書房.
Sri Ram (1932) "Municipal problems in Delhi", Delhi.
Srinivasan, K. R. (1972) "Temples of South India", Delhi.
Stein, B. (1978) "South Indian Temples", Delhi.
Stein, B. (1998) "A History of India", Blackwell Publishers, Oxford.
Stephen, Carr (1979) "The Arcchaeological and Monumental remains of Delhi", New Delhi.
Streusand, Doughalas E. (1989) "The Formation of the Mughal Empire", New Delhi.
Stierlin, H. (1979) "Architecture de L'Islam, Office du Livre", Fribourg, (アンリ・スチルラン 1987『イスラームの建築文化』神谷武夫訳，原書房）.
Subrahmanyan, Sanjay (ed.) (1990) "Merchants, Markets and the State in Early Modern South India", Oxford University Press, New Delhi.
末崎真澄編 (1996)『馬と人間の歴史』馬事文化財団.
Sugich, Michael (1992) "Palaces of India A Traveller's Companion Featuring The Palace Hotels", Pavilion Books Limited, London.
杉田英明 (1995)『日本人の中東発見―逆遠近法のなかの比較文化史』東京大学出版会.
杉山正明 (1997, 2003)『遊牧民から見た世界史 民族も国境もこえて』日本経済新聞社，日経ビジネス文庫.
杉山正明 (1992)『大モンゴルの世界 陸と海の巨大帝国』角川選書.
杉山正明 (1995)『クビライの挑戦―モンゴル海の道』朝日出版社.
杉山正明 (1996)『モンゴル帝国の興亡』上下，講談社.
杉山正明 (1997a)『遊牧民から見た世界史』日本経済新聞社.
杉山正明編 (1997b)『岩波講座世界歴史11 中央ユーラシアの統合』岩波書店.
杉山正明 (2002)『逆説のユーラシア史』日本経済新聞社.
杉山正明 (2004)『モンゴル帝国と大元ウルス』京都大学学術出版会.
杉山正明 (2005)『疾駆する草原の征服者』中国の歴史08，講談社.
杉山正明 (2006)『モンゴルが世界史を覆す』日経ビジネス文庫.
鈴木薫 (1992)『オスマン帝国』講談社新書.
鈴木薫編 (1993)『新書イスラームの世界史 パクス・イスラミカの世紀』講談社現代新書.
鈴木薫 (1993)『オスマン帝国の権力とエリート』東京大学出版会.
鈴木薫 (1997)『オスマン帝国とイスラム世界』東京大学出版会.
鈴木薫 (2000)『オスマン帝国の解体―文化世界と国民国家』筑摩書房.

# T

立川武蔵・石黒淳・菱田邦男・島岩 (1980)『ヒンドゥーの神々』せりか書房.
Tadgell, Christopher (1990) "The History of Architecture in India : From the Dawn of Civilization to the End of the Raj", Phaidon Press Limited, London.
Taha, A. D. (1989) "The Muslim Conquest and Settlement of North Africa and Spain", Routledge.
高田修，上野照夫 (1965)『インド美術 I, II』日本経済新聞社.
高田修 (1987)『仏像の誕生』岩波書店.
高橋正男 (1996)『イェルサレム』文藝春秋.

武沢秀一 (1995)『インド地底紀行 (建築探訪;9)』丸善.
田辺勝美・前田耕作編 (1999)『中央アジア』世界美術大全集東洋編 15, 小学館.
Taneja, K. L. (1971) "Morphology of Indian Cities", Varanasi.
Thapar, R. (1961, rev. 1997) "Asoka and Decline of the Mauryas", Oxford,.
ターパル, R. (1970)『インド史 1, 2』辛島昇, 小西正捷, 山崎元一訳, みすず書房.
ターパル, R. (1986)『国家の起源と伝承―古代インド社会史論』山崎元一・成沢光訳, 法政大学出版局.
Thapar, R. (2002) "Early India from the Origins to AD 1300", Penguin, London.
ターパル, B. K. (1990)『インド考古学の新発見』小西正捷・小磯学訳, 雄山閣.
丹下敏明 (1979)『スペイン建築史』相模選書.
立石博孝編 (2000)『スペイン・ポルトガル史』山川出版社.
寺阪昭信編 (1994)『イスラム都市の変容―アンカラの都市発達と地域構造』古今書院.
Thapar, Romila (2002) "Early India: From the Origins to AD 1300", University of California Press.
Tillotson, Giles (2006) "Jaipur Nama: Tales from Pink City", Penguin Books, India.
Tillotson, G. H. R. (1989) "The Tradition of Indian Architecture", Yale University Press, New Haven and London.
Tillotson G. H. R. (1988) "Paradigms of Indian Architecture Space and Time in Representation and Design", CURSON.
友杉孝編 (1999)『アジア都市の諸相―比較都市論にむけて』同文館.
都市史図集編集委員会編 (1999)『都市史図集』彰国社.
東京国立博物館編 (1997)『大草原の騎馬民族』東京国立博物館.
Toy, S. (1957) "The Strongholds of India", London.
Toy, S. (1965) "The Fortified Cities of India", London.
Trivedi, R. K. (1961) "Census of India 1961, Volume V Gujarat, Part X-A Special Report on Ahmedabad City, Superintendent of Census Operations", Gujarat.
ハワード・R・ターナー (2001)『図説 科学で読むイスラム文化』久保儀明訳, 青土社.
辻直四郎 (1967)『インド文明の曙』岩波書店.
角田文衛編 (1962)『北方ユーラシア・中央アジア』世界考古学体系 9, 平凡社.

# U

内田吟風 (1975)『北アジア史研究』同朋社.
梅村旦 (1997)『内陸アジア史の展開』世界史リブレット 11, 山川出版社.
梅棹忠夫 (1967)『文明の生態史観』中央公論社.
梅棹忠夫 (1976)『狩猟と遊牧の世界』講談社学術文庫.

# V

Vasavada, Kalyani J. (1982) "A Study of House Form and Settlement Patam", School of Architecture CEPT, Ahmedabad.
Venkatarama Ayyar, C. P. (1987) "Town Planning in Early South India", Mital Publications, Delhi, reprint.
Verma, H. C. (1987) "Dynamics of Urban Life in Pre-Mughal India", New Delhi.
ヴィレム・フォーヘルサング (2005)『アフガニスタンの歴史と文化』前田耕作・山内和也訳, 明石

書店，Vogelsang, Willem (2002) "The Afghans", Blackwell Publisher Ltd..
ウリヤ・フォークト・ギョクニル (1967)『世界の建築, トルコ』森洋子訳, 美術出版社.
Vogt-Göknil, U. (1965) Turquie ottomane, collection《Architecture universelle》, Fribourg.
Volahsen, A. (1969–1970) "Living Architecture: Indian, and Islamic Indian", New York.
Volwahsen, Andreas (2002) "Imperial Delhi", Munich.

## W

若松寛編 (1999)『アジアの歴史と文化 7 北アジア史』同朋社.
Watt, W. M. (1953) "Muhammad at Mecca", Oxford.
Watt, W. M. (1956) "Muhammad at Medina", Oxford.
ワット, W. M. (1970, 2002)『ムハンマド 預言者と政治家』牧野信也・久保儀明訳, みすず書房.
ワット, W. M. (1984)『地中海世界のイスラム—ヨーロッパとの出会い』三木亘訳, 筑摩書房.
Weis, Anita M. (2002) "Walls Within Walls: Life Histories of Working Women in the Old City of Lahore", Oxford University Press.
ウィーラー, R. E. M. (1966)『インダス文明』曾野寿彦訳, みすず書房.
ウィーラー, R. E. M. (1971)『インダス文明の流れ』小谷仲男訳, 創元社.
Wiesner, Ulrich (1978) "Nepalese Temple Architecture", Leiden: E. J. Brill.
Wijesuriya, G. (1998) "Buddhist Meditation Monasteries of Ancient Sri Lanka", Department of Archaeology, Sri Lanka, Colombo.
Wilber, D. N. (1955) The Architecture of Islamic Iran, Princeton.
Wilford, J. N., "The Mapmakers", Vintage Books, 1981. ウィルフォード, J. N. (1992)『地図を作った人びと』鈴木訳, 河出書房新社.
Winchester, S. (2001) "The Map that Changed the World", Perennial.
Wink, A. (1990) al-Hind: "The Making of the Indo-Islamic World, I, Early Medieval India and and the Expansion of Islam 7th–11th Centuries", E. J. Brill, Leiden.
Wink, A. (1997) al-Hind: "The Making of the Indo-Islamic World, II, The Slave Kings and the Islamic Conquest 11th–13th Centuries", E. J. Brill, Leiden.
Wirth, E. (1982) "Villes Islamiques, villes arabes, villes orientales?: Une problématique face au changement", in Bouhdiba, A & Chevallier, D. (ed.) (1982).
ウィットフィールド, P. (1998)『海洋図の歴史』有光秀行訳, ミュージアム図書.

## X

## Y

家島彦一 (1991)『イスラム世界の成立と国際商業—国際商業ネットワークの変動を中心に』岩波書店.
家島彦一 (1993)『海が創る文明—インド洋海域世界の歴史』朝日新聞社.
家島彦一 (2003)『イブン・バットゥータの世界大旅行 14世紀イスラームの時空を生きる』平凡社新書.

家島彦一（2006）『海域から見た歴史―インド洋と地中海を結ぶ交流史』名古屋大学出版会.
山田篤実（1997）『ムガル美術の旅』朝日新聞社.
山田信夫（1971）『ペルシアと唐』東西文明の交流 2, 平凡社.
山田信夫（1985）『草原とオアシス』ビジュアル版世界の歴史 10, 講談社.
山田信夫（1989）『北アジア遊牧民族史研究』東京大学出版会.
山本達郎編（1960）『インド史』世界各国史 10, 山川出版社.
山本達郎・荒松雄・月輪時房（1967-70）『デリーデリー諸王朝時代の建造物の研究』I（遺蹟総目録），
    II（墓建築），III（水利施設），東京大学東洋文化研究所.
山根周（2005）『インドの歴史的市街地における街区空間の構成に関する研究―ラーホール，アフマ
    ダーバード，デリーを事例として』学位請求論文，京都大学.
山崎利男（1985）『悠久のインド』世界の歴史 4, 講談社.
山崎元一（1982）『アショーカ王とその時代』春秋社.
山崎元一（1987）『古代インド社会の研究―社会の構造と庶民・下層民』刀水書房.
山崎元一（1994）『古代インドの王権と宗教―王とバラモン』刀水書房.
山崎元一（1997）『古代インドの文明と社会』世界の歴史③, 中央公論社.
山崎元一・石澤良昭編，樺山紘一・川北稔・岸本美緒・斉藤修・杉山正明・鶴間和幸・福井憲彦・
    古田元夫・本村凌二・山内昌之監修（1999）『世界歴史 6　南アジア世界・東南アジア世界の形
    成と展開―15 世紀』岩波書店.
矢守一彦（1975）『都市図の歴史　世界編』講談社.
柳橋博之（1998）『イスラーム財産法の成立と変容』創文社.
柳橋博之（2001）『イスラーム家族法』創文社.
矢野道雄編（1980）『インド天文学・数学集』科学の名著 4, 朝日出版社.
Yeomans, Richard (1999) "The Story of Islamic Architecture", Garnet Publishng Ltd..
米倉二郎編（1973）『インド集落の変貌―ガンガ中・下流域の村落と都市』古今書院.
湯川武編（1995）『イスラーム国家の理念と現実』栄光教育文化研究所.
H. ユール & H. コルディエ（1944, 1976）『東西交渉史』東亜史研究会訳, 帝国書院, 原書房.

## Z

Zimmer, Heinrich (1983) "Myths and Symbols in Indian Art and Civilization" New York.

## 索　　引（事項／地名・国名・民族名／人名）

### 事　項

**[ア行]**

アーバード 100
アーブ 100
アーンマ 68
『アヴェスター』109, 138
『アクバル会典』159
アジメール門 378 →地名索引参照
アター 56
『アタルヴァ・ヴェーダ』138
アッバース革命 42
アッラー 12
アフラシアブ 121
アミール 80
アムサール 15
アラビア 219
　　アラビア語 279
アラブ 13, 330 →地名索引参照
　　アラブ・イスラーム都市 20, 80, 367
アリー 53
『アルタシャーストラ』2, 142
『アレクサンドロス大王東征記』141
アンサール 47
アンダルス 16
アンワ 58
イーラーン 113 →トゥーラーン
イーワーン 376
　　イーワーン式 110
イギリス東インド会社 257
イクター 68
イスマーイール派 7, 75
イスラーム国家 47
イスラーム都市 16, 367
イブラーヒームの立処 49 →人名索引参照
イフラーム 49
イフリーキヤ 16
イマーム 53, 215
イワーン 301
インド・イスラーム 182
　　インド・イスラーム都市 9, 33, 366
インド・サラセン 275

インド・ムスリム都市 33-34
インドラプラスタ 171
『インド誌』135, 171
インド大反乱 202, 225, 227, 254
インド都市／インド都城 2, 36
『ヴァーストゥ・シャーストラ』3, 194, 375, 388
ヴァダ 329, 331
ヴァディ 329
ヴァド 329-331
ヴァルナ制度 138
ヴィシュヌ 195, 348
『ヴィシュヌ・プラーナ』168
ウエイン 138
ヴォールト 59
ウシュル 57
ウパシュラヤ 348
ウパニシャッド哲学 138
ウマラー 221
ウラマー 67
ウルーバ 25
ウルドゥー語 225, 279
ウルブス・クワドラタ 59
ウンマ 12, 32
エデンの園 371
『エリュトラー海航海記』146
オアシス 367
　　オアシス都市 13, 40, 155, 368
オスマン帝国 24
オトゥロ（オトゥラ）351-352, 355, 359-361, 363-364
オリエンタリズム 6, 19
オリエント 12
オル 329-330
オルド 36, 49, 123, 352-353, 355, 359-360, 363, 373

**[カ行]**

カースト 219, 221, 251, 253, 316, 330
カーティブ 67
『カーヌーン・イ・フマーユニー』156
カーヌンゴー 163

## 索　引

カーブル門 378 →地名索引参照
カールムカ 3, 5, 195, 258, 322-323, 375
カールムカ・ハドガ 258
カイサーリーヤ 94
カシミール門 378 →地名索引参照
ガズ 190
カスバ 90, 163, 379
カスル 92
カディア 362
カドゥキ 317, 328-332, 334-335, 339-340, 347-348, 352, 355, 358-364, 380
カトラ 210, 218-219, 221, 223-224, 230, 236, 250, 252, 281, 283, 285, 287, 295, 305, 308, 315, 380
カナート 101, 370
ガニーマ 53
ガリ 218, 223, 230, 236, 249, 251-252, 281-283, 285, 287, 294-295, 305, 308, 315-317, 328-332, 334-335, 339-340, 347, 358, 362-363, 380
カリフ 42, 52-53, 371
　　正統カリフ 56-57
カルヴァタ 4
ガルナータ 74
ガン 381
灌漑 369
カンチャ 330-331
カンチョー 328-330, 332, 335, 339-340, 347, 359, 362-363, 380
カントンメント 200, 207, 272, 275, 321
カンポン 11
キシュラ 92
キブラ 31
キャラヴァン 52
キャラバンサライ 92, 94, 225, 228, 261, 264, 267, 269
キラー・ラーイー・ピタウラー 179
ギリシア・ローマ都市 17
ギルド 18
クー 330
クーイ 330
クーチェ 279, 330
クーチャ 218-219, 221, 223, 228, 230, 236, 249, 251-252, 279, 281-283, 285, 287, 292, 294-295, 305, 308, 315-317, 380
グーラム・ガルディーシュ 301
グザル 228, 279, 330, 380
クシャーナ朝 9
クシャトリヤ 4
クッワト・アル・イスラーム 172

クヘンディズ 123
グリッド 7, 25
クリルタイ 124
クルアーン（コーラン）13, 24, 51, 371
クルガン 123
ケタカ 4
ゲル 317
コートワーリー 251
コートワール 163
港市都市 13
コタ 301
コチャ 330
コティ 221
コトリ 301
コロニア 370
コンキスタ 72

[サ行]
サーイフ 330
ザーウィヤ 92
ザート 163
サーバート 88, 91
『サーマ・ヴェーダ』138
サハン 288, 297, 301
サライ 197, 219, 230, 267, 380
サルヴァトバドラ 5
サルカール 163
サルド・ハーナ 301-302
サワード 56
サワール 163
サンスクリット 219, 329
シーア派 53, 75, 223
シヴァ 4, 195, 343, 348
シヴィル・ラインズ 200, 206, 272-273, 275
シェイフ 189
シク（教徒）200, 272-273, 276
ジズヤ 47, 70
ジッグラト 65
シナゴーグ 77, 345
ジハード 13, 42
シパーヒー 202
ジャーギール 163
シャージャーハーナーバード 189 →地名索引参照
ジャーヒリーヤ 45
ジャーミー 17
ジャーミー・マスジッド 56, 379 →地名索引参照
シャーリー 91
ジャイナ（教徒）6, 321-322, 326-328, 331, 337-

338, 348, 362-363
シャイフ 60
ジャナパダ 138
シャフリスターン 123
シャフル（バルダ）163
ジャマーア 47
ジャムチ 124
ジャラン 381
シャリーア 28, 379
ジャワーリー 70
ジャンブ・ドヴィーパ（瞻部州）51, 135
『周礼』考工記 388
十二イマーム派 75
シュトルグル 199
巡礼 13, 15
植民都市 25, 370
ジラ 190
ジラウ・カーナ 193
ジル・ハーナ 301
シルクロード 98
シンド 135 →地名索引参照
スーク 17, 92, 379
スードラ 4
スーバダール 163
スーフィー 93, 177
スーラジ・クンド 152
スール 90, 92
ズィンミー 47
スキンチ・アーチ 376
スクォッター 276
ステップ 108, 367
スムン 330
スラム 210-211
スルタン 42, 179, 182, 322
　　スルタン＝カリフ制 24
スルフ 58
スワスティカ 5
スンナ派 57
正統カリフ 56-57 →カリフ
ソユルガル 132
ゾロアスター教 109

[タ行]
ターナー 250
ターナーダール 250
ダール 95
ダール・アルイスラーム 62
ダール・アルハルブ 61

ダイア 67-68
ダイダラ 168 →地名索引参照
大モスク 21
ダウラ 61
タキ 131
タハラット・ハーナ 301
タラー 296, 301, 308, 310
タラスの戦い 117
ダラン 297, 301-302
タリーク・アルムスリミーン 91
タリーク・ナーフィズ 91
ダルガー 237, 287-288, 291, 307, 316
ダルバール 205
タワーフ 49
ダンダカ 5, 264-265
タントラ 51
中国都城 36
チシュティー 177
チシュティー教団 173
『チムール帝国紀行』131
チャウドゥリー 163
チャクラ 3
チャクラヴァルティン 135
『チャチュ・ナーマ』148
チャッジャ 288, 291-292, 316
チャッタ 218-219, 250, 380
チャトゥールムカ 5
チャハル・バーグ 193, 198
チャブートラ 308, 348
チュナ 296
チョウク 285, 288, 335, 352-353, 355, 359-361, 363-364
チョウクディ 351
チョルス 17, 127
庭園 371
ディーワーン 55
ディーワーン・アルジュンド 58
ディーワーン・アルハラージュ 58
ディフカーン 70
ディリ 168 →地名索引参照
ディン・バナー 184 →地名索引参照
デウリ 297, 300-303
デカン 134 地名索引参照
デラサル 348, 363
デリー・サルタナット 35 →地名索引参照
デリー・シェール・シャーヒー 186-187
デリー・マスタープラン 210-211
デリー三角地 171 →地名索引参照

431

ドーム 59, 376
ドアーブ 138
トゥーラーン 113
ドゥルガ 321
トゥルバ 92
奴隷王朝→地名索引参照

[ナ行]
ナガラ 138-139, 321
ナジール 193
ナフジュ 91
ナワーブ 224
ナンディヤーヴァルタ 5
ニガマ 321
ニシスト・ガー 301
ヌガラ 3 →ナガラ
ノモス 44

[ハ行]
バーオリー 152, 269
バーグ 40, 156, 265, 371
バーグ・イ・ナウ 155
バーザール 17, 22, 193-194, 196-198, 201, 215-216, 231, 236, 243, 249-253, 259-262, 264, 267, 281, 283, 285, 287-288, 291-292, 307-308, 310, 312, 315, 331, 338, 349, 381
ハーッサ 68
バーブ 90, 92
『バーブル・ナーマ』123, 131, 155, 257
ハーラ 60, 330
ハーレム 193
ハーン 60
ハーンカー 93
ハイイ 60, 330
バイターク 301
バイト 95
ハヴェリ 61, 199, 221, 224, 230, 251, 253, 260-261, 296, 301, 305, 316, 355, 361
バウェルチ・ハーナ 301
ハウズ 301
ハウズ・ハース 152
『博物誌』135
バスティー 210
パターン 288
パタク 219, 250, 380
パタナ 4
ハッザーン 91
ハッジュ 13

バッワーベ 330
ハディース 51
パトシャラ 348
バトハ 91
パドマ 5
バドルの戦い 47
パニヤロ 355
バヌー・ムーサー 64
バフシ 163
ハラージュ 57, 70
パラダイス 371
ハラム 49
バラモン 142
バラモン教 138
ハリーファ 53
パルガナー 163
パルサティ 300-301
パルサル 352-353, 355, 359-360, 363
ハワーリジュ派 75
バンガロー 321
バングラ 228
ハンダク 91
パンチャーラ 138
ハンマーム 17, 21, 60, 92, 193, 301, 379
ピール 189
東インド会社 200, 202, 273, 321
ヒジャーズ 369
ヒジュラ 43
　　ヒジュラ暦 57
ヒスパリス 74
ヒッタ 95
ビルカ 269
ヒンディー 219, 281, 317, 330, 347
ヒンドゥー（教徒）178, 194, 197, 209, 224, 240, 247, 252, 254, 264, 269, 271, 276, 316-317, 321-322, 326-328, 331, 337-338, 362-363
　　ヒンドゥー寺院 337
　　ヒンドゥー都市 3
ヒンドゥスターン 155 →地名索引参照
プージャー 348, 355
ファイ 53
ファトワー 86
フィナー 92
ブスターン 371
『フトゥーフ・アルブルダーン』148
フトバ 92
フナインの戦い 40
プラ 139, 219, 250, 321, 329, 380

プラーナ 51
プラーナ・キラ 183 →地名索引参照
プラスタラ 5
プラティシャラ 353
プラトリ 329
プル 321
ブルジュ 90
ブントゥ 381
フンドゥク 92
ペルガモン 389
ペルシア語 178, 219, 225, 230, 279, 331, 371
ヘレニズム 52
ペンデンティブ 376
ホーマ 95
ボーヤンバ 353
ボーラ（ボホラ）148
ポル 317, 328-335, 339-341, 343, 346-348, 359, 362-363, 380
ポンドック 94

[マ行]
マーズート 70
マーナサーラ 2
『マーナサーラ』195, 258, 264, 322, 375
マーリク学派 24, 85
マーリク派 75
マーリスターン 92
マウザー 163
マクバラ 91-92
マグリブ 16 →地名索引参照
マシュリク 16, 76 →地名索引参照
マスジッド 92
マズハブ madhhab（法学派）75
マディーナ・アッサラーム 62 →地名索引「バグダード」参照
マディーナ・アル・ナビー 43 →地名索引「メディナ」参照
マドラサ 92, 156, 379
マネク 362
マハージャナパダ 139 →地名索引参照
マハーデーヴァ 343
『マハーバーラタ』135, 138, 168, 170
マハッラ 60, 279, 330 →モハッラ
マハル 221
マホッロ 329-331
マムラカ 61
マムルーク 34
『マヤマタ』194

マラータ戦争 200
マラブート 92
マルグ 317
マルダーナ・フジュラ 303
マワーリー 57
マンサブダーリー制 274
マンサブダール 163, 221
曼荼羅都市 2-3, 11, 375, 388
マンディ 337, 341, 348
マンボ 106
ミーダート 92
ミスル 13, 370
ミナレット 26, 79
ミフラーブ 26
ミンバル 26
ムカーティラ 53
ムガル 188-189, 200, 202-203, 221, 230 →地名索引参照
　ムガル庭園 198
ムグ 299-301
ムクター 68
ムサッラ 91
ムスリム 7, 12, 178, 189, 209, 224, 237, 240, 247, 252, 254, 263-265, 270, 316, 321, 327-328, 330-331, 343, 345, 362-363, 369
　ムスリム都市 32
ムデーハル 74
ムハージルーン 46
ムハッリク 95
ムハンディス 188
ムフタスィブ 70
ムラービト 92
ムルク 62
メール山（須弥山）51
メスキータ 72
メディナ 379
メディナ 43 →地名索引参照
モサラベ 74
モスク 155, 157, 182, 237, 252, 254, 267, 287-288, 291-292, 316, 379
モハッラ 60, 215, 218-219, 221, 230, 236, 250, 252, 279, 282-283, 285, 288, 291, 293, 295, 305, 315, 328, 330, 343, 363, 380 →マハッラ
モハッラダール 219

[ヤ行]
ヤカイン 138
『ヤジュル・ヴェータ』138

索 引

遊牧 10, 13
ユルト 131
ヨーロッパ都市 16

[ラ行]
ラージャ 259
ラージャン 138
ラーホール開発局 277
『ラーマーヤナ』138, 270
ラール・キラ 189 →地名索引参照
ラクシュミー 348
ラスタ 317
ラソル 355
ラバト 123
ランガール 93
『リグ・ヴェーダ』135, 138
リズク 56
リッダ 53
リバート 93

レヴェシ 353, 355, 360, 363
『歴史』141
レコンキスタ 72
レジデンシー 200, 225
ロザ 331
ロジャ 329, 331

[ワ行]
ワード 325
　　ワード番号 325
ワーハ 100
『ワカーイー』154
ワカーラ 92, 94
ワキール 224
ワクフ 29, 391
ワズィール 67
ワダ 330
ワド 329-330, 339-340, 363, 380

地名（施設・都市・地方）・国（王朝）名・民族名 ─────────

[ア行]
アーグラー 7, 154, 156, 163, 182-183, 188, 256-263, 366
アーグラー門（ラーホール）265-266
アーグラーブ朝 75
アーリヤ 98, 137
アーンドラ・プラデーシュ 134
アイザーブ 48
アイユーブ朝 54, 93
アヴァンティ 139
アウド 163
アウランガーバード 100, 165
アクサー・モスク 56
アクバラーバード 158, 257 →アーグラー
アクバラーバード門（デリー）193-194, 197
アクバラバーディ・マスジッド 198
アクバリー・マスジッド 258, 261-262
アクバル 264
アケメネス朝 44, 97, 372
アサカ 139
アシハバード 100, 106
アジメール 148, 163
アジメール門（デリー）187, 197, 207-208, 224
アジメール門（ラーホール）267
アシャト・パナヒ 197

アシュラフィー・バーザール 196
アズハル・モスク 79
アスワーン 48
アゼルバイジャン 131
アチラーヴァティー河 141
アッカド 136
アッシリア 44, 104, 110
アッソス 389
アッバース朝 15, 25, 42, 52, 61-62, 147, 376
アディラバード 187
アナトリア 52
アナヒルヴァダ 6, 322
アヒチハトラ 139
アブー・ドゥラフ 65
アフガニスタン 146, 156, 199, 270
アフシャール朝 199
アブダビ 136
アフマダーバード 2, 317, 320-323, 328, 333, 362, 366
アフマドナガル 159
アマルナ 44
アムル・モスク 73
アム河 10, 34, 156
アヨーディヤー 138
アラヴァリ山地 168, 171, 373

434

アラコシア 105 →カンダハル
アラハーバード 163
アラビア海 370
アラビア半島 25, 52, 369
アラブ 13, 24, 34
アラファート 50
アラム 52, 59
アラル海 10, 99
アリンダ 389
アルサケス朝 110
アルジェリア 17, 75, 105
アルタイ山脈 99
アルハンブラ宮殿 74, 372
アルプティギーン 148
アルボルズ山脈 101
アルマリク 124
アルメニア 103
アルモアーデ 74
アレクサンドリア 171
アレクサンドリア・エスカテ 115 →ホジャント
アレッポ 13, 42, 125
アロール 147
アンガ 139
アンコール・トム 4
アンジャール 64
アンダルス 16, 72
アンディジャーン 123
イエメン 25, 45
イオニア 110
イシク・クル 99
イシン 44
イスタンブル 373
イスファハーン 188, 376
イティマード・ウッダウラー廟 161
イドリース朝 75
イフリーキーヤ 16, 71
イベリア半島 25, 72
イムティアーズ・マハル 191-192 →タージ・マハル
イラン 13, 25, 199
イリ河 99
イル・ハーン朝 112
岩のドーム 56
インダス河 97, 106, 270, 368
インド・アーリヤ民族 367
インドネシア 32
インドラパット 157
インドラプラスタ 139, 170, 183, 187

ヴァーラーナシー 7, 9, 139
ヴァイシャーリー 139
ヴァツァ 139
ヴァムサ 139
ヴィジャヤナガル 159
ヴィデーハ 138
ヴィンディヤ山脈 134
ヴォルガ河 126
ウカッタ 139
ウズベク・ウルス 154
ウッジャイニー 142
ウッジャイン 139
ウッタル・プラデーシュ州 9
ウマイヤ・モスク 57
ウマイヤ朝 42, 52
ウラル 99
ヴリジ 139
ウル 44
ウルク 44
ウンマ 44
ウンム・アン・ナール 136
エクバタナ 104, 115 →ハマダーン
エジプト 43-44, 97, 110
エフタル 99, 116
エラム王国 110
エルサレム 30
エルブルズ 101
エローラ 165
オールド・デリー 33, 180, 206, 208-212, 231, 249, 251, 253-254, 372 →シャージャーハーナーバード
オクソス 10
オスマン朝 54
オトラル 132
オマーン 75
オリッサ 142

[カ行]
カーシ 139
カージャール朝 103
カーバ神殿 49-50
カーブル 105, 116, 154, 156, 163, 368
カーブル門（デリー）197-198, 206
カーリーバンガン 137
カールーン河 102
カーンドヴァ・プラスタ 169
カイラワーン 71
カイロ 52, 76

カウシャーンビー 139
カウラヴァ 139
カザフ草原 99
カシミール 197
カシミール門（デリー）197, 200, 203, 209
カスティリア 73
ガズナ 105
ガズナ朝 148, 270–271
カスピ海 97
カナウジ 148, 171
カナリア諸島 105
ガヤ 139
カラ・キタイ（西遼）118
カラ・コユンル朝 103
カラ・ハーン朝 101, 118
カラクム砂漠 98
カラコルム 124
カリンガ 141
カルカッタ 187, 202–203, 205
カルタゴ 90
カルド 59
カルナータカ 134
カルパチア草原 99
ガンウェーリーワーラー 137
ガンジス河（ガンガ）7, 156, 168, 189
ガンダーラ 99, 139
カンダハル 105, 156
ガンディーナガル 322
カンペイ 36
カンボージャ 139
キーロークリー 150, 187
ギザ 44
キジルクム砂漠 98
貴霜 116 →クシャーン
キプチャク 124
キプロス 104
キャラバン・サライ 196
匈奴 116
キラー・ガート門（デリー）197
キラー・ラーイー・ピタウラー（ラーイー・ピタウラー城）172, 177
ギリブラジャ 139
クーファ 15
グアダルキビル河 72
クサヴァティ 139
クシャーナ族 9
グジャール 322
クシャーン朝 116

グジャラート 6, 156, 163, 264, 321–322, 330–331, 359–360
グジャラート王朝 320
クチャ 101
クテシフォン 102
クトゥブ 171
クトゥブ・ミナール 172, 202
クニドス 135
グプタ朝 142, 172
クライシュ 46
グラナダ 72, 372
クル 138–139
グルガンジ 152
クルクシェトラ 138
クル族 138
グレコ・バクトリア 115
グワリオール 157
ケーララ 134
ケシュ 124
ケルマーン 102
元 13
コーサラ 138
コートワール・チャブートラ・チョウク 196
ゴール朝 34, 118, 271
ゴア 36, 159
コイ・クリルガン・カラ 64
紅海 48
高車 116
広州 147, 370
後ウマイヤ朝 71
黄河 368
黒海 98
ゴビ砂漠 98
コルカタ 366
コルドバ 71
コロマンデル 147
崑崙 99

[サ行]

サーサーン朝 15, 42, 102, 371
サード朝 77
サーマーン朝 113
サーマッラー 25, 65, 371
ザーヤンデルード河 102
サイイド朝 151, 182
ザイトゥーン（泉州）13
サカ 114
ザクロス山脈 44, 101

サケタ 139-140
サッカル 147
サッファール朝 113
サナア 25
サバ 45
ザビード 48
サファヴィー朝 103, 156, 188, 374
サマルカンド 105, 114, 154-155, 182, 368
サラビーヤ 48
ザラフシャン河 99, 123
サリームガル 186, 189, 191
サリームガル門（デリー）193-194
サルナート 114
サワード 56 →事項索引参照
ザンジバル 75
シークリー 263
シーリー 150, 179, 182, 184, 187
ジール朝 78, 90
シェール・ガル 187
シェール・シャー・スール廟 157
シェール・マンダル 184
ジェッダ 44
シエラネバダ山脈 74
シカンドラ 165, 374
シク王国 301
シシュパールガルフ 142
ジッダ 48
シャー・マハル 192 →ディワーニ・カース
シャージャーハーナーバード 33, 36, 180, 182-183, 186-189, 194-195, 197-201, 203, 206, 211, 213, 216, 218-219, 221, 224, 249, 251-254, 256-260, 262, 264, 372 →オールド・デリー
ジャート族 200, 257
シャーヒー・キラー 158
シャーヒーババード庭園 198-199
シャーヒー朝 148
ジャーミー・マスジッド（ダマスクス）90
ジャーミー・マスジッド（デリー）194, 198, 202-203, 211, 228, 231, 240, 243,
ジャーミー・マスジッド（ラーホール）258, 260, 262, 264, 267, 269
ジャーミー・マスジッド（アフマダーバード）320, 323
ジャール 48
シャイバーン朝 132
ジャイプル 3, 317
ジャズィーラ 125

ジャハーンギール殿 259
ジャハーンナーラ・ベガム広場 196
ジャハーンパナー 151, 153, 179, 182, 187
シャフリサブズ（ケシュ）127
ジャライル朝 126
ジャワ 13, 25
シューラセーナ 139
柔然 116
シュラーヴァスティー 139-141
ジュンガル草原 99
ジョチ・ウルス（キプチャクハン国）124
ジラウ・カーナ 193-194
シリア 13, 110
シルカップ 9
シル河 10, 97
新疆ウイグル 106
シンド 34, 135, 374
スーサ 110
スーバ 163
スーラージ・クンド 171
スーラト 36, 159
スールコータダー 147
スール朝 156-157, 183, 374
スヴァルナギリ 142
スエビ族 74
スキタイ（スキュタイ）114
スクティマティ 139
スライマーン山脈 30, 97
スルターニヤ 126
西夏 118
セヴィージャ（セヴィーリャ）72, 372
セルジューク朝 42, 82, 149
セレウコス朝 115
泉州 370
鮮卑 116
ソグディアナ 98
ソグド 110

[タ行]
タージ・マハル 157, 256, 258, 261-262, 372
ターハルト（ティアレ）75
ターヒル朝 112
大興安嶺 99
ダイダラ 168, 171
タイッズ 48
大都 36
ダウラターバード 151
タクシャシラー 142

# 索引

タクシラ（タクシャシラー）9, 139
タクラマカン砂漠 98, 101
ダッカ 36, 159
タッタ 180
タバリスターン 112
タブーク 48
タブリーズ 103, 112, 125
ダマスクス 13, 42, 48
タミル・ナードゥ 3, 134
タラス河 99
ダリアガンジュ 199-200, 203, 207
チェーディ 139
チェンナイ 366
チグリス・ユーフラテス 44, 106, 368
チャウサ 374
チャウハーン朝（チャーハマーナ朝）145, 171-172
チャウルキヤ（ソーランキー）朝 146
チャガタイ・ウルス（チャガタイ・ハーン国）124
チャクラヌガラ 3
チャヌフ＝ダーロ 137
チャハル・バーグ 265
チャンデッラ朝 146, 149
チャンドニー・チョウク 193-199, 202, 211, 213, 227-228, 230, 249, 251, 376
チャンパー 139-140
チュー河 99
中央アジア 259, 279
中央ユーラシア 13, 366→ユーラシア
チュニジア 17, 76, 105
チュニス 29, 32, 76
長安 4
チョウハーン（チャーハマーナ）朝 34-35
チョウリー・バーザール 228, 240
チリー 105
デーヴァギリ 150, 180
デーオギリ 151
テーベ 44
ディッリー 171, 187
ティムール朝 35, 64, 126, 154, 259, 367
ディリ 168
ディワーニ・アーム 191-192, 259, 266
ディワーニ・カース 192-193, 259, 266
ディン・パナー（プラーナ・キラ）157, 183-184, 186-188, 189, 374
デカン 134, 267
デクマヌス 59
テヘラン 103
テュルク 34-35, 367

デリー 2, 154, 156, 163, 168, 171, 177-178, 180-184, 187-189, 191, 199-200, 202-203, 205, 209, 249, 256, 259-260, 271, 322, 366
デリー・サルタナット（デリー諸王朝）6, 35, 150, 157, 322, 374
デリー・シェール・シャーヒー 187→事項索引参照
デリー三角地 168, 171, 187-188
デリー諸王朝 374→デリー・サルタナット
デリー門（デリー）193, 197, 207-208
デリー門（ラーホール）266, 272
デリー門（アフマダーバード）323
天山山脈 99
トーサリー 142
ドーラーヴィラー 137
ドアーブ平原 189
トゥース 124
トゥーラーン→事項索引参照
トゥーラン語族 215
トゥールーン朝 75
トゥグルカーバード 100, 151, 153, 171, 177, 179, 187
トゥグルク朝 151, 177, 180, 182
ドゥッラーニー朝 199
トゥルハン 106
突厥 117
トプラ 181
トマラ（トーマル）・ラージプート 168
トマラ朝 171-172
ドラヴィダ語族 136
トランス・オクサニア 10
トリポリタニア 75
トルクメニスタン 106
トルコ 25, 34
奴隷王朝 35, 178
トレド 75
ドン河 126

[ナ行]

ナイル河 48, 106, 369
ナジャフガル・ジール 198
ナスル朝 72, 74
ナフル・イ・ベヘシュト 194, 196-198
ナルマダー河 134
ニーシャープール 93, 110
ニガムボド門（デリー）197
ニコシア 104
ニザーミーヤ学院 93

ニザームッディーン・ウエスト 178
ニザームッディーン廟 189
西ゴート 72
ニップル 44
ニネヴェ 104
ニューデリー 178, 203, 205-206, 254

[ハ行]
バーオリー 179
パータリグラーマ 140
パータリプトラ 116, 140
パーニーパット 154-155, 257
バーミヤーン 148
バーラタ 135
バーラタヴァルシャ 135
パーラ王国 145
パーラ朝 147
パールサ 97
バーレーン 136
ハイデラーバード 36, 147
バイラート 139
パヴァ 139
ハキーム・モスク 79
パキスタン 275
バグダード 369, 376
バクトラ 113
バクトリア 9, 110
バグワンプラ 138
パサルガダエ 110
ハスティナープラ 139
バスラ 15
パタン 6, 322-323, 330, 362, 375
ハドゥラマウト 45
パトナ 36
バナーワリー 137
バビロニア 44, 110
バビロン 110
パフラヴィー朝 103
ハマダーン 104, 125
ハミ 106
パミール高原 97
ハヤット・バクシュ庭園 193
ハラッパー 137, 187
パラマーラ朝 146, 148
ハリカルナッソス 389
ハリタナ 168
ハリヤナカ 168
バルーチスターン 102, 136

ハルジー朝 150, 177-178, 182, 271
パルティア 106, 110, 115
バルハシ湖 99
バルフ 113
バルフ河 99
バレンシア 75
ハワージン族 40
ハンシ 198
パンジャーブ 135, 203 209, 254, 275, 137
パンダヴァ国 139
バンダル族 74, 90
パンチ・マハル 266
パンチャーラ（アヒチハトラ）139
バントゥン 25
ヒサール 198
ビザンチン 90
ビザンツ帝国 42
ヒジャーズ 43, 76
ビジャープル 159
ヒッタイト 44
ビハール 159, 163
ヒンドゥー・クシュ山脈 30, 97
ヒンドゥスターン 43, 151, 155, 376
フーグリー 36, 159
フージャラール丘 197
フーゼスターン平野 102
プール・クール 139
プール族 138
ファーティマ朝 52, 75
ファールス 97
ファイズ・バーザール 193-194, 197-199, 203, 213, 230, 249, 376
ファイド 48
ファウハーリー・バーザール 196
ファタバード 264
ファテープリ・マスジッド 197-198
ファテープル・シークリー 10, 188, 198, 256-257, 263-267, 269, 366
ファラー 105
フィーローザーバード 151, 180, 182, 184, 187, 189, 213
フィーローズ・シャー・コートラ（フィーローズ・シャーの宮殿）180-181, 187 →人名索引参照
フェズ 75
フェニキア 72, 90
フェルガナ盆地 106
フスタート 42

福建省 13
フトバ 183
ブバネーシュワル 142
ブハラ 129
フマーユーン廟 157, 184, 187, 202, 372
プラーナ・キラ 139, 157, 183, 187
プラティハーラ朝 145, 148
ブラフマナーバード 100
ブランド・ダルワーザ 267
ブルガル 124
プルシャプラ 9, 116
フルダーバード 165
フレグ・ウルス（イル・ハーン国）112, 124
ブワイフ朝 68, 70
ブンデルカンド 148
平安京 4
北京 36
ペシャーワル 9, 270
ベドゥイン 46
ヘラート 105, 129, 154
ペルー 105
ペルガマ 389
ペルシア 155, 188, 193, 198, 265
ペルシア湾 34
ペルセポリス 97
ヘレニズム 52 →事項索引参照
ベンガル 155-156, 163, 187, 228, 374
ペンジケント 123
ホータン 101, 116
ボーラ族 331
ホジャント 115
ポタル 139
ボヘミヤ 105
ホラーサーン 25, 64, 154, 376
ホラズム 64
ホラズム・シャー朝 118
ボンベイ 322

[マ行]
マー・ワラー・アンナフル 10, 367
マールワール 374
マアーン 48
マイダン 202, 323
マウリヤ朝 106, 115, 141
マガダ 139
マガン国 136
マクラーン 136
マグリブ 10, 371

マコラバ 46
マシュリク 19, 76
マスリパットナム 159
マダガスカル島 15
マッカ 12 →メッカ
マツヤ 139
マッラ 139
マトゥラー 116, 139
マドゥライ 3, 150
マハージャナパダ 139
マハーナディー河 134
マヒシュマティ 139
マフターブ庭園 193
マムルーク朝 19, 52
マラータ王国 200, 257, 320-321, 323
マラカンダ 114 →サマルカンド
マラッカ 25
マラバール 147
マリーン朝 77
マルーワ 163
マレーシア 32
マンスーラ 147
マンダレー 4
ミタンニ 44
ミナー 49
ムガル朝（帝国）154, 157, 181, 183, 199, 202, 249,
　　　256-257, 259, 265, 267, 279, 301, 320-321, 366
ムバラカバード 182, 187
ムムターズ・マハル 191 →ラング・マハル
ムラービト朝 77
ムルガーブ河 99
ムルターン 149, 163
ムワッヒド朝 74
ムンバイ 366
メーラト 202
メキシコ 105
メソポタミア 43, 369
メッカ 12, 368
メディア王国 104, 109
メディナ 30, 90, 368
メルッハ 136
メンフィス 44
モーティー・マスジッド 193, 259
モーリー門（デリー）197, 203, 209
モール（ムーア）76
モエンジョ・ダーロ 137
モグーリスタン（モグール・ウルス）126, 154
モグーリスタン・ハーン国 35

モグール 35 →モンゴル
モスル 125
モロッコ 17, 76
モンゴル 35, 179
モンゴル・ウルス 35

[ヤ行]
ヤーダヴァ朝 150
ヤスリブ 43 →メディナ
ヤムナー河 138, 168, 180, 182, 186-189, 199-200, 202, 227, 256-257, 260-261, 373
ヤルカンド 101
ヤルカンド河 99
ユーラシア 10, 373
ヨーナ 142

[ラ行]
ラーイー・ピタウラー 187 →キラー・ラーイー・ピタウラー
ラージ・ガート門（デリー）197
ラージパット・ライ・マーケット 211
ラージプート 145, 155, 171-172, 228, 270, 322, 374
ラージプート・カントンメント 200
ラージプート―グジャール王国 6
ラージャ・ディッルー 171
ラージャグリハ 139-140
ラージャスターン 270, 330
ラージャプラ 139
ラーシュトラクータ朝 145, 147
ラーホール 2, 35, 155, 163, 188, 256-257, 262, 270-271, 273, 275-276, 279, 288, 296, 305, 317, 330, 366
ラーホール門（デリー）193, 195-197, 202, 206
ラール・キラ 189, 258-259, 264, 372
ラール・コート 171-172
ラガ 109
ラガシュ 44
ラクノウ 36
ラルサ 44
ランガル・カーナ 269
ラング・マハル 191
リッジ 170
リッチャヴィ 139
リビア 105
リュディア 110
ルスタム朝 75
レヴァント 34, 44
ロータル 136-137
ローディー・ガーデン 182
ローディー朝 35, 151, 154, 182, 189, 256-257
ローマ 90
ロヒラ 200
ロンボク島 3

## 人　名（西洋人名は，姓，名の順とした）

[ア行]
アーナング・パール 171
アウラングゼーブ 160, 193, 199, 259, 271, 321
アクバラバーディ・ベガム 197
アクバル 36, 151, 186, 188-189, 202, 257, 259, 263, 267, 271-272, 321, 374
アジャータシャトル 140
アショーカ 142, 181
アディラバード 177
アブー・バクル 53
アブド・アル・マリク 56
アブド・アル・ラフマーン1世 71
アブド・アル・ラフマーン2世 73
アフマド・シャー 6-7, 320, 323
アフマド・シャー・アブダーリー 199
アブラハム 52
アブル・ファズル 159-160, 170
アミール・アルウラマー 70
アミール・フスロー 178
アラー・ヴァルディ・ハーン 189
アラーウッディン 150
アラーウッディン・ハルジー 6
アリー・マルダン・ハーン 198, 200
アリク・ブケ 125
アリストテレス 387
アル・フワーリズミー 64
アル・マンスール 62
アレクサンドロス大王 52, 105
イスマーイール 50, 105
イスラーム・シャー 186
イブラーヒーム 49-50
イブン・アッラーミー 84
イブン・ジュザイイ 15
イブン・トゥールーン 65

# 索引

イブン・バットゥータ 13, 151
ヴィクトリア女王 203
ウスタッド・アフマッド 189
ウスタッド・ハミッド 189
ウスマーン 56-57
ウマル 56
ウルグ・ベク 64, 129
オゴデイ 124

**[カ行]**
ガイラット・ハーン 189
カウティリヤ 142
カエサル, ユリウス 74
カシュガル・ハーン 101
カニシカ（カニシュカ）9, 116
ギャースッディーン・トゥグルク 151, 177
クテシアス 135
クトゥブ・アッディーン・アイバク 34, 150
クビライ 125
グユク 124
ゲデス, パトリック 206
玄奘 171

**[サ行]**
サッドゥラー・ハーン 198
サラーフ・アッディーン 93
シェール・シャー・スーリー 157, 183-184, 186-187, 374
シェール・ハーン 156
シカンダル・シャー 151, 182-183, 256-257
シャー・アッバース 67, 188
シャー・ジャハーン 160, 183, 188-189, 194-195, 198-199, 213, 215, 249, 256-257, 261, 271, 374
シャープール1世 112
シャイバーニー・ハーン 132, 154
ジャハーンギール 36, 127, 160, 186, 188, 271, 374
ジャハーンナーラ・ベガム 195, 198, 203
シャムスッディーン・イレトゥミシュ 150
ジャラールッディーン・ハルジー 175
ジョージ5世 203
ストラボン 72, 171
スルタン・ムハンマド 151
セレウコス・ニカトール 106, 115
ソロモン 52, 54

**[タ行]**
ダーラー・シコー 199, 200
ダビデ 54

タフマースブ1世 374
ダレイオス1世 97
ダレイオス3世 115
チャガタイ・ハーン 35
チャンドラグプタ 106, 141, 172
チンギス・カン 40
ティムール 155, 182
トマーラ・ラージプート 171

**[ナ行]**
ナーシルッディーン・マフムード 182
ナーディル・シャー 199
ナワーブ・カムルッディーン 224
ニザームッディーン・アウリヤー 178
ヌール・ジャハーン 161, 374
ネアルコス 170

**[ハ行]**
ハージャル 50
バーブル 35, 98, 153, 155, 183, 188, 256-257, 367
ハーン・サマーン 198
バイラーム・ハーン 157
バハードゥル・シャー 156
バハードゥル・シャー2世 202
バハルール・ローディー 151, 182
ハルシャヴァルダナ 144
ヒズル・ハーン 151, 182
ヒッポダモス 386
ビンドゥサーラ 141
ビンビサーラ 139-140
ファズィール・ハーン 198
ファイサル 181
フィーローズ・シャー・トゥグルク 151, 170, 180, 198
フェルナンド3世 73
フセイン・シャー 153
プトレマイオス 46, 105, 171
フマーユーン 36, 156-157, 183-184, 186, 188, 257
プラトン 67
プリトヴィーラージ 171-172
フワンダミール 156
ベイカー, ハーバート 205
ベガム・ファテープリ 195
ベルニエ, フランソワ 162, 213, 259-260
ヘレドトス 141
法顕 170

442

[マ行]
マクラマット・ハーン 189
マハ・ゴヴィンダ 139
マフムード・シャー 148, 271, 322
マルコ・ポーロ 13
ミーラーク・ミールザー・ギャース 157
ムータシム 65
ムータミド 65
ムアーウィア 52, 56
ムバラク・シャー 182
ムハンマド 12, 179
ムハンマド・シャー 224
ムハンマド・ビン・トゥグルク 151, 177, 179
ムハンマド・ヤクブ 264
ムムターズ・マハル 374

メガステネス 106
モンケ 124

[ヤ行]
ユーヌス・ハーン 35

[ラ行]
ラージャ・ディリーパ 168
ラッチェンス，エドウィン 205, 207
ランジート・シン 301

[ワ行]
ワジール 224
ワハーブッディーン 254
ワリード 1 世 48, 56

[著者紹介]

**布野修司**（ふの　しゅうじ）
滋賀県立大学大学院環境科学研究科教授
1949年，松江市生まれ．工学博士．都市計画，建築学専攻．京都大学大学院工学研究科助教授を経て現職．
『インドネシアにおける居住環境の変容とその整備手法に関する研究』で，日本建築学会賞を受賞（1991年）．また『近代世界システムと植民都市』（編著，京都大学学術出版会，2005年）で，日本都市計画学会賞論文賞（2006年）を受賞．
主な著書
『カンポンの世界』（パルコ出版，1991年）．『住まいの夢と夢の住まい：アジア居住論』（朝日新聞社，1997年）．『植えつけられた都市：英国植民都市の形成』（ロバート・ホーム著　布野・安藤監訳・アジア都市建築研究会訳，京都大学学術出版会，2001年）．『曼荼羅都市』（京都大学学術出版会，2006年）．"Stupa & Swastika", Kyoto University Press + Singapore National University Press, 2007（M.M.Pantとの共著）　など．

**山根　周**（やまね　しゅう）
滋賀県立大学人間文化学部講師
1968年，宮崎市生まれ．博士（工学）．地域生活空間計画，建築学専攻．
主な著作
「モハッラ，クーチャ，ガリ，カトラの空間構成：ラホール旧市街の都市構成に関する研究　その1」日本建築学会計画系論文集，1998年　「アーメダバード旧市街（グジャラート，インド）における街区空間の構成」，日本建築学会計画系論文集，2000年．"Space Formation and Transformation of the Urban Tissue of Old Delhi, India", Proceedings 6th International Symposium on Architectural Interchange in Asia, Daegu, Korea, 2006．『シルクロード学研究30　インド洋海域世界における港市の研究：インド・カッチ地方を中心として』（共著，シルクロード学研究センター，2008年）など．

---

ムガル都市——イスラーム都市の空間変容
© Shuji Funo and Shu Yamane 2008

2008年5月30日　初版第一刷発行

著　者　　布　野　修　司
　　　　　山　根　　　周
発行人　　加　藤　重　樹
発行所　**京都大学学術出版会**
京都市左京区吉田河原町15-9
京大会館内（〒606-8305）
電話（075）761-6182
FAX（075）761-6190
URL　http://www.kyoto-up.or.jp
振替　01000-8-64677

ISBN 978-4-87698-749-8
Printed in Japan

印刷・製本　㈱クイックス東京
定価はカバーに表示してあります